Springer-Lehrbuch

Weitere Bände siehe
www.springer.com/series/1183

Rainer Olbrich · Dirk Battenfeld
Carl-Christian Buhr

Marktforschung

Ein einführendes Lehr- und Übungsbuch

Univ.-Prof. Dr. Rainer Olbrich
Lehrstuhl für Betriebswirtschaftslehre,
    insbesondere Marketing
FernUniversität in Hagen
Hagen, Deutschland

Prof. Dr. Dirk Battenfeld
Lehrstuhl für Betriebswirtschaftslehre,
    insbesondere Marketing und Controlling
Alanus Hochschule gGmbH
Alfter, Deutschland

Dr. Carl-Christian Buhr
Generaldirektion Wettbewerb
Europäische Kommission
Brüssel, Belgien

ISSN 0937-7433
ISBN 978-3-642-24344-8
DOI 10.1007/978-3-642-24345-5

ISBN 978-3-642-24345-5 (eBook)

Die Deutsche Nationalbibliothek verzeichnet diese Publikation in der Deutschen Nationalbibliografie; detaillierte bibliografische Daten sind im Internet über http://dnb.d-nb.de abrufbar.

Springer Gabler

Gedruckt auf säurefreiem und chlorfrei gebleichtem Papier

Springer Gabler ist eine Marke von Springer DE. Springer DE ist Teil der Fachverlagsgruppe
Springer Science+Business Media
www.springer-gabler.de

Vorwort

Das vorliegende Lehrbuch soll – wie der Untertitel es ausdrückt – in das Fachgebiet ‚Marktforschung' *einführen*. Es setzt daher keine spezifischen Kenntnisse aus diesem Fachgebiet voraus. Ziel dieses Buches ist es vielmehr, dem Leser, der sich noch nicht mit der ‚Marktforschung' beschäftigt hat, einen komprimierten Einstieg in diese Materie zu ermöglichen. Die Ausführungen orientieren sich – aufbauend auf *wissenschaftstheoretischen Grundzügen* und einer Einführung in die Erforschung des Konsumentenverhaltens – insbesondere am Prozess der Marktforschung und sollen durch einen ausgewogenen Kompromiss zwischen wissenschaftlicher Präzision und Einfachheit des mathematischen Formalismus ein Grundverständnis für die Methoden der Marktforschung (z. B. multivariate Analysemethoden) vermitteln. *auf wissenschafts-theoretischen Grundzügen aufbauend*

Das Buch beansprucht entsprechend dieser Ausrichtung auf einführende Grundfragen nicht, einen vollständigen Überblick über alle Problembereiche der Marktforschung zu geben. Dies würde letztlich den Umfang eines derartigen Werkes sprengen. Ganz bewusst wurde daher auf einige Ausführungen verzichtet (z. B. zu tiefergehenden Aspekten der Wissenschaftstheorie und des Konsumentenverhaltens). Zu Grundfragen des Marketing und zu tiefer gehenden Fragen der Preispolitik, die für den Einsatz der Marktforschung wichtig sind, sei auf die einführenden *Lehrbücher ‚Marketing'* (ISBN 978-3-540-23577-4) *und ‚Preispolitik'* (ISBN 978-3-540-72920-4) im Springer-Verlag verwiesen. *Lehrbücher ‚Marketing' und ‚Preispolitik'*

Das vorliegende Buch richtet sich als grundlegender Lehrtext insbesondere an Studierende betriebswirtschaftlicher Studiengänge an Hochschulen. Darüber hinaus richtet es sich aufgrund seiner *Schwerpunktlegung* auf die Grundfragen an Dozenten und Teilnehmer berufsbegleitender Weiterbildungsprogramme, aber auch an all diejenigen in der unternehmerischen Praxis, die ein systematisches Rüstzeug für die Behandlung praktischer Probleme im Bereich der Marktforschung suchen. *Schwerpunktlegung*

Mit Blick auf diesen Leserkreis werden an vielen Stellen Hinweise auf ähnliche und auch abweichende Lehrmeinungen gegeben, um gerade hinsichtlich der elementaren Grundfragen das Spektrum unterschiedlicher Sichtweisen nicht zu verdecken. Darüber hinaus werden nach jedem Kapitel ausgewählte Hinweise auf empfehlenswerte *Literatur* zur Vertiefung gegeben. Eine Vielzahl an Übungsaufgaben und ein Glossar runden den Charakter dieser Lektüre als Lehrbuch ab. *Literatur*

Unser besonderer Dank gilt Frau Dipl.-Kff. Christiane Brandl, Herrn Dipl.-Kfm. Michael Hundt, Herrn Hans Christian Jansen (M.Sc.), Frau Dipl.-Ök. Ruth Orenstrat und Frau Stefanie Otte, die uns durch Recherchen, Vorarbeiten und die redaktionelle Bearbeitung unterstützt haben. Für die konzeptionelle und inhaltliche Unterstützung im Rahmen der Darstellung einzelner Methoden der Marktforschung danken wir ausdrücklich Herrn Dipl.-Kfm. Christian Holsing und Herrn Dipl.-Wirt.-Inf. Carsten D. Schultz, M.Sc.

Darüber hinaus danken wir ganz besonders Herrn Michael Bursik vom Springer-Verlag, Heidelberg, für die angenehme Zusammenarbeit und die unkomplizierte verlegerische Betreuung dieses Buches.

Hagen, Alfter und Brüssel im Juli 2011

Univ.-Prof. Dr. Rainer Olbrich

Prof. Dr. Dirk Battenfeld

Dr. Carl-Christian Buhr

Inhaltsverzeichnis

Abbildungsverzeichnis

Kapitel 1

Überblick
über die behandelten Problembereiche

1. Überblick über die behandelten Problembereiche

In der Marktforschung berühren sich die praktischen Interessen einer entscheidungsorientierten Unternehmensführung und die wissenschaftlichen Interessen einer empirisch gestützten Theoriebildung wie in fast keiner anderen betriebswirtschaftlichen Disziplin. Der Marktforscher möchte Informationen über konkrete Nachfrager und Märkte gewinnen, um eine entscheidungsorientierte Führung von Unternehmen zu ermöglichen. Der Wissenschaftler abstrahiert von dem Einzelfall eines konkreten Unternehmens und möchte das Verhalten der Marktteilnehmer so allgemein wie möglich erklären. Zu diesem Zweck versucht er, die Erklärungskraft entsprechender Theorien zu steigern.

Die vorliegenden Ausführungen dienen der Erarbeitung grundlegender Inhalte zur *Marktforschung* und zum *Konsumentenverhalten*. Auf der theoretischen Basis des Konsumentenverhaltens ist es Aufgabe der Marktforschung, die relevanten Informationen für das unternehmerische Handeln zu operationalisieren, d. h. sie einer Messung zugänglich zu machen. Die praktische Herausforderung an die Marktforschung besteht nun darin, Informationen in angemessener Zeit sowie unter angemessenem Aufwand bereitzustellen. Der Marktforscher in der Unternehmenspraxis muss inhaltliche Fragestellungen möglichst zeitnah und zielorientiert beantworten sowie Entwicklungen und Tendenzen des Marktes frühzeitig erkennen. In dem vorliegenden Buch findet die wissenschaftliche Seite der Marktforschung in der Weise Eingang, dass der Leser immer wieder aufgefordert wird, in Hypothesenform formulierte Ursache-Wirkungs-Zusammenhänge kritisch zu reflektieren. Die Ausführungen orientieren sich an einem idealtypischen Prozess der Marktforschung.

Marktforschung und Konsumentenverhalten

Das *zweite Kapitel* führt zunächst in die Aufgaben und Anwendungen der Marktforschung ein und skizziert die Fragestellungen der Marktforschung in Abhängigkeit vom Verhalten des (potenziellen) Konsumenten. Die eingangs geschilderte Aufgabe der Theoriebildung wird in diesem Kapitel einerseits wissenschaftstheoretisch fundiert und andererseits aus Sicht der Unternehmenspraxis beleuchtet.

2. Kapitel

Einen kurzen Überblick über die Erforschung des Konsumentenverhaltens gibt das *dritte Kapitel*. Auf der Grundlage allgemeiner und situativer

3. Kapitel

Merkmale des Konsumentenverhaltens wird das Konstrukt der Einstellung abgeleitet. Anschließend werden Kaufentscheidungstypen charakterisiert.

4. Kapitel Das *vierte Kapitel* beschreibt überblicksartig die Phasen und Methoden der Marktforschung. Nach einem Überblick über den Prozess der Marktforschung werden ausgehend von der entscheidungsgerichteten Planung unterschiedliche Typen von Marktforschungsuntersuchungen erläutert und verschiedene Designs von Marktforschungsexperimenten vorgestellt. Im Anschluss werden Ansätze und Verfahren zur Datengewinnung, zur Datenaufbereitung und Datenanalyse sowie zur Dateninterpretation beschrieben.

Mit Blick auf die Datengewinnung werden die Primär- und die Sekundärforschung erläutert und verglichen. Zur Erhebung von Primärdaten werden die Verfahren zur Stichprobenauswahl und zur Datenerhebung erörtert. Um die erhobenen Daten zu beurteilen, werden darüber hinaus die Kriterien der Datenqualität skizziert. Anschließend werden allgemein die unterschiedlichen Skalenniveaus und die Aufbereitung von Daten (dies am Beispiel von Scanningdaten) erörtert.

Die wesentlichen einfachen und multivariaten Verfahren zur Datenanalyse werden – teilweise exemplarisch an verschiedenen Beispielen – erläutert, um den Umgang mit Daten zu verdeutlichen und bestimmte Auswertungsmöglichkeiten vorzustellen. Neben der Präsentation von strukturprüfenden sowie strukturentdeckenden Verfahren werden auch aktuelle nichtdeterministische Verfahren behandelt.

Das vierte Kapitel schließt mit einigen kurzen Ausführungen zur Dateninterpretation und entscheidungsgerichteten Verwertung.

5. Kapitel Anhand von Scanningdaten wird im *fünften Kapitel* die Marktforschung im Einzelhandel exemplifiziert. Hierbei wird aufgrund ihrer besonderen Bedeutung ein Schwerpunkt auf Handelspanels gelegt.

Lehrziele Nach der Lektüre des vorliegenden Textes sollte der Leser in der Lage sein,

- die Aufgaben der Marktforschung zu erläutern (Abschnitt 2.1.),

- wissenschaftstheoretische Grundzüge zur Gewinnung von Erkenntnissen über Märkte zu skizzieren (Abschnitt 2.2.),

- das Konsumentenverhalten zu charakterisieren und den Zusammenhang zur Marktforschung zu erklären (Abschnitt 3.1.),

- das Konstrukt der Einstellung und die verschiedenen Typen von Kauf-entscheidungen zu beschreiben (Abschnitt 3.2.),

- extensive, limitierte und habitualisierte Kaufentscheidungen von-einander zu differenzieren (Abschnitt 3.3.),

- den Ablauf einer Marktforschungsuntersuchung zu skizzieren (Abschnitt 4.1.),

- die Unterschiede zwischen den verschiedenen Typen von Marktfor-schungsuntersuchungen zu beschreiben (Abschnitt 4.2.1.),

- typische Designs von Marktforschungsexperimenten zu beschreiben und hinsichtlich ihrer Vor- und Nachteile sowie ihrer Auswertung zu unter-scheiden (Abschnitt 4.2.2.),

- die verschiedenen Arten der Datenerhebung zu diskutieren (Abschnitt 4.3.),

- die Skalenniveaus von Daten zu identifizieren und die Datenbasen be-schreiben sowie aufbereiten zu können (Abschnitt 4.4.),

- die prinzipielle Vorgehensweise der wichtigsten einfachen und multi-variaten Verfahren zur Datenanalyse wiederzugeben und ihre Stärken und Schwächen zu benennen (Abschnitt 4.5.),

- die Dateninterpretation und die entscheidungsgerichtete Verwertung von Daten zu verstehen (Abschnitt 4.6.)

- und die Methoden der Erfassung und Analyse von Scanningdaten dar-zulegen (Kapitel 5.).

Die Schwerpunkte der Ausführungen orientieren sich an diesen Lehrzielen. Vielfach liegt den Ausführungen aus didaktischen Gründen die Annahme zugrunde, dass ein Unternehmen eine bestimmte Entscheidung zu treffen oder eine bestimmte Aufgabe zu lösen hat. Diese Sichtweise soll letztlich das ‚*praktisch-normative Vorstellungsvermögen*‘ des Lesers schulen.

,praktisch-normatives Vorstellungs-vermögen‘

Kapitel 2

Aufgaben und wissenschaftstheoretische Grundzüge der Marktforschung

2. Aufgaben und wissenschaftstheoretische Grundzüge der Marktforschung

2.1. Klassische Aufgaben der Marktforschung

Zur Befriedigung differierender Bedürfnisse von Nachfragern ist es notwendig, die Verhältnisse auf den Märkten, auf denen ein Unternehmen agieren will, zu kennen. Die *Beschaffung entsprechender Informationsgrundlagen* ist die *zentrale Aufgabe der Marktforschung*.

Informations-beschaffung

So kann die Entwicklung neuer Produkte und ihre Einführung in den Markt für ein Unternehmen sowohl Risiken als auch Chancen bergen. Die Risiken bestehen vor allem in den möglichen Konsequenzen einer misslungenen Markteinführung. Chancen können sich ergeben, wenn es gelingt, *latente* und *manifeste Bedürfnisse* potenzieller Nachfrager zu identifizieren und diese durch entsprechende Produkte und Dienstleistungen zu befriedigen.

latente und manifeste Bedürfnisse

Dem Risiko, das eine Produktneueinführung mit sich bringen kann, begegnet die Marktforschung z. B. durch Produkttests. So konfrontieren die ‚Marktforscher' potenzielle Konsumenten mit einem Prototyp des Produktes und versuchen ihre Kaufbereitschaft zu ermitteln. Die gewonnenen Informationen geben dann z. B. Anhaltspunkte, ob das Produkt tatsächlich in den Markt eingeführt werden soll oder wie es zuvor modifiziert werden muss.

Weitere Aufgaben der Marktforschung sind die *Kontrolle der eingesetzten Marketinginstrumente* (z. B. die Werbeerfolgskontrolle), die Mitarbeit bei der *Entwicklung neuer Instrumente* und die *Ermittlung der Bedürfnisse potenzieller Nachfrager*.

Kontrolle der Marketinginstrumente

Entwicklung neuer Instrumente

Ermittlung von Nachfrager-bedürfnissen

Der Absatzmarkt kann zu diesem Zweck nicht als Ganzes betrachtet, sondern muss in unterschiedliche Nachfragergruppen eingeteilt werden. Die Nachfragergruppen werden dabei so gebildet, dass die Bedürfnisse innerhalb der Gruppe möglichst homogen und zwischen den Gruppen möglichst heterogen sind. An die Stelle der Bedürfnisse der Nachfrager in Bezug auf die Eigenschaften eines Produktes oder einer Dienstleistung kann z. B. auch die Art und Weise treten, mit der eine Nachfragergruppe mittels kommunikationspolitischer Maßnahmen erreicht werden soll. Die Konsumenten innerhalb einer Nachfragergruppe sind dann in der Weise ähnlich, dass sie mit einheitlichen kommunikationspolitischen Maßnahmen ‚bearbeitet' werden können.

Markt-
segmentierung

Ergebnis einer derartigen *Marktsegmentierung* können zwei Nachfrager-gruppen sein, denen zwar im Wesentlichen identische Produkte angeboten werden, die aber durch unterschiedliche kommunikationspolitische Strategien angesprochen werden. Die verschiedenen kommunikationspolitischen Strategien können z. B. durch verschiedene Produktverpackungen und Produktdesigns für die beiden Marktsegmente unterstützt werden.

Sinn der Marktsegmentierung ist, die heterogenen Bedürfnisse der Nachfrager zu befriedigen, um auf diese Weise überhaupt Akzeptanz zu erlangen. Ausgangspunkt dieser Denkweise ist die Hoffnung, dass Nachfrager für Produkte, die ihren Bedürfnissen besser entsprechen, höhere Preise entrichten oder größere Mengen abnehmen.

Die Marktforschung hat im Rahmen der Marktsegmentierung die Aufgabe, Informationen über

- geeignete Kriterien zur Segmentierung des Gesamtmarktes,

- die Bedürfnisse von Konsumenten der gebildeten Marktsegmente und

- geeignete Strategien zur Ansprache der Konsumenten in den einzelnen Marktsegmenten

bereitzustellen.

2.2. Wissenschaftstheoretische Grundzüge der Gewinnung von Erkenntnissen über Märkte

2.2.1. Grundlegende Aspekte der Theorienbildung

Die im vorangegangenen Abschnitt exemplarisch dargestellten klassischen Aufgaben der Marktforschung zeigen, dass jegliche Untersuchung, die sich mit der Erforschung und Gestaltung realer Phänomene beschäftigt, beansprucht, erklärende Aussagen über die ‚Funktionsweise‘ und Ausgestaltung dieser Phänomene zu erarbeiten. Dieser Anspruch soll nicht formuliert werden, ohne den Weg einer entsprechenden Erkenntnisgewinnung zu skizzieren. Als Ausgangspunkt ist zuvor das *Theorieverständnis* offen zu legen, das für derartige Untersuchungen ‚geeignet' erscheint.[1]

Hierzu erweist es sich als zweckmäßig, auch das Verhältnis dieses Theorieverständnisses zu den wissenschaftstheoretischen Fundamenten zu klären, da im Rahmen der Marktforschung *reale Phänomene* erfasst und beschrieben werden, nicht zuletzt mit dem Ziel, zukünftige Veränderungen der Märkte mit adäquaten Erklärungs- und Prognosemodellen zu antizipieren und u. U. herbeizuführen sowie die Ursachen für die Entstehung gänzlich neuer Bedürfnisse und Verhaltensweisen der Konsumenten aufzudecken. *Ziel* dieses Forschungsansatzes ist es somit nicht nur, der Entwicklung der Realität durch Beschreibung und Systematisierung zu folgen, sondern durch Erklärung und Prognose Hinweise für eine vorausschauende Gestaltung der Realität zu geben.

Betrachtet man wissenschaftstheoretische Grundpositionen vor diesem Hintergrund im Rückblick, so ergibt sich folgendes Bild: Die Arbeiten der wirtschaftswissenschaftlichen *Klassiker* (insbesondere David HUME und Adam SMITH) waren durch nomologisches Denken geprägt. Sie gingen davon aus, dass es Gesetzmäßigkeiten des Wirtschaftslebens gibt und dass es Aufgabe der Wissenschaft sei, diese Gesetzmäßigkeiten zu ergründen. Die Kenntnis solcher Gesetzmäßigkeiten wäre nicht nur gleichbedeutend mit einer Erklärung der realen Vorgänge, sondern gleichzeitig auch Basis für Prognosen und darauf aufbauende Versuche, die Realität zielgerichtet zu beeinflussen.

An dieser Denkweise entzündete sich in Deutschland ab der Mitte des 19. Jahrhunderts die Kritik der ‚Historischen Schule', die sich – als Gegenbewegung zur Klassik – die ‚historische Methode' zur Erkenntnisgewinnung nützlich machen wollte und bis in das erste Drittel des 20. Jahrhunderts in Deutschland vorherrschend blieb. Es sollten zunächst Einzelfälle mit allen ihren – auch institutionellen Rahmenbedingungen – untersucht werden, um aus ihnen dann allgemeine Erkenntnisse abzuleiten.

Im Bereich der Handelswissenschaften sollte diese Form der Erkenntnisgewinnung einige Jahre später zu einem entscheidenden Impuls für die Beschäftigung mit dem ‚Wandel der Betriebsformen' führen. Die Auf-

Theorieverständnis

Untersuchung realer Phänomene

Ziel der Marktforschung

Klassik

Historische Schule

---

[1]   Vgl. zu den nachfolgenden Ausführungen auch Olbrich 1998, S. 17 ff.

fassung FELDMANNS, dass die Historische Schule in der deutschen Volks-
wirtschaftslehre eine theoretisch fundierte Institutionenanalyse nahezu voll-
ständig abgetötet hat, kann auf die Betriebswirtschaftslehre in dieser
Schärfe nicht übertragen werden. So ist es z. B. in Deutschland der
Verdienst NIESCHLAGS, durch die historische Betrachtung der unterschied-
lichen institutionellen Erscheinungsformen des Handels eine intensive
Diskussion über institutionelle Fragen des Handelsunternehmens und der
Handelsstruktur ausgelöst zu haben.[2]

Kritik
An dieser Stelle sei lediglich angemerkt, dass die *Kritik* an dem abstrakt-
deduktiven Vorgehen der Klassiker von den zentralen Vertretern der
Historischen Schule (insbesondere Wilhelm ROSCHER, Bruno HILDE-
BRAND, Karl KNIES und Gustav SCHMOLLER) mit Blick auf die theoretische
Basis nicht eingelöst werden konnte. Der Historischen Schule wurde bereits
frühzeitig von Kritikern die „theorielose Beschreibung historischer
Beispielfälle" vorgeworfen.[3] Letztlich spielen bei der Kritik an der
historischen Methode wissenschaftstheoretische Grundpositionen eine
entscheidende Rolle. Historisch-deterministische Bilder der gesellschaft-
lichen und wirtschaftlichen Entwicklung gerieten seit der Mitte des letzten
Jahrhunderts unter massive Kritik.[4]

Ziel der Wirt-
schafts-
wissenschaft
Das wesentliche *Ziel der Wirtschaftswissenschaft* wird heute darin gesehen,
im Rahmen der Theorienbildung Erklärungen und Prognosen zu erarbeiten,
die der Praxis helfen, ihr Ziel, Gestaltungsempfehlungen zu erstellen und
umzusetzen, zu erreichen.[5] Theorien in der Wirtschaftswissenschaft treffen
Aussagen über Objektmengen (z. B. die der Konsumenten). Ein Aussagensystem kann dann als Theorie bezeichnet werden, wenn die Aussagen
Informationsgehalt
Informationsgehalt besitzen. Derartige Aussagensysteme bestehen aus einer
Summe miteinander verbundener Hypothesen mit Informationsgehalt.
universale
Aussagen
Hypothesen, die *universale Aussagen* (All-Aussagen ohne Raum-Zeit-

---

[2]   Die Arbeiten Nieschlags verhaften nicht in empirischen Fallsammlungen, sondern
      kennzeichnen sich durch theoretische Leitgedanken über die Mechanismen des
      Betriebsformenwandels. Vgl. z. B. sein hinsichtlich des Betriebsformenwandels
      maßgebliches Werk: Nieschlag 1954 und zu einer Würdigung dieser Forschungen
      Meffert 1991, S. 277.

[3]   Vgl. Menger 1883, S. 139 ff. Vgl. hierzu auch Feldmann 1995, S. 34.

[4]   Vgl. Popper 1957.

[5]   Vgl. z. B. Töpfer 1994, S. 231.

Bezug) darstellen, besitzen im Sinne POPPERS Informationsgehalt, wenn sie falsifizierbar sind, d. h. Sachverhalte, die innerhalb ihres Aussagenbereiches möglich sind, ausschließen. Sie können durch *existentielle Aussagen* (singuläre Aussagen über ‚Einzelfälle‘), die verifizierbar sind, falsifiziert werden. Nach POPPER besteht eine Asymmetrie zwischen den beiden Aussagenarten. Universale Aussagen lassen sich nicht verifizieren, existentielle nicht falsifizieren.[6] Solange universale Aussagen nicht durch singuläre Aussagen falsifiziert werden, können sie als ‚vorläufig bewährte Aussagen‘ bezeichnet werden. Die Prüfung von Hypothesen kann eine Theorie, die All-Aussagen über eine Objektmenge trifft, nach diesem Verständnis somit letztlich nur widerlegen oder vorläufig bewähren – nicht jedoch belegen.

existentielle Aussagen

Betrachtet man diese Zusammenhänge mit Blick auf den *Prozess der Marktforschung*, so ergibt sich folgender Ablauf (vgl. Abbildung 1).[7] Zur Überprüfung theoretischer Überlegungen werden im Rahmen der Marktforschung i. d. R. empirische Untersuchungen konzipiert. Zu diesem Zwecke bedarf es einer entscheidungsgerichteten Planung. Auf der Basis erster Beschreibungen der Realität und theoretischer Überlegungen werden grundlegende Hypothesen zur Erklärung von regelhaften Strukturen (Erkenntnismustern) in der Realität aufgestellt. Die zu überprüfenden Hypothesen beinhalten i. d. R. Richtungsangaben von einzelnen operationalisierten Größen, die aus bestimmten Veränderungen resultieren. Es werden vielfach lediglich Richtungen, nicht jedoch konkrete Ausprägungen der verwendeten Größen prognostiziert. Diese grundlegenden Hypothesen werden im Rahmen empirischer Untersuchungen in Form von Hypothesengerüsten konkretisiert. Die einzelnen Hypothesen werden dann mithilfe von Datenmaterial aus den zu untersuchenden Märkten überprüft. Das zu gewinnende Datenmaterial ist entscheidungsgerichtet aufzubereiten, zu analysieren und zu interpretieren (vgl. Abbildung 1).

Prozess der Marktforschung

---

6 Vgl. Popper 1969, S. 8, 198 ff. u. 219 ff.

7 Für eine ausführliche Darstellung des Planungsprozesses der Marktforschung vergleiche Abschnitt 4.1.

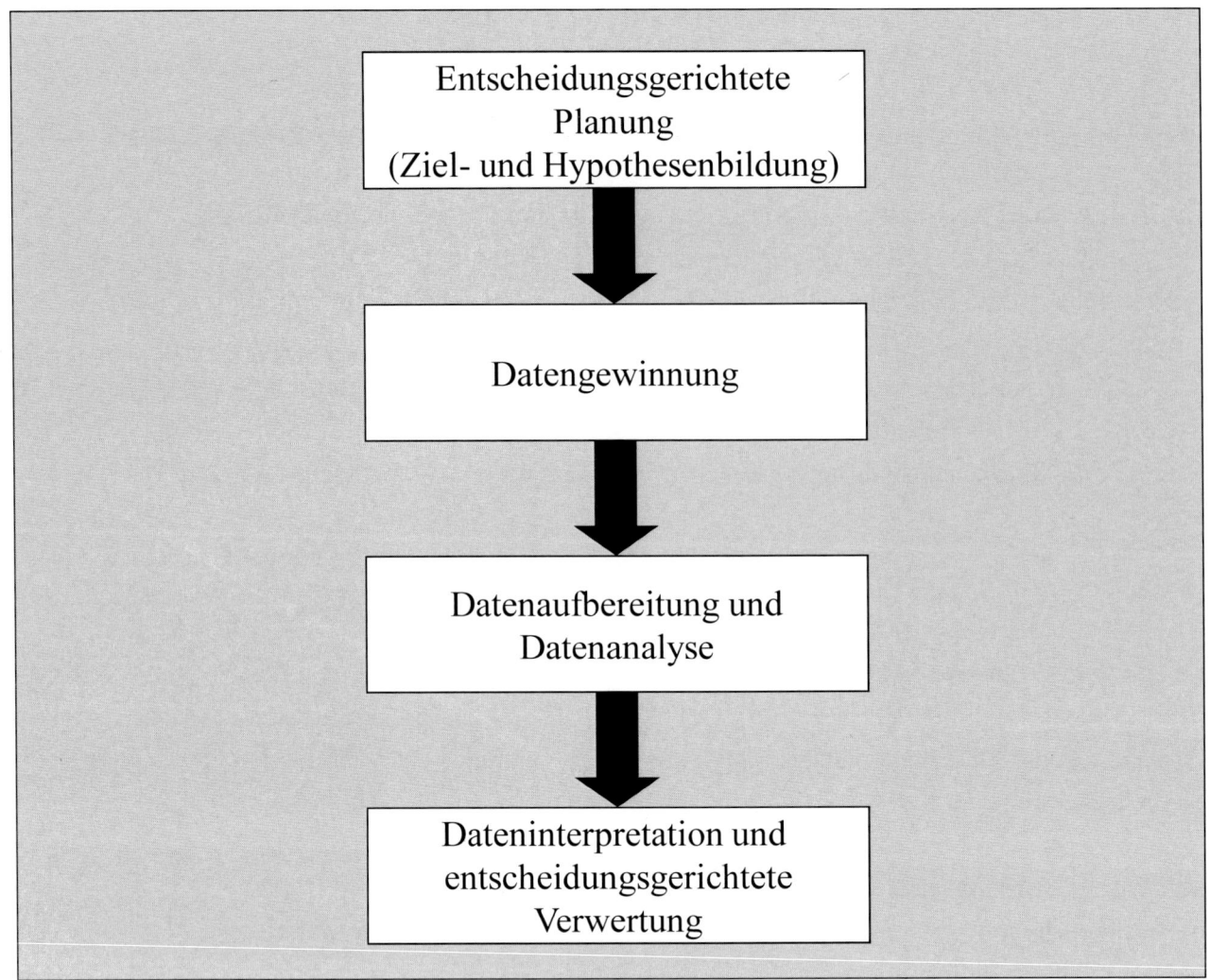

Abb. 1:   Planungsprozess der Marktforschung

Empirische Untersuchungen in der Wirtschaftswissenschaft beinhalten zumeist nur Stichproben aus der Grundgesamtheit. Da die formulierten Hypothesen bei einer Betrachtung von Stichproben mit Blick auf die Grundgesamtheit gleichwohl Charaktereigenschaften von universalen Aussagen besitzen, können diese – nach der skizzierten vorherrschenden Erkenntnistheorie[8] – somit nicht verifiziert, sondern nur vorläufig *bewährt* oder falsifiziert werden. Die Prüfung von Aussagen mit universalen Charaktereigenschaften durch statistische Angaben, die ja die Möglichkeit offen lassen können, dass es unter den untersuchten Objekten Fälle gibt, die der Aussage widersprechen, kann allerdings streng genommen nicht zu

Bewährung

---

8   Vgl. hierzu auch Friedrichs 1990, S. 71 f.

einer ‚eindeutigen‘ vorläufigen Bewährung führen. Dieser Umstand wird bei der Präsentation von ‚statistisch geprüften‘ Aussagen in der wirtschaftswissenschaftlichen Literatur zumeist nicht erwähnt. Es müsste vielmehr darauf hingewiesen werden, dass die Prognosen auf *impliziten und unspezifizierten ceteris-paribus-Klauseln* beruhen (d. h. das nicht untersuchte Umfeld verändert sich nicht), stochastischer Natur sind und damit lediglich der Tendenz nach und innerhalb einer größeren Anzahl vergleichbarer Fälle gelten.

implizite, unspezifizierte ceteris-paribus-Annahmen

Obwohl die Aussagen derartiger empirischer Untersuchungen somit nicht deterministischer Natur sind, sind sie gleichwohl geeignet, sie für die Erklärung des Zusammenspiels einer Vielzahl von Wirtschaftssubjekten in einer Marktwirtschaft zu verwerten, da es sich bei dieser Art von Explikationen um Aussagen über eine große Zahl von Fällen handelt und damit eine grundlegende Voraussetzung für die *Gültigkeit stochastischer Aussagen* gegeben ist.[9] Auch aus betriebswirtschaftlicher, also einzelwirtschaftlicher Perspektive besitzen derartig gestützte Aussagen Informationsgehalt, da sie den Eintritt bestimmter Ergebnisse einer Vielzahl von Handlungen unterschiedlicher Wirtschaftssubjekte (z. B. Konsumenten) unter den berücksichtigten Rahmenbedingungen erklären helfen und damit den Informationsstand des einzelnen Wirtschaftssubjektes über sein Wettbewerbsumfeld erhöhen. In diesem Sinne kann in den empirischen Untersuchungen, die sich mit Märkten beschäftigen, von einer ‚vorläufigen Bewährung‘ oder aber auch einer ‚Falsifikation‘ der Hypothesen gesprochen werden.

Gültigkeit stochastischer Aussagen

Der Anspruch, durch Erklärung und Prognose Hinweise für eine vorausschauende Gestaltung zu geben, führt allerdings regelmäßig zu weiteren *Problemen*. Zunächst bereitet schon die Definition und Erfassung des Erkenntnisobjektes große Probleme. Letztlich ist in fast jedem Lehrbuch eine in gewissen Grenzen abweichende Definition systematisierender Begriffe anzutreffen. Hinzu kommt, dass ständig neue Phänomene auftauchen, die sich dann nicht mehr in vorhandene Systematiken einordnen lassen. Insbesondere in dem letzten Punkt ist das Dilemma der Historischen Schule zu sehen: Systematiken und erklärende Aussagen, die auf historischen Einzelfällen beruhen, werden durch den ‚Wandel der Realität‘ leicht widerlegt.

Definitionsprobleme

---

[9]   Vgl. zu dieser Auffassung Grossekettler 1985, S. 122 ff.

2.2.2. Zum Problem des ‚Wandels der Realität' bei der Generierung erklärender Aussagen – ein Einblick in unterschiedliche wissenschaftstheoretische Grundpositionen

Zeitgebundenheit theoretischer Überlegungen und empirischer Ergebnisse in offenen Systemen

Dieses Problem des ‚Wandels der Realität' führt zur Frage der *Zeitgebundenheit theoretischer Überlegungen im Bereich offener Systeme*, über deren Beantwortung ein grundsätzlicher wissenschaftstheoretischer Streit geführt wird. Besondere Bedeutung besitzt diese Frage bei der Konzipierung und Interpretation des Aussagegehaltes empirischer Forschung.

offene, dynamische Systeme

Untersuchungen über Märkte bewegen sich im Bereich sozialer, also *offener* und damit *dynamischer Systeme* und nicht im Bereich statischer Systeme. Damit besteht die Gefahr, dass im Rahmen der vorgenommenen Beobachtungen in der Unternehmenspraxis und der empirischen Untersuchungen zeitgebundene Symptome beschrieben bzw. gemessen werden, die sich in späteren Untersuchungen nicht wieder zeigen und damit den Charakter einer bewährten Aussage verlieren können. Diese Gefahr besteht wohlgemerkt für jegliche empirische Untersuchung im Bereich offener Systeme. Jegliche Untersuchung ist allein unter Hinweis auf diese Gefahr kritisierbar, selbst wenn Operationalisierungs-, Validitäts- und Repräsentativitätsprobleme noch gar nicht ‚ins Feld' geführt und Hinweise, die darauf hinauslaufen, dass statistische Untersuchungen lediglich Erklärungen mit einem mehr oder weniger großen Wahrscheinlichkeitsgrad liefern, nicht berücksichtigt werden.

Methodendualismus und Methodenmonismus

An dieser Gefahr entzünden sich die bereits bei der Skizze der Historischen Schule erwähnten grundsätzlichen wissenschaftstheoretischen Meinungsverschiedenheiten, die bis zur Aussage führen, dass – im Gegensatz zu den Naturwissenschaften, deren Erkenntnisinteresse wesentlich durch physische Systeme geprägt ist – im Bereich sozialer Systeme keine gesetzesartigen Zusammenhänge über das Verhalten von Individuen aufgestellt werden können. In der Diskussion dieser wissenschaftstheoretischen Problematik wird von einem *Methodendualismus* versus einem *Methodenmonismus* gesprochen.[10] Ersteres gilt für den Fall, dass grundsätzliche Unterschiede,

---

[10]   Vgl. zum Überblick über diese Diskussion Kieser 1995, S. 6 ff. insbesondere S. 6, 10, 15.

letzteres gilt für den Fall, dass keine Unterschiede zwischen dem Erklären in den Natur- und Sozialwissenschaften gesehen werden.

Gesteht man die Unterschiede, über die diskutiert wird (insbesondere Offenheit von Systemen, Zeitgebundenheit von realen Phänomenen), ein, so lassen sie nach Auffassung derjenigen, die für einen Methodendualismus eintreten, letztlich eine Anwendung naturwissenschaftlich geprägter Erkenntnismethoden im Bereich der Sozialwissenschaften nicht zu. In diesem Streit werden den Naturwissenschaften erklärende Methoden der Erkenntnisgewinnung zugesprochen, die im Schema der ‚*deduktiv-nomologischen Erklärung*‘ kulminieren, welches letztlich davon ausgeht, dass die Erklärung einer Tatsache durch logische Ableitung (Deduktion) aus anderen Tatsachen und übergeordneten Gesetzen (nomologischen Aussagen) besteht. Die Vertreter dieses Lagers, die Unterschiede zwischen dem Erklären in den Natur- und Sozialwissenschaften sehen, gehen mit Blick auf soziale Systeme davon aus, dass erst das ‚*Verstehen*‘ des Sinns subjektiven Handelns, der durch Absichten, Werte, Ideen und Wahrnehmungen gesteuert wird, die sich wiederum durch neue Einsichten ändern können, Zugang zu einer Erklärung menschlichen Handelns eröffnet. Gesetzesartige Zusammenhänge über das Verhalten von Individuen existieren nach Auffassung dieser Vertreter nicht. Statt Symptome oder Ergebnisse des Handelns in ‚groß‘ angelegten Studien zu messen und möglichen Ursachen zuzuordnen, treten Vertreter dieser wissenschaftlichen Auffassung dafür ein, Verhaltensweisen zu rekonstruieren bzw. einzelne, für wichtig erachtete Fälle beobachtend zu begleiten. Man erkennt hier die wissenschaftstheoretischen ‚Fundamente‘ der Historischen Schule.

deduktive Erklärung

induktives Verstehen

Dieser Position wird allerdings vom anderen Lager, das für eine Übertragbarkeit naturwissenschaftlich geprägter Erkenntnismethoden auf Fragestellungen im Bereich sozialer Systeme eintritt, entgegengehalten, dass sie zwar nicht un-, jedoch vorwissenschaftlich sei, da sie bestenfalls lediglich Anregungen für das Auffinden von Zusammenhängen bieten würde, die im Kern nur singulären Charakter besitzen. Zu ergänzen ist konsequenterweise, dass selbst bei der Fallanalyse stets die Gefahr besteht, dass außergewöhnliche Symptome menschlicher Charaktere beobachtet werden, die es nicht einmal zulassen, einen Einzelfall zu verstehen. Wird doch implizit unterstellt, dass durch Beobachtung und Analyse die menschliche Psyche so hinreichend erklärt werden kann, dass das individuelle Verhalten in einem Aussagensystem mit hohem Informationsgehalt ‚rekonstruiert‘ werden kann. Dieser Versuch ist somit – nicht nur für den Wirtschaftswissenschaftler – ebenso der Gefahr ausgesetzt, dass auf temporäre Symptome

Probleme des induktiven Erklärens

zurückgegriffen wird, die das Verständnis für menschliche Verhaltensweisen irreführen können – auch wenn von einer Existenz zeitungebundener Zusammenhänge gar nicht erst ausgegangen wird.

Dieser kurze Einblick in die derzeit immer noch umstrittenen wissenschaftstheoretischen Grundpositionen verdeutlicht, dass die theoretischen Fundamente der Erforschung von Märkten in einem *wissenschaftstheoretischen Dilemma* stecken. Einerseits wird die deduktiv-nomologische Erklärung als nicht zielführend kritisiert, da es Gesetze in offenen Systemen nicht gäbe. Andererseits wird der auf Einzelfällen beruhenden historischen Methode ebenfalls mangelnde Zielführung angelastet, da ihre Aussagen letztlich nur singulären Charakter besitzen und u. U. ebenfalls durch den Wandel der Realität widerlegt würden.

Mit Blick auf das Theorieverständnis der Erforschung von Märkten wird vor dem Hintergrund dieser immer noch anhaltenden Kontroverse eine *Synthese beider Richtungen* der Erkenntnisgewinnung angestrebt.[11] Obwohl sich die wissenschaftstheoretischen Grundpositionen beider Richtungen hinsichtlich der Frage nach der Existenz von Gesetzen in sozialen Systemen diametral widersprechen, ergänzen sich ihre Wege der Erkenntnisgewinnung.[12] Für die deduktiv-nomologischen Erklärungsansätze, die zur Überprüfung ihrer Erkenntnisse mitunter auf breit angelegte empirische Untersuchungen zurückgreifen, ist das Verstehen von einzelnen Fällen unverzichtbar. Empirische Studien, die auf eine Vielzahl von Fällen zurückgreifen, liefern nur dann Hinweise auf regelhafte Strukturen, wenn die zugrundeliegenden Hypothesen auf einem sinnvollen Vorverständnis der ökonomischen Zusammenhänge beruhen. Dieses Verständnis kann aus empirischen Daten allein nicht gewonnen werden. Kein empirisch noch so signifikanter Zusammenhang, der sich auch mehrfach in aufeinander aufbauenden Untersuchungen bewährt hat, kann ohne ein tiefer gehendes *Verständnis der ihm zugrundeliegenden Wirkungs‚mechanismen'* Hinweise für eine Erklärung der Wirklichkeit liefern. Ein Höchstmaß an Kritik ist statistischen Zusammenhängen entgegenzubringen, die nicht mit einem Verständnis der Wirkungsweise begründet werden können und damit der Gefahr erliegen, Scheinzusammenhänge zu sein.

Randnotizen: wissenschaftstheoretisches Dilemma · Synthese beider Richtungen · Verständnis der Wirkungsmechanismen

---

[11]   Vgl. z. B. Meinefeld 1995.

[12]   So auch Kieser 1995, S. 21 f.

Hinsichtlich der Zeitgebundenheit der empirisch gestützten Aussagen sei darauf verwiesen, dass für die Prüfung einer Theorie weniger das Objekt bzw. das zu messende Phänomen der einzelnen Hypothese von Bedeutung ist als vielmehr die theoretische Aussage, die geprüft wird. Die Objekte, die in Märkten untersucht werden können (z. B. Einstellungen, Betriebsformen) sind zwar in ihrer konkreten Ausprägung zeitgebunden, gleichwohl können zu prüfende Aussagen insofern zeitungebundenen Charakter besitzen, als dass ihr Informationsgehalt nicht von der Existenz eben dieser Objekte abhängt. *Zielsetzung ökonomischer Theorien* muss es somit sein, die hinter den zeitgebundenen Phänomenen ablaufenden Mechanismen des Wandels zu erklären. So wird die Aussage, dass einzelne Betriebsformen ein Potenzial besitzen, andere zu verdrängen, u. U. am Beispiel einiger gegenwärtig verbreiteter Betriebsformen geprüft.[13] Dieser Zusammenhang kann gleichwohl zu einem späteren Zeitpunkt an anderen Realobjekten mit anderen typischen Ausprägungen geprüft werden und sich dann wiederholt vorläufig (!) bewähren.

Zielsetzung ökonomischer Theorien

Abschließend sei zur Frage der Nützlichkeit einer Beobachtung zeitgebundener empirischer Phänomene auf die eigentliche Zwecksetzung ökonomischer Theorien verwiesen. Eine Vorgehensweise, die konsequent darauf verzichtet, Blicke in die Realität zu werfen, erinnert an die bekannte *Parabel vom Betrunkenen*:

„Ein Polizist stößt mitten in der Nacht auf einen Betrunkenen. Dieser rutscht auf allen Vieren unter einer Laterne herum und sucht offensichtlich etwas. Er erklärt dem Wachtmeister, er habe seinen Schlüssel verloren, ,irgendwo da drüben'; dabei zeigt er auf eine Stelle, die außerhalb des Lichtkreises der Laterne liegt. Natürlich fragt ihn der Polizist, warum er den Schlüssel unter der Laterne suche und nicht da, wo er ihn verloren habe, und bekommt zur Antwort: ,Weil man unter der Laterne besser sieht.'"[14]

Parabel vom Betrunkenen

---

[13]   Vgl. zu diesem Vorgehen Olbrich 1998.

[14]   Weizenbaum 1977, S. 174. Zitiert bei Wagner 1994, S. 180, der mit diesem Zitat „rein ökonomische Theorien" des „realen Phänomens Unternehmung" kritisiert.

2.2.3. Ein Einblick in Probleme des Informationsstandes bei der Generierung von Handlungsempfehlungen

Normative Aussagensysteme beanspruchen, auf der Grundlage von Erklärungen Hinweise für eine vorausschauende Gestaltung zu geben. In diesem Zusammenhang sei auf einige grundsätzliche *betriebswirtschaftliche Probleme* verwiesen, die den Informationsstand betreffen, der Handlungsempfehlungen zugrunde gelegt wird.

betriebswirtschaftliche Probleme

Besondere Probleme ergeben sich bei der Generierung von Aussagen über ‚optimale' Dispositionen, also z. B. über *optimale Unternehmenskonfigurationen*. Eine optimale Unternehmenskonfiguration kann nur formal im Rahmen eines partialen und zeitlich begrenzten Datenkranzes abgeleitet werden, da der reale Datenkranz nie vollständig bekannt und damit auch nicht vollständig ermittelbar ist. Partialmodelle bieten somit nur Anhaltspunkte für eine praktische Gestaltung von Unternehmen. Eine Konfiguration ist in diesem Sinne z. B. dann optimal, wenn sie die zu extremierende Zielvariable in einem gegebenen Datenkranz extremiert. Partialmodelle generieren aufgrund des zeitlich begrenzten Datenkranzes stets ‚statisch-optimale' Lösungen. Die Probleme von modelltheoretischen Optimierungen münden somit in ein Informations-, bei praktischen Anwendungsversuchen zudem in ein Prognoseproblem. Darüber hinaus heben realiter Veränderungen des Datenkranzes eine temporär optimale Unternehmenskonfiguration permanent wieder auf. Die ‚optimale' Konfiguration gibt es damit u. U. in der Realität zu einem bestimmten Zeitpunkt, als modelltheoretisch antizipativ gewonnenes Wissen jedoch nicht.

Beispiel ‚optimale Unternehmenskonfiguration'

Dessen ungeachtet kann die Generierung von *Partialmodellen* einen *hohen Wert* aufweisen, der ihren Entwurf rechtfertigt.[15] Entscheidend hierbei ist im Einzelfall, ob die Heuristiken, die eingesetzt werden, um ein schlecht strukturiertes Problem in ein lösbares, partiales Problem zu transformieren,

Nutzen von Partialmodellen

---

15 Mit Blick auf das Phänomen ‚Unternehmenswachstum und -konzentration' existiert bereits seit geraumer Zeit eine Vielzahl mikroökonomischer und organisationaler Ansätze zur Generierung von Modellen. Vgl. zu einem entsprechenden Überblick über Ansätze wachstumstheoretischer Modellbildung bereits Brändle 1970, S. 36 ff.

eine Rückkopplung zu dem Ausgangsproblem zulassen.[16] Eine Rückkopplung erscheint dann möglich, wenn die Begründungen für die Abstraktion vom Ausgangsproblem plausibel sind und nicht wesentliche Beziehungen zwischen den Elementen des Problems zerschneiden.

Betrachtet man die scheinbar naheliegende Alternative einer formalen modelltheoretischen Betrachtung der Konfiguration von Unternehmen, so wird ein nahezu identisches Problem ersichtlich.

Eine Alternative scheinen Aussagensysteme zu sein, die von einer modellhaften Abbildung des Entscheidungsfeldes absehen und sich auf *kontextgebundene* Aussagen konzentrieren, die in einer dynamischen Umwelt Informationsgehalt besitzen sollen. Dem Informationsproblem einer formalen Optimierung durch statische oder komparativ-statische Partialmodelle stehen im Rahmen einer dynamischen, auf Veränderungen des Umfelds ausgerichteten Betrachtung Aussagen bzw. Handlungsempfehlungen gegenüber, deren Informationsgehalt von situativen Rahmenbedingungen abhängt und die damit schon auf diesem Gebiet einem Informationsproblem erliegen. Das Informationsproblem stellt sich auf dem Gebiet des situativen Datenkranzes ein, der zu unterschiedlichen Zeitpunkten nicht identisch ist. Darüber hinaus ergibt sich ein weiteres Informationsproblem: Welcher Weg der Erkenntnisgewinnung wird gewählt? Wie werden situative Aussagen generiert? Als mögliche Antwort auf diese Frage kommen die Wege des ‚Erklärens‘ und ‚Verstehens‘ infrage, die im vorangegangenen Abschnitt 2.2.2. erläutert wurden. Beide Wege der Erkenntnisgewinnung beinhalten allerdings wesentliche Elemente einer modellhaften Abbildung der Realität. Insofern handelt es sich bei der modelltheoretischen Generierung von Aussagen und der Generierung situativer Aussagen nicht um echte Gegensätze.

Kontextgebundenheit

Als dritte Alternative scheinen Aussagensysteme denkbar, die Aussagen über die Realität *ohne Kontextgebundenheit* enthalten. Hier kommen zwei Arten von Aussagen infrage:

Kontextungebundenheit

---

[16] Vgl. Adam 1983, S. 486 u. Adam 1989, insb. Sp. 1415. Letztlich kann keine Aussage darüber getroffen werden, ob Heuristiken zur optimalen Lösung des Ausgangsproblems führen. Hierzu müßte die Lösung des Ausgangsproblems bekannt sein, was den Einsatz von Heuristiken erübrigen würde.

Zum einen solche Aussagen, die aufgrund ihrer Entstehung (z. B. eine empirische Untersuchung konkreter Unternehmen) eigentlich kontextgebunden sein müssten, dies aber in ihrer endgültigen Formulierung nicht sind: „Ein Waschmittelhersteller verkauft mehr Waschmittel, wenn die dafür geschalteten Fernsehwerbespots eine lachende Familie und die Sonne zeigen, als wenn dies nicht der Fall ist."[17] Es ist klar, dass sich die Präferenzen von Waschmittelkäufern in verschiedenen geographischen Gebieten und zu verschiedenen Zeiten voneinander unterscheiden können. In dieser Allgemeinheit ist eine derartige *Aussage also mit größter Wahrscheinlichkeit falsch*, was sich durch ein entsprechendes Gegenbeispiel auch beweisen ließe.

Wahrheitsgehalt der Aussage

Zum anderen sind Aussagen vorstellbar, die etwa die folgende Struktur haben: „Eine Unternehmenskonfiguration ist ‚dynamisch-optimal', wenn sie in allen Situationen die Voraussetzungen einer zieladäquaten Veränderung besitzt." Strukturell einer Definition vergleichbar, ist hier die Folgerung (‚dynamisch-optimal') nur eine neue Bezeichnung für einen gegebenen Sachverhalt, der in der Aussage als Prämisse (‚in allen Situationen fähig zu zieladäquater Veränderung') enthalten ist. Eine solche *Tautologie* Aussage kann man als *Tautologie* bezeichnen, da sie nicht widerlegbar ist und gerade deshalb auch keinen Informationsgehalt besitzt. Abgesehen davon kann sie nicht mit Inhalt gefüllt werden, da man ja alle Situationen und ihre Konsequenzen kennen müsste.

Insofern sind Aussagensysteme, die Handlungsempfehlungen beinhalten und gleichzeitig dem situativen Ansatz vollständig abschwören, entweder in sich widersprüchlich bzw. offensichtlich falsch, weil sie sich auf nicht offengelegte Prämissen stützen, oder ihre Aussagen sind tautologisch.

---

17 Diese Aussage enthält implizit die Empfehlung zu einer bestimmten Gestaltung eines Werbemittels. Die konkreten Ausprägungen der Kommunikationspolitik lassen sich ebenso wie Festlegungen in den übrigen Instrumentalbereichen des Marketing als Bestandteil der Unternehmenskonfiguration interpretieren.

2.3. Eigenschaften von Untersuchungszielen und Untersuchungshypothesen im Rahmen der Erforschung von Märkten

Eine Marktforschungsuntersuchung ist häufig mit einem erheblichen Aufwand verbunden. Da das zu wählende Design einer Marktforschungsuntersuchung oft entscheidend von dem Ursprung eines Informationsbedürfnisses abhängt, müssen die *Untersuchungsziele* im Vorfeld der Untersuchung möglichst präzise festgelegt werden. Ansonsten besteht die Gefahr, dass eine Marktforschungsuntersuchung zu breit angelegt wird und damit unnötige Kosten verursacht oder das ursprüngliche Informationsbedürfnis gar nicht befriedigt wird.

Untersuchungsziele

Ein Unternehmen möchte z. B. wissen, ob die kürzlich vorgenommene Preissenkung erfolgreich war. Auf den ersten Blick könnte man annehmen, dass das Ziel der Untersuchung damit eindeutig benannt ist. Bei der Formulierung dieses Informationsbedürfnisses durch das Unternehmen bleibt allerdings offen, wie der Erfolg der Preissenkung zu bewerten ist. Letztlich hängt die genaue Formulierung des Untersuchungsziels von dem Ursprung des Informationsinteresses des Unternehmens ab. Plant das Unternehmen den Preis des Produktes erneut festzulegen und verfolgt es damit das Ziel der Gewinnsteigerung, dann ist der Einfluss der Preissenkung auf die (kurzfristige) Gewinnveränderung zu messen. Plant das Unternehmen hingegen den Preis von ausgewählten Produkten aus anderen Produktgruppen zu senken, um dadurch ein Image besonderer ‚Preiswürdigkeit' aufzubauen, dann ist der Einfluss der Preissenkungen auf die Wahrnehmung des Unternehmens durch die Konsumenten zu messen.

geplante Maßnahmen als Auslöser für einen Informationsbedarf

Um in diesem Fall eine konkrete *Untersuchungshypothese zu formulieren*, muss die Maßnahme ‚Preissenkung ausgewählter Produkte' und die vermutete Wirkung (Unternehmensimage ‚Preiswürdigkeit') weiter präzisiert werden. Sinnvolle Untersuchungshypothesen stellen somit einen vermuteten Wirkungszusammenhang zwischen einer oder mehreren Aktionsvariablen (Preis bestimmter Produkte) und einer oder mehreren Zielgrößen (Gewinn, Image) her. Die Untersuchungshypothese beinhaltet eine Prognose darüber, wie sich die Zielgrößen ändern, wenn die Aktionsvariablen in einer genau definierten Weise verändert werden. Aufgrund dieser engen Beziehung zwischen Maßnahmen (Veränderung von Aktionsvariablen), Unternehmenszielen und den Untersuchungszielen einer Marktforschungsstudie, die sich in einem Katalog von Untersuchungshypothesen konkre-

Formulierung von Untersuchungshypothesen

tisiert, ist die Planung einer Marktforschungsstudie nur durch eine enge Kooperation zwischen den Entscheidungsträgern in einem Unternehmen und den Marktforschern zu bewältigen.

Übungsaufgaben

Aufgabe 1:   Kosten und Nutzen der Marktforschung

Arbeiten Sie heraus, wie die Kosten und der Nutzen von Marktforschungsuntersuchungen operationalisiert werden können!

Aufgabe 2:   Wissenschaftstheorie

Ein Handelsunternehmen möchte wissen, wie die Kommunikation von Preisaktionen mittels Handzetteln wirkt.

a) Formulieren Sie zur Wirkung von mittels Handzetteln kommunizierten Preisaktionen auf den Produktabsatz eine Hypothese! Erläutern Sie an diesem Beispiel die Grundposition der Klassik sowie der Historischen Schule! Erläutern Sie, wie sich die Bewährung bzw. die Falsifikation der formulierten Hypothese im Rahmen einer Marktforschungsuntersuchung zeigt!

b) Erläutern Sie an diesem Beispiel das Schema der deduktiv-nomologischen Erklärung sowie des induktiven Verstehens! Erläutern Sie hierbei auch das Problem des induktiven Erklärens!

c) Erläutern Sie an diesem Beispiel, warum das Handelsunternehmen trotz des Problems des ‚Wandels der Realität' an einer Klärung des Wirkungszusammenhangs zwischen mittels Handzettel kommunizierter Preisaktionen und Produktabsatz interessiert sein sollte!

Weiterführende Literatur

NIESCHLAG, R. 1954: Die Dynamik der Betriebsformen im Handel, Essen 1954.

POPPER, K. R. 1994: Logik der Forschung, 10., verb. und vermehrte Aufl., Tübingen 1994.

BORCHERT, M./GROSSEKETTLER, H. (Hrsg.) 1985: Preis- und Wettbewerbstheorie, Marktprozesse als analytisches Problem und ordnungspolitische Gestaltungsaufgabe, Stuttgart u. a. 1985.

KIESER, A. (Hrsg.) 1995: Organisationstheorien, 2., überarb. Aufl., Stuttgart u. a. 1995.

Kapitel 3

Einführung
in die Erforschung des Konsumentenverhaltens

3. Einführung in die Erforschung des Konsumentenverhaltens

3.1. Charakterisierung des Konsumentenverhaltens

3.1.1. Allgemeine Merkmale des Konsumentenverhaltens

Die zuvor genannten Informationen, die die Marktforschung gewinnen soll, beziehen sich direkt oder indirekt auf das *Verhalten von Konsumenten*: Wie reagieren die Konsumenten auf bestimmte Marketingmaßnahmen? Welche bzw. wie viele Konsumenten kaufen ein Produkt, das mit bestimmten Eigenschaften ausgestattet ist? Wie unterscheiden sich die Konsumenten mit Blick auf Kaufgewohnheiten? Welche Preisbereitschaften weisen die Konsumenten mit Blick auf ein bestimmtes Gut auf?

Konsumenten-
verhalten als
Untersuchungs-
gegenstand

Viele Fragen, die dem Marktforscher gestellt werden, können nur beantwortet werden, wenn das Verhalten der (potenziellen) Konsumenten richtig verstanden wird. Aus diesem Grunde führt das folgende Kapitel zunächst in die Erforschung des Konsumentenverhaltens ein.

Wie in Abschnitt 2.2. bereits aus der Perspektive der Wissenschaftstheorie erläutert wurde, ist es *i. d. R. nicht möglich, allgemeine Aussagen* über das Verhalten von Konsumenten zu treffen. Es lassen sich allerdings einige *Grundprinzipien* erkennen. Das *Konsumentenverhalten*

allgemeine Aussa-
gen kaum möglich

Grundprinzipien
des Konsumenten-
verhaltens

- ist zweckorientiert,

- hat Prozesscharakter,

- umfasst aktivierende und kognitive Prozesse,

- wird von externen Faktoren beeinflusst

- und kann bei verschiedenen Personen bzw. in verschiedenen Situationen unterschiedlich sein.[18]

---

[18] Vgl. zu einer umfassenderen Charakterisierung des Konsumentenverhaltens Wilkie 1990, S. 12 ff.

zweckorientiert *1. Konsumentenverhalten ist zweckorientiert*

In aller Regel verfolgt ein Konsument oder ein gewerblicher Einkäufer durch einen Kauf bestimmte Ziele bzw. er möchte ein Bedürfnis befriedigen. Z. B. möchte ein Konsument seinen Durst stillen oder ein industrieller Einkäufer Rohstoffe beschaffen, um die Produktion in einem Industriebetrieb aufrechtzuerhalten.

Die zu befriedigenden Bedürfnisse können höchst unterschiedlicher Natur sein. Sie reichen bei Konsumenten von elementaren physischen Bedürfnissen bis zum Streben nach sozialem Status und Selbstverwirklichung. Industrieller Einkauf ist weitgehend auf die Ziele von Unternehmen (z. B. Gewinnerzielung, Existenzsicherung des Unternehmens, Kostensenkung) ausgerichtet, kann aber auch von persönlichen Bedürfnissen der am Beschaffungsprozess Beteiligten (z. B. nach Aufrechterhaltung guter Kontakte zum Vertreter des Lieferanten) beeinflusst werden.

Vielfach wirken bei Kaufentscheidungen unterschiedliche Bedürfnisse zusammen. Beispielsweise kann der Kauf eines teuren Automobils gleichzeitig von den Wünschen nach Mobilität und Selbstdarstellung beeinflusst sein. Erkenntnisse über die jeweilige Zweckorientierung des Konsumentenverhaltens liefern Ansatzpunkte für die Entwicklung entsprechender Marketingstrategien.

Die Zweckorientierung des Konsumentenverhaltens bedeutet keineswegs, dass diese dem Käufer immer vollständig bewusst sein muss. Häufig führt z. B. der möglicherweise verdrängte Wunsch nach Sozialprestige zur Wahl hochpreisiger Marken. Nur selten kann man davon ausgehen, dass das Verhalten der Konsumenten explizit und bewusst darauf gerichtet ist, den mit einem Kauf verbundenen materiellen Nutzen zu maximieren.

Prozesscharakter *2. Konsumentenverhalten hat Prozesscharakter*

Aktivitäten von Käufern erfordern immer Zeit. Obwohl Prozesse, die nach einem Kauf stattfinden (z. B. im Hinblick auf energiesparende Verwendung von Produkten oder entstehende Konsumentenzufriedenheit), ökonomisch bedeutsam sein können, liegt das Hauptaugenmerk der Forschung auf Vorgängen, die sich vor einem Kauf abspielen. Dafür dürfte vor allem die bisher recht enge Bindung der Konsumentenverhaltensforschung an die Marketingwissenschaft verantwortlich sein.

Anhand von Kaufentscheidungsprozessen, die bis heute in Wissenschaft und Praxis besondere Beachtung finden, kann man auch einen Eindruck von der Unterschiedlichkeit der Dauer von für das Konsumentenverhalten relevanten Prozessen finden: Einerseits liegt die Zeit für die Entscheidung eines Konsumenten über ein Sonderangebot eines Supermarktes in der

Regel im Sekundenbereich, andererseits kann ein Beschaffungsprozess (z. B. eines Eigenheims) Monate oder Jahre dauern.

3. Konsumentenverhalten umfasst aktivierende und kognitive Prozesse

aktivierende und kognitive Prozesse

Die für das Konsumentenverhalten maßgeblichen psychischen Vorgänge können in aktivierende und kognitive Prozesse unterteilt werden. „Als aktivierend werden solche Vorgänge bezeichnet, die mit inneren Erregungen und Spannungen verbunden sind und das Verhalten antreiben. Kognitiv sind solche Vorgänge, durch die das Individuum die Informationen aufnimmt, verarbeitet und speichert. Es sind Prozesse der gedanklichen Informationsverarbeitung im weiteren Sinne."[19] Viele für das Konsumentenverhalten wichtige Konstrukte lassen sich diesen beiden Kategorien nicht ganz eindeutig zuordnen. Aus diesem Grunde orientiert man sich an der schwerpunktmäßigen Ausrichtung der verschiedenen Konstrukte und ordnet Emotionen, Motive und Einstellungen den aktivierenden Prozessen, Wahrnehmung, Denken, Lernen, Entscheidung und Informationsspeicherung (Gedächtnis) den kognitiven Prozessen zu.

4. Konsumentenverhalten wird von externen Faktoren beeinflusst

Beeinflussung durch externe Faktoren

Jeder Konsument, aber auch jeder industrielle Einkäufer, ist in vielfältige ökonomische und soziale Beziehungen eingebunden. Gesamtwirtschaftliche Faktoren, die sich z. B. in der Einkommenssituation der Haushalte niederschlagen, und einzelwirtschaftliche Faktoren (z. B. Preisänderungen für bestimmte Produkte) haben direkten Einfluss auf Kaufentscheidungen.

Die Zugehörigkeit zu einem bestimmten Kulturkreis und einer bestimmten sozialen Schicht bildet den Hintergrund für individuelles Verhalten. Beispielsweise unterscheiden sich die geschmacklichen Präferenzen beim Kauf von Kleidung durch Mitglieder verschiedener Subkulturen deutlich. Direkten Einfluss auf viele Kaufentscheidungen haben auch Bezugsgruppen, wie z. B. Familie, Freunde und Kollegen.

5. Konsumentenverhalten kann bei verschiedenen Personen bzw. in verschiedenen Situationen unterschiedlich sein

situativer Charakter des Konsumentenverhaltens

Natürlich führen unterschiedliche Bedürfnisse, Erfahrungen und Fähigkeiten zu unterschiedlichem Konsumentenverhalten. Darüber hinaus kann das Verhalten einer Person in verschiedenen Situationen unterschiedlich

---

[19] Kroeber-Riel/Weinberg/Gröppel-Klein 2009, S. 51.

sein. Beispielsweise dürfte für den Ablauf eines Kaufentscheidungsprozesses der jeweils vorhandene Zeitdruck oder der Verwendungszweck eines
Produkts (eigener Bedarf, Geschenk, Bewirtung von Gästen) eine Rolle
spielen. Derartige Unterschiede im Konsumentenverhalten erschweren
einerseits die Analyse und Prognose des Konsumentenverhaltens, bieten andererseits aber auch Ansatzpunkte für Strategien der Marktsegmentierung.

Die situativen Merkmale des Konsumentenverhaltens werden im folgenden
Abschnitt ausführlicher diskutiert.

3.1.2.   Situative Merkmale des Konsumentenverhaltens

Situative Faktoren sind situationsspezifische Gegebenheiten, die beim Kauf
eines Produktes eine Rolle spielen. Sie werden aufgrund der *unbefriedigen-*
den Genauigkeit von Prognosen des Konsumentenverhaltens berücksichtigt,
die nur auf Charakteristika der betreffenden Person (z. B. demographische
Merkmale) und des Objekts (Produkt, Werbung etc.) beruhen.

ungenaue Prognosen des Konsumentenverhaltens

Es können drei Arten von Situationen, die sich an der Sichtweise der
Marketingpraxis orientieren, unterschieden werden:[20]

Konsumsituation 1. *Die Konsumsituation*

Wird das Produkt zu Hause oder am Arbeitsplatz gebraucht? Wird es im
Alltagsleben oder in der aktiven Freizeit verwendet? Geschieht die
Verwendung allein oder mit Freunden?

Kaufsituation 2. *Die Kaufsituation*

Ist das Produkt am Einkaufsort verfügbar? Wie lang sind die Wartezeiten? Besteht Zeitdruck?

Kommunikationssituation 3. *Die Kommunikationssituation*

Angenommen, der Konsument wird durch Rundfunkwerbung angesprochen, besteht Kontakt zur Rundfunkwerbung im Auto oder zu
Hause? Besteht eine Ablenkung beim Kontakt zur Werbung?

---

20   Vgl. Assael 1998, S. 177 ff.

Problematisch wird die Anwendung situativer Faktoren auf die Marketing-strategien aufgrund der großen Vielfalt von Ausprägungen situativer Variablen. Daher liegen auch nur einige wenige Untersuchungsergebnisse vor, z. B. über

- die Verbrauchssituation,

- den Zeitdruck und

- die Geschenksituationen.

Nachfolgend werden das Konstrukt der Einstellung und ein auf diesem basierender Ansatz zur Einstellungsmessung – mit dem Ziel eines adäquaten Einsatzes absatzpolitischer Instrumentarien – vorgestellt. Darüber hinaus werden Wechselwirkungen zwischen der Einstellung und dem Konsumentenverhalten einer näheren Betrachtung unterzogen.

3.2. Einstellungen von Konsumenten und Einstellungsmessung

3.2.1. Das Konstrukt Einstellung

Das Konstrukt der *Einstellung* kann als eine erlernte Neigung, hinsichtlich eines bestimmten Stimulus in einer konsistent positiven oder negativen Weise zu reagieren, definiert werden. Einstellung

In Anlehnung an die traditionelle *3-Komponenten-Theorie* setzt sich die Einstellung aus einem kognitiven, einem affektiven Bestandteil sowie der Verhaltenstendenz zusammen. Dabei spiegelt die kognitive Komponente das Wissen bzw. den Informationsstand und die Erfahrung eines Individuums in Bezug auf einen bestimmten Stimulus wider. Demgegenüber bezieht sich die affektive Komponente auf die Werthaltungen des Individuums. Die Verhaltenskomponente stellt die Bereitschaft dar, sich einem bestimmten Einstellungsobjekt gegenüber in einer bestimmten Weise zu verhalten, z. B. es zu kaufen. 3-Komponenten-Theorie

Die 3-Komponenten-Theorie ist aber in letzter Zeit zunehmend in die Kritik geraten, da vielfach die Meinung vertreten wird, dass die Verhaltens-komponente keinen Bestandteil der Einstellung darstellt, sondern vielmehr als eigenständige psychische Größe zu betrachten ist, die neben der Einstellung besteht.

Einen Ansatz zur Messung von Einstellungen bietet das mehrdimensionale Modell von Trommsdorff, das im nächsten Abschnitt skizziert wird.

3.2.2.   Das Modell von Trommsdorff zur Messung von Einstellungen

Modell von TROMMSDORFF

Das mehrdimensionale *Modell von* TROMMSDORFF wird zur Messung von Einstellungen eingesetzt. Dieses lässt sich formal wie folgt darstellen:[21]

$$(3.1) \qquad E_{ij} = \sum_{k=1}^{n} \left| A_{ijk} - I_{ik} \right|$$

wahrgenommene und ideale Merkmalsausprägung

Dabei stellt A_{ijk} die von Person i an Objekt j *wahrgenommene Ausprägung des Merkmals* k und I_{ik} die von Person i an Objekten derselben Objektklasse als *ideal empfundene Ausprägung des Merkmals k* dar. Den Ausdruck A_{ijk}-

Eindruckswert

I_{ik} bezeichnet man auch als *Eindruckswert*. Die Einstellung bzw. der

Einstellungswert

Einstellungswert einer Person i gegenüber Objekt j, E_{ij}, ergibt sich bei dieser Vorgehensweise durch Summation der Eindruckswerte über die Merkmale $k = 1$ bis n.

Im Rahmen des Modells von TROMMSDORFF werden von den drei unter Abschnitt 3.2.1. genannten Komponenten nur die affektive und die kognitive Komponente gemessen. Während die kognitive Komponente (das Wissen) direkt, und zwar über die wahrgenommenen Merkmalsausprägungen A_{ijk} gemessen wird, wird die affektive Komponente (die Bewertung) in diesem Modell nur indirekt über die für ideal gehaltenen Merkmalsausprägung I_{ik} und einen anschließenden Soll-Ist-Vergleich erfasst.

Dieser Soll-Ist-Vergleich spiegelt sich in dem Eindruckswert zu einer ganz bestimmten Merkmalsausprägung wider, da sich dieser aus der Differenz zwischen realer Ausprägung eines Merkmals an einem bestimmten Objekt (z. B. das Auto der Marke X hat 75 PS) und der für ideal gehaltenen

---

21   Vgl. zur Einstellungsmessung Trommsdorff/Teichert 2011, S. 125 ff.

Ausprägung dieses Merkmals an Objekten derselben Klasse (idealerweise sollten Autos dieser Objektklasse 65 PS besitzen) ergibt.

Somit bekommt ein Unternehmen durch die Offenlegung der Bewertungs-maßstäbe (Idealausprägung) der Testpersonen bei einzelnen einstellungs-relevanten Merkmalsausprägungen klare Hinweise auf Schwächen seines Einstellungsobjektes in den Augen der Testpersonen. Diese Informationen kann es nun nutzen, um mithilfe des *absatzpolitischen Instrumentariums die Einstellung* zu seinem Einstellungsobjekt *zu verbessern*. Zieht man auch hier wieder die PS-Zahl eines Autos als Merkmal heran, hätte ein Unter-nehmen in dem obigen Beispiel durch die Einstellungsmessung die Infor-mation erhalten, dass die reale PS-Zahl bei seinem Auto der Marke X über der von den Testpersonen als ideal empfundenen PS-Zahl in dieser Objekt-klasse liegt.

Veränderung von Einstellungen mit den Marketing-instrumenten

Zur Verbesserung der Einstellung gegenüber diesem Einstellungsobjekt stehen einem Unternehmen dann die beiden folgenden Handlungs-alternativen offen:

1. Heranführung der realen Merkmalsausprägung an das Ideal der potenziellen Kunden durch entsprechende produktpolitische Maß-nahmen, z. B. Ausstattung des Autos der Marke X mit einem 70 oder 65 PS-Motor.

2. Veränderung des bisherigen Idealbildes durch kommunikations-politische Maßnahmen, z. B. Informationskampagne zu den Gründen, warum das Auto der Marke X idealerweise 75 PS besitzen sollte.

Zusammenfassend kann gesagt werden, dass der Hauptvorteil der Ein-stellungsmessung nach TROMMSDORFF für Unternehmen darin liegt, dass über die Ermittlung der Eindruckswerte klare Anhaltspunkte hinsichtlich der Merkmalsausprägungen des Objektes gewonnen werden, die im Real- vom Idealbild potenzieller Kunden abweichen und somit auch erste Hinweise für den Einsatz geeigneter absatzpolitischer Instrumentarien generiert werden.

3.2.3. Wechselwirkung zwischen Einstellung und Konsumentenverhalten

In der wissenschaftlichen Diskussion steht seit langer Zeit die verhaltenssteuernde Wirkung der Einstellung im Mittelpunkt des Interesses. Diese Beziehung *Einstellung → Verhalten* hat auch für das Marketing vorrangige Bedeutung, da man davon ausgeht, dass die heute gemessenen Einstellungen das Verhalten ‚von morgen' bestimmen. Dieser Hypothese folgend, geht man z. B. bei Kaufprognosen davon aus, dass mit zunehmender Stärke einer positiven Einstellung zum Produkt die Kaufwahrscheinlichkeit steigt.

Gleichwohl haben unterschiedliche, auf die Erforschung des Konsumentenverhaltens gerichtete Untersuchungen gezeigt, dass zwischen Einstellungen und tatsächlichem Verhalten häufig Diskrepanzen bestehen. Eine positive Einstellung zu einem bestimmten Produkt schlägt sich dann nicht im Kauf dieses Produktes nieder.[22] Die daraus resultierende ‚*Verhaltenslücke*' lässt sich oftmals auf die Existenz von sogenannten Störfaktoren zurückführen. So könnten z. B. positive Einstellungen zur Bedeutung einer gesunden und ausgewogenen Ernährung zunächst darauf schließen lassen, dass derart ernährungsbewusste Konsumenten auch tatsächlich ihren Bedarf an Lebensmitteln auf diese Weise decken. So könnte die Kaufentscheidung u. a. zugunsten ökologischer Lebensmittel ausfallen. Mit Blick auf die Vielzahl der im Markt verfügbaren Produkte und der nicht unerheblichen Preisunterschiede kann jedoch davon ausgegangen werden, dass Konsumenten auch positive Einstellungen zu alternativen Produkten aufweisen und diese infolgedessen erwerben.

Insbesondere *situative Faktoren* können Konsumenten daran hindern, bestimmte Einstellungen im Kaufverhalten wirken zu lassen. So ist es denkbar, dass z. B. ökologische Lebensmittel nicht am präferierten Einkaufsort verfügbar sind und zusätzliche ‚Wegekosten' mit Blick auf die Beschaffung in Kauf genommen werden müssten. Auch der alltägliche Zeitdruck kann die i. d. R. ‚hektische' Kaufentscheidung derart beeinflussen, dass gegebene Einstellungsmuster nicht ihre Wirkung beim Einkauf entfalten.

Das Auftreten einer ‚Verhaltenslücke' kann aber auch häufig darauf zurückgeführt werden, dass einige Konsumenten ihr individuelles Kaufverhalten

Marginalien:
Einstellung → Verhalten

Verhaltenslücke

situative Faktoren als Ursache der Verhaltenslücke

---

[22] Vgl. hierzu am Beispiel von Fleischprodukten Voerste 2009, S. 181 ff.

an den Wertvorstellungen ihrer Bezugsgruppen ausrichten. Sollte z. B. innerhalb einer Familie ein bestimmtes Kaufverhalten dominant sein, kann es durchaus vorkommen, dass die individuellen Einstellungsmuster eines Familienmitgliedes nicht mit dem tatsächlichen Kaufverhalten harmonieren.

Darüber hinaus ist es denkbar, dass positive Einstellungen zu bestimmten Produkten nicht mit deren Preis vereinbar erscheinen. Sollten z. B. gesundheitsorientierte Lebensmittel höhere Preise aufweisen, könnte die Kaufentscheidung der Konsumenten aufgrund finanzieller Restriktionen oder einer geringeren Preisbereitschaft zugunsten preisgünstigerer Lebensmittel ausfallen.

ökonomische Faktoren als Ursache der Verhaltenslücke

Ein weiteres, der Messung von Einstellungen geschuldetes Problem ist zudem, dass die erhobenen Einstellungen nicht zwangsläufig und eindeutig den tatsächlichen Einstellungen der Konsumenten entsprechen müssen. Diese könnten durchaus dazu geneigt sein, *sozial erwünschte Antworten* zu geben. Ist z. B. davon auszugehen, dass ökologische Lebensmittel im gesellschaftlichen Umfeld eine breite Akzeptanz und Unterstützung erfahren, so möchte sich der Befragte u. U. nicht zu einer anderen Position bekennen.

sozial erwünschtes Antwortverhalten

Aber auch der umgekehrte Einfluss ist denkbar: Das *Verhalten bestimmt die Einstellung.* So ist z. B. der Fall denkbar, dass ein Käufer aufgrund situativer Faktoren dazu gezwungen wird, ein anderes Produkt zu kaufen als üblich. Durch diesen Kauf kann es dann aus unterschiedlichen Gründen („der Joghurt der Marke X schmeckt ja doch") zu einer Einstellungsänderung gegenüber diesem Produkt kommen. Dieses Verhaltensmuster tritt vor allem dann auf, wenn eine positive Einstellung zu einem Produkt nicht Voraussetzung für den Kauf dieses Produktes ist, sondern vielmehr das Ergebnis des Kaufs, respektive des Konsums.

Verhalten → Einstellung

3.3. Extensive, limitierte und habitualisierte Kaufentscheidungen

Extensive' Kaufentscheidungen (auch ‚echte' Kaufentscheidungen genannt) unterstellen die Wahrnehmung einer neuen Entscheidungssituation durch den Konsumenten und die Lösung des durch diese Situation geschaffenen Problems im Rahmen eines umfassenden und bewussten Problemlösungsprozesses. Aufgrund der Neuartigkeit der Entscheidungssituation entwickelt das Individuum im Rahmen einer extensiven Kauf-

extensive Kaufentscheidung

entscheidung Kriterien zur Bewertung möglicher Alternativen, holt Informationen über verschiedene Alternativen ein und vergleicht diese. Eine extensive Kaufentscheidung ist durch ein hohes Involvement des Käufers und ein großes Ausmaß kognitiver Steuerung seitens des Käufers gekennzeichnet. Die extensive Kaufentscheidung tritt vorzugsweise bei erklärungsbedürftigen und höherwertigen Produkten auf. Im organisationalen Beschaffungsverhalten treten extensive Kaufentscheidungen vor allem bei einem Neukauf von Anlagen auf.

Im Bereich privater Anschaffungen löst nicht selten der erste Kauf eines neuen Automobils bei Menschen, die sich für Automobile interessieren, eine extensive Kaufentscheidung aus. Bevor der Konsument hier eine Entscheidung trifft, überlegt er zunächst, welche Anforderungen der PKW erfüllen muss und welche Automarken infrage kommen. Anschließend holt der Konsument Informationen zu möglichen Produkten ein (z. B. durch Besuche bei Händlern und durch Fachzeitschriften) und führt ggf. Probefahrten mit solchen Automobilen durch, die in die engere Auswahl kommen. Erst nachdem eine Vielzahl von Informationen eingeholt und verarbeitet worden sind, erfolgt die Entscheidung.

limitierte Kauf-
entscheidung

Unter *,limitierten' Kaufentscheidungen* werden solche Käufe verstanden, bei denen schon Erfahrungen aus früheren Käufen innerhalb derselben Produktgruppe vorliegen. Somit existieren bereits Vorstellungen über die relevanten Entscheidungskriterien. In der Kaufsituation müssen diese dann nicht mehr entwickelt, sondern lediglich eine Auswahl aus den zur Verfügung stehenden Alternativen getroffen werden.

Ein Beispiel kann der Ersatzkauf eines Autos durch ein Individuum darstellen. Hierbei resultieren aus dem Erstkauf eines Autos und den Erfahrungen mit diesem bereits feste Kriterien (bei einem Automobil kann es sich bei diesen Kriterien z. B. um die Automarke und das Aussehen handeln), an denen sich der Käufer nun orientieren kann. Letztendlich trifft der Käufer auf der Basis dieser Entscheidungsparameter seine Kaufentscheidung.

habitualisierte
Kaufentscheidung

Im Rahmen des Konsumentenverhaltens ist die *,habitualisierte' Kaufentscheidung* (auch *,Routineentscheidung'* genannt) das Gegenstück zu einer extensiven Kaufentscheidung. Der Konsument wiederholt hier eine Kaufentscheidung, die er in einer Vielzahl ähnlicher Situationen bereits schon einmal vollzogen hat. Im Gegensatz zu einer limitierten Kaufentscheidung, die zwischen den Extrempolen einer extensiven und habitualisierten Kaufentscheidung einzuordnen ist, findet ein bewusster Entscheidungsprozess nicht statt. Die Kaufentscheidung hat für den Konsumenten keine große Bedeutung. Der Konsument trifft im Falle von Routinekaufentscheidungen die Entscheidung mit einem geringen Problemlösungsaufwand. Tritt eine Entscheidungssituation also regelmäßig auf, kann ein habitualisiertes Einkaufsverhalten die Folge sein. Als Beispiel für eine Routinekaufentscheidung kann der Kauf einer Zeitung dienen, die jemand auf dem Weg zur Arbeit jeden Morgen am Bahnhofskiosk erwirbt.

Die Einteilung der Kaufentscheidungsprozesse zielt auf die unterschiedliche *Gestaltung der Marketinginstrumente* für die unterschiedlichen Typen von Entscheidungsprozessen ab. Dies setzt voraus, dass durch die Kommunikationspolitik differenziert ansprechbare Marktsegmente identifiziert oder gebildet werden können, deren Konsumenten Kaufentscheidungen überwiegend in ähnlicher Weise treffen. In vielen Fällen ist aber nicht bekannt, welcher Typ von Entscheidungsprozess bei den Nachfragern in einem Marktsegment überwiegend vorliegt.

Gestaltung der Marketinginstrumente

In diesem Fall könnte die Werbebotschaft z. B. so gestaltet werden, dass sie Sachinformationen vermittelt und gleichzeitig der Typ des Kaufentscheidungsprozesses in Richtung einer extensiven Kaufentscheidung beeinflusst wird.

Übungsaufgaben

Aufgabe 3: Merkmale des Konsumentenverhaltens

Geben Sie einen Überblick über die Merkmale des Konsumentenverhaltens!

Aufgabe 4: Situative Faktoren

Erläutern Sie die Berücksichtigung situativer Faktoren in der Konsumenten-forschung! Charakterisieren Sie deren Merkmale und erklären Sie deren Relevanz für das Marketing!

Aufgabe 5: Methoden zur Einstellungsmessung

Im Rahmen des Käuferverhaltens spielt das Konstrukt der Einstellung eine bedeutende Rolle. Diese Bedeutung soll sich auf die Tatsache zurückführen lassen, dass man aus bekannten Einstellungen von Personen auf deren (Kauf-)Verhalten schließen kann. Um zuverlässige Ergebnisse bei der Messung von Einstellungen zu gewinnen, bieten sich mehrdimensionale Messmethoden an. Hier steht u. a. das Modell von TROMMSDORFF zur Ver-fügung.

a) Definieren Sie kurz das Konstrukt der Einstellung und stellen Sie dar, aus welchen Komponenten sich die Einstellung nach der 3-Komponen-ten-Theorie zusammensetzt!

b) Zeigen Sie anhand der mathematischen Formel zur Einstellungsmessung nach TROMMSDORFF wie die Einstellung in diesem Modell gemessen wird! Welche der oben genannten Komponenten gehen in welcher Form in das Modell ein? Welcher Vorteil ergibt sich für ein Unternehmen aus der diesem Modell zugrunde liegenden Ermittlung der Eindruckswerte?

c) Können Sie sich vorstellen, dass nicht nur die Einstellung das (Kauf-)Verhalten beeinflusst, sondern auch, dass das (Kauf-)Verhalten die Einstellung verändert? Begründen Sie Ihre Auffassung!

Aufgabe 6: Einstellungsmessung

Ein Handelsunternehmen überlegt, das Angebot an Teesorten zu erweitern. Die Marktforschungsabteilung wird mit der Einstellungsmessung zu einer neuen Teesorte „Shui" beauftragt. „Shui" zählt zur Gruppe hochwertiger grüner Teesorten. In diesem Zusammenhang schlägt die Marktforschungsabteilung vor, die Einstellung mithilfe des Modells von TROMMSDORFF zu messen.

Im Rahmen einer Vorstudie konnten sie ermitteln, dass das Aroma, die Intensität, die Wirkung und die Geschmacksrichtung repräsentative Einstellungsmerkmale der zu untersuchenden Teesorte sind. Bei der Einstellungsmessung befragen sie Passanten in einer Fußgängerpassage nach ihrem Teekonsum und ihren idealen Erwartungen gegenüber hochwertigem grünen Tee. Anschließend lassen sie die Teesorte „Shui" verkosten und befragen die Passanten zu ihrem Eindruck bezüglich dieser Teesorte. Die Antworten von zwei Passanten sind in folgender Abbildung in Auszügen dargestellt.

	Passant A		Passant B	
	Erwartung	„Shui"	Erwartung	„Shui"
Aroma	2	2	5	6
Intensität	3	5	5	6
Wirkung	2	5	5	5
Geschmacksrichtung	4	4	2	3

Abb. 2:   Exemplarische Befragungsergebnisse zur Einstellungsmessung

Die einzelnen Merkmale wurden mithilfe einer Skala von 1 bis 7 gemessen:

- Für das Aroma schwankten die möglichen Ausprägungen von ‚sehr schwach (1)' bis ‚sehr stark (7)'.

- Die Intensität wurde durch die Skala von ‚sehr mild (1)' bis ‚sehr stark (7)' repräsentiert.

- Die Wirkung des Tees wurden im Bereich ‚sehr beruhigend (1)' bis ‚sehr belebend (7)' abgebildet.

- Der Geschmack wurde von ‚bitter (1)' bis ‚süßlich (7)' angegeben.

a) Erläutern Sie die einzelnen Komponenten des Modells von TROMMS-DORFF zur Messung von Einstellungen! Verdeutlichen Sie Ihre allgemeine Darstellung mit den Elementen des Tee-Beispiels!

b) Berechnen Sie den Einstellungswert für die Passanten A und B! Interpretieren Sie anschließend das Ergebnis!

c) Erläutern Sie die Probleme beim Einsatz und bei der Anwendung des Modells zur Einstellungsmessung von TROMMSDORFF!

Aufgabe 7:   Diskrepanz von Einstellung und Verhalten

Obwohl das Umweltbewusstsein der Konsumenten gestiegen sein soll, bestehen z. T. immer noch erhebliche Widerstände gegen die Adoption umweltfreundlicher Produkte.

a) Versuchen Sie, diese Diskrepanz zwischen Einstellung und Verhalten kaufverhaltenstheoretisch zu begründen!

b) Entwickeln Sie auf dieser Basis instrumentelle Ansatzpunkte zur Überwindung dieser ‚Verhaltenslücke‘!

c) Erläutern Sie, wie die ‚Verhaltenslücke‘ operationalisiert und somit gemessen werden könnte!

Aufgabe 8:   Kaufentscheidungsprozesse und situative Merkmale des Konsumentenverhaltens

Im Rahmen des Käuferverhaltens von Konsumenten werden die ‚extensive‘, ‚limitierte‘ und ‚habitualisierte‘ Kaufentscheidung unterschieden.

a) Stellen Sie kurz dar, was unter den drei Kaufentscheidungstypen zu verstehen ist und geben sie für jede Form ein Beispiel!

b) Beim Produktkauf können drei Situationen unterschieden werden. Erläutern Sie die drei Situationen und begründen Sie, welchen Einfluss die jeweilige Situation auf eine extensive Kaufentscheidung haben kann!

c) In welchen Situationen stellen habitualisierte Kaufentscheidungen für ein Unternehmen die aus seiner Sicht vorteilhafteste Form des Kaufverhaltens dar?

Aufgabe 9: Kaufentscheidungsprozesse und Kommunikationspolitik

a) In der Kaufverhaltenstheorie werden verschiedene Typen von Kaufentscheidungsprozessen untersucht. Erläutern Sie an frei gewählten Beispielen die ‚extensive‘ und die ‚habitualisierte‘ Entscheidung!

b) Ziel der Kommunikationspolitik kann es sein, Kaufentscheidungsprozesse im Sinne des Anbieters zu beeinflussen. Diskutieren Sie, wie die beiden in a) genannten Entscheidungsprozesse durch kommunikationspolitische Instrumente beeinflusst werden können!

c) Die Kritik an der Einteilung der Kaufentscheidungsprozesse beinhaltet, dass die Kaufentscheidungsprozesse nicht eindeutig einem Produkt zugeordnet werden können. Das bedeutet z. B., dass ein Produkt bei einem Nachfrager eine extensive Kaufentscheidung hervorrufen kann, während es von einem anderen Nachfrager routinemäßig angeschafft wird. Diskutieren Sie, welche Konsequenzen dieses Phänomen für die Gestaltung der Werbebotschaft hat!

Weiterführende Literatur

KROEBER-RIEL, W./WEINBERG, P./GRÖPPEL-KLEIN, A. 2009: Konsumentenverhalten, 9. Aufl., München 2009.

TROMMSDORFF, V./TEICHERT, T. 2011: Konsumentenverhalten, 8., vollst. überarb. und erw. Aufl., Stuttgart 2011.

Kapitel 4

Die Phasen und Methoden
der Marktforschung im Überblick

4. Die Phasen und Methoden der Marktforschung im Überblick

4.1. Der Planungsprozess der Marktforschung

Das Marketing bedarf einer soliden Informationsgrundlage für einen zielgerichteten Einsatz der Marketinginstrumente. Die Zielsetzung der Marktforschung besteht in der Bereitstellung relevanter *Informationen als Grundlage für Marketingentscheidungen*. Der Aktionsbereich der Marktforschung wird dabei durch aktuelle und potenzielle Kunden, Wettbewerber sowie die Unternehmensumwelt determiniert.

Informationen als Grundlage für Marketingentscheidungen

Die Bereitstellung von Informationen innerhalb des *in verschiedenen Schritten ablaufenden Marktforschungsprozesses* ist Voraussetzung und Informationsgrundlage für den Prozess der Marketingplanung.[23]

Phase der Informationsbeschaffung im Rahmen des Marktforschungsprozesses

Abbildung 3 zeigt einen idealtypischen Marktforschungsprozess im Überblick. Ausgangspunkt bildet innerhalb des Marktforschungsprozesses die konkrete Definition des Untersuchungsproblems, aus der sich der Informationsbedarf (relevante Daten) ableiten lässt.

Nach der Bestimmung des *Informationsbedarfs* ist zu prüfen, welche Informationen dem Entscheidungsträger bereits zur Verfügung stehen und welche noch gewonnen werden müssen. Die Differenz zwischen vorhandenen und noch zu beschaffenden Informationen bestimmt das Ausmaß der Primär- bzw. Sekundärforschung. Im Rahmen der *Primärforschung* werden Informationen durch eine speziell auf die Problemdefinition abgestellte Erhebungskonzeption beschafft; bei der *Sekundärforschung* werden Informationen im Rückgriff auf anderweitig bereits vorhandene Informationsquellen gewonnen.[24]

Informationsbedarf

Primärforschung

Sekundärforschung

Abschnitt 4.2. gibt einen einführenden Überblick in die verschiedenen Typen von Marktforschungsuntersuchungen. Die wesentlichen Kennzeichen und üblichen Verwendungen der unterschiedlichen Ansätze werden

---

[23] Vgl. zu einem idealtypischen Prozess der Marketingplanung Olbrich 2006, S. 27-34.

[24] Vgl. Weiber/Jacob 2000, S. 533.

beschrieben. Eine ausführliche Abhandlung erfährt dabei die Darstellung der Marktforschungsexperimente in Abschnitt 4.2.2.

In Abschnitt 4.3. werden die unterschiedlichen Möglichkeiten zur Datengewinnung beschrieben. Die aus Primär- und Sekundärforschung gewonnenen Informationen werden in einem Datenpool gesammelt, der alle zur Lösung des Entscheidungsproblems erforderlichen Daten beinhaltet.

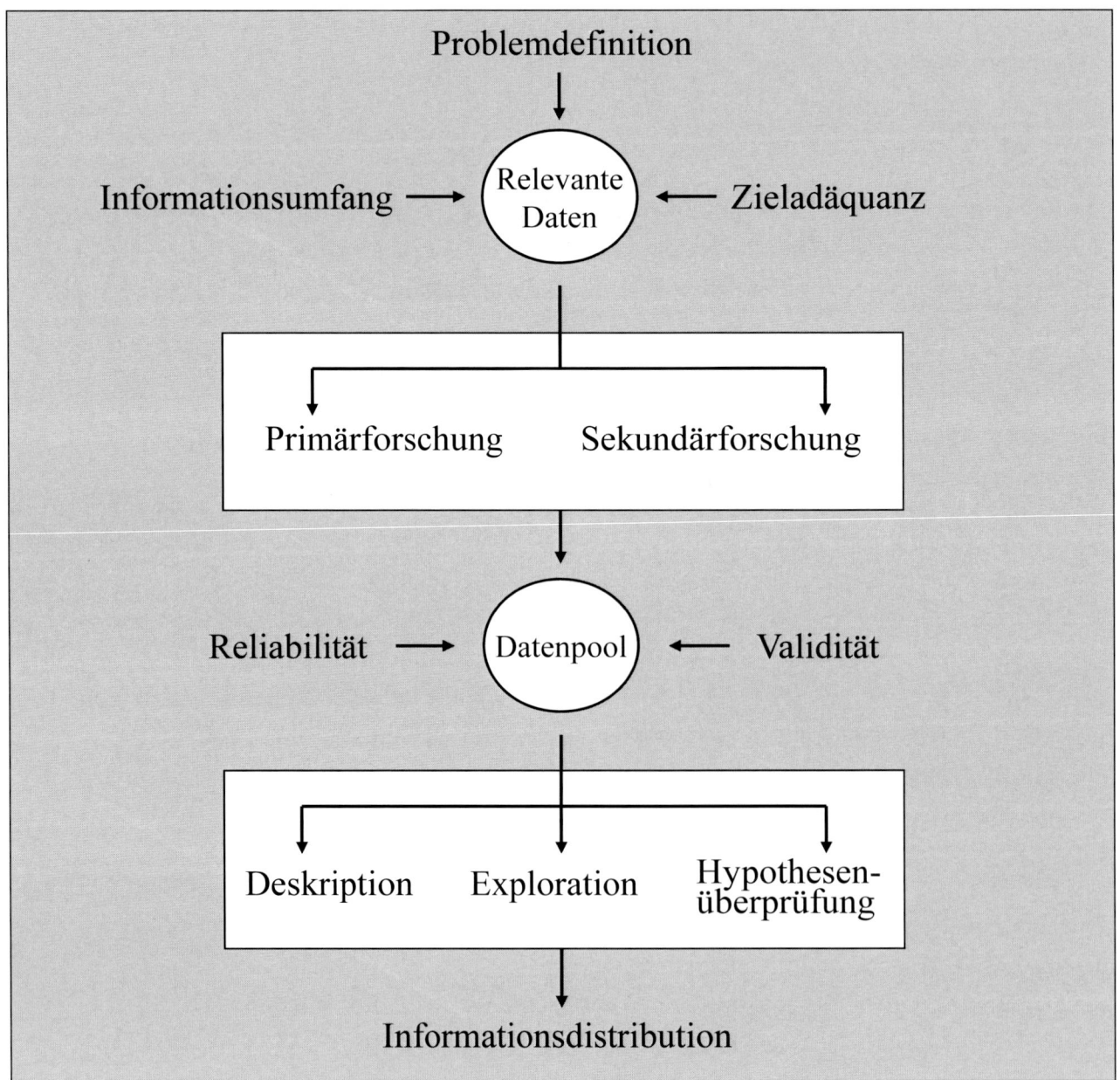

Abb. 3:   Der Marktforschungsprozess
            (in Anlehnung an Weiber/Jacob 2000, S. 534)

Der Inhalt des Datenpools muss üblicherweise noch aufbereitet werden um den anschließenden Einsatz von Auswertungsverfahren zu ermöglichen. Das Problem der Datenaufbereitung ist Gegenstand von Abschnitt 4.4.

Phase der Informationsauswertung und -aufbereitung

Die Auswertung der Daten ist der wichtigste Schritt zur Lösung des zuvor definierten Entscheidungsproblems. Die Datenauswertung besteht – je nach Definition des Entscheidungsproblems – in der reinen Beschreibung des Datenmaterials, einer Interpretation des Datenmaterials und/oder in der Prüfung konkreter Untersuchungshypothesen.

Abschnitt 4.5. stellt in mehreren Unterabschnitten zahlreiche Methoden der Datenauswertung und -analyse vor. In Abschnitt 4.5.1. geht es dabei um einfache Auswertungsverfahren, wie z. B. Maßzahlen oder statistische Tests. In Abschnitt 4.5.2. werden Verfahren zur Analyse multivariater Datensätze behandelt. Nach einem kurzen Überblick über die multivariaten Verfahren in Abschnitt 4.5.2.1. werden in Abschnitt 4.5.2.2. die *struktur-prüfenden* Verfahren vorgestellt, wie z. B. die Varianz- und Diskriminanzanalyse sowie die Regressionsanalyse. In Abschnitt 4.5.2.3. wird diese Darstellung um die *strukturentdeckenden* Verfahren ergänzt. Dem schließen sich in Abschnitt 4.5.2.4. ein Blick auf den Spezialbereich der Zeitreihenanalyse und in Abschnitt 4.5.2.5. eine kurze Einführung in moderne, nichtdeterministische Verfahren der Datenanalyse an.

Innerhalb der *Phase der Informationsdistribution* werden die aufbereiteten Daten an die Entscheidungsträger innerhalb des Unternehmens weitergeleitet.

Phase der Informationsdistribution

4.2.   Die entscheidungsgerichtete Planung (Ziel- und Hypothesenbildung)

4.2.1.   Typen von Marktforschungsuntersuchungen

4.2.1.1.   Explorative, deskriptive und kausalanalytische Untersuchungen

Üblicherweise lassen sich drei Typen von Marktforschungsuntersuchungen unterscheiden: explorative, deskriptive und kausalanalytische.

explorative Marktforschungs-untersuchung | In einer *explorativen Marktforschungsuntersuchung* werden im Gegensatz zur deskriptiven Marktforschungsuntersuchung die Untersuchungsfragen in der Planungsphase nicht präzise spezifiziert. Stattdessen wird nur das Untersuchungsfeld grob abgesteckt. Dementsprechend ist im Vorfeld auch unklar, welche Größen gemessen werden sollen. Eine zielgerichtete Sammlung von Daten ist u. U. noch nicht möglich. Die während der Durchführung der explorativen Marktforschung erzielten Zwischen-ergebnisse geben neue Impulse, weitere Daten zu erfassen.

Im Rahmen explorativer Marktforschung verschaffen sich die Markt-forscher z. B. einen Überblick über die Struktur eines Marktes mit seinen Anbietern, Produkten, Abnehmern und Absatzhelfern. Eine explorative Marktforschungsuntersuchung geht deshalb vielfach einer deskriptiven oder kausalanalytischen Marktforschungsuntersuchung voraus, wenn die Markt-forscher mit ihren Analyseobjekten noch nicht hinreichend vertraut sind.

deskriptive Marktforschungs-untersuchung | Marktforschungsuntersuchungen, die sich auf eine Beschreibung im Vor-feld spezifizierter Größen beschränken, werden als *deskriptive Markt-forschungsuntersuchungen* bezeichnet. Es besteht allerdings der Anspruch an eine deskriptive Marktforschungsuntersuchung, dass die Untersuchungs-fragen vorher bekannt sind und die zu messenden Größen in der Planungsphase festgelegt werden. Eine Marktbeobachtung, in der z. B. Konkurrenzpreise und Marktanteile erhoben werden, zählt zu den deskriptiven Marktforschungsuntersuchungen.

Ein weiteres Beispiel für eine deskriptive Marktforschungsuntersuchung ist die *Preisabstandsanalyse* auf der Basis von Scanningdaten.[25] In einer Preisabstandsanalyse wird der Absatz oder Umsatz eines Produktes abhängig von seinem Preisabstand zu einem Konkurrenzprodukt dargestellt. Einer Preisabstandsanalyse kann also entnommen werden, wie groß der Absatz bzw. Umsatz eines Produkts und seines Konkurrenzprodukts ist, wenn der Preisabstand zwischen beiden Produkten verschiedene Werte annimmt. Z. B. werden von dem Produkt A 120 Mengeneinheiten und von dem Produkt B 150 Mengeneinheiten verkauft, wenn das Produkt B um 0,20 € preiswerter angeboten wird. Üblicherweise wird dieser Zusammenhang graphisch in der Weise dargestellt, dass auf der Abszisse der Preisabstand und auf der Ordinate der Absatz (bzw. Umsatz) abgetragen wird.

Die Interpretation der Preisabstandsanalyse gibt Hinweise, wie sich der Preisabstand auf die Absätze oder Umsätze der beiden betrachteten Produkte auswirkt.

Beispiel ‚Preisabstandsanalyse‘

Deskriptive Marktforschung kann somit durchaus Hinweise auf kausale Wirkungszusammenhänge geben und so die Bildung von Untersuchungshypothesen ermöglichen. Es wäre allerdings eine (äußerst) fragwürdige Vorgehensweise, allein aufgrund einer Preisabstandsanalyse darauf zu schließen, dass der Absatz oder Umsatz des betrachteten Produkts ausschließlich von dem Preisabstand zu dem in der Preisabstandsanalyse betrachteten Konkurrenzprodukt determiniert wird. Oft wird dies bereits dann deutlich, wenn eine Preisabstandsanalyse mit dem betrachteten Produkt und einem anderen Konkurrenzprodukt erstellt wird. Auch hier findet sich in vielen Fällen ein ähnlicher Zusammenhang. Grund dafür ist, dass der Absatz oder Umsatz eines Produktes von zahlreichen Faktoren abhängt, zu denen eben neben dem Preis des Produktes auch die Preise der Konkurrenzprodukte zählen. Deshalb ist es nach Untersuchung eines Einflussfaktors (in diesem Fall des Preisabstandes zu einem Konkurrenzprodukt) voreilig anzunehmen, dass es sich dabei um den alleinigen zentralen Einflussfaktor handelt, der die Zielgröße (in diesem Fall der Absatz oder Umsatz) im Wesentlichen determiniert.

---

[25] Vgl. zur Preisabstandsanalyse auf der Basis von Scanningdaten z. B. Grünblatt 2001, S. 31.

kausalanalytische Marktforschungs-untersuchung

Eine Marktforschungsuntersuchung, die einen Wirkungszusammenhang zum Gegenstand hat, wird als *kausalanalytische Marktforschungsuntersuchung* bezeichnet. Z. B. kann ein Wirkungszusammenhang zwischen der Aktionsvariablen ‚Preis' und der Ziel- bzw. Ergebnisgröße ‚Absatz' untersucht werden. Die Untersuchungshypothese lautet dann z. B. ‚eine Preissenkung für das Produkt X um 10 % führt zu einer Absatzsteigerung um 5 %'. Ziel einer kausalanalytischen Marktforschungsuntersuchung ist also die Bewährung oder Ablehnung einer Untersuchungshypothese, in der ein kausaler Wirkungszusammenhang formuliert wird.[26]

Kausalbeziehung kausale Beziehung

Nimmt das Unternehmen nach Abschluss der Markforschungsstudie an, dass die oben genannte Hypothese richtig ist, dann geht das Unternehmen davon aus, dass eine Preissenkung um 10 % mit einer hohen Wahrscheinlichkeit zu einer Steigerung des Absatzes um 5 % führen wird (*Kausalbeziehung* oder auch *kausale Beziehung*). Eine absolute Gewissheit ist durch eine Marktforschungsstudie natürlich nie zu erzielen:

Einfluss weiterer Faktoren

1. Auch wenn in einem Marktexperiment eine Preissenkung um 10 % zu einer Absatzsteigerung um 5 % geführt hat, kann nicht ausgeschlossen werden, dass andere oder *weitere Faktoren* für die Absatzsteigerung verantwortlich gewesen sind.

Übertragung auf die Zukunft

2. Die Prognose eines Zusammenhanges zwischen Preis und Absatz setzt voraus, dass ein in der Vergangenheit z. B. in einem Experiment beobachteter Wirkungszusammenhang auch in der *Zukunft* in gleicher Weise gültig ist. Ein solcher Schluss von Beobachtungen in der Vergangenheit auf die Zukunft mag zwar in Einzelfällen plausibel erscheinen, er ist aber letztlich niemals rational zu begründen.

In dem geschilderten Beispiel, in dem ein Unternehmen wissen möchte, ob eine kürzlich vorgenommene Preissenkung erfolgreich war, beziehen sich die aus dieser Frage zu konkretisierenden Untersuchungshypothesen auf die Vergangenheit. Wird als Untersuchungshypothese z. B. formuliert ‚eine Preissenkung um 10 % bei einer gleichzeitigen Preissteigerung der Konkurrenzprodukte um durchschnittlich 3 % führte zu einer Marktanteilssteigerung von mindestens 5 %', dann wird eine Hypothese über eine

---

[26]   Vgl. zu den wissenschaftstheoretischen Grundlagen von Marktforschungsuntersuchungen Abschnitt 2.2.

kausale Beziehung zwischen Veränderungen der Preise bzw. Konkurrenzpreise und der Marktanteilsveränderung aufgestellt und die Marktforschungsuntersuchung ist kausalanalytischer Art.

Angenommen eine Analyse mithilfe von Abverkaufsdaten des Einzelhandels (z. B. Scanningdaten)[27] ergibt, dass tatsächlich direkt nach den genannten Preisveränderungen der Marktanteil um 7 % gestiegen ist, kann dann die Untersuchungshypothese als bestätigt gelten? Einer Variation der Ursache (Preisveränderungen) folgte schließlich eine Variation der resultierenden Größe (Marktanteilsveränderung). Nachfolgend werden die wichtigsten Gründe aufgezählt, woran ein derartiger Schluss scheitern kann:

- Scanningdaten decken nur einen Teil des Gesamtmarktes ab. Mithilfe statistischer Methoden kann zwar eine Wahrscheinlichkeit dafür berechnet werden, dass der in einer Stichprobe (Scanningdaten) beobachtete Zusammenhang auch in der Grundgesamtheit (Gesamtmarkt) gegeben ist. Dies gilt allerdings nur, wenn bestimmte *Voraussetzungen* erfüllt sind. Z. B. muss die *Stichprobe* eine bestimmte Mindestgröße haben und sie muss ein repräsentatives Abbild der Grundgesamtheit darstellen. Anforderungen an die Stichprobe

- Es können *andere Einflussfaktoren* für die Marktanteilsveränderung verantwortlich sein. Z. B. sind bei dem wichtigsten Konkurrenten zeitgleich Qualitätsprobleme aufgetreten oder eigene kommunikationspolitische Maßnahmen, die bei der Untersuchung nicht berücksichtigt wurden, sind für die Marktanteilsveränderung verantwortlich. Da es unmöglich ist, alle möglichen Einflussfaktoren zu kontrollieren, kann eine Untersuchungshypothese, die sich auf einen Kausalzusammenhang in der Vergangenheit bezieht, niemals mit absoluter Gewissheit bewiesen werden. andere Einflussfaktoren

Betrachtet man die obige Untersuchungshypothese ‚eine Preissenkung um 10 % bei einer gleichzeitigen Preissteigerung der Konkurrenzprodukte um durchschnittlich 3 % führte zu einer Marktanteilssteigerung von mindestens 5 %‘, dann wird deutlich, dass zur Formulierung dieser Untersuchungshypothese bereits Marktforschung betrieben werden musste. Im Rahmen

---

[27] Im Einzelhandel werden die Abverkäufe häufig mithilfe eines Scanners erfasst. Derart erfasste Abverkaufsdaten werden auch als Scanningdaten bezeichnet.

einer Marktbeobachtung mussten die Konkurrenzpreise erhoben werden, um die durchschnittliche Veränderung der Konkurrenzpreise zu ermitteln. Bei Unkenntnis der Konkurrenzpreise hätte das Unternehmen möglicherweise vermutet, dass nur die Veränderung der Verkaufspreise für die Marktanteilsveränderung verantwortlich ist.

Problematisch und aufwendig ist die Prüfung der genannten Untersuchungshypothese, weil ein Wirkungszusammenhang nachgewiesen werden soll. Wird hingegen auf die Prüfung einer Kausalbeziehung verzichtet und nur beobachtet, dass der Marktanteil um 7 % gestiegen ist, dann reduziert sich der Anspruch an die Marktforschungsuntersuchung erheblich.

4.2.1.2.   Querschnitts- und Längsschnittanalysen

Zeitbezug als Unterscheidungsmerkmal Marktforschungsuntersuchungen können in Quer- und Längsschnittanalysen eingeteilt werden. Diese beiden Typen unterscheiden sich im Wesentlichen in dem *Zeitbezug* der erhobenen Daten.

Querschnittsanalyse *Querschnittsanalysen* beziehen sich auf einen einzigen Zeitpunkt. Entscheidend ist dabei nicht, dass sich die Daten aller Erhebungsobjekte auf genau einen Zeitpunkt beziehen. Der Absatz eines Produkts wird schließlich niemals in einem Zeitpunkt sondern z. B. in einer Kalenderwoche oder an einem Tag gemessen. In einer Querschnittsanalyse haben jedoch alle Daten den gleichen Zeitbezug und der Marktforscher geht davon aus, dass die erhobenen Daten eine Momentaufnahme seines Untersuchungsobjekts darstellen.

Längsschnittanalyse Im Gegensatz dazu werden in einer *Längsschnittanalyse* Daten mit unterschiedlichem Zeitbezug für ein oder mehrere Erhebungsobjekte untersucht. Es wird also eine Zeitreihe von Daten für jedes Erhebungsobjekt, z. B. die Tagesumsätze im Monat Januar für ein Produkt und seine Konkurrenzprodukte analysiert. Im Rahmen von Längsschnittanalysen ergründet der Marktforscher Entwicklungen im Zeitablauf, z. B. die Entwicklung eines Marktanteils eines bestimmten Produktes.

4.2.2. Marktforschungsexperimente

4.2.2.1. Ziele von Marktforschungsexperimenten

In Marktforschungsexperimenten wird untersucht, wie sich eine oder mehrere *unabhängige Variablen* (z. B. Werbung oder andere Elemente des Marketing-Mix) auf eine oder mehrere *abhängige Variablen* auswirken. Als abhängige Variable wird in den meisten Fällen der Absatz eines Produkts oder die Kaufbereitschaft von Konsumenten gewählt. Aus Vereinfachungsgründen wird nachfolgend davon ausgegangen, dass es sich jeweils um eine unabhängige und eine abhängige Variable handelt.

unabhängige und abhängige Variable

Charakteristisch für *Marktforschungsexperimente* ist, dass mehrere Gruppen von Untersuchungssubjekten (i. d. R. Konsumenten) systematisch verschiedenen Ausprägungen der unabhängigen Variable ausgesetzt werden. Durch Beobachtungen oder Befragungen wird dann die abhängige Variable gemessen. Andere Einflüsse auf die abhängige Variable als die spezifizierte unabhängige Variable werden in einem Marktforschungsexperiment, soweit dies möglich ist, konstant gehalten. Hierdurch wird die Aussagekraft der Untersuchung erhöht.

Marktforschungsexperiment

Soll die Wirksamkeit einer TV-Werbung untersucht werden, dann können, sofern die Werbung bereits erfolgt ist, z. B. *Abverkaufsdaten* genutzt werden. Da aber in diesem Fall nicht kontrolliert werden kann, ob die Konsumenten tatsächlich der Werbung ausgesetzt waren, ist keine Aussage darüber möglich, ob die Werbung aufgrund einer mangelnden Konzeption versagt hat oder den Konsumenten gar nicht erst erreicht hat. In einem Marktforschungsexperiment kontrolliert der Marktforscher hingegen den Stimulus. Der Marktforscher kann somit sicherstellen, dass allen Versuchspersonen der Untersuchungsgruppe der Werbespot in der gleichen Weise präsentiert wird. Zudem kann mithilfe eines Marktforschungsexperimentes bereits vor der Ausstrahlung der Werbung die Wirksamkeit des konzipierten Werbespots getestet werden.

Abverkaufsdaten (Mengen, Preise)

4.2.2.2.   Aufbau von Marktforschungsexperimenten

4.2.2.2.1. 2-Gruppen-Experimente

4.2.2.2.1.1.   2-Gruppen-Experimente ohne Pretest

Untersuchungs- und Kontrollgruppe

In der einfachsten Form eines Marktforschungsexperimentes werden die Versuchspersonen zufällig einer *Untersuchungs-* und einer *Kontrollgruppe* (UG und KG) zugeordnet. Die Versuchspersonen der Untersuchungsgruppe werden im Gegensatz zu den Versuchspersonen der Kontrollgruppe dem interessierenden Stimulus, z. B. einer Werbung, ausgesetzt. In beiden Gruppen wird schließlich die abhängige Variable, z. B. die Kaufbereitschaft (also das subjektive Wahrscheinlichkeitsurteil der Konsumenten hinsichtlich ihrer Absicht, das Gut zu kaufen), gemessen. Die Mittelwerte der Kaufbereitschaften in beiden Untersuchungsgruppen werden miteinander verglichen.

	t_0	t_1	t_2
UG	(X_1)	E	Y_1
KG	(X_2)		Y_2

Abb. 4:   Struktur eines 2-Gruppen-Experimentes ohne Pretest

2-Gruppen-Experiment

Da in dieser Form des Experimentes zwei Gruppen von Untersuchungspersonen verwendet werden, spricht man auch von einem *2-Gruppen-Experiment*. Schematisch wird dieses 2-Gruppen-Experiment durch Abbildung 4 wiedergegeben. Es sind natürlich auch andere 2-Gruppen-Experimente und auch Experimente mit mehr als 2 Gruppen möglich, deren Vor- und Nachteile wir im Verlauf dieses Abschnitts diskutieren werden.

Im Zeitpunkt t_0 wurden die Untersuchungsgruppe und die Kontrollgruppe noch nicht manipuliert. Aufgrund der zufälligen Zuordnung der Versuchspersonen zu den beiden Gruppen wird angenommen, dass eine mögliche Messung der Kaufbereitschaft im Zeitpunkt t_0 in der Untersuchungsgruppe (X_1) und in der Kontrollgruppe (X_2) im Durchschnitt über alle Versuchspersonen zu einem gleichen oder zumindest sehr ähnlichen Ergebnis führen würde.

Stimulus

Im Zeitpunkt t_1 werden die Versuchspersonen der Untersuchungsgruppe einem *Stimulus* ausgesetzt, der zu einer experimentellen Wirkung *E* führt.

Der Stimulus wird ebenfalls mit E bezeichnet. Im Zeitpunkt t_2 wird die abhängige Variable in beiden Gruppen gemessen. Y_1 bezeichnet die Messung in der Untersuchungsgruppe und Y_2 die Messung in der Kontrollgruppe.

Zwischen den Zeitpunkten t_0 und t_2 werden die Versuchspersonen der Untersuchungsgruppe dem Stimulus E und verschiedenen *Störeinflüssen*, Störeinflüsse die von den Marktforschern nicht kontrolliert wurden, ausgesetzt. Zu diesen Störeinflüssen, die im Folgenden mit der Variable U bezeichnet werden, zählt z. B. der Einfluss aller Eindrücke der Versuchssituation, denen die Versuchspersonen in der Zwischenzeit ausgesetzt waren. Erstreckt sich das Experiment über mehrere Tage, dann können Konkurrenzunternehmen während dieser Zeit neue Produkte auf den Markt gebracht haben oder ihren Preis für bereits auf dem Markt befindliche Produkte verändert haben. Diese nicht kontrollierbaren Konkurrenzeinflüsse können sich ebenfalls auf die Kaufbereitschaft der Versuchspersonen auswirken.[28]

Die Störeinflüsse können in Abhängigkeit vom Stimulus E unterschiedlich auf die abhängige Variable wirken. Die zu untersuchende Werbebotschaft stellt z. B. das gute Preis-Leistungs-Verhältnis des beworbenen Produkts heraus. Eine solche Werbebotschaft kann die Kaufbereitschaft einer Versuchsperson anders beeinflussen, wenn gleichzeitig ein anderes Unternehmen den Preis für ein Konkurrenzprodukt senkt. Es kann also zwischen dem Stimulus und den Störeinflüssen zu *Interaktionseffekten* kommen. Interaktionseffekte Diese werden mit der Variable I_{EU} bezeichnet.

Die Messung Y_2 in der Kontrollgruppe wird ausschließlich durch die Störeinflüsse (U) beeinflusst. Die Messung in der Untersuchungsgruppe wird durch den Stimulus E, die Störeinflüsse U und mögliche Interaktionseffekte zwischen E und U (I_{EU}) beeinflusst. Wirken die Störeinflüsse auf die Versuchspersonen beider Gruppen in der gleichen Weise, dann hebt sich die Wirkung der Störeinflüsse in der Differenz der beiden Messungen ($Y_2 - Y_1$) auf. In der Messwertdifferenz verbleibt neben dem Einfluss des Stimulus E nur der Interaktionseffekt zwischen E und U (I_{EU}). Dieser Interaktionseffekt

---

[28] Zu Störquellen bei Marktforschungsexperimenten vgl. Zimmermann 1972, S. 76 ff. und Parasuraman 1986, S. 279 ff.

ist aber durch kein Untersuchungsdesign von E zu trennen, da er definitionsgemäß immer zusammen mit E auftritt.[29]

Umweltbe-
dingungen
Gewisse Teile von U können zu den gegebenen *Umweltbedingungen* gehören, die auch beim späteren praktischen Einsatz des Stimulus E zu erwarten sind. Z. B. sehen sich die Versuchspersonen während eines auf mehrere Tage angelegten Marktforschungsexperimentes weitere Werbesendungen im TV an. Die Interaktion zwischen der zu testenden Werbebotschaft und den Störeinflüssen durch andere Werbebotschaften (als Teil der gesamten Störeinflüsse U) tritt in diesem Fall auch bei einem späteren Einsatz der Werbesendung im TV auf. Können die übrigen Anteile von U vernachlässigt werden, dann ist $E + I_{EU}$ die gesuchte Größe, so dass eine Trennung von E und I_{EU} nicht erforderlich ist.

4.2.2.2.1.2. 2-Gruppen-Experimente mit Pretest

In dem oben beschriebenen 2-Gruppen-Experiment wird die Veränderung der Kaufbereitschaft bei einzelnen Versuchspersonen nicht ermittelt. Es kann nur der Mittelwert der Kaufbereitschaften beider Gruppen von Versuchspersonen verglichen werden. Ist eine Analyse der individuellen Veränderungen der abhängigen Variable durch den Stimulus bei den Vorteile
eines Pretests
einzelnen Versuchspersonen besonders wichtig, dann wird ein *Pretest* durchgeführt. Die abhängige Variable wird bei allen Versuchspersonen im Zeitpunkt t_0 gemessen. Anschließend werden die Versuchspersonen der Untersuchungsgruppe im Zeitpunkt t_1 dem Stimulus ausgesetzt. Im Zeitpunkt t_2 erfolgt eine abschließende Messung der abhängigen Variable bei allen Versuchspersonen. Abbildung 5 zeigt den Aufbau eines 2-Gruppen-Experimentes mit Pretest im Überblick.

---

[29] Vgl. Ross/Smith 1971, S. 364.

	t_0	t_1	t_2
UG	X_3	E	Y_3
KG	X_4		Y_4

Abb. 5: Struktur eines 2-Gruppen-Experimentes mit Pretest

Ein weiterer Vorteil des 2-Gruppen-Experimentes ist die geringere Anzahl an Versuchspersonen, die für ein 2-Gruppen-Experiment mit Pretest im Vergleich zu einem 2-Gruppen-Experiment ohne Pretest benötigt wird. Statistisch signifikante Ergebnisse sind beim Vergleich von individuellen Pretest-Posttest-Werten mit einer geringeren Anzahl an Versuchspersonen möglich als beim Vergleich von Mittelwerten zweier Gruppen von Versuchspersonen, die keinem Pretest unterzogen wurden.[30]

Diesen Vorteilen stehen aber auch *Nachteile* gegenüber. Ein Pretest kann sich ebenso wie die sonstigen Störeinflüsse auf die abhängige Variable auswirken. Die Wirkung dieses sogenannten *Pretesteffekts*[31] auf die abhängige Variable soll im Folgenden mit der Variable P bezeichnet werden. Ein Pretest kann die Versuchsperson in einer Weise aktivieren, dass der Stimulus sich in anderer Weise auf die abhängige Variable auswirkt, als wenn kein Pretest durchgeführt worden wäre. Diese Interaktion zwischen dem Stimulus und dem Pretest wird mit I_{PE} bezeichnet. Zudem kann auch noch eine Interaktion zwischen den Störeinflüssen U, dem Pretest P und dem Stimulus E auftreten. Diese Interaktion zwischen drei Größen wird mit I_{PEU} bezeichnet.

Nachteile eines Pretests

Pretesteffekt

Neben dem höheren Aufwand, der durch den Pretest selbst entsteht, erhöht sich also auch die Anzahl möglicher Fehlerquellen. Wenn nur die Wirkung des Stimulus auf die abhängige Variable (E) ermittelt werden soll, dann ist ein 2-Gruppen-Experiment ohne Pretest einem 2-Gruppen-Experiment mit Pretest vorzuziehen. Zu beachten ist, dass das 2-Gruppen-Experiment ohne Pretest aber einer größeren Stichprobe als das 2-Gruppen-Experiment mit Pretest bedarf.

---

[30] Vgl. Ross/Smith 1971, S. 358.

[31] Zum Pretesteffekt vgl. ausführlich Parasuraman 1986, S. 283.

4.2.2.2.2. 3-Gruppen-Experimente

3-Gruppen-
Experiment

Mit einem *3-Gruppen-Experiment* wird das Ziel verfolgt, weitere Größen neben der experimentellen Wirkung, z. B. die Wirkung des Pretesteffekts auf die abhängige Variable, zu ermitteln. Die Genauigkeit, mit der die experimentelle Wirkung E durch ein 3-Gruppen-Experiment bestimmt werden kann, ist hingegen niemals besser als bei Verwendung eines 2-Gruppen-Experimentes ohne Pretest. Sofern das Ziel des Experimentes ist, E und P zu ermitteln, ist das 3-Gruppen-Experiment aus Abbildung 6 optimal.

	t_0	t_1	t_2
UG	(X_1)	E	Y_1
KG$_1$	(X_2)		Y_2
KG$_2$	X_4		Y_4

Abb. 6:   Struktur eines 3-Gruppen-Experimentes

Der Vorteil dieses 3-Gruppen-Experimentes gegenüber allen anderen 3-Gruppen-Experimenten liegt darin, dass eine Interaktion zwischen dem Stimulus und dem Pretest vermieden wird. Der Aufwand für den Pretest wird begrenzt, da der Pretest nur in einer Gruppe durchgeführt werden muss.

Im folgenden Abschnitt wird gezeigt, wie unter Verwendung einer formalen Darstellung Marktforschungsexperimente ausgewertet werden können.

4.2.2.3. Auswertung von Marktforschungsexperimenten

4.2.2.3.1. Formale Darstellung von Marktforschungsexperimenten als Gleichungssystem

Experiment-
Design

In den dargestellten *Experiment-Designs* werden vier verschiedene Gruppentypen von Untersuchungspersonen verwendet (vgl. Abbildung 7). Die Gruppen UG$_1$ und UG$_2$ zählen zu den Untersuchungsgruppen und die Gruppen KG$_1$ und KG$_2$ zählen zu den Kontrollgruppen.

Messergebnisse

X_3 bzw. X_4 bezeichnen die *Messergebnisse* des Pretests in den Gruppen UG$_2$ und KG$_2$. X_1 und X_2 bezeichnen die Messergebnisse, die sich ergeben hätten, wenn in den Gruppen UG_1 und KG_1 ein Pretest durchgeführt worden wäre. Y_1 bis Y_4 bezeichnen die Messergebnisse des Posttests in den vier Gruppen.

	t_0	t_1	t_2
UG_1	(X_1)	E	Y_1
KG_1	(X_2)		Y_2
UG_2	X_3	E	Y_3
KG_2	X_4		Y_4

Abb. 7: Übersicht über mögliche Untersuchungs- und Kontrollgruppen

Die Differenzen zwischen den Messwerten des Pretests und den Messwerten des Posttests in den vier Gruppen können gemäß der folgenden Gleichungen auf die Wirkung des Stimulus E, den Pretesteffekt P, die Störgröße U und die entsprechenden, auftretenden Interaktionseffekte zurückgeführt werden:[32]

$$(4.1) \quad \begin{aligned} d_1 &= X_1 - Y_1 = E + U + I_{EU} \\ d_2 &= X_2 - Y_2 = U \\ d_3 &= X_3 - Y_3 = P + E + U + I_{PE} + I_{PU} + I_{EU} + I_{PEU} \\ d_4 &= X_4 - Y_4 = P + U + I_{PU} \end{aligned}$$

Die *Auswertung* eines Experimentes ist nun gleichbedeutend damit, ein *Gleichungssystem*, das aus einer dem verwendeten Experiment-Design entsprechenden Auswahl aus den obigen vier Gleichungen besteht, zu lösen. Das oben beschriebene 2-Gruppen-Experiment ohne Pretest führt z. B. zu einem Gleichungssystem, das aus der ersten und zweiten Gleichung besteht. Da es unabhängig von dem Design des Experimentes immer mehr Unbekannte als Gleichungen gibt, müssen bzgl. einer oder mehrerer Variablen Annahmen getroffen werden. Nachfolgend wird gezeigt, wie die Gleichungssysteme zu den verschiedenen Experimenttypen behandelt werden können.

Auswertung

Gleichungssystem

---

[32] Vgl. zu dieser Vorgehensweise Ross/Smith 1971, S. 354 ff.

4.2.2.3.1.1.   2-Gruppen-Experimente ohne Pretest

2-Gruppen-
Experiment ohne
Pretest

Das *2-Gruppen-Experiment ohne Pretest* führt zu den folgenden Gleichungen:

$$(4.2) \quad \begin{aligned} d_1 &= X_1 - Y_1 = E + U + I_{EU} \\ d_2 &= X_2 - Y_2 = U \end{aligned}$$

Es wird angenommen, dass die Störeinflüsse auf beide Gruppen in der gleichen Weise wirken. Deshalb kann in beiden Gleichungen für die Wirkung der Störeinflüsse die gleiche Variable U verwendet werden. Da die Versuchspersonen zufällig auf die beiden Gruppen verteilt werden, geht man davon aus, dass ein Pretest, wäre er denn durchgeführt worden, in beiden Gruppen im Mittelwert zum gleichen Ergebnis geführt hätte: $X_1=X_2$.

Subtraktion der
Gleichungen

Eine *Subtraktion der zweiten Gleichung von der ersten Gleichung* liefert:

$$(4.3) \quad d_1 - d_2 = Y_2 - Y_1 = E + I_{EU}$$

Durch Subtraktion der beiden Posttestmessungen wird also die Summe aus der experimentellen Wirkung und der Interaktion des Stimulus mit den Störeinflüssen ermittelt.

Da die Pretestmessungen X_1 und X_2 unbekannt sind, kann die Auswertung nur so erfolgen, dass zunächst die beiden Mittelwerte der Posttestmessungen Y_1 bzw. Y_2 über alle Versuchspersonen der Untersuchungs- bzw. Kontrollgruppe gebildet werden. Anschließend wird dann die Differenz dieser Mittelwerte berechnet bzw. einem t-Test[33] unterzogen. Eine Trennung der experimentellen Wirkung von dem Interaktionseffekt mit den Störeinflüssen ist durch kein Experiment-Design möglich. Da eine Schätzung des Interaktionseffektes i. d. R. nicht möglich ist, muss die Größe $E + I_{EU}$ herangezogen werden, um die Wirkung des Stimulus auf die Versuchspersonen zu beurteilen.

---

[33]   Vgl. zur Auswahl und Durchführung von statistischen Testverfahren die Abschnitte 4.5.1.4. und 4.5.1.5.

4.2.2.3.1.2. 2-Gruppen-Experimente mit Pretest

Das *2-Gruppen-Experiment mit Pretest* führt zu den folgenden Gleichungen:

2-Gruppen-Experiment mit Pretest

$$(4.4) \quad \begin{aligned} d_3 &= X_3 - Y_3 = P + E + U + I_{PE} + I_{PU} + I_{EU} + I_{PEU} \\ d_4 &= X_4 - Y_4 = P + U + I_{PU} \end{aligned}$$

Hier können zunächst die individuellen Differenzen für jede Versuchsperson zwischen den Pretest- und Posttestmessungen berechnet werden. Anschließend wird der Mittelwert dieser Differenzen in beiden Gruppen gebildet. Für diese Mittelwerte gelten wieder die obigen Gleichungen. Subtrahiert man die zweite von der ersten Gleichung, dann folgt:

$$(4.5) \quad d_3 - d_4 = X_3 - Y_3 - (X_4 - Y_4) = E + I_{PE} + I_{EU} +_{PEU}$$

Hier wird der Preis, der für die Möglichkeit, die individuellen Pretest- und Posttestmessergebnisse der Versuchspersonen vergleichen zu können, gezahlt werden muss, noch einmal besonders deutlich: Die experimentelle Wirkung E kann in diesem Untersuchungsdesign nicht von den Interaktionseffekten I_{PE}, I_{EU} und I_{PEU} getrennt werden. In einem 2-Gruppen-Experiment ohne Pretest tritt hingegen nur der Interaktionseffekt I_{EU} auf.

4.2.2.3.2. Auswertung von 3-Gruppen-Experimenten

Das *3-Gruppen-Experiment* aus Abschnitt 4.2.2.2.2. führt zu den folgenden Gleichungen:

3-Gruppen-Experiment

$$(4.6) \quad \begin{aligned} d_1 &= X_1 - Y_1 = E + U + I_{EU} \\ d_2 &= X_2 - Y_2 = U \\ d_4 &= X_4 - Y_4 = P + U + I_{PU} \end{aligned}$$

Da in den Gruppen 1 und 2 kein Pretest durchgeführt wird, sind die Variablen X_1 und X_2 unbekannt. Da die Versuchspersonen zufällig den drei Gruppen zugeordnet werden, wird angenommen, dass ein Pretest in den Gruppen 1 und 2 im Mittelwert zum gleichen Ergebnis wie der durchgeführte Pretest in der Gruppe 4 geführt hätte: $X_1=X_2=X_4$. Durch Subtraktion der zweiten von der ersten bzw. dritten Gleichung folgt:

$$(4.7) \qquad \begin{aligned} d_1 - d_2 &= Y_2 - Y_1 = E + I_{EU} \\ d_4 - d_2 &= Y_2 - Y_4 = P + I_{PU} \end{aligned}$$

Die Störeinflüsse können von dem Pretesteffekt bzw. der experimentellen Wirkung ohnehin nicht getrennt werden. Deshalb können I_{PU} und I_{EU} durch kein Experiment-Design eliminiert werden. Somit ist das Design dieses 3-Gruppen-Experimentes optimal, wenn E und P berechnet werden sollen.

4.2.2.4. Vor- und Nachteile verschiedener Experiment-Designs

Pretest-Posttest-messwert-differenzen

Individuelle *Pretest-Posttestmesswertdifferenzen* können in dem zuvor diskutierten 3-Gruppen-Experiment nur in der Kontrollgruppe 2 bestimmt werden. Sollen hingegen individuelle Pretest-Posttestmesswertdifferenzen von Versuchspersonen analysiert werden, die dem Stimulus ausgesetzt worden sind, dann ist ein 2-Gruppen-Experiment mit Pretest vorzuziehen. Soll zusätzlich E mit der gleichen Genauigkeit wie im 2-Gruppen-Experiment ohne Pretest oder P mit der gleichen Genauigkeit wie im obigen 3-Gruppen-Experiment bestimmt werden, dann muss ein *4-Gruppen-Experiment* durchgeführt werden. Dieses besteht dann aus einem 2-Gruppen-Experiment ohne Pretest und einem 2-Gruppen-Experiment mit Pretest.

4-Gruppen-Experiment

Insgesamt wird deutlich, dass eine größere Anzahl von Gruppen nicht zu einer höheren Genauigkeit, mit der bestimmte Einflüsse auf die abhängige Variable bestimmt werden können, führt. Eine höhere *Gruppenanzahl* ist erst dann sinnvoll, wenn weitere Einflüsse auf die abhängige Variable bestimmt bzw. individuelle Pretest-Posttestmesswertdifferenzen analysiert werden sollen. Die zusätzlich auftretenden Interaktionseffekte bergen allerdings die Gefahr, dass die Genauigkeit, mit der die Einflüsse auf die abhängige Variable bestimmt werden können, sinkt.

Gruppenanzahl

Insbesondere ein suboptimales Experiment-Design wirkt sich negativ auf diese Genauigkeit aus. Die in diesem Abschnitt diskutierten Experiment-Designs stellen eine Auswahl möglicher Designs dar. Diese Experiment-Designs wurden derart ausgewählt, dass nur die für bestimmte typische Untersuchungszwecke optimalen Designs diskutiert wurden.

Übungsaufgaben

Aufgabe 10: Typen von Marktforschungsuntersuchungen

Marktforschungsuntersuchungen lassen sich nach mehreren Kriterien systematisieren.

a) Grenzen Sie explorative, deskriptive und kausalanalytische Marktforschungsuntersuchungen voneinander ab und geben Sie jeweils ein Beispiel für eine Ausgangssituation an, in der der entsprechende Untersuchungstyp zum Einsatz kommen sollte!

b) Ihnen stehen Informationen über Abverkäufe aus vier verschiedenen Verkaufsstellen eines Handelsunternehmens aus einem Zeitraum von vier Wochen zur Verfügung. Ihr Ziel ist es, die Abverkäufe eines bestimmten Artikels A zu analysieren. Nennen Sie eine Frage, die Sie in diesem Zusammenhang mithilfe einer Querschnittsuntersuchung beantworten können! Geben Sie beispielhaft auch eine Frage für eine Längsschnittuntersuchung an! Begründen Sie jeweils Ihre Antworten, indem Sie verdeutlichen, warum im einen Fall eine Querschnitts- und im anderen Fall eine Längsschnittuntersuchung erforderlich ist!

c) Nehmen Sie an, dass das oben genannte Handelsunternehmen den kausalen Einfluss von Marketingmaßnahmen auf die Abverkäufe des Artikels A im Querschnitt untersucht hat. Erläutern Sie, warum eine bestätigte Untersuchungshypothese über die Wirkung einzelner Maßnahmen auf den Abverkauf von Artikel A trotzdem mit Vorsicht zu behandeln ist!

Aufgabe 11: Marktforschungsexperimente

Ein wichtiges Untersuchungsdesign zur Feststellung von Kausalzusammenhängen stellt das Experiment dar.

a) Ein Unternehmen möchte mithilfe eines Experimentes feststellen, ob sich durch den Einsatz seiner Werbekampagne die Kaufabsichten bei 200 Versuchspersonen ändern. Im Rahmen des Experimentes sollen alternative Erklärungsansätze für die mögliche Änderung der Kaufabsichten genauso ausgeschlossen werden, wie Einflüsse, die aus der Zuordnung der einzelnen Versuchspersonen zu den unterschiedlichen Testgruppen oder einer Konditionierung der Testpersonen resultieren. Für nachfolgende Untersuchungen soll der Pretesteffekt sowie die Interaktion zwischen Pretest und experimenteller Wirkung gemessen werden. Entwickeln Sie – in Ihrer Eigenschaft als Leiter der Marktforschungsabteilung des Unternehmens – ein geeignetes experimentelles Design! Beschreiben Sie es in seinen Grundzügen und erläutern Sie der Geschäftsleitung seine Vorteile!

b) Skizzieren Sie die beiden Effekte ‚experimentelle Wirkung' und ‚Pretesteffekt' sowie die Interaktion zwischen beiden Effekten! Zeigen Sie, wie Sie diese in Ihrem Experimentaufbau enthaltenen Effekte berechnen können!

c) Erläutern Sie nun allgemein, welche drei Anforderungen an Kausalzusammenhänge zu stellen sind!

4.3. Die Datengewinnung

4.3.1. Primär- und Sekundärforschung

Einem Unternehmen stehen im Rahmen der *Informationsbeschaffung grundsätzlich zwei unterschiedliche Formen* der Erhebung von Informationen zur Verfügung. Wird neues Datenmaterial für ein anstehendes Untersuchungsproblem erhoben, spricht man von *Primärforschung*. Kann man sich hingegen auf die Beschaffung, Aufbereitung und Erschließung vorhandenen Datenmaterials für einen gegebenen Untersuchungszweck beschränken, so findet *Sekundärforschung* statt.

Formen der Informationsbeschaffung

Primärforschung

Sekundärforschung

Mit Blick auf den Untersuchungszweck unterscheidet man bei der Sekundärforschung drei *Zwecksetzungen*:

Funktionen der Sekundärforschung

1. Zum einen wird die *Sekundärforschung* nicht selten als Ersatz für die Primärforschung eingesetzt. Dieser Zweck kommt ihr zumeist dann zu, wenn die Bearbeitung eines anstehenden Problems mithilfe einer Nutzung bereits erhobener Daten erfolgen kann. Der Hauptgrund, der für eine solche ‚*Ersatzfunktion*' der Sekundärforschung spricht, ist der zumeist geringere zeitliche und finanzielle Aufwand der Sekundärforschung im Vergleich zur Primärforschung.

Ersatzfunktion

2. Einen weiteren Zweck, den die Sekundärforschung erfüllen kann, ist die *Vorbereitung der Primärforschung*. In diesem Fall basiert die Primärforschung auf Daten, die durch Sekundäranalyse gewonnen wurden. Als Beispiel hierfür kann die für die Primäranalyse erforderliche Stichprobenziehung angesehen werden, die nicht selten auf der Grundlage von Sekundärdaten durchgeführt wird. So kann die Festlegung von Quoten bei der nicht-zufälligen Auswahl von Testpersonen auf demographischen Daten über die gesamte Bevölkerung im relevanten Gebiet basieren.

Vorbereitung der Primärforschung

3. Letztlich kann die Sekundärforschung auch als *Ergänzung zur Primärforschung* herangezogen werden. So ist es durchaus denkbar, dass Ergebnisse der Primärforschung zu Daten der Sekundärforschung in Beziehung gesetzt werden, um z. B. abzuschätzen, wie groß der Anteil einer Personengruppe, die ein bestimmtes Produkt kaufen würde, an der Gesamtbevölkerung ist.

Ergänzung zur Primärforschung

Vorteile der Sekundär-forschung

Als zentrale *Vorteile der Sekundärforschung* im Vergleich zur Primärforschung lassen sich die folgenden Aspekte nennen:

- Der Rückgriff auf unternehmensexterne Quellen (z. B. Daten der amtlichen Statistik) oder auf unternehmensinterne Quellen (z. B. Kundendaten) ist i. d. R. mit geringeren Kosten als die Neuerhebung von Daten verbunden.

- Aus dem Zugang zu vorhandenen Daten, deren Aufbereitung und Auswertung relativ wenig Zeit in Anspruch nimmt, ergibt sich oft eine Zeitersparnis.

- Nicht selten beruhen Sekundäranalysen auf Totalerhebungen und sind in ihrer Aussagekraft somit nicht durch Stichprobenfehler eingeschränkt.

- Zudem sind Sekundärdaten oftmals auch für unterschiedliche Zeitpunkte bzw. Zeiträume erhältlich, so dass es mit ihnen möglich ist, Veränderungen im Zeitablauf zu beobachten.

Probleme der Sekundär-forschung

Mit der Verwendung von Sekundärdaten sind andererseits aber auch bestimmte *Probleme* verbunden:

- Für eine Vielzahl an Marketing-Problemen existieren keine geeigneten Sekundärdaten.

- Gelegentlich sind die in bestimmten Statistiken verwendeten Maßeinheiten oder Klasseneinteilungen für die Vorbereitung von Marketing-Entscheidungen wenig geeignet.

- Da Sekundärdaten oftmals mit erheblicher zeitlicher Verzögerung publiziert werden, fehlt es ihnen z. T. an der notwendigen Aktualität.

- Auch mit Blick auf die Genauigkeit ist bei Sekundärdaten oftmals Vorsicht geboten, da nicht immer ersichtlich ist, wie die Daten erhoben und aggregiert wurden.

- Darüber hinaus ist die Repräsentativität von Sekundärdaten nicht immer gewährleistet. Beispielsweise findet man häufig, dass von Verbänden publizierte Daten nur hinsichtlich der Mitglieder dieser Verbände Aussagekraft besitzen.

- Ein letztes Problem bezieht sich auf das nicht selten zu hohe Aggregationsniveau von Sekundärdaten, das Aussagen für detaillierte Marketing-Fragestellungen kaum zulässt.

4.3.2.   Verfahren zur Stichprobenauswahl

Da in den meisten Marktforschungsuntersuchungen eine Erhebung der benötigten Daten bei allen Mitgliedern der Grundgesamtheit (z. B. alle potenziellen Käufer eines Produktes) nicht möglich ist, beschränkt man sich darauf, *eine Stichprobe aus der Grundgesamtheit auszuwählen* und die benötigten Daten bei den Mitgliedern dieser Stichprobe zu erheben. Die Verfahren zur Auswahl einer Stichprobe beruhen auf dem Zufallsprinzip, einer systematischen oder einer willkürlichen Auswahl. Eine Kombination dieser Methoden ist ebenfalls denkbar.

Auswahl einer Stichprobe aus der Grundgesamtheit

Die *willkürliche Auswahl* schließt alle Auswahlmechanismen ein, in denen der Marktforscher oder einer seiner Mitarbeiter, zumeist von pragmatischen Überlegungen geleitet, die Stichprobe bestimmt. Ein Interviewer, der den Auftrag hat, Studenten zu befragen, begibt sich z. B. in eine Cafeteria der Universität. Ein Unternehmen greift z. B. auf Kundendaten zurück.

willkürliche Auswahl

Die Gefahr, dass eine willkürliche Auswahl zu einer Stichprobe führt, die nicht repräsentativ für die Grundgesamtheit ist, ist besonders groß. Z. B. befragt der Interviewer in dem obigen Beispiel nur Studenten eines bestimmten Fachbereichs, die zufällig zu diesem Zeitpunkt keine Vorlesungen haben. Das Unternehmen erhält keine Informationen von Personen, die noch keine Kunden sind und richtet deshalb z. B. seinen Lieferservice immer nur an den bereits gewonnenen Kunden aus.

Das bekannteste Verfahren der *systematischen Stichprobenauswahl* ist das *Quotaverfahren*. Die Grundgesamtheit wird zunächst mithilfe von statistischem Material (wie z. B. amtlichen Statistiken) nach bestimmten Kriterien (wie z. B. Alter, Geschlecht, Einkommen, Schulabschluss u. a.) in sogenannte Schichten eingeteilt. Anschließend wird die Stichprobe so aus der Grundgesamtheit ausgewählt, dass jede Schicht in der Stichprobe prozentual in gleichem Umfang vertreten ist wie in der Grundgesamtheit. Besteht die Grundgesamtheit zu 90 % aus Frauen mit Hochschulabschluss, dann sind also auch 90 % der Personen der Stichprobe Frauen mit Hochschulabschluss. Die verwendeten Kriterien zur Bildung der Schichten müssen natürlich einen Zusammenhang zu den Messgrößen aufweisen. In dem letzten Beispiel wird angenommen, dass die Ausprägung der zu messenden Größe von der Schulbildung und dem Geschlecht der zu befragenden Person abhängt.

systematische Auswahl und Quotaverfahren

Die Mitglieder der einzelnen Schichten können willkürlich oder nach dem Zufallsprinzip ausgewählt werden. Wird das Zufallsprinzip angewandt, dann spricht man von einer *geschichteten Zufallsauswahl*.

geschichtete Zufallsauswahl

Problem des Quotaverfahrens und der geschichteten Zufallsauswahl

Ein *Problem des Quotaverfahrens* und *der geschichteten Zufallsauswahl* kann darin bestehen, geeignete Kriterien zur Bildung der Schichten festzulegen. Ein Unternehmen, das eine Konsumentenbefragung durchführt, muss vor Anwendung dieser ‚Verfahren' wissen, welche Eigenschaften der Konsumenten deren Verhalten und Einstellungen wesentlich beeinflussen. Möglicherweise sollen aber gerade diese Eigenschaften zur Bestimmung der Zielgruppe und des Marktvolumens in der Marktforschungsstudie ermittelt werden.

einfache Zufallsauswahl

Bei Anwendung der *einfachen Zufallsauswahl* besteht für jedes Mitglied der Grundgesamtheit die gleiche Wahrscheinlichkeit in die Stichprobe aufgenommen zu werden. Darüber hinaus ist jede mögliche Stichprobe gleich wahrscheinlich. Voraussetzung für die Anwendung dieses Verfahrens ist, dass alle Mitglieder der Grundgesamtheit aufgelistet werden können und eine Datenerhebung prinzipiell möglich ist. Eine Auflistung aller Haushalte in der BRD mit Kindern, die unter einer Allergie leiden, ist z. B. nicht erstellbar. Ein Pharmaunternehmen, das die Eltern dieser Kinder befragen möchte, wird also zwangsläufig von einer strikten Anwendung des Zufallsprinzips abweichen und z. B. mit Ärzten kooperieren. Dadurch können aber nur Kinder erfasst werden, die sich bereits in ärztlicher Behandlung befinden.

Datenerhebungs-kosten

Die *Datenerhebungskosten* können bei einer einfachen Zufallsauswahl erheblich sein, da z. B. die zu befragenden Personen über das gesamte Marktgebiet eines Unternehmens verteilt sind. Für die Interviewer entstehen dadurch erhebliche Reisekosten.

Zur Reduktion der Datenerhebungskosten wird i. d. R. von einer strikten Zufallsauswahl abgesehen und es werden z. B. zunächst per Zufall bestimmte Orte ausgewählt und anschließend in jedem Ort per Zufall ein Stadtteil bestimmt. Schließlich werden alle Personen, die in den so ausgewählten Stadtteilen leben, befragt. Dieses Verfahren, das als *Klumpenauswahl* bezeichnet wird, reduziert die Befragungskosten. Mit dem Klumpenauswahlverfahren bestimmte Stichproben entsprechen aber nicht mehr den Anforderungen des strikten Zufallsprinzips, da nur Stichproben mit zahlreichen Personen aus einzelnen Stadtteilen gewonnen werden können. Je nach Struktur des gesamten Landes, in dem die ausgewählten

Klumpenauswahl

Städte liegen, kann z. B. die Stadt- oder die Landbevölkerung in der Stichprobe überrepräsentiert sein.

Zu dem *zufallsbedingten Auswahlfehler* bei der Bestimmung einer Stich- probe tritt dann noch ein verfahrensbedingter *systematischer Auswahlfehler*. Die Summe beider Fehler führt dazu, dass die Stichprobe die Grund- gesamtheit nicht repräsentativ abbildet. Es gibt eine Vielzahl weiterer Verfahren zur Stichprobenauswahl, die alle darauf abzielen, die Daten- erhebungskosten zu reduzieren oder die Bestimmung einer Stichprobe praktikabel zu machen. Dies geschieht zulasten der Repräsentativität der Stichprobe.

zufallsbedingter und systematischer Auswahlfehler

Wenn die Stichprobe nicht nach dem Zufallsprinzip ausgewählt wurde, können bestimmte statistische Größen nicht berechnet werden. Ein Schluss von Eigenschaften der Stichprobe auf die entsprechenden Eigenschaften der Grundgesamtheit mit einer vorgegebenen Fehlerwahrscheinlichkeit setzt ebenfalls voraus, dass die Stichprobe nach dem strikten Zufallsprinzip aus- gewählt wird.

4.3.3. Datenerhebungsmethoden

4.3.3.1. Beobachtungen

Beobachtungsverfahren sind eine Form der Datenerhebung, bei der auf eine Kommunikation zwischen Erhebenden und Auskunftspersonen verzichtet wird und die *Untersuchungstatbestände direkt erfasst* werden. Die Be- obachtung ist geeignet für Untersuchungen, in denen

Beobachtungs- verfahren

Untersuchungs- tatbestände werden direkt erfasst

- Befragungsverfahren nicht einsetzbar sind (z. B. bei Kleinkindern),

- tatsächliche Verhaltensdaten von Interesse sind (z. B. das Konsumenten- verhalten) sowie

- bei Befragungen mit Interviewereinflüssen zu rechnen ist.

Gestaltungs-
möglichkeiten von
Beobachtungen

Die zahlreichen *Gestaltungsmöglichkeiten von Beobachtungen* lassen sich durch vier Dimensionen charakterisieren:

1. Strukturierte und unstrukturierte Beobachtungen

strukturierte
Beobachtung

Bei der *strukturierten Beobachtung* werden zuvor festgelegte Einzel-Merkmale anhand entsprechender Kategorien erhoben, was eine Konkretisierung des Forschungsgegenstandes voraussetzt.

unstrukturierte
Beobachtung

Die *unstrukturierte Beobachtung* ist eine eher impressionistische Informationssammlung und wird hauptsächlich in Vorstudien eingesetzt.

2. Teilnehmende und nicht-teilnehmende Beobachtungen

teilnehmende
Beobachtung

Die *teilnehmende Beobachtung*, bei der der Beobachter selbst in den zu untersuchenden Prozess einbezogen wird, wird in Fällen eingesetzt, wo ein enger und tiefer Kontakt zur beobachteten Person notwendig ist. Sie birgt aber die Gefahr des Beobachtungseinflusses und ungenauer Ergebnisse aufgrund der Doppelrolle des Beobachters.

nicht-teilnehmende
Beobachtung

Bei deskriptiven Untersuchungen wird überwiegend die *nicht-teilnehmende Beobachtung*, bei der der Beobachter für den Beobachteten nicht erkennbar ist, eingesetzt.

3. Offene und getarnte Beobachtungen

offene
Beobachtung

Bei der *offenen Beobachtung* sind sich die zu Beobachtenden der Beobachtungssituation bewusst, was jedoch zu unerwünschten Verhaltensänderungen führen kann.

getarnte
Beobachtung

Die *getarnte Beobachtung* vermeidet diese Probleme zwar, ist jedoch forschungsethisch bedenklicher.

4. Feld- und Laborbeobachtungen

Feldbeobachtung

Von einer *Feldbeobachtung* spricht man, wenn es sich um eine unbeeinflusste (‚natürliche‘) Situation handelt.

Laborbeobachtung

Bei der *Laborbeobachtung* handelt es sich um eine vom Forscher geschaffene und beeinflusste Beobachtungssituation. Aufgrund des Einsatzes technischer Geräte ist hier oft eine getarnte Beobachtung nicht möglich.

4.3.3.2. Befragungen

Die *Befragung* gilt als die wichtigste Methode der Datenerhebung in der Marktforschung. Sie ist definiert als ein planmäßiges Vorgehen mit wissenschaftlicher Zielsetzung, bei dem die Versuchspersonen durch gezielte Fragen oder sonstige Stimuli zu verbalen Aussagen veranlasst werden sollen. Befragungs-
verfahren

Je nach Ausgangssituation und Erkenntnisziel ergeben sich verschiedene *Gestaltungsmöglichkeiten von Befragungen*, die sich anhand der folgenden Dimensionen strukturieren lassen: Gestaltungs-
möglichkeiten
von Befragungen

Zielpersonen der Befragung: Zielpersonen

- Bevölkerungsumfragen: Einwohner (bzw. nach bestehenden Kriterien ausgewählte Teilgruppen) einer Region werden befragt.

- Unternehmensbefragung: Mitarbeiter im Investitionsgütermarketing, i. d. R. Führungskräfte werden befragt.

- Expertenbefragung: Wichtiger als die Repräsentativität der Befragung ist hier die fachliche Kompetenz der Befragungspersonen.

Befragungsstrategie: Befragungs-
strategie

- Standardisiertes Interview: Die Formulierung der Fragen und die Reihenfolge der Fragen werden vor der Befragung festgelegt.

- Strukturierte Befragung: Die Kernfragen werden vor der Befragung festgelegt. Die Kernfragen werden durch variable Zusatzfragen ergänzt und die Fragenreihenfolge ist variabel.

- Freies Interview: Nur das Untersuchungsthema ist festgelegt. Das freie Interview stellt hohe Anforderungen an den Interviewer und ist oft schwer auszuwerten.

Befragungstaktik: Befragungstaktik

- Direkte Befragungstaktik: Das Erkenntnisziel der Befragung ist für den Befragten erkennbar.

- Indirekte Befragungstaktik: Durch psychologisch geschickte Formulierung der Fragen ist das Erkenntnisziel der Befragung für den Befragten nicht (einfach) erkennbar. Eine indirekte Befragungstaktik wird für Sachverhalte eingesetzt, die ansonsten nicht oder nur verzerrt beantwortet werden würden.

Zahl der Untersuchungsthemen:

- Einthemen-Umfragen werden für Spezialuntersuchungen eingesetzt.

- Mehrthemen-Umfragen, sogenannte Omnibusumfragen, werden vor allem von kommerziellen Marktforschungsinstituten eingesetzt.

Kommunikationsformen:

- Mündliche Befragung: Die Auskunftsperson wird von einem Interviewer befragt.

- Schriftliche Befragung: Die Auskunftsperson erhält (i. d. R. postalisch) einen Fragebogen mit der Bitte diesen auszufüllen und zurückzusenden.

- Telefonische Befragung: Mündliche Befragungen am Telefon werden oft unter Einsatz von Computern (sogenannten CATI-Systemen) durchgeführt.

- Online-Befragung: Die Auskunftsperson füllt ein Formular auf einer Website aus. Die Einladung erfolgt schriftlich oder per E-Mail.

Die Frage, welche Befragungsform vorzuziehen ist, lässt sich anhand der folgenden drei Kriterien beantworten:

Repräsentativität:

- *Identitätsproblem*: Es kann nicht sichergestellt werden, dass die antwortende Person identisch mit derjenigen Person ist, die zur Stichprobe gehört.

- *Problem der Stichprobenausschöpfung*: Personen, die zur Stichprobe gehören, können nicht erreicht werden oder sie verweigern die Antwort.

Das Identitätsproblem und das Problem der Stichprobenausschöpfung reduziert die Repräsentativität der Stichprobe. Dadurch kann es zu Ergebnisverzerrungen kommen.

Qualität der Daten:

Durch geeignete Formulierung der Fragen, einen sinnvollen Fragebogenaufbau und eine geschickte Befragungstaktik gilt es, die gewünschten

Marginalien:
Zahl der Untersuchungsthemen

Kommunikationsformen

Beurteilung der Kommunikationsformen

Repräsentativität

Identitätsproblem

Problem der Stichprobenausschöpfung

Qualität der Daten

Informationen über die interessierenden Sachverhalte zu erhalten und Antwortverzerrungen zu vermeiden.

Organisatorischer und finanzieller Aufwand:

Die verschiedenen Kommunikationsformen unterscheiden sich hauptsächlich hinsichtlich ihres Aufwandes für die Datenerhebung und die Stichprobenziehung. Es sind aber auch Unterschiede hinsichtlich der Kosten für Fragebogenerstellung, Datenauswertung und Berichterstellung möglich. Z. B. kann durch besonders geschulte Interviewer im Rahmen einer mündlichen Befragung sichergestellt werden, dass die Fragebogen sorgfältiger ausgefüllt werden als dies bei einer schriftlichen Befragung zu erwarten ist. Dadurch kann u. U. der Aufwand bei der Datenauswertung gesenkt werden.

Die Befragungsformen können nun anhand der Kriterien Repräsentativität, Qualität der Daten und organisatorischer und finanzieller Aufwand beurteilt werden.

Die *mündliche Befragung* stellt die aufwändigste der drei Befragungsformen dar. Ihr wesentlicher Vorteil liegt in der Qualität der erhobenen Daten, da das gesamte Instrumentarium der Befragungstaktik eingesetzt werden kann. Die Befragungssituation kann ggf. kontrolliert werden, das Interview kann variabel gestaltet werden und der Interviewer kann ggf. ergänzende Beobachtungen festhalten.

Nachteile stellen vor allem die Gefahr von Ergebnisverzerrungen durch einen Einfluss des Interviewers (Interviewer-Bias durch dessen Persönlichkeit oder dessen selektiver Wahrnehmung) sowie das Identitätsproblem (Fälschung des Interviews oder Befragung ‚ähnlicher' Personen, falls die Auskunftspersonen nur schwer erreichbar sind) dar. Beiden Problemen kann durch sorgfältige Schulung und Kontrolle der Interviewer entgegengewirkt werden. Einen weiteren Nachteil stellen die hohen Kosten für die Durchführung des Interviews dar. Hinzu kommt ein beträchtlicher Aufwand für die Rekrutierung, Betreuung, Schulung und Kontrolle der Interviewer.

Geht man von der postalischen Zustellung eines standardisierten Fragebogens als häufigste Methode der *schriftlichen Befragung* aus, ist die mangelnde Repräsentativität das größte Problem dieser Befragungsform. Verglichen mit der mündlichen Befragung sind deutlich geringere Rücklaufquoten zu erwarten. Instrumente zur Erhöhung der Rücklaufquote sind z. B. Begleitschreiben, die Vertrauen vermitteln und Interesse wecken, Erinnerungs- bzw. Mahnschreiben, eine interessante Gestaltung des Fragebogens und ein frankierter Rückumschlag, evtl. können auch Prämien oder die Teilnahme an einem Gewinnspiel angeboten werden.

Ein weiteres Repräsentativitätsproblem besteht in der fehlenden Kontrollmöglichkeit hinsichtlich der Person, die den Fragebogen ausfüllt (Identitätsproblem). Auch hinsichtlich der Qualität der Daten ergeben sich Nachteile, da Vorlagen (Bilder und Texte) und einige experimentelle Verfahren nur eingeschränkt eingesetzt werden können. Darüber hinaus müssen die Fragen einfach, präzise und leicht verständlich formuliert werden und der Fragebogen übersichtlich gestaltet sein sowie deutliche Anweisungen zum Ausfüllen enthalten. Der methodische Aufwand ist daher hoch.

Vorteile schriftlicher Befragungen sind die relativ geringen Kosten pro Interview und die Möglichkeit, schriftliche Befragungen ohne professionelle Marktforschungsinstitute durchführen zu können.

Vor- und Nachteile der telefonischen Befragung Durch *telefonische Befragungen* lassen sich viele der genannten Nachteile der schriftlichen und mündlichen Befragung vermeiden sowie Vorteile der beiden Befragungsformen nutzen.

Die Repräsentativität der Stichprobe ist unter Voraussetzung einer hohen Telefondichte gut, da i. d. R. die Stichprobenausschöpfung recht hoch ist. Ein wesentlicher Vorteil telefonischer Befragungen besteht im relativ geringen Zeitaufwand und entsprechend niedrigeren Kosten und im geringeren organisatorischen Aufwand. Insbesondere durch den Einsatz von Computer Assisted Telephon Interviewing (CATI) sind telefonische Umfragen schnell durchführbar und sofort auswertbar, sie ermöglichen eine unmittelbare Fehlerkontrolle und sie erlauben eine weitgehende Individualisierung der Fragen und eine Randomisierung der Frage- bzw. Antwortreihenfolgen.

Vor- und Nachteile der Online-Befragung Eine *Online-Befragung* beschränkt den Kreis der Teilnehmer auf Personen mit einem Internetzugang. Entscheidend ist daher die Verbreitung von Internetzugängen in der Zielgruppe. Der Rücklauf wird im Vergleich zu einer schriftlichen Befragung einerseits – im Falle einer Einladung per E-Mail – aufgrund der Verwechslungsgefahr mit Spam geschmälert. Andererseits ist der Aufwand der Beantwortung für die befragte Person geringer, sofern es sich um einen versierten Computernutzer handelt.

Die Qualität der Daten ist im Vergleich zu einer schriftlichen Befragung tendenziell schlechter, da viele befragte Personen beim Ausfüllen eines Online-Fragebogens weniger Sorgfalt walten lassen als beim Ausfüllen eines schriftlichen Fragebogens. Im Gegenzug können Fehler bei der Fragebogenerfassung vermieden werden.

Die Kosten für eine Online-Befragung sind relativ gering, wenn standardisierte Befragungstools eingesetzt werden können und ein Webserver sowie das notwendige Know-how ohnehin zur Verfügung stehen.

4.3.3.3. Panelerhebungen

Als *Panel* bezeichnet man eine festgelegte, gleichbleibende Menge von Erhebungseinheiten, bei denen über einen längeren Zeitraum wiederholt oder kontinuierlich die gleichen Merkmale erhoben werden. Nach den Erhebungseinheiten und dem Erhebungszweck kann man z. B. folgende drei Arten von Panels unterscheiden: Konsumenten-, Handels- und Spezialpanel. *(Panel)*

Konsumentenpanels können in Haushaltspanels und Einzelpersonenpanels eingeteilt werden. In beiden Fällen erfassen die Teilnehmer des Panels (z. B. Haushalte oder Einzelpersonen) für jeden Einkauf Datum, Einkaufsstätte sowie Bezeichnung, Menge und Preis der gekauften Produkte. *(Konsumentenpanel)*

Handelspanels bestehen aus verschiedenen Verkaufsstätten des Handels. Dementsprechend kann man zwischen Einzel- und Großhandelspanels unterscheiden. Durch einen Vergleich der Lagerbestände zu zwei Zeitpunkten und unter Berücksichtigung der Einkäufe in der Zwischenzeit wird der Absatz einzelner Produkte bestimmt. Werden in den Verkaufsstätten des Handels moderne Scannerkassensysteme zur Erfassung der Abverkäufe eingesetzt, dann spricht man auch von einem Scanningpanel. *(Handelspanel)*

Das bekannteste *Spezialpanel* ist das Fernsehpanel. In einer repräsentativen Auswahl mehrerer Haushalte wird mittels einer technischen Einrichtung protokolliert, welche Fernsehprogramme wann und wie lange eingeschaltet sind. Auf diese Weise soll die Reichweite von TV-Werbung geschätzt werden. *(Spezialpanel)*

Die *Probleme von Panelerhebungen* ergeben sich zum einen aus den hohen Durchführungskosten und zum anderen durch die Methodik der Durchführung. In diesem Zusammenhang ist zunächst die *Auswahl von Panelteilnehmern* zu nennen. Da an die Teilnehmer recht hohe Anforderungen gestellt werden, muss man mit einer hohen Verweigerungsrate rechnen. Aus *(Probleme von Panelerhebungen)* *(Auswahl von Panelteilnehmern)* diesem Grund gelingt eine Stichprobenbestimmung mittels einfacher Zufallsauswahl zumeist nicht.

Panelsterblichkeit Ein weiteres methodisches Problem stellt die *Panelsterblichkeit* dar. Damit sind solche Fälle gemeint, bei denen im Laufe der Zeit die Bereitschaft zur Mitarbeit erlischt. In solchen Fällen muss nach angemessenem Ersatz gesucht werden.

Paneleffekt Ein erhebliches Problem stellt auch der sogenannte *Paneleffekt* dar. Damit wird die Konditionierung der Panel-Mitglieder durch das Bewusstsein, laufend beobachtet und befragt zu werden, gemeint. Dies kann u. U. zur Folge haben, dass das Verhalten der Untersuchungsteilnehmer von ihrem eigentlichen Verhalten, das sie zeigen würden, wenn sie nicht an einem Panel teilnehmen, abweicht.

Alterung des Panels Ein letztes, hier zu nennendes Problem besteht in der *Alterung des Panels*, da sich z. B. die an der Erhebung beteiligten Personen nach einer gewissen Zeit nicht mehr mit der Grundgesamtheit decken.

Die o. a. Probleme von Panelerhebungen wirken sich vor allem auf das Kriterium der Validität aus. So beeinträchtigt die Panelsterblichkeit z. B. die Repräsentativität von Panelerhebungen und somit die Übertragbarkeit der Ergebnisse auf die Grundgesamtheit, also die *externe Validität*. Die **externe und interne Validität** *interne Validität*, also die Gültigkeit der Ergebnisse für die Untersuchungseinheiten selbst, wird u. a. durch den Paneleffekt verringert, da sich bei den Panelteilnehmern u. U. eine Veränderung des Konsumentenverhaltens einstellt.

4.3.4. Datenqualität: Fehlende Daten und systematische Verzerrungen

Einflussfaktoren der Datenqualität Die *Datenqualität* wird beeinflusst durch die Güte der eingesetzten Messinstrumente, das Problem der fehlenden Daten und durch systematische Verzerrungen in Folge einer ungeeigneten Stichprobenauswahl (vgl. hierzu Abschnitt 4.3.2.).

Gütebeurteilung der Messinstrumente Zur *Beurteilung der Güte von Messinstrumenten* werden insbesondere drei Kriterien herangezogen: Die Validität, Reliabilität und Praktikabilität.

Die *Validität* bezieht sich hierbei auf die Gültigkeit von Messungen. Diese liegt vor, wenn mit der Messung tatsächlich das erfasst wird, was auch gemessen werden soll. Werden Versuchspersonen z. B. nach ihrer Kaufbereitschaft gefragt, dann muss berücksichtigt werden, dass die Auskünfte der Versuchspersonen nur die Selbsteinschätzung ihrer Kaufbereitschaft widerspiegeln. Die tatsächliche Bereitschaft der Versuchspersonen ein Produkt zu erwerben, kann hiervon durchaus deutlich abweichen. — Validität

Die *Reliabilität* hat die Zuverlässigkeit von Messungen zum Gegenstand. Sie bezieht sich also auf die formale Genauigkeit, mit der die Merkmalserfassung erfolgt. Wird ein Merkmal mithilfe eines Messgerätes erfasst, dann erfolgt die Messung z. B. aufgrund technischer Restriktionen mit einer bestimmten Genauigkeit. Es ist im Einzelfall zu prüfen, ob diese Genauigkeit für den Untersuchungszweck ausreicht. — Reliabilität

Die *Praktikabilität* hingegen betrifft die Anwendbarkeit eines Messverfahrens für den Untersuchungszweck. — Praktikabilität

Fehlende Daten können unterschiedliche Ursachen haben: Z. B. können im Rahmen einer schriftlichen Befragung die befragten Personen aus verschiedenen Gründen eine Auskunft verweigern. Sie können die Frage z. B. als einen Eingriff in ihre Privatsphäre werten oder ihre Motivation den Fragebogen auszufüllen, lässt aufgrund der Länge des Fragebogens nach. Bestimmte Fragen können die befragten Personen nicht ad hoc beantworten und eine Informationsrecherche erscheint ihnen zu aufwendig. — fehlende Daten

Übungsaufgaben

Aufgabe 12: Informationsbeschaffung

Für die fundierte Vorbereitung unternehmerischer Entscheidungen ist eine systematische Sammlung und Aufbereitung vielfältiger Informationen notwendig.

a) Skizzieren Sie, welche beiden Möglichkeiten einem Unternehmen generell zur Beschaffung und entscheidungsrelevanten Aufbereitung von Informationen zur Verfügung stehen! Gehen Sie dabei auch auf die Beziehung der beiden Möglichkeiten zueinander ein!

b) Erläutern Sie, mit welchen möglichen Vor- und Nachteilen ein Unternehmen rechnen muss, das neue Informationen für eine unternehmerische Entscheidung erhebt!

c) Erhebt ein Unternehmen neue Daten, muss es zur Sicherung der Datenqualität unter anderem auf die Güte der Messinstrumente achten. Erläutern Sie, welches Risiko ein Unternehmen eingeht, wenn die Kriterien der Gütebeurteilung von Messinstrumenten missachtet werden!

Aufgabe 13: Primär- und Sekundärforschung

Nicht selten stehen Marktforschungsabteilungen von Unternehmen vor der Frage, ob es für ein bestimmtes Untersuchungsproblem notwendig ist, Primärforschung zu betreiben oder ob nicht auch Sekundärforschung zielführend ist.

a) Definieren Sie kurz, was unter den Begriffen der Primär- und Sekundärforschung zu verstehen ist! Welche Zwecke erfüllt die Sekundärforschung i. d. R. und mit welchen Vor- und Nachteilen ist sie verbunden?

b) Stellen Sie nun drei mögliche unternehmensinterne Informationsquellen der Sekundärforschung für einen Industriegüterhersteller dar, der erste Angaben über die Zufriedenheit seiner Kunden mit einer von ihm erstellten Anlage erhalten möchte! Begründen Sie Ihre Auffassung!

c) Skizzieren Sie nun einige unternehmensexterne Informationsquellen, die der Hersteller nutzen könnte!

Aufgabe 14: Verfahren zur Stichprobenauswahl

a) Erläutern Sie, warum Verfahren zur Stichprobenauswahl im Rahmen von Marktforschungsuntersuchungen zur Erforschung des Konsumentenverhaltens eingesetzt werden! Erläutern Sie in diesem Zusammenhang auch das sogenannte Zufallsprinzip sowie die willkürliche Auswahl! Verdeutlichen Sie beide Ansätze an einem selbst gewählten Beispiel!

b) Nehmen Sie an, ein Handelsunternehmen möchte das Einkaufsverhalten in seinen Verkaufsstellen untersuchen. Zu diesem Zweck soll das sogenannte Quotaverfahren eingesetzt werden. Erläutern Sie an diesem Beispiel das Quotaverfahren! Welche Bedeutung kommt in diesem Zusammenhang den Kriterien zur Bestimmung unterschiedlicher Zielgruppen zu? Erläutern Sie in diesem Zusammenhang auch ein mögliches Problem!

c) Erläutern Sie einen wesentlichen Vorteil und einen wesentlichen Nachteil bei der Berücksichtigung von Quoten im Rahmen des Quotaverfahrens!

Aufgabe 15: Beobachtungsverfahren

a) Beobachtungsverfahren lassen sich anhand von vier Gestaltungsdimensionen charakterisieren. Erläutern Sie diese Dimensionen an einem selbstgewählten Beispiel!

b) Erläutern Sie für jede Gestaltungsdimension je einen Nachteil mit Blick auf Beobachtungsverfahren!

c) Im Internet werden die von einem Benutzer angefragten Seiten mithilfe von sogenannten Logfiles protokolliert. Im Rahmen der Logfile-Analyse werden diese Protokolldateien zur Beobachtung des Online-Suchverhaltens benutzt. Erläutern Sie, welche Nachteile von Beobachtungsverfahren die Logfile-Analyse in besonderem Maße beseitigt!

Aufgabe 16: Befragungsverfahren

a) Geben Sie einen Überblick über die Gestaltungsmöglichkeiten von Befragungsverfahren!

b) Welche Vor- und Nachteile ergeben sich beim Einsatz von Befragungsverfahren in der Marktforschung im Vergleich zum Einsatz von Beobachtungsverfahren?

c) Bewerten Sie das Instrument der Online-Befragung hinsichtlich der
   Repräsentativität, der Qualität der erhobenen Daten und des organisatorischen und finanziellen Aufwands! Nehmen Sie die Bewertung vor,
   indem Sie die Internet-Befragung mit anderen Kommunikationsformen
   vergleichen!

Aufgabe 17: Panelerhebungen

Eine wichtige Datenquelle für das Marketing bilden sogenannte ‚Panelerhebungen‘.

a) Definieren Sie den Begriff Panel und nehmen Sie anschließend eine
   Systematisierung unterschiedlicher Arten von Panels vor!

b) Welche Probleme sind mit ‚Panelerhebungen‘ verbunden?

c) Zeigen Sie anhand ausgewählter Beispiele, wie sich diese Probleme auf
   Gütekriterien von Messungen auswirken! Erläutern Sie in diesem
   Zusammenhang die von Ihnen vorgestellten Kriterien!

Aufgabe 18: Planungsprozess der Marktforschung

Der Planungsprozess der Marktforschung lässt sich üblicherweise in die
vier Phasen: Entscheidungsgerichtete Planung, Datengewinnung, Datenaufbereitung und Datenanalyse sowie Dateninterpretation und entscheidungsgerichtete Verwertung einteilen.

a) Erläutern Sie, welche Entscheidungen in der Phase „entscheidungsgerichtete Planung" für eine zweckmäßige Marktforschungsuntersuchung zu treffen sind? Im Rahmen der Datengewinnung ist unter
   anderem zu entscheiden, welches Verfahren zur Stichprobenauswahl benutzt wird. Erläutern Sie die Ihnen bekannten Verfahren der Stichprobenauswahl!

b) Im Rahmen der Datenaufbereitung und Datenanalyse ist insbesondere
   auf die Datenqualität zu achten. Erläutern Sie am Beispiel des Verfahrens der Klumpenauswahl die Nachteile, die entstehen können, wenn

die Kriterien zur Beurteilung der Güte von Messinstrumenten nicht beachtet werden!

c) Welche Annahme wird bei der Klumpenauswahl unterstellt, um die Repräsentativität der Stichprobe zu gewährleisten? Erläutern Sie, welche Folgen eine Verletzung der Repräsentativität im Rahmen der Dateninterpretation und entscheidungsgerichteten Verwertung haben kann!

4.4. Die Datenaufbereitung

4.4.1. Skalenniveaus von Daten

Überführung der gewonnenen Daten in ein numerisches System

Die Daten z. B. aus einer Befragung müssen i. d. R. zum Zwecke der Datenaufbereitung und -analyse in ein *numerisches System* übersetzt werden. Es handelt sich entweder um beliebig austauschbare Symbole für qualitativ unterschiedliche Ausprägungen eines Konstruktes oder um Ausprägungen eines quantitativ erfassbaren Konstruktes. Z. B. können die möglichen Antworten auf die Frage ‚Welches Verkehrsmittel benutzen sie für den Weg zur Arbeit?‘ beliebig nummeriert werden. Dem zugeordneten Zahlenwert selbst kommt dabei aber keine besondere Bedeutung zu.

Im Gegensatz dazu besitzt der Zahlenwert zur Beantwortung der Frage ‚Wie lang ist Ihr Weg zur Arbeit?‘ eine Bedeutung. Der Bedeutungsgehalt hängt allerdings davon ab, wie die Antwort erhoben wird. Es kann z. B. direkt nach der Kilometerzahl gefragt werden oder man stellt den Befragten verschiedene Intervalle (z. B. weniger als 10 km, zwischen 10 und 50 km und mehr als 50 km) zur Wahl.

Man unterscheidet nicht-metrische (Nominal- und Ordinalskalen) und metrische Messniveaus (Intervall- und Ratioskalen) von Daten:

Nominalskalen **Nominalskalen**

Bei Nominalskalen dienen die zur Kennzeichnung von Messwerten verwendeten Zahlen ausschließlich zur Identifikation (hinsichtlich des interessierenden Merkmals) gleicher bzw. ungleicher Erhebungselemente. Es handelt sich um willkürlich zugeordnete Zahlen, die lediglich Häufigkeitsaussagen erlauben. Als Beispiel kann die Frage nach dem Verkehrsmittel für den Arbeitsweg angeführt werden.

Ordinalskalen **Ordinalskalen**

Ordinalskalen geben die Rangordnung (‚größer‘ bzw. ‚kleiner‘) von Erhebungselementen wieder. Wenn die Länge des Arbeitsweges über eine Auswahl aus mehreren Entfernungsintervallen erfragt wird, dann ergibt sich ein ordinalskaliertes Merkmal. Da die Abstände zwischen den einzelnen Messwerten nicht interpretierbar sind, sind arithmetische Operationen nicht zulässig. So macht es z. B. keinen Sinn, den Mittelwert der Zahlenwerte, die den Entfernungsintervallen entsprechen, zu bestimmen.

Intervallskalen Intervallskalen

Intervallskalen unterscheiden sich von Ordinalskalen dadurch, dass die Abstände (Intervalle) interpretierbar (vergleichbar) sind. Ein Beispiel für ein intervallskaliertes Merkmal sind Temperaturen. Arithmetische Operationen wie z. B. die Berechnung des Mittelwertes (arithmetisches Mittel) und der Varianz sind erlaubt. Da dadurch die Anwendung fast aller statistischer Verfahren möglich wird, wird im Allgemeinen dieses Datenniveau angestrebt. Eine Berechnung von Quotienten ist bei intervallskalierten Merkmalen dagegen nicht erlaubt. Z. B. ist die Aussage ‚30°C ist doppelt so warm wie 15°C‘ sinnlos, da die Celsius-Skala keinen absoluten Nullpunkt bei 0°C besitzt.

Verhältnisskalen (Ratioskalen) Verhältnisskalen (Ratioskalen)

Da Verhältnisskalen nicht nur gleich große Intervalle, sondern auch einen eindeutig definierten absoluten Nullpunkt (unabhängig von der Maßeinheit) besitzen, erlauben sie zusätzlich zu den Möglichkeiten der Intervallskalen eine Interpretation der Relationen zwischen den Messwerten. Es dürfen also auch Quotienten gebildet werden. Beispiele für verhältnisskalierte Merkmale sind: Körpergröße, Alter und Einkommen.

4.4.2. Beschreibung und Aufbereitung der Datenbasis

4.4.2.1. Grundlegende Elemente von Datenbanken

Dieser Abschnitt erläutert ausführlich die Vorgehensweise bei der Aufbereitung der Datenbasis. Zunächst soll die Terminologie zur allgemeinen Darstellung von Daten festgelegt werden.

Damit Analyseverfahren in Standardsoftwarepaketen[34] genutzt werden können, muss die Datenbasis in einem bestimmten Format vorliegen. Je nach konkreter Implementierung der Verfahren kann das Format unter-

---

[34] Das kann z. B. Microsoft Excel, SAS, SPSS oder das frei verfügbare Programm R sein.

schiedlich sein. In den folgenden Abschnitten wird davon ausgegangen, dass die Daten in einer Tabelle wie in Abbildung 8 vorliegen.[35]

	A_1	A_2	...	A_{n-1}	A_n
S_1	$w_1(A_1)$	...	...	...	$w_1(A_n)$
...	...	...	...	...	...
S_m	$w_m(A_1)$	...	...	...	$w_m(A_n)$

Abb. 8:   Datentabelle

Datenbank und Datentabellen Eine *Datenbank* besteht aus mehreren *Datentabellen*. Die Spaltenüberschriften einer Datentabelle bezeichnen die Größen, die in der Untersuchung erhoben wurden. Angenommen, es handelt sich um Daten einer Kundenbefragung in einer Verkaufsstelle des Einzelhandels. A_1 könnte dann z. B. das Alter eines Befragten sein, A_2 das Einkommen usw. Diese Größen **Variablen** werden *Variablen* genannt, da sie bei den verschiedenen Befragten unterschiedliche Werte annehmen können.

Attributausprägungen Die konkreten *Ausprägungen* der Variablen stehen in den Zellen der Tabelle und sind in Abbildung 8 mit $w_i(A_i)$ bezeichnet. Alle Ausprägungen, **Datensatz** die zu einem Befragten gehören, stehen in derselben Zeile. Der *Datensatz* S_1 enthält z. B. die Ergebnisse der Befragung von Frau Müller, S_2 die von Herrn Meier usw. Die A_i werden auch Attribute (Eigenschaften) genannt, weil ihre Ausprägungen die Datensätze, bzw. in diesem Beispiel die Befragten, näher charakterisieren.

Häufig sind insgesamt mehr Daten erhoben worden als für eine bestimmte **Teildatenmenge** Analyse gebraucht werden. Wenn mit einer *Teilmenge* aller vorhandenen Datensätze gearbeitet werden soll, dann muss die Tabelle nur unten ‚abge-

---

35   In der Informatik spricht man von ‚relationalen Datenbanken'; sie bestehen meist aus mehreren Tabellen, die durch bestimmte Attribute miteinander verknüpft sind. Z. B. enthält eine Adresstabelle nur die Postleitzahlen aber nicht die Ortsbezeichnungen. Diese stehen in einer anderen Tabelle, die den Postleitzahlen Ortsbezeichnungen zuordnet. Durch dieses Vorgehen wird durch die Vermeidung von Redundanzen einerseits Speicherplatz gespart, wenn viele Adressen aus denselben Orten stammen, die Pflege der Daten vereinfacht und die Datenkonsistenz verbessert.

schnitten' werden. Wenn nicht alle Variablen von Interesse sind, werden hingegen einfach einige Spalten ignoriert.

4.4.2.2. Aggregation von Warenkorbdaten zu tagesgenauen Scanningdaten

In den folgenden Abschnitten werden erste Schritte zur Auswertung einer Datenbasis beschrieben. Zur Veranschaulichung werden *Abverkaufsdaten des Handels* (Scanningdaten) verwendet. Die Analyse derartiger Daten ist einerseits leicht auf andere Branchen übertragbar, da Abverkäufe bei jedem Unternehmen anfallen. Andererseits bietet sich der Konsumgüterhandel als Branche von gesamtwirtschaftlich bedeutender Größe zur Betrachtung an. In den Unternehmen dieser Branche werden inzwischen fast alle Abverkaufsdaten elektronisch erfasst und zu einem gewissen Anteil gespeichert, so dass entsprechende Datenbasen sehr verbreitet sind.

Scanningdaten werden zunächst in Form sogenannter *Warenkorbdaten* erfasst. Warenkorbdaten kann u. a. entnommen werden, welche Artikel ein (anonymer) Kunde zu welchem Zeitpunkt in welcher Menge in welcher Verkaufsstelle gekauft hat. Da der Kunde i. d. R. nicht identifiziert wird, ist es z. B. nicht möglich, das Verhalten des Kunden im Zeitablauf zu beobachten. Warenkorbdaten stellen die ursprünglichste Form der Informationen, die durch Scannerkassen erfasst werden, dar. Abbildung 9 zeigt einen idealisierten Ausschnitt aus den Warenkorbdaten einer Verkaufsstelle mit der Nummer ‚1' vom 7. Mai 2001. Der Käufer, dem der Bon mit der Nummer 121 zuzuordnen ist, hat zwei Mengeneinheiten des Artikels mit der EAN ‚4711' und eine Mengeneinheit des Artikels mit der EAN ‚4712' gekauft.

Abverkaufsdaten des Handels als Beispiel

Scanningdaten und Warenkorbdaten

Datum	Uhrzeit	Bon-nummer	Verkaufs-stelle	EAN	Absatz	VK	Werbung
...	...	...	...	...	...	...	...
07.05.01	10:17:08	0121	1	4711	2	1,99	0
07.05.01	10:17:11	0121	1	4712	1	5,98	0
07.05.01	10:19:55	0122	1	4912	1	3,69	1
...	...	...	...	...	...	...	...

Abb. 9:   Warenkorbdaten

Zusätzlich wird der zugehörige Verkaufspreis gespeichert und es können weitere Informationen, die sich auf den jeweiligen Abverkauf beziehen, festgehalten werden. Z. B. zeigt das Kennzeichen Werbung an, ob der verkaufte Artikel in einer Beilage zur Tageszeitung beworben wurde. Eine ‚1' in der Spalte ‚Werbung' in Abbildung 9 bedeutet hier, dass Werbung stattgefunden hat.

Sollen die Warenkörbe der Kunden analysiert werden, dann müssen die Daten aus den Scannerkassen in dieser Form über einen bestimmten Zeitraum und für bestimmte Verkaufsstellen gesammelt werden.[36] Um Speicherplatz und Datenübertragungskosten einzusparen, werden die Warenkorbdaten in der Regel bereits in der Verkaufsstelle aggregiert.

Aggregation von Warenkorbdaten

Zunächst können die *Warenkorbdaten* in der Weise *aggregiert* werden, dass alle Abverkäufe desselben Artikels, die an einem Tag stattgefunden haben, zusammengefasst werden. Dadurch ergeben sich sogenannte tagesgenaue Scanning(roh)daten. Genauso wie Warenkorbdaten bestehen tagesgenaue Scanningdaten aus einzelnen Datensätzen, die in einer Tabelle (siehe Abbildung 10) dargestellt werden können. Jede Zeile entspricht einem Datensatz.

Ein Datensatz gibt hier darüber Auskunft, wie oft ein bestimmter Artikel an einem bestimmten Tag in einer bestimmten Verkaufsstelle verkauft wurde. Der erste Datensatz in Abbildung 10 zeigt z. B. einen Absatz von 3 Men-

---

[36]   Zur Analyse von Warenkorbdaten vgl. ausführlich Fischer 1993 sowie Olbrich 2006.

geneinheiten des Artikels mit der EAN 4711 in der Verkaufsstelle 1 am 7. Mai 2001 an.

EAN	Datum	Verkaufs-stelle	Absatz	VK	Werbung
4711	07.05.01	1	3	1,99	0
4711	08.05.01	1	5	1,99	0
...	...	...	...	...	...
4711	07.05.01	2	12	1,79	0
4711	08.05.01	2	14	1,79	0
...	...	...	...	...	...

Abb. 10: Tagesgenaue Scanningrohdaten

Abbildung 10 enthält die *tagesgenauen Scanningdaten* für den Artikel ‚4711' am 7. und 8. Mai 2001 für zwei Verkaufsstellen. Hier fällt auf, dass die Abverkaufszahlen in Verkaufsstelle 2 jeweils deutlich über den Abverkaufszahlen in Verkaufsstelle 1 liegen. Dies kann z. B. darauf zurückzuführen sein, dass es sich bei Verkaufsstelle 1 um einen kleinen Supermarkt und bei Verkaufsstelle 2 um einen großflächigen Verbrauchermarkt handelt. Für bestimmte Untersuchungen kann es deshalb wichtig sein, dass festgehalten wird, welche Betriebsgröße (z. B. in Quadratmetern Verkaufsfläche) die einzelnen Verkaufsstellen haben.

tagesgenaue Scanningdaten

4.4.2.3. Aggregation von tagesgenauen zu wochengenauen Scanningdaten

Selbst die tagesgenauen Scanningdaten sind noch so umfangreich, dass in den meisten Fällen eine weitere Aggregation durchgeführt werden muss, bevor die einzelnen Datensätze verkaufsstellenübergreifend zusammengeführt werden. Nachdem die Absatzzahlen zunächst für einen Tag artikelweise addiert wurden, werden nun die *Wochenabsätze* für jeden Artikel ermittelt.

wochengenaue Scanningdaten

EAN	Datum	Verkaufs-stelle	Absatz	VK	Werbung	Preisaktion
4711	07.05.01	1	16	1,99	0	0
4711	14.05.01	1	23	1,69	1	1
...	...	...	...	...	...	...
4711	07.05.01	2	58	1,79	0	0
4711	14.05.01	2	76	1,79	0	0
...	...	...	...	...	...	...
4712	07.05.01	1	3	5,98	0	0
...	...	...	...	...	...	...

Abb. 11:   Scanningdaten auf Wochenbasis

Der erste Datensatz in Abbildung 11 zeigt z. B. einen Absatz von 16 Mengeneinheiten des Artikels mit der EAN 4711 in der Verkaufsstelle 1 in dem Zeitraum vom 7. Mai 2001 bis zum 12. Mai 2001 an. Als Datum wird in unserem Beispiel immer das Datum des Montags der jeweiligen Woche gespeichert.

Probleme können bei den hier vorgestellten Aggregationen von Scanning-daten auftreten, wenn der Verkaufspreis eines Artikels oder auch ein Promotionskennzeichen (wie z. B. ‚Werbung') innerhalb einer Woche ver-ändert wurde. Sollen an dieser Stelle keine Ungenauigkeiten in Kauf genommen werden, dann setzt die Verwendung von wochengenauen Scanningdaten voraus, dass derartige Änderungen z. B. immer nur zum Wochenbeginn wirksam werden.

Promotion-kennzeichen Die Scanningdaten in Abbildung 11 enthalten noch ein weiteres *Promotion-kennzeichen*, das darüber Aufschluss gibt, ob der betreffende Artikel Gegenstand einer Preisaktion war. Dieses Promotionkennzeichen ist redundant, da eine Preisaktion auch durch die Änderung des Verkaufs-preises identifiziert werden kann. Das Kennzeichen ‚Preisaktion' soll eine einfachere Auswertung der Scanningdaten ermöglichen. Preisaktionen können mithilfe dieses Kennzeichens ohne großen Aufwand identifiziert werden.

Im engeren Sinne handelt es sich bei den Scanningdaten in Abbildung 11 nicht mehr um *Scanningrohdaten*, da die Daten bereits verdichtet und aufbereitet wurden. In der Praxis werden i. d. R. diejenigen Daten als Scanningrohdaten bezeichnet, die einer Institution (z. B. einem Hersteller oder einem Marktforschungsinstitut) auf der geringstmöglichen Aggregationsstufe zur Verfügung stehen. Bezieht ein Hersteller bereits aggregierte Scanningdaten vom Betreiber eines Scanningpanels, dann betrachtet er diese Daten als Scanningrohdaten.

Scanningrohdaten

Es ist zu beachten, dass mit jeder Aggregationsstufe *Informationen verloren* gehen, die später nicht mehr rekonstruiert werden können. Z. B. ist tagesgenauen Scanningdaten kein Hinweis darauf zu entnehmen, wie sich die Abverkäufe zeitlich über den Tag verteilt haben. Dieses und ähnliches Wissen kann aber durchaus nützlich für entsprechende Entscheidungen, bspw. die Mitarbeitereinsatzplanung in einem Filialbetrieb, sein.

Informationsverlust durch Aggregation

4.4.2.4. Aufbereitung von wochengenauen Scanningdaten für statistische Analyseverfahren

Am Anfang einer jeden Analyse von Scanningdaten steht *die Selektion geeigneter Datensätze* aus den wochengenauen Scanningdaten. Im einfachsten Fall bezieht sich die Analyse auf einen einzelnen Artikel. In diesem Fall werden alle Datensätze, die sich auf diesen Artikel und den Untersuchungszeitraum beziehen, selektiert. Dieser Datenbestand enthält dann Datensätze verschiedener Verkaufsstellen, in denen der Artikel i. d. R. zu verschiedenen Preisen angeboten wurde. Wenn der Untersuchungszeitraum länger als eine Woche ist, dann sind ebenfalls mehrere Datensätze pro Verkaufsstelle vorhanden. Im Idealfall erhält man einen Datensatz für jede Woche und Verkaufsstelle. In der Praxis werden die Daten jedoch in den seltensten Fällen vollständig sein, da z. B. während einer Woche kein Verkauf aufgrund einer Renovierung stattgefunden hat.

Selektion von Datensätzen

Aus diesem Grund ist es nicht sinnvoll, den Gesamtabsatz eines Produktes z. B. über alle Verkaufsstellen für die verschiedenen Wochen zu bilden und diese Absatzzahlen zu vergleichen. Der Absatz pro Woche in allen Verkaufsstellen hängt dann nämlich (auch) davon ab, welche Verkaufsstellen in der jeweiligen Woche z. B. aus technischen Gründen keine Daten geliefert haben. ‚Gelöst‘ wird dieses Problem, indem geeignete Durchschnittswerte (durchschnittlicher Absatz pro Verkaufsstelle und/oder Woche) gebildet werden.

Die Selektion und Aggregation der Scanningdaten hängt vom Untersuchungsziel der Analyse ab. Da diese Schritte mit einem erheblichen (EDV-) technischen Aufwand verbunden sein können, kann die Analyse von Scanningdaten sehr aufwendig sein, wenn eine Standardisierung der Analyse nicht möglich ist.

Veranschaulichung der Scanning-datenanalyse am Beispiel der Werbewirkungs-messung

Nachfolgend wird die *Analyse von Scanningdaten* exemplarisch am Beispiel der *Werbeerfolgskontrolle* mit ausgesuchten statistischen Verfahren beschrieben. Werbeaufwendungen haben meist einen erheblichen Anteil am Budget eines Unternehmens. Eine optimale Verteilung dieser Mittel auf die verschiedenen denkbaren Arten von Werbung ist nur dann näherungsweise möglich, wenn Erkenntnisse über die Wirkungen einzelner Maßnahmen bestehen. Aufgrund der automatischen Datenerfassung an den Kassen stellen Scanningdaten die kostengünstigste Grundlage für die Messung von Werbewirkungen dar.

Übungsaufgabe

Aufgabe 19: Messniveaus von Daten

Charakterisieren Sie die verschiedenen Messniveaus von Daten und erläutern Sie die Konsequenzen für die Aussagekraft von Daten!

4.5.   Die Verfahren der Datenanalyse

4.5.1.   Einfache Auswertungsverfahren

4.5.1.1.   Selektion und Aggregation

Eine erste Inspektion der Daten kann anhand einfacher Auswertungs-verfahren erfolgen.[37] Sollen z. B. Scanningdaten aus verschiedenen Wochen sowie Verkaufsstellen und für verschiedene Produkte ausgewertet werden, dann kann zunächst ein bestimmtes Produkt selektiert werden. Anschließend werden nur Abverkäufe des Produkts in Verkaufsstellen, die dem Betriebstyp Discounter zuzurechnen sind, selektiert. Die Absätze oder Umsätze werden schließlich monatsweise aggregiert. Eine Selektion und Aggregation von Daten kann auch vor einer tabellarischen Auswertung durchgeführt werden.

4.5.1.2.   Tabellarische Auswertungen

Häufigkeits-verteilung *Häufigkeitsverteilungen* in Tabellenform zählen zu den einfachsten Aus-wertungsverfahren, die im Rahmen explorativer oder deskriptiver Markt-forschung verwendet werden, um einen Überblick über die erhobenen Daten zu gewinnen. Die Häufigkeitsverteilung gibt an, bei wie vielen Untersuchungsobjekten die verschiedenen Ausprägungen eines Merkmals vorkommen. Z. B. wird ermittelt, wie viele der befragten Kunden mit dem Lieferservice eines Unternehmens ‚sehr zufrieden‘, ‚zufrieden‘, ‚weniger zufrieden‘ oder ‚unzufrieden‘ sind. Eine solche Häufigkeitsverteilung wird dann übersichtlich in Tabellenform dargestellt.

Typischerweise wird eine Häufigkeitsverteilung für ein nominalskaliertes Merkmal erstellt. Bei metrisch skalierten Merkmalen mit vielen Aus-prägungen müssen zunächst Größenklassen gebildet werden. Z. B. wird das Monatsnettoeinkommen befragter Personen in die Größenklassen ‚0 € - 500 €‘, ‚500 € - 1500 €‘, ‚1500 € - 2500 €‘ und ‚über 2500 €‘ eingeteilt. Anschließend kann ermittelt werden, wie viele der befragten Personen den einzelnen Einkommensklassen zuzuordnen sind. Problematisch bei dieser

---

[37]   Vgl. zu verschiedenen einfachen Auswertungsverfahren Mittag 2011, S. 49-110.

Vorgehensweise ist, dass je nach Wahl der Klassengrenzen das Ergebnis ganz unterschiedlich ausfallen kann, wenn eine relativ große Zahl von Merkmalsausprägungen dicht beieinander liegt.

Eine *Kreuztabelle* ist eine (zweidimensionale) Häufigkeitsverteilung, bei der zwei Merkmale herangezogen werden, um die betrachteten Untersuchungsobjekte in Gruppen einzuteilen. Z. B. werden die Angaben der befragten Kunden zur Zufriedenheit mit dem Lieferservice und die Kundenart ‚Privatkunde‘ oder ‚Geschäftskunde‘ betrachtet. Die befragten Kunden werden in acht Gruppen eingeteilt, die durch Kombination aller Ausprägungen des Merkmals ‚Zufriedenheit mit dem Lieferservice‘ (4 Ausprägungen) und Kundenart (2 Ausprägungen) entstehen. Anschließend wird ausgezählt, wie viele der befragten Kunden auf jede der einzelnen Gruppen entfallen.

Kreuztabelle

Eine Kreuztabelle gibt häufig bereits erste Hinweise auf mögliche Zusammenhänge zwischen den beiden betrachteten Merkmalen. Z. B. ergibt sich der Verdacht, dass Privatkunden mit dem Lieferservice tendenziell zufriedener als Geschäftskunden sind. Mittels geeigneter statistischer Verfahren kann geprüft werden, ob ein derartiger Zusammenhang statistisch signifikant ist.

4.5.1.3. Maßzahlen

Durch die Bildung von Maßzahlen können Daten aggregiert werden. Der Marktforscher verschafft sich dadurch einen Überblick über die Struktur der Daten.

Bei einem metrisch skalierten Merkmal kann das *arithmetische Mittel* der Merkmalsausprägungen berechnet werden. Bezeichnen $a_1,\ldots,a_n$ die Merkmalsausprägungen, dann berechnet sich das arithmetische Mittel $\bar{a}$ zu:

arithmetisches Mittel

$$(4.8) \qquad \bar{a} = \frac{1}{n} \sum_{i=1}^{n} a_i$$

Bei einem mindestens ordinal skalierten Merkmal kann der *Median* (Zentralwert) bestimmt werden. Zur Berechnung des Medians müssen die Merkmalsausprägungen zunächst der Größe nach sortiert werden, so dass gilt:

Median

$$(4.9) \qquad a_1 \leq a_2 \leq \ldots \leq a_n$$

Der Median *Me* ist diejenige Merkmalsausprägung, die in dieser Reihe in der Mitte steht. Für ein ungerades *n* ergibt sich der Median zu:

$$(4.10) \qquad Me = a_{\left\lceil \frac{n+1}{2} \right\rceil}$$

Ist *n* gerade, dann ist:

$$(4.11) \qquad Me = \frac{1}{2} \left(a_{\left\lceil \frac{n}{2} \right\rceil} + a_{\left\lceil \frac{n}{2}+1 \right\rceil} \right)$$

Ergibt sich z. B. ein Median für die Noten einer Klausur zu 2,5, dann bedeutet dies, dass genauso viele Klausurteilnehmer eine Note von 2 oder besser erzielt haben wie die Anzahl der Klausurteilnehmer, die eine Note von 3 oder schlechter erzielt haben. Der Median selbst ist keine gültige Klausurnote.

Bei der Berechnung einer Durchschnittsnote wird hingegen angenommen, dass die eigentlich ordinal skalierte Notenskala von 1 bis 6 intervallskaliert ist. Dies geschieht durch die Annahme, dass die eigentlich nicht definierten Abstände zwischen den Noten identisch sind. Die Note ‚sehr gut‘ ist also genauso weit von der Note ‚gut‘ entfernt wie die Note ‚befriedigend‘ von der Note ‚ausreichend‘. Diese Annahme ist natürlich nicht rational zu begründen.[38]

Modus Bei einem nominal skalierten Merkmal ist eine Ordnung der Merkmalsausprägungen nicht definiert. Anstelle des Medians kann hier der *Modus* bestimmt werden. Der Modus ist die häufigste Merkmalsausprägung. Kommen mehrere Merkmalsausprägungen mit der maximalen Häufigkeit vor, dann ist der Modus nicht eindeutig definiert. Bei der Betrachtung einer Folge von Merkmalsausprägungen, in der alle Merkmalsausprägungen ungefähr gleich oft vorkommen, wird deutlich, dass die Aussagekraft des Modus recht eingeschränkt ist.

---

38   Dies wird besonders deutlich, wenn man bedenkt, dass die der Durchschnittspunktzahl zugeordnete Note von der Durchschnittsnote abweichen kann.

Neben den soeben beschriebenen Maßzahlen, die die Lage des ‚Zentrums‘ einer Verteilung von Merkmalsausprägungen beschreiben, werden weitere Maßzahlen eingesetzt, um die Streuung der Verteilung um das Zentrum der Verteilung zu charakterisieren.

Die *Varianz* s^2 beschreibt bei einem metrisch skalierten Merkmal die Streuung der Merkmalsausprägungen um den Mittelwert $\bar{a}$: Varianz

$$(4.12) \qquad s^2 = \frac{1}{n} \sum_{i=1}^{n} (a_i - \bar{a})^2$$

Die Varianz besitzt als Dimension das Quadrat der Dimension der einzelnen Merkmalsausprägungen. Ist die Varianz 0, dann liegt überhaupt keine Streuung um den Mittelwert vor, d. h. alle Merkmalsausprägungen sind identisch. Je größer die Varianz ist, desto größer ist die Streuung der Merkmalsausprägungen.

Die *Standardabweichung s* ist definiert als Quadratwurzel aus der Varianz: Standardabweichung

$$(4.13) \qquad s = \sqrt{\frac{1}{n} \sum_{i=1}^{n} (a_i - \bar{a})^2}$$

und besitzt die gleiche Dimension wie die Merkmalsausprägungen.

Quoten sind prozentuale Anteile einer Merkmalsausprägung an der Summe Quoten
über alle Ausprägungen eines Merkmals. Ein bekanntes Beispiel ist der Marktanteil, der als prozentualer Anteil des Umsatzes (oder Absatzes) eines Produktes an der Summe über alle Umsätze (oder Absätze) in einem Markt definiert ist.

Beziehungszahlen setzen Merkmalsausprägungen oder Summen von Merk- Beziehungszahlen
malsausprägungen zueinander ins Verhältnis. Dahinter steht die Annahme, dass das Merkmal im Nenner der Beziehungszahl das Merkmal im Zähler positiv beeinflusst. Ein Beispiel ist die (deckungsbeitragsorientierte) Flächenproduktivität im stationären Einzelhandel, die sich als auf einer Fläche erzielter Gesamtdeckungsbeitrag dividiert durch die Größe dieser Fläche ergibt.

4.5.1.4.   Auswahl eines statistischen Testverfahrens

In den in Abschnitt 4.2.2. vorgestellten Marktforschungsexperimenten erfolgte zunächst eine zufällige Zuordnung von Versuchspersonen zu einer Untersuchungs- und einer Kontrollgruppe. Die Versuchspersonen der Untersuchungsgruppe wurden im Gegensatz zu den Versuchspersonen der Kontrollgruppe einem Stimulus, z. B. einer Werbemaßnahme, ausgesetzt. Ziel der beschriebenen Untersuchungsdesigns ist es, den Einfluss einer Werbemaßnahme auf den Absatz im betrachteten Zeitraum zu analysieren. Zu diesem Zweck werden die Absatzzahlen in einer Untersuchungsgruppe mit den Absatzzahlen in einer Kontrollgruppe verglichen. Es kann also z. B. die folgende *Frage* beantwortet werden: Ist der durchschnittliche Absatz pro Verkaufsstelle oder pro Woche unterschiedlich hoch im Falle einer Werbemaßnahme (Untersuchungsgruppe) verglichen mit dem Fall, dass keine Werbemaßnahme (Kontrollgruppe) durchgeführt wird?

Untersuchungs-
frage

Welches statistische Testverfahren zu verwenden ist, hängt nun u. a. davon ab, ob es sich um sogenannte *verbundene* oder *unverbundene Stichproben* handelt. Eine verbundene Stichprobe liegt vor, wenn das interessierende Merkmal (z. B. der Absatz oder die Kaufbereitschaft) in der Untersuchungsgruppe und in der Kontrollgruppe am selben Merkmalsträger gemessen wird. Der *Merkmalsträger* ist im Falle einer Auswertung von Marktforschungsexperimenten die Versuchsperson. Eine unverbundene Stichprobe liegt also vor, wenn die Kontroll- und die Untersuchungsgruppe unterschiedliche Versuchspersonen umfassen. Dieser Fall wurde in den in Abschnitt 4.2.2. vorgestellten Marktforschungsexperimenten vorausgesetzt. Die Versuchspersonen wurden zufällig der Kontroll- und Untersuchungsgruppe zugeordnet, umfassen daher unterschiedliche Personen.

verbundene und
unverbundene
Stichproben

Merkmalsträger

Wird dieselbe Versuchsperson hingegen einmal ohne Beeinflussung durch den Stimulus (d. h. vor Präsentation einer Werbemaßnahme) und einmal mit Beeinflussung durch den Stimulus (d. h. nach Präsentation einer Werbemaßnahme) nach ihrer Kaufbereitschaft gefragt, dann liegt eine verbundene Stichprobe vor. Die Wirkung durch den Stimulus kann allerdings nicht vom Pretesteffekt getrennt werden, wenn bei allen befragten Personen ein Pretest durchgeführt wird. Ein Pretest ist deshalb kein vollwertiger Ersatz für eine Kontrollgruppe. Die erhobenen individuellen Pretest-Posttest-Messwertdifferenzen ermöglichen aber eine kleinere Stichprobe, was neben dem Wegfall einer expliziten Kontrollgruppe den Aufwand des Experiments erheblich reduziert.

Liegen wochengenaue Scanningdaten (vgl. Abschnitt 4.4.2.) vor, wie wir im folgenden Abschnitt voraussetzen wollen, dann ist die Verkaufsstelle der Merkmalsträger. In jeder Verkaufsstelle wird der Absatz ein- oder mehrmals unter dem Einfluss der Werbung und in mindestens einer anderen Woche ohne eine Beeinflussung durch die Werbung gemessen.

Unverbundene Stichproben liegen demgegenüber vor, wenn in unterschiedlichen Verkaufsstellen Absatzzahlen mit bzw. ohne eine beeinflussende Werbemaßnahme gemessen werden.

Streng genommen müsste der Merkmalsträger als Kombination einer Verkaufsstelle mit einer Kalenderwoche definiert werden. Da in einer Kalenderwoche nicht gleichzeitig Werbung und keine Werbung stattfinden kann, so könnte man argumentieren, handelt es sich eigentlich immer um eine unverbundene Stichprobe.

In der Regel wird jedoch der Einfluss der Kalenderwoche auf den Absatz verschwindend gering im Vergleich zum Einfluss der Verkaufsstelle sein. Aus diesem Grunde haben wir die Verkaufsstelle als Merkmalsträger gewählt. Bei einem Produkt mit einem extrem schnellen Lebenszyklus oder einer Saisonalität mit geringer Dauer (z. B. Weihnachtsartikel) ist hier natürlich Vorsicht geboten.

Eine *verbundene Stichprobe* besitzt in unserem Fall den *Vorteil*, dass der Einfluss der Verkaufsstelle auf den Absatz ausgeschaltet wird. Hier werden dann die durch den Einfluss der Werbung bedingten Absatzänderungen in einer Verkaufsstelle untersucht. Eine derartige Untersuchung dürfte in der Regel effizienter sein.

Vorteil einer verbundenen Stichprobe

4.5.1.5. Durchführung des statistischen Testverfahrens

4.5.1.5.1. Vorbemerkungen

Mithilfe eines geeigneten statistischen Testverfahrens ist nun zu klären, ob die Mittelwerte des Absatzes (des betrachteten Artikels) signifikante Unterschiede aufweisen, je nachdem, ob die zu untersuchende Werbemaßnahme durchgeführt wurde oder nicht.[39] Bei der zu untersuchenden Größe handelt es sich also um die Differenz dieser beiden Mittelwerte.

statistische Testverfahren | Die nachfolgend beschriebenen *statistischen Testverfahren* beruhen (wie viele andere derartige Verfahren) darauf, dass die Verteilung der zu untersuchenden Größe unter bestimmten Voraussetzungen ermittelt werden kann. Diesem Ansatz liegt die folgende Modellvorstellung zu Grunde: Als *Grundgesamtheiten* betrachten wir (im Fall der unverbundenen Stichproben) alle Verkaufsstellen (z. B. in der BRD), in denen der betrachtete Artikel mit bzw. ohne Einsatz der zu untersuchenden Werbemaßnahme angeboten wird. In Form der hier vorliegenden Scanningdaten wurde aus beiden Grundgesamtheiten eine *Stichprobe* gezogen. Als Stichproben liegen also zwei Datenreihen (mit und ohne Werbemaßnahme) von Absatzzahlen vor.

Wenn nun die beiden Grundgesamtheiten normalverteilt sind mit den Mittelwerten $\bar{x}_1$ bzw. $\bar{x}_2$, dann genügt die *Differenz der Stichprobenmittelwerte* einer Normalverteilung mit dem Mittelwert $\bar{x}_1 - \bar{x}_2$.[40] Gehen wir nun von der zu testenden *Nullhypothese* H$_0$: $\bar{x}_1 = \bar{x}_2$ aus, dann hat die Verteilung der Differenz der Stichprobenmittelwerte den Mittelwert 0. Wir können nun die Wahrscheinlichkeiten dafür berechnen, dass die Differenz der Stichprobenmittelwerte in einem vorgegeben Intervall um diesen Wert 0 liegt. Z. B. kann die Wahrscheinlichkeit dafür ermittelt werden, dass die Stichprobenmittelwerte um bis zu 2 Mengeneinheiten differieren. Nehmen wir einmal an, diese Wahrscheinlichkeit betrage 5 %.

Der Wert 5 % hat dann folgende Bedeutung: Wenn die Werbemaßnahme in den Grundgesamtheiten keinen Effekt hat (die Nullhypothese also richtig ist), dann liegen mit einer Wahrscheinlichkeit von 5 % der mittlere Absatz ‚mit Werbung' und der mittlere Absatz ‚ohne Werbung' in der Stichprobe um bis zu 2 Mengeneinheiten auseinander.

In den obigen Überlegungen gingen wir davon aus, dass die Nullhypothese richtig ist, und wir haben die Wahrscheinlichkeit für eine vorgegebene maximale Stichprobenmittelwertdifferenz berechnet. Im Rahmen eines statistischen Testverfahrens geht man nun der ‚umgekehrten' Fragestellung

---

[39]   Vgl. für eine Einführung zu statistischen Testverfahren Mittag 2011, S. 185-203.

[40]   Vgl. Bleymüller u. a. 2008, S. 80.

nach: Eine Wahrscheinlichkeit, z. B. 5 %, wird vorgegeben und die Differenz der Stichprobenmittelwerte wird gemessen. Angenommen wir messen eine Stichprobenmittelwertdifferenz von 2,1 Mengeneinheiten, kann dann mit einer *Irrtumswahrscheinlichkeit* von 5 % die Nullhypothese als falsch angenommen werden? Diese Frage können wir nun mit ‚ja' beantworten: Wenn die beobachtete Stichprobenmittelwertdifferenz (dem Betrag nach) größer als 2 Mengeneinheiten ist, dann muss die Nullhypothese auf einem Signifikanzniveau von 5 % zurückgewiesen werden.

Irrtumswahr-
scheinlichkeit

Das *Signifikanzniveau* kann als Irrtumswahrscheinlichkeit interpretiert werden. In unserem Beispiel besteht mit einer Wahrscheinlichkeit von 5 % die Gefahr, die Nullhypothese zurückzuweisen, obwohl diese korrekt ist.

Signifikanzniveau

Zu jedem vorgegeben Signifikanzniveau kann ein kritischer Wert (im vorherigen Beispiel der Wert 2) der Prüfgröße (im Beispiel die Differenz der mittleren Absatzzahlen) bestimmt werden. Ist die Prüfgröße (dem Betrag nach) kleiner als der kritische Wert, dann kann die Nullhypothese auf dem gegebenen Signifikanzniveau nicht verworfen werden, ansonsten wird die Nullhypothese zurückgewiesen.

4.5.1.5.2. Testverfahren für unverbundene Stichproben

Zunächst sollen die *Voraussetzungen* für das im Folgenden beschriebene Testverfahren zusammengestellt werden:

Voraussetzungen

- Die beiden Grundgesamtheiten sind normalverteilt[41] mit den Mittelwerten $\bar{x}_1$ bzw. $\bar{x}_2$ und haben den Umfang N_1 bzw. N_2: Es gibt also N_1 (N_2) Verkaufsstellen, in denen die Werbemaßnahme durchgeführt (nicht durchgeführt) wurde.

- Falls die Grundgesamtheiten nicht normalverteilt sind (d. h. der Absatz in den Verkaufsstellen mit bzw. ohne Werbung nicht normalverteilt ist), dann muss für die Stichprobenumfänge n_1 und n_2 gelten: $n_1, n_2 > 30$.[42]

---

[41] Bei einer Normalverteilung sind gleichstarke Abweichungen vom Mittelwert nach oben oder unten gleich wahrscheinlich.

[42] Bei Stichproben dieses Umfangs kann aufgrund des zentralen Grenzwertsatzes von einer näherungsweisen Normalverteilung ausgegangen werden.

- Die beiden Grundgesamtheiten sind so groß, dass $\dfrac{n_1}{N_1} < 0{,}05$ bzw.

  $\dfrac{n_2}{N_2} < 0{,}05$ gilt.[43]

- Die Varianzen der beiden Grundgesamtheiten sind verschieden: Die Varianzen des Absatzes in Verkaufsstellen mit und ohne Werbung sind unterschiedlich.

- Die beiden Stichproben sind voneinander unabhängig: Der Absatz mit bzw. ohne Werbung wurde in unterschiedlichen Verkaufsstellen gemessen.

zu testende Nullhypothese Die *zu testende Nullhypothese* H_0 lautet: $\bar{x}_1 = \bar{x}_2$. Die Stichprobe 1 ‚mit Werbemaßnahme' (bzw. die Stichprobe 2 ‚ohne Werbemaßnahme') habe den Mittelwert $\bar{x}_1$ ($\bar{x}_2$) und die Varianz s_1^2 (s_2^2). Unter den obigen Voraussetzungen können wir die folgende *Prüfgröße* verwenden:[44]

Prüfgröße

$$(4.14) \qquad z = \frac{\bar{x}_1 - \bar{x}_2}{\sqrt{\dfrac{s_1^2}{n_1} + \dfrac{s_2^2}{n_2}}}$$

Diese Prüfgröße ist so normiert, dass sie einer Standardnormalverteilung gehorcht. Die zu einem Signifikanzniveau gehörenden kritischen Werte können daher statistischen Tabellen entnommen werden.

Das Testverfahren soll im Folgenden an einem Zahlenbeispiel weiter erklärt werden. Eine Aggregation und Selektion von Scanningdaten führe zu folgendem Ergebnis: In 35 Verkaufsstellen, in denen eine Werbemaßnahme durchgeführt wurde, wurde der beworbene Artikel im Durchschnitt pro Woche und Verkaufsstelle 3,4 mal verkauft. Die zugehörige Varianz beträgt 1,6. In 32 Verkaufsstellen, in denen die Werbemaßnahme nicht durchgeführt wurde, beträgt der durchschnittliche Absatz pro Woche und Verkaufsstelle 2,8 bei einer Varianz von 1,9.

---

[43]   Bei dieser Größe der Grundgesamtheiten kann auf die Verwendung eines Korrekturfaktors verzichtet werden, der der Tatsache Rechnung trägt, dass die Grundgesamtheiten endlich sind: Dieser Faktor nimmt dann etwa den Wert Eins an.

[44]   Vgl. Bleymüller u. a. 2008, S. 110 f.

Die Nullhypothese, dass die Werbemaßnahme keinen Einfluss auf den durchschnittlichen Absatz hat ($\bar{x}_1 = \bar{x}_2$), soll auf einem Signifikanzniveau von 5 % geprüft werden. Als *Alternativ-* bzw. *Gegenhypothese* kommen zwei Möglichkeiten in Betracht: Alternativ- bzw. Gegenhypothese

- Alternativhypothese 1: Die Werbemaßnahme führt dazu, dass der durchschnittliche Absatz steigt ($\bar{x}_1 > \bar{x}_2$).

- Alternativhypothese 2: Die Werbemaßnahme hat einen Einfluss auf den durchschnittlichen Absatz ($\bar{x}_1 \neq \bar{x}_2$).

Die erste Alternativhypothese setzt im Gegensatz zur zweiten Alternativhypothese die Richtung einer Wirkung der Werbemaßnahme auf den durchschnittlichen Absatz bereits voraus. Wenn sich die Werbemaßnahme überhaupt auf den durchschnittlichen Absatz auswirkt, dann steigert sie den Absatz. Wie wir später noch sehen werden, stellt die zweite Alternativhypothese bei gleichem Signifikanzniveau strengere Anforderungen als die erste Alternativhypothese.

Sofern wir davon ausgehen können, dass die Werbemaßnahme entweder keinen signifikanten Einfluss auf den durchschnittlichen Absatz ausübt oder die Werbemaßnahme absatzsteigernd wirkt, ist die Alternativhypothese 1 die angemessene Wahl für unsere Analyse.

Zunächst berechnen wir den Wert der *standardnormalverteilten Prüfgröße*: standardnormalverteilte Prüfgröße

$$(4.15) \qquad z = \frac{3{,}4 - 2{,}8}{\sqrt{\dfrac{1{,}6}{35} + \dfrac{1{,}9}{32}}} \approx 1{,}85$$

In einer Tabelle der Standardnormalverteilung finden wir für ein Signifikanzniveau von 5 % den kritischen Wert 1,96 für den zweiseitigen Flächenanteil und 1,645 für den einseitigen Flächenanteil. Diese Werte haben die folgende Bedeutung: Mit einer Wahrscheinlichkeit von 95 % liegt ein zufällig ausgewählter Wert aus einer standardnormalverteilten Grundgesamtheit zwischen -1,96 und +1,96 bzw. zwischen $-\infty$ und +1,645. Diese Zusammenhänge werden durch Abbildung 12 verdeutlicht. Die beiden Abbildungen zeigen die Dichtefunktion der Standardnormalverteilung.

Dichtefunktionen haben die folgende *Eigenschaft*: Es wird ein Wert aus einer Grundgesamtheit gezogen, deren Wahrscheinlichkeitsverteilung der Eigenschaften von Dichtefunktionen

Dichtefunktion entspricht. Die Wahrscheinlichkeit dafür, dass der Wert zwischen *a* und *b* liegt, entspricht dem Inhalt der Fläche unter dem Graphen der Dichtefunktion zwischen a und b.

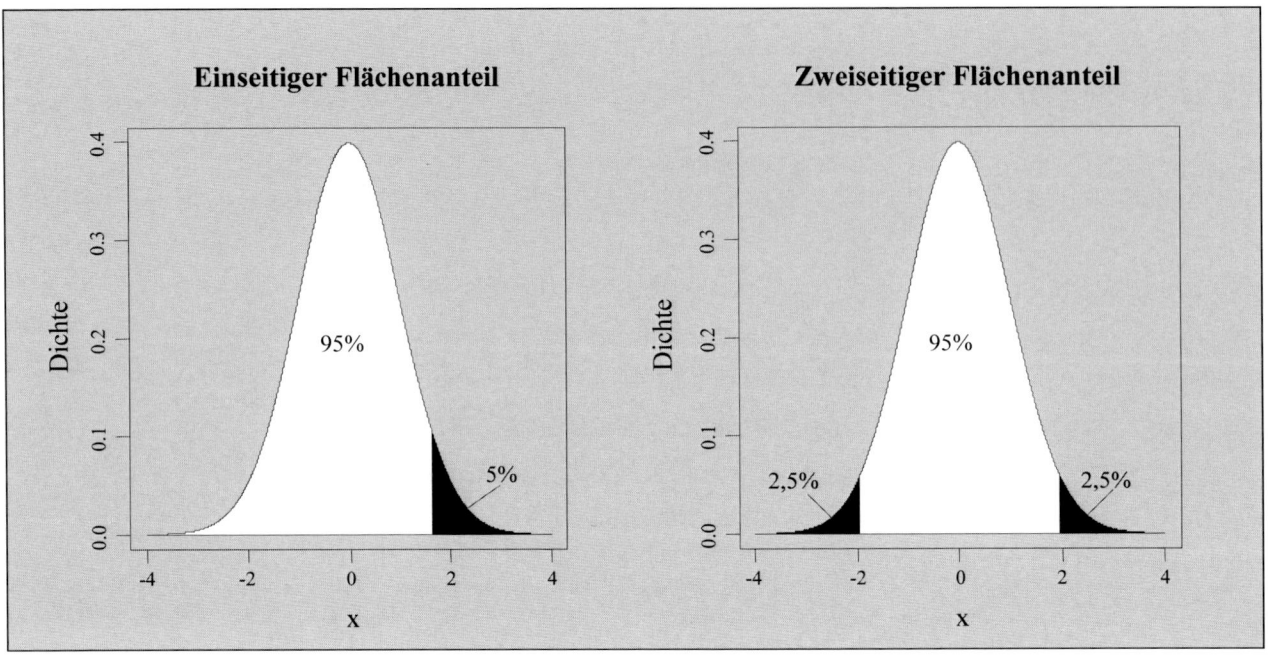

Abb. 12: Die Dichtefunktion der Standardnormalverteilung mit ein- und zweiseitigen Flächenanteilen für ein Signifikanzniveau von 5 %

Die hellen Flächen haben jeweils einen Inhalt von 0,95. Dies entspricht einer Wahrscheinlichkeit von 95 %. Auf der Abszisse können nun die kritischen Werte abgelesen werden.

Im Fall der Alternativhypothese 1 muss die Nullhypothese abgelehnt werden: 1,85 > 1,645. Wir gehen folglich davon aus, dass die Werbemaßnahme einen positiven Einfluss auf den durchschnittlichen Absatz hat. Mit einer Irrtumswahrscheinlichkeit von 5 % ist es jedoch möglich, dass wir uns irren und die Werbemaßnahme hat sich doch nicht positiv auf den durchschnittlichen Absatz ausgewirkt. Wird die Nullhypothese abgelehnt, obwohl sie richtig ist, spricht man von einem *Fehler 1. Art* oder *α-Fehler*, da die Irrtumswahrscheinlichkeit dem Signifikanzniveau α entspricht.

Fehler 1. Art oder α-Fehler

Im Fall der Alternativhypothese 2 kann die Nullhypothese demgegenüber nicht abgelehnt werden, da der Wert der Prüfgröße innerhalb des kritischen Bereiches liegt: -1,96 < 1,85 < 1,96. Wir dürfen folglich nicht davon ausgehen, dass die Werbemaßnahme einen Einfluss auf den durchschnittlichen Absatz hat. Ein solches Ergebnis ist allerdings auch dann möglich, wenn die

Werbemaßnahme tatsächlich doch wirksam war. Wird die Nullhypothese angenommen, obwohl sie falsch ist, spricht man von einem *Fehler 2. Art* oder *β-Fehler*. Während der Fehler 1. Art in Form der Irrtumswahrscheinlichkeit vorliegt, kann der Fehler 2. Art in der Regel nicht berechnet werden. Der Fehler 2. Art hängt hier von der unbekannten Differenz der Mittelwerte in der Grundgesamtheit, also von der realen Stärke der Werbewirkung ab.

Fehler 2. Art oder β-Fehler

Eine Entscheidung *gegen* die Nullhypothese (für die Alternativhypothese) ist daher im Gegensatz zu einer Entscheidung *für* die Nullhypothese in Form der Irrtumswahrscheinlichkeit quantitativ bewertbar. Aus diesem Grunde wird der vermutete Zusammenhang meist als Alternativhypothese formuliert. Kann diese Hypothese angenommen, die Nullhypothese also verworfen werden, dann besteht zumindest Sicherheit über das damit verbundene Maß an Unsicherheit – also über die Wahrscheinlichkeit sich zu irren.

Schlussfolgerung für die Wahl der Hypothesen

Statistikprogramme, wie z. B. SPSS, die normalerweise nach der Selektion und Aggregation für die statistische Auswertung von Scanningdaten genutzt werden, informieren den Nutzer über das *kritische Signifikanzniveau*. Im Fall der Alternativhypothese 1 kann die Nullhypothese bis zu einem Signifikanzniveau von $\geq 3{,}22\,\%$ abgelehnt werden. Bei einem Signifikanzniveau von $3{,}22\,\%$ würde also der gefundene Wert der Prüfgröße (1,85) gerade noch ausreichen, die Nullhypothese abzulehnen.

kritisches Signifikanzniveau

Insgesamt zeigt sich, dass die Wahl der Alternativhypothese einen Einfluss darauf hat, ob bei einem vorgegebenen Signifikanzniveau die Nullhypothese abgelehnt werden muss oder nicht. Es ist deshalb in der Statistik notwendig, äußerst präzise zu arbeiten und immer alle Randbedingungen, Voraussetzungen usw. vollständig wiederzugeben. Nur bei Kenntnis dieser Informationen kann man sich ein Bild von der Aussagekraft einer statistischen Untersuchung machen. Zudem ist es natürlich notwendig, die Arbeitsweise des genutzten statistischen Verfahrens vollständig verstanden zu haben. Ansonsten lässt sich mithilfe der Statistik jede Aussage scheinbar nach Belieben widerlegen oder stützen.

4.5.1.5.3. Testverfahren für verbundene Stichproben

Im Falle verbundener Stichproben werden die Absatzzahlen der einzelnen Kalenderwochen in einer Verkaufsstelle jeweils als eine *Grundgesamtheit*

Grundgesamtheit und Stichproben

aufgefasst. Pro Verkaufsstelle liefern uns die Scanningdaten zwei *Stich-proben* des Umfangs 1: Der Absatz wird jeweils in einer Kalenderwoche mit (1. Stichprobe) und in einer Kalenderwoche ohne Werbung (2. Stich-probe) gemessen. Beide Absatzzahlen werden voneinander subtrahiert.

Zahlenbeispiel Die weitere Vorgehensweise des Testverfahrens soll an einem *Zahlen-beispiel* erläutert werden: In $n = 20$ Verkaufsstellen wird der Absatz jeweils in einer Kalenderwoche mit und ohne Werbung gemessen. Im Durchschnitt ergibt sich eine Differenz in Höhe von $d = 0,6$ bei einer Varianz von $s^2 = 0,4$.

Wir wollen die Nullhypothese $d = 0$ (Die Werbung wirkt sich nicht auf den durchschnittlichen Absatz aus) bei einem Signifikanzniveau von 1 % gegen die Alternativhypothese $d > 0$ (Die Werbung wirkt sich absatzsteigernd aus) testen.

Wir können die folgende Prüfgröße verwenden:[45]

$$(4.16) \qquad t = \frac{d}{\sqrt{\dfrac{s^2}{n}}} = \frac{0,6}{\sqrt{\dfrac{0,4}{20}}} \approx 4,24$$

studentverteilte Die *Prüfgröße* ist *studentverteilt* mit ($n - 1 =$) 19 Freiheitsgraden. Für ein
Prüfgröße Signifikanzniveau von 1% ergibt sich ein kritischer Wert der Prüfgröße t in Höhe von 2,539. Die Nullhypothese muss deshalb abgelehnt werden. Mit einer Irrtumswahrscheinlichkeit von 1% kann davon ausgegangen werden, dass sich die Werbemaßnahme positiv auf den Absatz auswirkt.

Voraussetzungen Die *Voraussetzungen* für das beschriebene Testverfahren lauten:

- Die Differenzen zwischen dem Absatz mit und ohne Werbung der einzelnen Verkaufsstellen sind normalverteilt.

- Die beiden Stichproben sind voneinander abhängig: Der Absatz mit bzw. ohne Werbung wird jeweils in denselben Verkaufsstellen ge-messen.

---

45   Vgl. Bleymüller u. a. 2008, S. 116 f.

4.5.2. Ausgewählte multivariate Verfahren zur Datenanalyse in der Marktforschung

4.5.2.1. Überblick über Kategorien multivariater Analyseverfahren

Nach Durchführung einer Marktforschungsuntersuchung oder eines Experimentes müssen zur Beantwortung von konkreten Fragestellungen, die an die Marktforschung herangetragen werden, die *gewonnenen Daten* mit einem geeigneten Verfahren zur Datenanalyse *zweckgerichtet ausgewertet* werden.

zweckgerichtete Auswertung der gewonnenen Daten

Allen Verfahren liegen die Erkenntnisse der Statistik und der Stochastik zugrunde. Sie werden sowohl zur Beantwortung technischer Fragen (*Wie* wird z. B. eine Wahrscheinlichkeit oder eine statistische Maßzahl berechnet?) als auch zur Interpretation benötigt (*Wann* und *wie* können aus Ergebnissen der Datenanalyse Schlüsse über die Realität gezogen werden?).

Welches *Verfahren* im Einzelfall verwendet werden sollte, hängt von der untersuchten *Fragestellung* und den vorhandenen oder erreichbaren Daten ab. Häufig kann ein Untersuchungsziel mit unterschiedlichen Verfahren erreicht werden. Meistens wird man jedoch sagen können, dass einige Verfahren besser und andere schlechter zur Lösung einer gegebenen Fragestellung geeignet sind.

Wahl des Verfahrens u. a. von der Fragestellung abhängig

Grob können vier Kategorien von Verfahren unterschieden werden:

1. *Strukturprüfende Verfahren* (Abschnitt 4.5.2.2.) können dazu verwendet werden, gegebene Hypothesen über einen durch die Daten beschriebenen Sachverhalt zu überprüfen.[46] Die Verfahren liefern also eine Antwort auf die Frage, ob die Hypothese auf Grundlage der vorliegenden Daten angenommen oder abgelehnt werden muss.[47]

strukturprüfende Verfahren

---

[46] In Abschnitt 4.5.1.5.1. sind wir bereits strukturprüfend vorgegangen: Wir haben Hypothesen aufgestellt und mit einem Testverfahren überprüft, ob sie aufrechterhalten werden können oder verworfen werden müssen.

[47] Eine Annahme der Hypothese darf dabei aber nicht mit der Behauptung verwechselt werden, dass ein solcher Zusammenhang *tatsächlich* in der Realität besteht (vgl. dazu Abschnitt 4.5.2.5.1.). Ebenso vergleiche die wissenschaftstheoretischen Überlegungen in Abschnitt 2.2.

struktur-
entdeckende
Verfahren

2. *Strukturentdeckende Verfahren* (Abschnitt 4.5.2.3.) gehen nicht davon aus, dass bereits Hypothesen vorliegen. Ihre Ergebnisse können aber als Ausgangspunkt für die Aufstellung von Hypothesen dienen.

zeitreihen-
analytische
Verfahren

3. *Zeitreihenanalytische Verfahren* (Abschnitt 4.5.2.4.) helfen wenn Interesse an einer Schätzung der zukünftigen Entwicklung einer Größe besteht.

nicht-
deterministische
Verfahren

4. *Nichtdeterministische Verfahren* (Abschnitt 4.5.2.5.) können sowohl für die Überprüfung als auch für die Generierung von Hypothesen eingesetzt werden. Die Besonderheit dieser Verfahren besteht darin, dass der Zufall in ihrem Ablauf eine Rolle spielt. Das Endergebnis hängt damit nicht, wie bei den anderen Verfahren, nur von den Ausgangsdaten und der Vorgehensweise ab.

4.5.2.2.   Strukturprüfende Verfahren

4.5.2.2.1. Regressionsanalyse

einfache lineare
Regression

Einfache lineare Regression

In einem einfachen Fall hat die zu analysierende Datenbank (bzw. ein interessierender Ausschnitt derselben) nur zwei Spalten. Gefragt wäre z. B. nach einer Funktion, die den gemeinsamen Verlauf beider Datenreihen möglichst gut erklärt. Bei der einfachen linearen Regression[48] wird dazu

linearer
mathematischer
Zusammenhang

ein *linearer mathematischer Zusammenhang* zwischen der zu erklärenden Variablen Y und der als unabhängig angenommenen Variablen X unterstellt:

$$(4.17) \qquad Y = a + b \cdot X$$

Y und X stehen für die Variablen, y_i und x_i für die jeweiligen Ausprägungen dieser Variablen bei einer bestimmten Beobachtung. Z. B. beschreibt X das Werbebudget pro Woche und Y die Absatzmenge des beworbenen Artikels in derselben Woche. Dann wäre mit x_i das Werbebudget der Woche i, mit y_i der entsprechende Absatz gemeint.

---

[48]   Vgl. zur grundsätzlichen Vorgehensweise bei der Regressionsanalyse auch Kuß/Eisend 2010, S. 227 ff.

Welche der beiden Variablen als *abhängig* und welche als *unabhängig* anzusehen ist, hängt von Plausibilitätsüberlegungen ab. So wird man z. B. davon ausgehen können, dass der Preis i. d. R. die Absatzmenge beeinflusst (umgekehrt verhält es sich bei einer Auktion). Beachtet werden muss aber unbedingt, dass mit der Existenz einer linearen Funktion der beschriebenen Form keine Aussage über einen möglichen kausalen Zusammenhang zwischen den beiden Größen getroffen wird. So ist es durchaus vorstellbar, dass etwa der Preis einer Periode t_2 in Abhängigkeit von den abgesetzten Mengen in Periode t_1 festgelegt wird, und insofern der Preis tatsächlich kausal auch von der Menge beeinflusst wird.

abhängige und unabhängige Variablen

Aufgabe der Regression ist es, die Koeffizienten *a* und *b* der gegebenen Gleichung so zu bestimmen, dass diese Gleichung für alle Paare von Variablenausprägungen ‚möglichst gut' erfüllt wird. Dies geschieht mittels der *Methode der kleinsten Quadrate*, indem *a* und *b* so festgelegt werden, dass die Unterschiede zwischen den tatsächlichen Werten y_i und den theoretischen Werten $a + b \cdot x_i$ minimal werden. Als Maßzahl dazu kann z. B. die Summe der quadrierten Abweichungen (SQR) herangezogen werden, wobei *n* die Anzahl der Beobachtungen bezeichnet:

Methode der kleinsten Quadrate

$$(4.18) \qquad SQR = \sum_{i=1}^{n} \left(y_i - \left(a + b \cdot x_i \right) \right)^2$$

Die *Abweichungen* zwischen den tatsächlichen Werten y_i und den mittels der Regression geschätzten Werten $a + b \cdot x_i$ werden *quadriert*, damit sich positive und negative Abweichungen nicht gegenseitig aufheben. Zudem werden größere Abweichungen stärker gewichtet.

quadrierte Abweichungen

Anschaulich besteht das Vorgehen bei der Regressionsanalyse also darin, eine Gerade in einem zweidimensionalen Koordinatensystem so durch alle Punkte (x_i, y_i) zu legen, dass die kumulierte vertikale Entfernung aller Punkte von der Geraden so gering wie möglich ist.

In Abbildung 13 ist die Gerade *G* der Graph einer ermittelten Regressionsfunktion. Wie in diesem Beispiel ist der Verlauf einer *Regressionsgeraden* oft optisch unmittelbar einsichtig.

Regressionsgerade

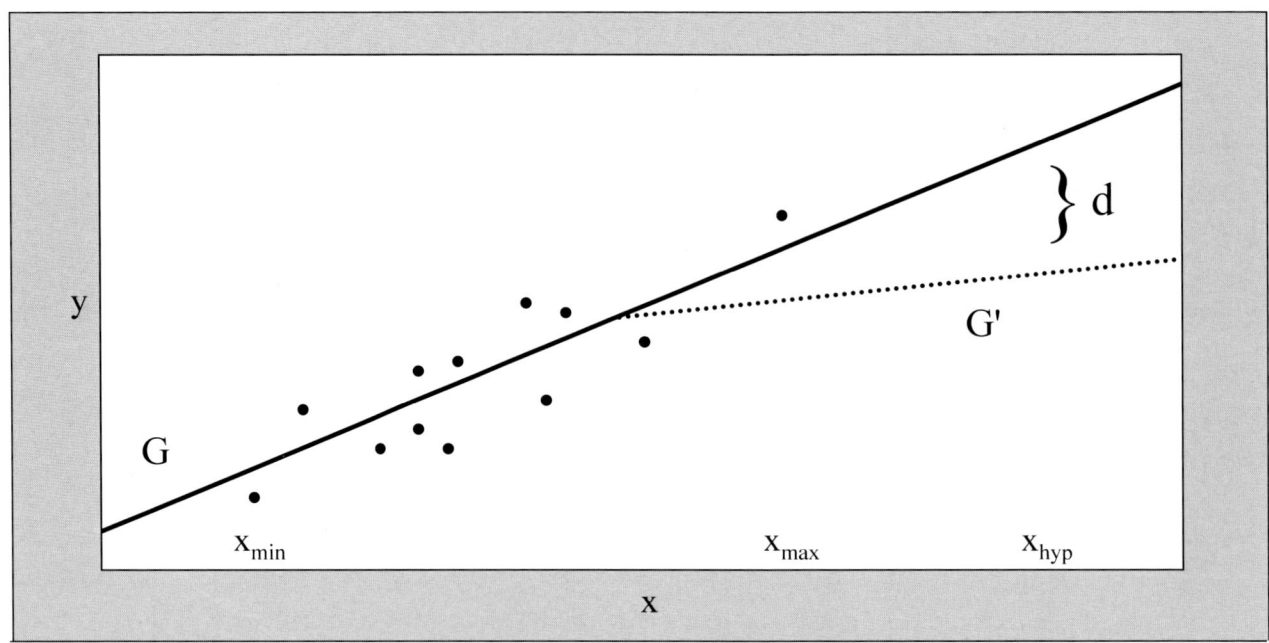

Abb. 13:   Schema einer linearen Einfachregression

Berechnung der Koeffizienten | Zur exakten *Berechnung* der Lage der Regressionsgeraden sind einige Kennzahlen über die beiden Datenreihen notwendig: Es bezeichne $\bar{x}$ das arithmetische Mittel und s_x^2 die Varianz der Werte x_i (analoges gelte für die Werte y_i) sowie s_{xy} die Kovarianz der Werte x_i und y_i.[49] Durch Nullsetzen der partiellen Ableitungen von SQR (siehe Gleichung 4.18) nach a und b kommt man zu den Formeln für die Regressionskoeffizienten a und b:[50]

(4.19) $a = \bar{y} - b \cdot \bar{x}$

(4.20) $b = \dfrac{s_{xy}}{s_x^2}$

---

[49]   Für die Kovarianz gilt: $s_{xy} = \overline{xy} - \bar{x} \cdot \bar{y}$, d. h. die Kovarianz entspricht der Differenz aus dem Mittelwert der Produkte $x_i y_i$ und dem Produkt der Mittelwerte der beiden Datenreihen.

[50]   Vgl. Schlittgen 2008, S. 104. Dort findet sich auch Näheres zur Berechnung von arithmetischem Mittel (S. 41 ff.), Varianz (S. 54 ff.) und Kovarianz (S. 92 ff.).

Die Summe der quadrierten Abweichungen der Ausprägungen der abhängigen Variable von ihrem durchschnittlichen Wert (SQT) lässt sich folgendermaßen in die Summe SQR der *quadrierten nicht erklärten Abweichungen*[51] und die Summe SQE der *quadrierten erklärten Abweichungen* aufspalten:[52]

quadrierte nicht erklärte und erklärte Abweichung

$$(4.21) \qquad \underbrace{\sum_{i=1}^{n} (y_i - \bar{y})^2}_{SQT} = \underbrace{\sum_{i=1}^{n} (y_i - (a + b \cdot x_i))^2}_{SQR} + \underbrace{\sum_{i=1}^{n} ((a + b \cdot x_i) - \bar{y})^2}_{SQE}$$

Die Differenzen zwischen den tatsächlichen Ausprägungen y_i und den mittels der Regression geschätzten Werten $a + b \cdot x_i$ werden auch als *Residuen* bezeichnet. SQR ist somit die Summe der quadrierten Residuen. Das *lineare einfache Bestimmtheitsmaß R^2*:

Residuum

lineares einfaches Bestimmtheitsmaß

$$(4.22) \qquad R^2 = \frac{SQE}{SQT}$$

ist dann der Anteil der erklärten Abweichungsquadratsumme an der zu erklärenden Abweichungsquadratsumme. Je näher R^2 bei 1 liegt, umso kleiner ist die Summe der quadrierten Residuen (SQR), d. h. umso besser wird der Zusammenhang zwischen den x_i und den y_i durch die Regressionsgerade wiedergegeben.

Bei nur zwei Variablen, wie im vorliegenden Fall, entspricht das Bestimmtheitsmaß dem Quadrat des *empirischen Korrelationskoeffizienten r*.[53] Dieser errechnet sich aus den Standardabweichungen s_x und s_y[54] der beiden Variablen:

empirischer Korrelationskoeffizient

$$(4.23) \qquad r_{xy} = \frac{s_{xy}}{s_x \cdot s_y}$$

---

[51] In Gleichung (4.18) hatten wir diese Summe schon einmal verwendet: Dort diente sie als zu minimierende Zielfunktion für die Ermittlung der Koeffizienten a und b.

[52] Zu einem Beweis dieses Zusammenhangs vgl. Bleymüller u. a. 2008, S. 143 f.

[53] Vgl. Schlittgen 2008, S. 108.

[54] Die Standardabweichung entspricht der Quadratwurzel der Varianz: $s_x = \sqrt{s_x^2}$.

Der Korrelationskoeffizient ist ein Maß für den linearen Zusammenhang zweier Variablen. Im Falle der Daten aus Abbildung 13 ergibt sich für r ein Wert von etwa 0,76. Das Bestimmtheitsmaß liegt hier also nur bei $0,76^2 \approx$ 0,58.

Verwendung der Analyseergebnisse Das *Ergebnis* einer Regressionsanalyse kann neben seinem Beitrag zur Erklärung von Zusammenhängen (die Variablen, die hoch mit Y korrelieren, könnten einen realen Bestimmungsgrund von Y beschreiben) auch als Grundlage für Entscheidungen herangezogen werden.

Ist etwa die Ausprägung der unabhängigen Variable Gegenstand einer betrieblichen Entscheidung (z. B. wenn es sich um das Werbebudget handelt), dann kann diese Entscheidung mit Blick auf die Vorteilhaftigkeit der Ausprägung der abhängigen Variable getroffen werden, die aufgrund der ermittelten Regressionsfunktion zu erwarten ist.

Zu beachten ist dabei einerseits die schon erwähnte Tatsache, dass auch ein hohes Bestimmtheitsmaß nichts über eine eventuelle Kausalbeziehung zwischen den Variablen aussagt. Andererseits ist auch wichtig, dass die Verwendung einer solchen Prognose für die abhängige Variable desto unsicherer ist, je stärker sich die unabhängige Variable in ihrer Ausprägung von schon bekannten Werten unterscheidet.

Es sei einmal angenommen, dass die in Abbildung 13 gezeigte Situation den Zusammenhang von Werbebudget (auf der Abszisse) und Absatzmenge (auf der Ordinate) wiedergibt. Plant der Entscheider nun ein Werbebudget festzulegen, das deutlich größer als x_{max} ist, so wäre es fahrlässig, den durch die errechnete Regressionsfunktion unterstellten Zusammenhang als sicher anzusehen. Solange keine durch Datenpunkte repräsentierten Erfahrungen mit der Wirkung eines derart großen Werbebudgets vorliegen, muss damit gerechnet werde, dass der wahre Zusammenhang anders verlaufen könnte.

Es kann z. B. sein, dass zwar der durch die Gerade G repräsentierte Zusammenhang im Bereich niedrigerer x-Werte tatsächlich besteht, aber dass für größere Werte als x_{max} die flachere Gerade G' den wahren Zusammenhang besser wiedergibt. Im vorliegenden Beispiel wäre eine solche oder ähnliche Struktur sogar zu erwarten, da die Annahme unrealistisch ist, jede Steigerung des Werbebudgets würde unabhängig von ihrer absoluten Höhe zu einer proportionalen Zunahme der Absatzmenge führen.
Ginge ein Entscheidungsträger fälschlich von der Beziehung G statt G' zwischen den beiden Variablen aus, so würde die Entscheidung für ein Werbebudget x_{hyp} bei tatsächlicher Geltung von G' einen Minderabsatz in

Höhe von d auslösen, und zwar in Höhe der Differenz zwischen G und G' an der Stelle x_{hyp} im Vergleich zum erwarteten Wert.

Multiple Regression

In diesem Abschnitt wird die Beschränkung der Betrachtung auf nur eine unabhängige Variable aufgehoben. Werden mehrere unabhängige Variablen berücksichtigt, dann spricht man von multipler Regression oder Mehrfachregression. Im Folgenden wird ein lineares Regressionsmodell aufgestellt und an einem Beispiel erläutert, anhand dessen sich auch die Voraussetzungen für eine sinnvolle Anwendung der Regression verdeutlichen lassen. Neben dem linearen Bestimmtheitsmaß, mit dem die Güte einer linearen Regressionsgerade beurteilt werden kann, gibt es eine Reihe weiterer Tests, die darüber Auskunft geben, wie signifikant ein linearer Zusammenhang ist. Auch diese Tests werden anhand des multiplen Regressionsmodells erläutert.

Die in Form von Absatzzahlen vorliegenden Kombinationen aus Verkaufspreisen und Absatzmengen eines Produkts (diese Preise sind durch p_{1i} bezeichnet, die Mengen durch x_i) und den Verkaufspreisen des wichtigsten Konkurrenzproduktes (p_{2i}) einiger Verkaufsstellen bilden eine Stichprobe aus einer größeren Grundgesamtheit. Diese Grundgesamtheit könnte z. B. die Menge aller Verkaufsstellen vom Typ ‚SB-Warenhaus‘ in der BRD sein, in denen die beiden Artikel angeboten werden. In der Grundgesamtheit wird ein linearer Zusammenhang zwischen den beiden Verkaufspreisen und der Absatzmenge pro Verkaufsstelle und Woche vermutet. Dieser lineare Zusammenhang wird allerdings durch eine *Störgröße U* mit den Ausprägungen u_i überlagert. Allgemein lässt sich der Zusammenhang so darstellen:

$$(4.24) \qquad x_i = b_0 + \sum_{j=1}^{J} b_j \cdot p_{ji} + u_i$$

mit $i = 1, 2, ..., n$.

Die b_j sind die in diesem Modell zu schätzenden Koeffizienten, n steht für die Anzahl der Beobachtungsfälle, d. h. im Beispiel für die Anzahl der Verkaufsstellen in der Stichprobe. J ist die Anzahl der unabhängigen Variablen und beträgt in diesem Beispiel zwei. p_{ji} bezeichnet den Preis j in der Beobachtung i, also bezeichnet z. B. p_{21} den Preis des Konkurrenzproduktes

($j = 2$) in der ersten Beobachtung ($i = 1$). x_i steht für die Absatzmenge des untersuchten Produktes in der Beobachtung i.

Es können nur die durch die Störgröße U ‚verfälschten' Absatzzahlen X beobachtet werden. Die Störgröße beinhaltet Messfehler (z. B. Erfassungs- und Übertragungsfehler bei der Datenerhebung) und Einflüsse anderer hier nicht kontrollierter bzw. prinzipiell nicht kontrollierbarer Faktoren.

Neben dem Verkaufspreis beeinflusst z. B. die Größe eines SB-Waren-hauses ebenfalls die Absatzmenge. Sofern nicht ausschließlich Preis-Mengen-Kombinationen selektiert wurden, die zu SB-Warenhäusern identischer Größe gehören, kann dieser *nicht kontrollierte Einfluss* der Stör-größe zugerechnet werden.

nicht kontrollierter Einfluss

Ein Beispiel für einen nicht ohne weiteres kontrollierbaren Einflussfaktor auf den Absatz ist die Platzierung des Artikels im Verkaufsraum des SB-Warenhauses. Weitere *Verzerrungen* können durch das Einkaufsverhalten der Konsumenten entstehen: Vorratskäufe einzelner Konsumenten können dazu führen, dass Absatzzahlen gemessen werden, die vom durchschnitt-lichen langfristigen Nachfrageverhalten der Konsumenten abweichen.

Verzerrungen

Die Anzahl der erklärenden Variablen J muss kleiner sein als die Anzahl der Datensätze n, da sich anderenfalls aufgrund der vielen veränderbaren Variablen immer eine perfekte Lösung finden ließe, die aber mit einem eventuell tatsächlich vorhandenen Zusammenhang nichts zu tun hätte. Eine kurze Überlegung verdeutlicht dies: Wenn das vorgestellte Modell für zwei Datensätze geschätzt werden sollte, dann erhielte man nur zwei Gleichungen mit drei Unbekannten, die zu schätzen sind, nämlich b_0, b_1 und b_2. Ist die Anzahl der Unbekannten größer als die Anzahl der Gleichungen, dann nennt man ein Gleichungssystem überbestimmt. Der Wert einer der Unbekannten lässt sich dann frei wählen und die Werte der übrigen Unbe-kannten lassen sich in Abhängigkeit davon berechnen. In unserem Beispiel würden sich je nach dem gewählten Wert für b_0 ganz verschiedene Werte für b_1 und b_2 ergeben. Über die tatsächliche Stärke des Einflusses der beiden Preise auf die jeweiligen Absatzmengen könnte man auf diese Weise also nichts erfahren.

Die einzelnen Komponenten von U (u_1, u_2, ..., u_n) werden nun im Rahmen unseres stochastischen Modells als Zufallsvariablen betrachtet: Die Zufalls-variable u_i nimmt bei der Messung der Absatzmenge x_i zufällig einen Wert an. Indem wir die folgenden *Voraussetzungen* an die Verteilung der u_i stellen, können Wahrscheinlichkeitsaussagen über den wahren Zusammen-hang zwischen den p_{ji} und den x_i in der Grundgesamtheit abgeleitet werden:

Voraussetzungen

1. Der *Erwartungswert der Störgrößen ist 0*, d. h. ihre tatsächlichen $E(u_i) = 0$
   Ausprägungen schwanken gleichmäßig um den Wert 0. Diese Bedingung ist erfüllt, wenn die Abweichungen zufällig auftreten und keine
   systematische Verzerrung vorliegt. Im Beispiel könnte dies dadurch
   gewährleistet sein, dass geringere Absatzzahlen kleinerer Verkaufsstellen (u_i negativ) durch die höheren Absatzzahlen größerer Verkaufsstellen (u_i positiv) ausgeglichen werden. Das erfordert aber, dass keine
   Variable, die einen tatsächlich auf die Ergebnisse wirkenden Sachverhalt beschreibt, bei der Konstruktion des Modells vergessen werden
   darf, denn anderenfalls gäbe es ja durch deren Erklärungsbeitrag einen
   systematischen Einfluss auf die Störgrößen. Probleme treten allerdings
   auf, wenn kleinere Verkaufsstellen den Artikel vorzugsweise zu einem
   tendenziell höheren Verkaufspreis und größere Verkaufsstellen den
   Artikel vorzugsweise zu einem tendenziell kleineren Verkaufspreis
   anbieten. Die u_i, die zu kleineren (größeren) Verkaufspreisen gehören,
   haben dann einen positiven (negativen) Erwartungswert und die erste
   Annahme ist nicht erfüllt.

2. Die *Varianz der Störgrößen ist konstant*. Diese Bedingung wäre z. B. $s^2(u_i) = 0$
   dann nicht erfüllt, wenn bei der Datenerhebung Umstände aufgetreten
   sind, die die Wirkung der Einflussgrößen verändert haben, etwa
   Ermüdung von Befragten oder Interviewern oder eine plötzliche
   drastische Wetteränderung.

3. Die *Störgrößen sind untereinander statistisch unabhängig*. Insbe- statistische
   sondere dürfen sie nicht von den absoluten Werten der abhängigen Unabhängigkeit
   Variable abhängen. Basierten die Daten etwa auf einer Messung mittels der u_i
   eines Verfahrens, das eine bestimmte prozentuale Fehlerabweichung
   produziert, so wäre diese Annahme nicht erfüllt.

4. *Keine erklärende Variable ist von den übrigen linear abhängig.* Z. B. keine lineare
   wäre es bedenklich, sowohl die Höhe des Bildungsgrades als auch das Abhängigkeit
   Einkommen als erklärende Variablen für die Frage heranzuziehen, wie
   häufig ein bestimmter Artikel gekauft wird, da das Einkommen meist
   nicht unabhängig vom Bildungsgrad ist.

u_i sind normalverteilt

5. Die *Störgrößen sind normalverteilt*, d. h. Abweichungen gleicher Größe nach oben und unten sind gleich wahrscheinlich und Abweichungen sind desto unwahrscheinlicher, je größer sie sind.[55]

Wenn die Bedingungen 1-4 erfüllt sind, erreichen die durch die Methode der kleinsten Quadrate geschätzten Koeffizienten b_j eine minimale Varianz. Insoweit auch die Bedingung 5 als erfüllt angesehen wird, können außerdem Signifikanztests durchgeführt werden. Im Anschluss an die Bestimmung der Regressionsgeraden lassen sich somit folgende Werte ermitteln:

Standardfehler der Stichprobenregressionskoeffizienten

- Schätzwerte für die *Varianz* bzw. den *Standardfehler der Stichprobenregressionskoeffizienten a* und *b*: Je geringer die Standardfehler der Stichprobenregressionskoeffizienten sind, umso besser ist ihre Annäherung an die wahren Parameter der Preisabsatzfunktion.

Signifikanzniveau

- *Signifikanzniveaus* für die Tests der einzelnen Nullhypothesen, wonach die Stichprobenregressionskoeffizienten jeweils identisch mit 0 sind: Eine Ablehnung dieser Nullhypothesen bedeutet, dass auf den entsprechenden Signifikanzniveaus ein statistischer Zusammenhang zwischen Preis und Absatz gegeben ist.

Konfidenzintervall

- *Konfidenzintervalle* für die Stichprobenregressionskoeffizienten: Es kann beispielsweise ein Intervall ermittelt werden, in dem die wahren Parameter der Preisabsatzfunktion mit einer Wahrscheinlichkeit von 99 % liegen.

Angesichts der Strenge der Anforderungen ist zu befürchten, dass die Regressionsanalyse nur selten angewendet werden kann. Tatsächlich haben aber kleinere Verletzungen der Annahmen nur geringe Auswirkungen auf die Güte der Analyseergebnisse.[56]

---

[55] Diese Annahme lässt sich meist mit Blick auf den zentralen Grenzwertsatz der Statistik als erfüllt betrachten: Danach ist die Summe einer großen Anzahl von Zufallsvariablen asymptotisch normalverteilt, auch wenn dies für die einzelnen Zufallsvariablen nicht gilt. Vgl. Schlittgen 2008, S. 258 f. Geht man davon aus, dass die Störgrößen z. B. bei der Untersuchung von Absatzmengen in einem Supermarkt von vielen Faktoren beeinflusst werden, die nicht in die Analyse mit einbezogen werden können, z. B. vom Wetter, der Stimmung der Kunden und der Verkäufer, den morgendlichen Radionachrichten usw., so ist diese Annahme für das Beispiel im Text plausibel.

[56] Vgl. Backhaus u. a. 2008, S. 91.

Linearisierung nichtlinearer Zusammenhänge

Linearisierung
nichtlinearer
Zusammenhänge

Viele Zusammenhänge, mit denen es die Marktforschung zu tun hat, weisen zumindest nichtlineare Teilbereiche auf. Häufig sind z. B. Sättigungsphänomene, die sich in degressiv steigenden oder fallenden Kurven ausdrücken.

Auch solche Zusammenhänge lassen sich mit der Regressionsanalyse abbilden. Ohne Modifikation des vorgestellten Modells lassen sie sich durch *Transformation* der Variablenausprägungen berücksichtigen. Es sei der folgende *multiplikative (nichtlineare) Zusammenhang* mit zwei unabhängigen Variablen vermutet:

Transformation
multiplikativer
Zusammenhang

$$(4.25) \qquad Y = b_0 \cdot X_1^{b_1} \cdot X_2^{b_2} \cdot U$$

Durch *Logarithmieren* aller Faktoren auf beiden Seiten der Gleichung ergibt sich:

Logarithmieren

$$(4.26) \qquad \ln Y = \ln b_0 + b_1 \ln X_1 + b_2 \ln X_2 + \ln U$$

Für die logarithmierten Daten entspricht dieser Zusammenhang dem linearen Regressionsmodell aus Gleichung (4.24).

Auch *Strukturbrüche* in den Daten können mit in die Regressionsanalyse einbezogen werden. So zeigt Abbildung 14a an der Stelle x_{crit} eine *Niveauänderung*. Dabei bleibt die Steigung der Trendgeraden zwar unverändert, der Schnittpunkt dieser Geraden mit der Ordinate ist aber nach oben oder unten verschoben. In Abbildung 14b liegt hingegen eine *Trendänderung* vor: Ab der Stelle x_{crit} hat die Gerade, die die Daten im rechten Teil des Koordinatensystems am besten erklärt, eine Steigung, die sich deutlich von der Geraden im linken Teil unterscheidet.

Strukturbrüche
Niveauänderung

Trendänderung

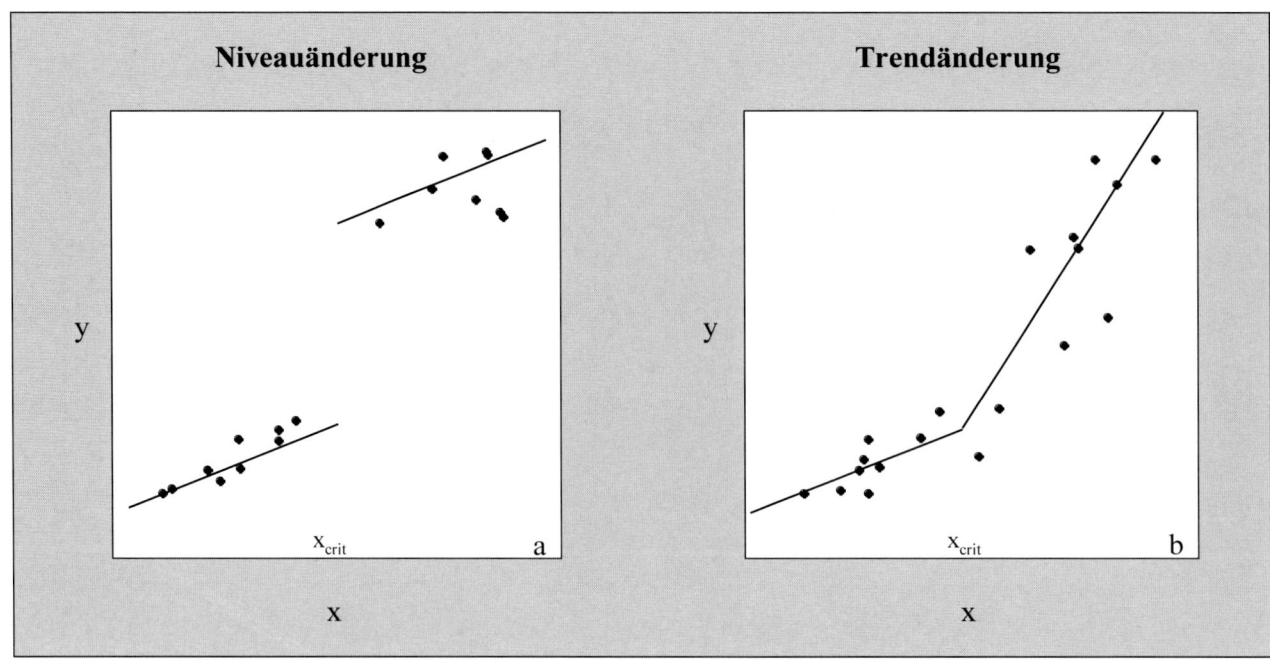

Abb. 14:   Strukturbrüche (in Anlehnung an Backhaus u. a. 2006, S. 82)

Um diese Sachverhalte in einer Regressionsgleichung abzubilden, werden Hilfsvariablen eingesetzt, die nur zwei verschiedene Werte annehmen können. Solche Variablen werden wegen ihrer begrenzten Variations-

Dummy-Variablen möglichkeiten auch *Dummy-Variablen* genannt. Sie werden so definiert, dass sie zwischen den Werten vor dem Strukturbruch und den Werten danach unterscheiden. Für eine Niveauänderung (Abbildung 14a) ergäbe sich dann z. B. für den Fall mit zwei unabhängigen Variablen die Regressionsgleichung:

$$(4.27) \qquad Y = b_0 + b_1 \cdot X_1 + b_2 \cdot X_2 + b_3 \cdot q$$

mit q = 0 bis zum Strukturbruch und q = 1 danach.

Durchführung der Regressionsanalyse und Interpretation der Ergebnisse

Nach der Datenselektion liegen uns zwei Datenreihen vor: Die verschiedenen Verkaufspreise (oder relativen Preisunterschiede) p_i ($i = 1, ..., n$) des betrachteten Artikels bilden die verschiedenen Ausprägungen der unabhängigen Variable. Diese Werte sollen im Folgenden mit p_i ($i = 1, ..., n$) bezeichnet werden. Die zugehörigen Absatzmengen x_i ($i = 1, ..., n$) sind die Ausprägungen der abhängigen Variable.

abhängige und   Hinter den Bezeichnungen *abhängige Variable* und *unabhängige Variable*
unabhängige   verbirgt sich in unserem Zusammenhang die Vorstellung, dass der Ver-
Variable

kaufspreis frei gewählt werden kann und sich die Absatzmenge als Reaktion der Nachfrager in Abhängigkeit vom gesetzten Verkaufspreis einstellt.

So wie im vorherigen Abschnitt dargestellt, werden nun die Regressionskoeffizienten und das Bestimmtheitsmaß des linearen Modells berechnet. Zusammen mit einigen Fragen zur Interpretation der Ergebnisse verbleibt die praktische Durchführung einer solchen Scanningdatenanalyse als Übungsaufgabe für dieses Kapitel.

4.5.2.2.2. Varianzanalyse

Die Varianzanalyse unterscheidet sich von der Regressionsanalyse im Ansatz nur dadurch, dass bei ihr die *unabhängigen Variablen nominal* statt metrisch skaliert sein können.[57] Häufig sieht sich ein Entscheidungsträger einer Menge diskreter Alternativen gegenüber, die nicht stufenlos ineinander übergehen. Als Beispiel diene die Verkaufsförderung in einem Supermarkt: Diese könnte z. B. durch eine Außenplakatwerbung, einen speziellen Handzettel oder eine auffällige Regalbeschriftung erfolgen. Bevor eine Entscheidung über solche Maßnahmen für eine Mehrzahl von Filialen getroffen wird, bietet es sich an, durch ein *Experiment* herauszufinden, ob sich die verschiedenen Arten der Verkaufsförderung überhaupt auf den Absatz auswirken. Es könnte dann für jede der drei Möglichkeiten jeweils eine Filiale ausgewählt werden, in der sie versuchsweise eingesetzt wird. Die dadurch gewonnenen Daten können anschließend mithilfe einer Varianzanalyse untersucht werden, um festzustellen, ob Grund zu der Annahme besteht, dass die Verkaufsförderungsmaßnahmen einen Einfluss auf den Absatz haben. Im Folgenden soll das Vorgehen anhand eines Zahlenbeispiels für die beschriebene Situation verdeutlicht werden.

Da nur ein Einflussfaktor (Verkaufsförderungsmaßnahme) mit mehreren möglichen Ausprägungen (Plakat, Handzettel, Regalbeschriftung) unter-

nominale Einflussgrößen

---

[57] Eine metrisch skalierte Variable kann in eine nominal skalierte Variable transformiert werden, indem ihr Wertebereich in mehrere Intervalle zerlegt und diese Intervalle anschließend wie diskrete Ausprägungen behandelt werden. Natürlich gehen bei einem solchen Vorgehen Informationen verloren, da die Unterschiede innerhalb eines Intervalls nicht mehr beachtet werden.

einfaktorielle und sucht wird, heißt diese Art der Varianzanalyse auch *einfaktoriell*. Mit einer
zweifaktorielle *zweifaktoriellen Varianzanalyse* könnte z. B. geprüft werden, ob sich
Varianzanalyse Kombinationen aus zwei der drei möglichen Maßnahmen auf den Absatz
auswirken.

Als Beispiel zeigt Abbildung 15 die erhobenen Ergebnisse aus drei Filialen
für jeweils eine Woche (6 Verkaufstage). In jeder Filiale wurde nur eine
bestimmte Verkaufsförderungsmaßname durchgeführt. $\bar{y}_i$ bezeichnet die
Zeilenmittelwerte.

i \ *j*	T1	T2	T3	T4	T5	T6	$\bar{y}_i$
Plakat	45	48	35	33	46	51	43
Handzettel	36	39	40	37	43	45	40
Regalbeschriftung	29	35	35	35	37	33	34

Abb. 15:   Beispiel Varianzanalyse

Ähnlich wie oben bei der Regressionsanalyse wird auch bei der Varianz-
Abweichungs- analyse eine *Zerlegung der Abweichungen* einzelner Beobachtungen von
zerlegung in einen ihrem Mittelwert in einen *erklärten* und in einen *nicht erklärten Teil* vorge-
erklärten und nicht nommen. Ein Vergleich dieser beiden Anteile führt zu einer Prüfgröße, mit
erklärten Teil deren Hilfe die Frage beantwortet wird, ob der untersuchte Einflussfaktor
zu Änderungen im Ergebnis geführt hat.

$$(4.28) \qquad \sum_{i=1}^{I} \sum_{j=1}^{J} \left(y_{ij} - \bar{y}\right)^2 = \underbrace{\sum_{i=1}^{I} J\left(\bar{y}_i - \bar{y}\right)^2}_{SZF} + \underbrace{\sum_{i=1}^{I} \sum_{j=1}^{J} \left(y_{ij} - \bar{y}_i\right)^2}_{SIF}$$

Summe der Ge- Der linke Term von Gleichung (4.28) ist die *Summe der Gesamtab-*
samtabweichun- *weichungen*, der mittlere Term ist die *Summe der Abweichungen zwischen*
gen, Summe der *den Faktorausprägungen* (SZF) und der rechte Term die *Summe der*
Abweichungen *Abweichungen innerhalb der Faktorausprägungen* (SIF). Je größer der
zwischen den und Einfluss der Faktorausprägungen auf die Ergebnisgrößen y_{ij} ist, desto
innerhalb der größer wird SZF und desto geringer wird SIF. Im Extremfall ist SIF 0, d. h.
Faktorauspra- die gesamten beobachteten Abweichungen vom Mittelwert sind alleine auf
gungen die unterschiedlichen Ausprägungen des Faktors zurückzuführen.

Für unser Beispiel ist $I = 3$ (da der Faktor drei mögliche Ausprägungen hat)
und $J = 6$ (da sechs Tage betrachtet werden). Mit den in der Tabelle
angegebenen Faktorausprägungsmittelwerten $\bar{y}_i$ (und dem sich daraus

ergebenden Gesamtmittelwert $\bar{y}$ von $\dfrac{43+40+34}{3}=39$) erhält man SZF =
252 und SIF = 364. Damit diese absoluten Abweichungswerte aussage-
kräftig dafür werden, wie stark die y_{ij} von den unterschiedlichen Faktorausprägungen beeinflusst worden sind, müssen diese Werte auf die Anzahl
der Komponenten bezogen werden, aus denen sie sich zusammensetzen.
Dabei ist eine Besonderheit zu beachten: Berechnet wurden die Abweichungen von einem Mittelwert, der sich aus den betrachteten Zahlen
selbst ergibt. Dieser Mittelwert ist also bereits in *SIF* bzw. *SZF* eingegangen.

Wenn aber z. B. der Mittelwert $\bar{y}_i$ für den durchschnittlichen Wochenabsatz
bei der Faktorausprägung i bekannt ist, dann benötigt man nur noch fünf der
sechs Werte für y_i, um den sechsten aus diesen und dem bekannten Mittelwert zu errechnen. Man sagt, dass nur fünf von sechs Werten *frei* sind und
spricht deshalb von *Freiheitsgraden*. Für *SZF* beträgt die Anzahl der   Freiheitsgrade
Komponenten drei (Anzahl der Faktorausprägungen), somit hat der Wert
zwei Freiheitsgrade und, um diese bereinigt, ergibt sich für die *mittlere*   mittlere quadra-
quadratische Abweichung zwischen den Faktorausprägungen (*MSZF*) der   tische Abweichung zwischen den
Wert $\dfrac{252}{2}=126$. *SIF* hat pro Faktorausprägung fünf Freiheitsgrade (6-1),   Faktor-
was multipliziert mit drei Faktorausprägungen auf 15 Freiheitsgrade führt.   ausprägungen
Für *MSIF* ergibt sich damit $\dfrac{364}{15}=24,2\bar{6}$.

Dividiert man nun die beiden Größen durcheinander, so erhält man den
empirischen F-Wert: F-Wert

$$(4.29) \qquad F_e = \frac{MSZF}{MSIF}$$

In unserem Beispiel beträgt F_e also $\dfrac{126}{24,2\bar{6}} \approx 5,19$.

Was sagt dieser Wert aus? Er gibt den Faktor an, um den die durch die
Faktorausprägungen erklärten Abweichungen in den beobachteten Daten
die Abweichungen übersteigen, die sich aus Unterschieden innerhalb der
einzelnen Faktorausprägungen ergeben.

Unser eingangs formuliertes Ziel war es, zu untersuchen, ob angenommen
werden kann, dass die Art der Verkaufsförderungsmaßnahme einen Einfluss
auf den Absatz hat. Die zu prüfende *Nullhypothese* lautet: „Die Aus-   Nullhypothese

prägungen haben keinen Einfluss auf den Absatz." Kann diese Hypothese verworfen werden, so ist das Ziel mit einer positiven Antwort erreicht, wenn nicht, dann fällt die Antwort negativ aus. Um die Hypothese zu prüfen, werden nun der ermittelte Wert F_e und der Wert der theoretischen F-Verteilung[58] für die gleiche Kombination von Freiheitsgraden im Zähler (hier 2) und im Nenner (hier 15) miteinander verglichen.

Vertrauenswahrscheinlichkeit

Vorher muss noch die *Vertrauenswahrscheinlichkeit* (1 - α) ausgewählt werden, die der Test haben soll, da die F-Verteilung in Abhängigkeit von dieser Wahrscheinlichkeit tabelliert ist. Sie gibt an, welches Vertrauen in das Ergebnis gesetzt wird, der Nullhypothese zuzustimmen oder sie abzulehnen.

Signifikanzniveau

Der Gegenwert der Vertrauenswahrscheinlichkeit wird als *Signifikanzniveau* α bezeichnet. Er gibt an, wie groß die Wahrscheinlichkeit ist, die Nullhypothese abzulehnen, obwohl sie wahr ist (Fehler 1. Art).

Abbildung 16 gibt die (gerundeten) Werte der F-Verteilung für die Freiheitsgradkombination des Beispiels für verschiedene Vertrauenswahrscheinlichkeiten an.

1-α	0,9	0,91	0,92	0,93	0,94	0,95	0,96	0,97	0,98	0,99
F(2, 15)	2,67	2,84	3,00	3,19	3,41	3,68	4,02	4,47	5,14	6,36

Abb. 16: Werte der F-Verteilung

Wir wählen ein Signifikanzniveau von 0,05. Der F-Test fordert dann, die Nullhypothese abzulehnen, wenn der empirische F-Wert den theoretischen übersteigt. Das ist in unserem Beispiel der Fall: 5,19 > 3,68. Mit einer Vertrauenswahrscheinlichkeit von 95 % kann man also anhand der gewonnenen Ergebnisse davon ausgehen, dass die Art der Verkaufsförderung einen Einfluss auf die Absatzmenge hat. Abbildung 16 lässt sich außerdem das Niveau entnehmen, auf dem die gemessenen Unterschiede statistisch signifikant sind. Wir finden es, indem wir den letzten F-Wert suchen, der

---

[58] Die Werte dieser Verteilung finden sich in tabellarischer Form in jedem Statistikbuch und sind natürlich auch in vielen Kopien im Internet erhältlich. Außerdem haben viele Standardprogramme (z. B. Micrososft Excel) die Verteilung so integriert, dass direkt damit gearbeitet werden kann.

kleiner als F_e ist, und die zugehörige Vertrauenswahrscheinlichkeit ablesen. Im vorliegenden Fall kommt man auf 0,98 und kann somit sagen, dass das Verwerfen der Nullhypothese mit 98 %iger Wahrscheinlichkeit korrekt ist.

Wie bei allen statistischen Verfahren ist es auch bei der Varianzanalyse notwendig, sich mit ihren spezifischen *Begrenzungen* vertraut zu machen. So liegt es z. B. auf der Hand, dass ihre Ergebnisse nicht viel aussagen können, wenn die ihnen zugrunde liegenden Daten Mängel aufweisen. Wenn z. B. in einer der Verkaufsstellen im Beobachtungszeitraum eine außergewöhnliche Situation herrschte (Wetterchaos, Lieferengpass usw.), dann sind die Daten nicht sinnvoll miteinander zu vergleichen. Es ist also dafür Sorge zu tragen, dass die Daten möglichst unter solchen Bedingungen erhoben werden, die denen eines kontrollierten Experimentes (siehe Abschnitt 4.2.2.) möglichst nahe kommen, indem versucht wird, soweit wie möglich auszuschließen, dass sich die Situationen noch in anderen Merkmalen unterscheiden als nur in der Variation des zu überprüfenden Einflussfaktors. Besonders für eine zwei- und mehrfaktorielle Varianzanalyse wird es allerdings nur selten möglich sein, für jede denkbare Faktorausprägungskombination genügend Beobachtungsfälle zu erhalten, wenn nicht auf ein systematisches Experiment zurückgegriffen wird.

Begrenzungen des Verfahrens

Schließlich ist noch einmal zu betonen, dass die Varianzanalyse in der vorgestellten Form nur eine Aussage darüber macht, *ob* in der beobachteten Vergangenheit ein Zusammenhang zwischen der Variation des Einflussfaktors und der Ergebnisausprägung bestand. *Wie stark* dieser Zusammenhang ist und wie stark insbesondere die Wirkungen der einzelnen Faktorausprägungen sind, lässt sich dem Ergebnis hingegen nicht entnehmen.[59]

keine Aussage über Wirkungsstärke

4.5.2.2.3. Diskriminanzanalyse

Die Diskriminanzanalyse nimmt eine *Klassifikation* von Objekten gemäß ihrer Ausprägungen in metrisch skalierten Attributen vor, d. h. die unabhängigen Variablen sind metrisch, die abhängige Variable ist nominal skaliert. Ein Anwendungsfall sei beispielhaft geschildert: Ein Versand-

Klassifikation

---

[59] Hinweise auf entsprechende Erweiterungen der Vorgehensweise finden sich z. B. bei Backhaus u. a. 2008, S. 168 ff.

unternehmen möchte herausfinden, was Besteller, die mehrmals gekauft haben (Wiederkäufer), von anderen Bestellern unterscheidet, die innerhalb eines bestimmten Zeitraums nach ihrem Erstkauf noch nicht erneut bestellt haben. Die abhängige Variable hat hier also zwei mögliche Ausprägungen: Wiederkäufer oder Nichtwiederkäufer. Die metrisch skalierten unabhängigen Variablen könnten z. B. Alter, Einkommen, Höhe der Erstbestellung, Artikelanzahl in der Erstbestellung, Dauer bis zur Bezahlung in Tagen, Anzahl der Kinder u. ä. sein. Natürlich erschöpft sich das Vorhaben des Versandunternehmens nicht darin, bestehende Unterschiede nur zu *kennen*; es möchte sie auch *nutzen*.

Prognose durch Klassifikation

Mit der Diskrimanzanalyse ist es möglich, auf der Basis vorhandener bereits klassifizierter Datensätze zu *prognostizieren*, ob ein neuer Kunde ein Wiederkäufer sein wird. Wird ‚Nichtwiederkäufer' prognostiziert, kann darauf z. B. durch verstärkte oder spezialisierte Werbung reagiert werden. Gleichzeitig könnten bei Erstkunden, deren Eigenschaften darauf hindeuten, dass sie vermutlich in der Zukunft wieder bestellen werden, solche zusätzlichen Werbeausgaben unterbleiben.[60]

Es würde den Rahmen des vorliegenden Lehrtextes sprengen, an dieser Stelle die Berechnungsmöglichkeiten, Gütemaße u. ä. auf einer Ebene vorzustellen, die es ermöglichte, selbst anhand von klassifizierten Daten eine Diskriminanzanalyse vorzunehmen. Zur Verdeutlichung der Vorgehensweise und des zu erwartenden Ergebnisses sei hier nur das erläuterte Beispiel aus dem Versandhandel anhand konkreter Zahlen kurz vorgestellt.

---

[60]   Die binäre Gegenüberstellung Wiederkäufer-Nichtwiederkäufer ließe sich z. B. dahingehend verfeinern, dass die bisherigen Kunden nach der Höhe ihres bislang dem Unternehmen eingebrachten Nutzens in mehrere Gruppen eingeteilt werden. Mit Blick auf die absolute Höhe dieses Nutzens könnte dann die Behandlung der verschiedenen Kunden und Neukunden noch stärker differenziert werden, um den Aufwand optimal zu dosieren.

	Einkommen	Erstbestellung	Zahlungsdauer	Wiederkäufer?
P1	25	110	7	ja
P2	50	300	5	nein
P3	55	200	3	nein
P4	25	50	11	ja
P5	20	200	5	ja
P6	88	150	8	nein
P7	34	250	4	nein
P8	25	90	2	ja
P9	25	120	15	ja
P10	50	500	5	nein

Abb. 17: Zahlenbeispiel Diskriminanzanalyse

Abbildung 17 enthält in den Spalten die Attribute, die zur Unterscheidung der Kunden herangezogen werden sollen, sowie die Gruppierung in Wiederkäufer und Nichtwiederkäufer. In die Zeilen sind 10 Kunden mit ihren Merkmalen und ihrer Gruppenzugehörigkeit eingetragen.

Die Aufgabe bei der Diskriminanzanalyse besteht nun darin, eine *Diskriminanzfunktion* der Form

Diskriminanzfunktion

$$(4.30) \qquad Y = b_0 + b_1 X_1 + b_2 X_2 + b_3 X_3$$

aufzustellen. X_1 bis X_3 stehen für die drei Attribute, deren Ausprägungen für jeden Käufer bekannt sind. Die *Diskriminanzvariable Y* wird dazu verwendet, jeden Datensatz einer der beiden Gruppen zuzuordnen.

Diskriminanzvariable

Anschaulich gesprochen werden jetzt die Koeffizienten b_i berechnet[61], für die die Werte, die sich für Y ergeben, die beste Trennung zwischen den

---

61   Auf die Darstellung des komplizierten Verfahrens, das sich der Matrizenrechnung bedient, wird an dieser Stelle verzichtet und auf die Literatur verwiesen: Vgl. Backhaus u. a. 2008, S. 233 ff.

beiden Gruppen erlauben. Bei der unrealistisch kleinen Datenbasis mit nur 10 Beispielen ist es ohne größere Probleme möglich, eine Diskriminanzfunktion zu finden, die die beiden Gruppen perfekt trennt, z. B. $Y = X_1 + 1{,}5 \cdot X_2 + 3{,}4 \cdot X_3$.

Trennvorschrift

Abbildung 18 zeigt die Werte, die sich für Y ergeben, wenn man die Daten aus Abbildung 17 in die angegebene Diskriminanzfunktion einsetzt. Aus diesen Werten kann man nun eine *Trennvorschrift* ableiten, die in Abhängigkeit von Y angibt, in welche Gruppe ein Datensatz gehört.

Y	213,8	517	365,2	137,4	337	340,2	422,6	166,8	256	817
Wiederkäufer?	ja	nein	nein	ja	ja	nein	nein	ja	ja	nein

Abb. 18:   Ermittlung der Trennvorschrift

Der größte Wert für Y bei einem Wiederkäufer beträgt 337, der geringste für einen Nichtwiederkäufer hingegen 340,2. Damit kann man sagen: Wenn $Y > 337 \Rightarrow$ Wiederkäufer = „nein". Diese Trennvorschrift kann nun für die Klassifikation neuer Datensätze verwendet werden. Zunächst werden das solche sein, denen das Attribut Wiederkäufer noch nicht zugeordnet wurde, obwohl die notwendigen Informationen dafür bereits vorliegen. So kann die *Trennvorschrift* auf realen Daten *getestet* werden.

Test der Trennvorschrift

Angenommen, die Datenbank enthalte 100 weitere Datensätze derselben Struktur. Auf diese wird nun zunächst die Diskriminanzfunktion angewendet, um Y zu ermitteln, dann die Trennvorschrift, um sie einer der beiden Gruppen zuzuordnen (Erwartung). Schließlich wird dann diese prognostizierte Zuordnung mit der tatsächlichen Zuordnung verglichen, die bereits vorgenommen wurde (aufgrund der Tatsache, dass manche Kunden *tatsächlich* Wiederkäufer sind und andere nicht – Erfahrung). Ein solcher Vergleich ist beispielhaft in Abbildung 19 durchgeführt.

Erfahrung	Erwartung	
	Ja	Nein
Ja	47	13
Nein	12	28

Abb. 19: Bewertung der Klassifikationsgüte

Der Abbildung ist zu entnehmen, dass die durch die ermittelte Trenn-vorschrift erzeugte Erwartung in insgesamt 75 % (47 + 28 = 75) der 100 Datensätze korrekt ausfällt, d. h. dass die Erwartung mit dem tatsächlichen Wert übereinstimmt. Um abschätzen zu können, wie gut eine Trenn-vorschrift ist, kann man ihr Ergebnis mit dem vergleichen, was man bei einer Gruppenzuordnung ohne Beachtung der Attribute erreichen kann, also bei einer *zufälligen* Zuordnung.

Hierfür ist es entscheidend, wie groß der jeweilige Gruppenanteil in der Grundgesamtheit ist. Ist jede Gruppe tatsächlich ungefähr gleich häufig vorhanden, dann wird die zufällige Zuordnung in ungefähr 50 % der Fälle richtig sein, denn bei jedem Fall wird mit 50 %iger Wahrscheinlichkeit „ja" vorgeschlagen und die Wahrscheinlichkeit, dass es sich tatsächlich um einen „ja"-Fall handelt, ist ebenfalls 50 %. Die Wahrscheinlichkeit richtig auf „ja" zu schätzen liegt also bei 25 %. Die gleiche Rechnung gilt aber für die Wahrscheinlichkeit richtig auf „nein" zu schätzen. Die Gegenwahr-scheinlichkeit für die beiden Fehlermöglichkeiten liegt damit natürlich auch bei 25 %. Das gleiche Ergebnis erhielte man, wenn man bei *allen* Fällen auf „ja" schätzt: In 50 % der Fälle wäre das korrekt. Anders stellt sich die Situation dar, wenn die Gruppenverteilung in der Grundgesamtheit nicht gleich ist. Sind zum Beispiel 80 % der Fälle der einen und nur 20 % der anderen Gruppe zuzuordnen, dann beträgt die Wahrscheinlichkeit, beim Raten richtig zu liegen, zwar weiterhin nur 50 % (0,5 · 0,8 + 0,5 · 0,2 für einen ‚Treffer' und das Komplementär für einen Fehler), aber wenn alle Datensätze der gleichen Gruppe zugeordnet werden, dann beträgt sie in dem Fall, dass es sich um die richtige Gruppe handelt, sogar 80 %!

Anders könnte man das Ergebnis dieser Erörterung auch so ausdrücken: Eine mithilfe der Diskriminanzanalyse ermittelte Trennvorschrift zwischen zwei Gruppen muss mindestens so viele Fälle richtig zuordnen, wie der höhere der beiden Gruppenanteile in der Grundgesamtheit beträgt. Im Beispiel aus Abbildung 19 enthält die Grundgesamtheit 60 „ja"- und 40

Bewertung einer Diskriminanz-funktion

Folgen der Anwendung der Ergebnisse für die weitere Analyse

„nein"-Fälle. Ordnete man auf dieser Basis *jedem* Datensatz den Wert „ja" zu, dann betrüge die Trefferquote 60 % – alle „ja"-Fälle und kein „nein"-Fall wären richtig zugeordnet. Bei Anwendung der aus den 10 Beispielen ermittelten Trennvorschrift wären hingegen 47/60 = 78,3 % der „ja"- und 28/40 = 70 % der „nein"-Fälle korrekt zugeordnet, insgesamt eben 75 % aller Fälle. Die Verwendung der Trennvorschrift scheint also sinnvoll zu sein.

Ein solcher Test ist unverzichtbar, bevor tatsächliche operationale Unternehmensentscheidungen (z. B. die Frage: Wer bekommt ein Spezialmailing?) auf Basis einer Diskriminanzanalyse getroffen werden. Die Anwendung ist dabei einleuchtend: Ein neuer Kunde wird anhand seiner Merkmale einer der beiden Gruppen zugeordnet und entsprechend behandelt. *Durch* diese Behandlung *unterscheidet* er sich aber anschließend von den Kunden, die zur Ermittlung und Überprüfung der Trennvorschrift gedient hatten. Die neuen Daten können aus diesem Grund später nicht mehr anhand der gleichen Attribute zu einer Überprüfung der Trennvorschrift herangezogen werden, da ja bekannt ist, dass es weitere wichtige Einflüsse gab: Die speziell zugeschnittenen Marketingmaßnahmen des Unternehmens, die dazu dienen sollten, aus dem prognostizierten Nichtwiederkäufer einen Wiederkäufer zu machen. Ein Nichtwiederkäufer der z. B. keine Extrawerbung bekommen hat (weil früher noch nicht bekannt war, dass er vermutlich sonst nicht wieder kaufen würde), kann nicht mit einem Nichtwiederkäufer verglichen werden, der diese Extrawerbung erhalten hat. Vielmehr könnte in einem späteren Analyseschritt interessieren, ob es möglich ist, nun diejenigen Nichtwiederkäufer, bei denen die Extrawerbung wirkungslos geblieben ist, von den übrigen zu unterscheiden.[62]

Verfahrens-
erweiterung

Erweiterungen der Diskriminanzanalyse befassen sich z. B. mit der Frage, *wie groß* der Beitrag der einzelnen Attribute für die Trennung ist. Trägt z. B. ein Attribut überhaupt nichts dazu bei, so bräuchte es bei der Zuordnung eines neuen Falles überhaupt nicht beachtet zu werden. Außerdem ist es natürlich möglich, eine Diskriminanzanalyse sowohl mit mehr unabhängigen Variablen als auch mit mehr als zwei Ausprägungen in der

---

62   Vgl. hierzu z. B. den Abschnitt 4.5.1.5. zu statistischen Testverfahren.

abhängigen Variable durchzuführen. Auch diesbezüglich wird hier aber auf die Einzelheiten verzichtet und auf die Spezialliteratur verwiesen.[63]

4.5.2.2.4. Logistische Regression

Wie die Diskriminanzanalyse kann auch die Logistische Regression zur *Klassifikation* benutzt werden, d. h. einen Zusammenhang zwischen beliebig skalierten unabhängigen und einer nominal skalierten abhängigen Variablen (mit zwei, worauf sich die Darstellung hier beschränkt, oder mehr möglichen Ausprägungen) herstellen. Sie unterscheidet sich von dem zuvor behandelten Verfahren, der Diskriminanzanalyse, auf der Ergebnisseite u. a. dadurch, dass *Wahrscheinlichkeiten* dafür angegeben werden, dass ein konkretes Untersuchungsobjekt (z. B. ein Kunde) *zu einer bestimmten Gruppe* (z. B. „langfristiger Umsatz: mittel") *gehört*. Auf dieser Basis können dann Aussagen darüber gemacht werden, auf welche Eigenschaften einzuwirken am sinnvollsten wäre, wenn das Ziel darin bestünde, die Gruppenzugehörigkeit zu verändern (z. B. hin zu „langfristiger Umsatz: hoch").

Klassifikation

Zugehörigkeitswahrscheinlichkeiten

Wie schon durch die Benennung des Verfahrens angedeutet ist, weist das Vorgehen große Ähnlichkeit zur *Regressionsanalyse* auf, bei deren Betrachtung wir ein lineares Regressionsmodell aufgestellt hatten:[64]

Modifikation des Regressionsmodells

$$(4.31) \qquad y_k = b_0 + \sum_{j=1}^{J} b_j \cdot x_{ji} + u_i$$

Die y_k müssen bei der linearen Regression beliebige Werte abbilden können. Weil bei der logistischen Regression die abhängige Variable aber nur nominal skaliert sein soll, muss diese Formel modifiziert werden. Die abhängige Variable wird in drei Schritten transformiert. Ziel der Transformation ist es, den Wertebereich der Variable unverändert zu lassen, die Ergebnisse dabei aber so interpretierbar zu machen, dass eine Zuordnung des jeweils betrachteten Objekts zu einer der (zwei oder mehreren) zu trennenden Gruppen möglich ist.

---

[63] Einen Einstieg in die Thematik liefert z. B. Backhaus u. a. 2008, S. 243 ff.

[64] Vgl. Abschnitt 4.5.2.2.1.

Bei zwei Gruppen kann die Gruppenzugehörigkeit durch die Werte 1 (gehört dazu) und 0 (gehört nicht dazu) ausgedrückt werden. Es wird jetzt nicht dieser absolute Wert als abhängige Variable betrachtet, sondern die Wahrscheinlichkeit, dass der Wert für das gerade betrachtete Objekt 1 beträgt: $p(y_k = 1)$.

Der Wertebereich einer Wahrscheinlichkeit liegt zwischen 0 und 1. Man teilt nun die Wahrscheinlichkeit durch ihren Gegenwert, was den Wertebereich auf das Intervall $[0, +\infty]$ erweitert: $\dfrac{p(y_k = 1)}{1 - p(y_k = 1)}$.

Logit-Modell   Um schließlich den ganzen Bereich reeller Zahlen abdecken zu können, wird dieser Wert noch logarithmiert; der sich ergebende Term heißt *Logit*.

Insgesamt ergibt sich damit als Modell bei der logistischen Regression:

$$(4.32) \qquad \ln\left(\frac{p(y_k = 1)}{1 - p(y_k = 1)} \right) = b_0 + \sum_{j=1}^{J} b_j \cdot x_{ji} + u_i$$

Wenn die Koeffizienten b_j ermittelt sind, dann kann man die Gleichung nach $p(y_k = 1)$ umstellen und die Gruppenzugehörigkeitswahrscheinlichkeiten für neue Objekte bestimmen. Bei dieser Umstellung erhält man Gleichung (4.33), an der sich auch ablesen lässt, dass sich nur zulässige Werte im Intervall $[0, 1]$ für die Wahrscheinlichkeit ergeben.

$$(4.33) \qquad p(y_k = 1) = \frac{1}{1 + e^{-\left(b_0 + \sum_{j=1}^{J} b_j \cdot x_{ji} + u_i \right)}}$$

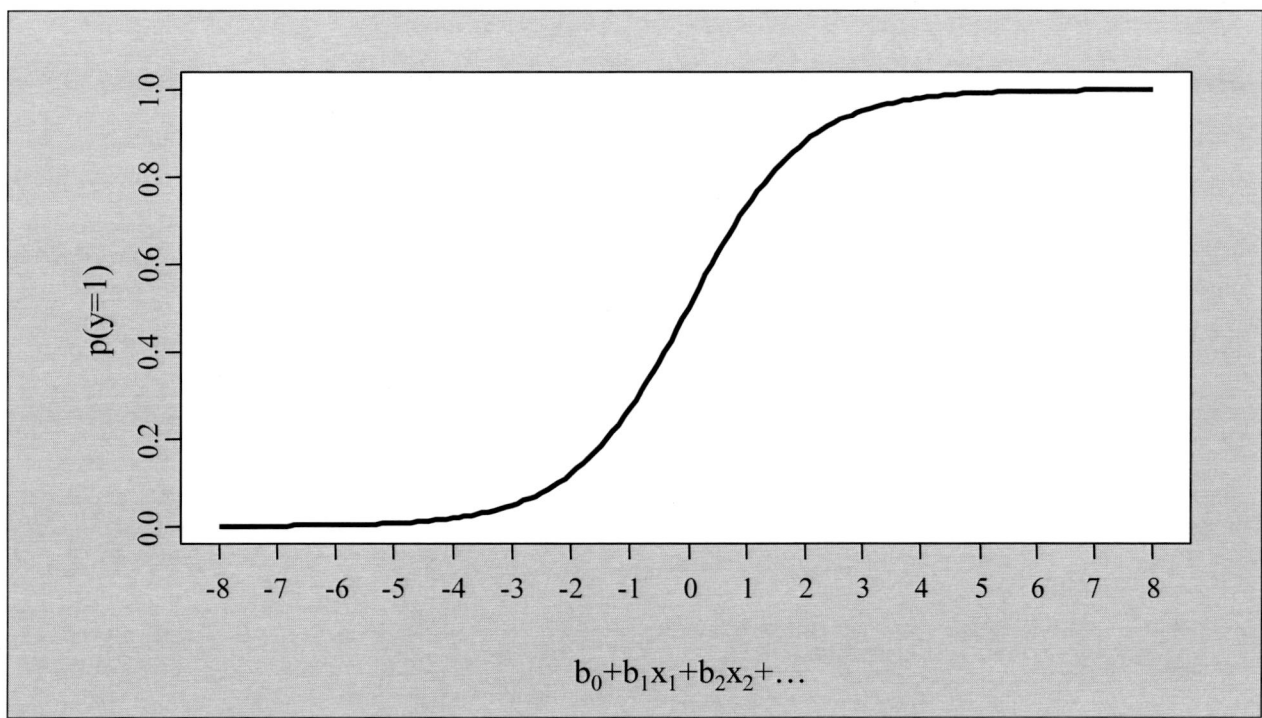

Abb. 20:   Logistische Funktion

In Abbildung 20 ist der Graph einer Gleichung (4.33) entsprechenden Funktion wiedergegeben. Der schmale Mittelbereich der Funktion ist erkennbar, in dem die *Wahrscheinlichkeit der Gruppenzugehörigkeit* sich von oben rechts schnell 0,5 nähert und danach unten links ebenso schnell Richtung 0 geht. Anschaulich gesprochen ist eine Wahrscheinlichkeitsangabe weit rechts (Objekt gehört mit sehr hoher Wahrscheinlichkeit zur Gruppe *k*) oder weit links (Objekt gehört mit sehr niedriger Wahrscheinlichkeit zur Gruppe *k*, d. h. mit sehr hoher Wahrscheinlichkeit zur Alternativgruppe) ebenso zu interpretieren, wie eine Gruppenzuordnung bei der Diskriminanzanalyse durch eine Trennvorschrift.

logistische Funktion zur Angabe von Zugehörigkeitswahrscheinlichkeiten

Die Schätzung der Koeffizienten b_j kann diesmal nicht mit der Methode der kleinsten Quadrate vorgenommen werden, da jeweils eine Wahrscheinlichkeit der Gruppenzugehörigkeit ermittelt wird, die sich nicht mit der direkten Angabe der tatsächlichen Gruppenzugehörigkeit (1 oder 0) vergleichen lässt. Ein Vergleich wäre aber notwendig, um später die quadrierten Abweichungen der Kleinst-Quadrat-Methode zu berechnen. Man bedient sich deshalb der *Maximum-Likelihood-Methode*. Diese beruht auf der Annahme, dass eine erhobene Stichprobe genauso ausfällt, wie es am wahrschein-

Maximum-Likelihood-Methode

lichsten ist. Bei der Suche nach einem unbekannten Parameter wird dieser deshalb so geschätzt, dass die Wahrscheinlichkeit für die in der tatsächlich erhobenen Stichprobe enthaltenen Werte maximiert wird.[65] Übertragen auf die logistische Regression bedeutet das, dass die Koeffizienten b_j gesucht sind, für die sich die berechnete Wahrscheinlichkeit der Gruppenzugehörigkeit für alle Beispiele möglichst gut 1 annähert, also der bekannten tatsäch-

Likelihood-Funktion lichen Gruppenzugehörigkeit. Diese Bedingung wird in der *Likelihood-Funktion L* ausgedrückt:

$$(4.34) \qquad L = \prod_{y_i=1} p(y_k = 1) \cdot \prod_{y_i=0} \left(1 - p(y_k = 1)\right)$$

Es werden die Wahrscheinlichkeiten für die Gruppenzugehörigkeit zur Gruppe 1 für die Objekte miteinander multipliziert, die tatsächlich dieser Gruppe angehören (erstes Produkt) und mit den Wahrscheinlichkeiten für die Gruppenzugehörigkeit zu Gruppe 2 für die Objekte verknüpft, die tatsächlich dieser Gruppe angehören (zweites Produkt). Da die Wahrscheinlichkeiten, wie wir oben gesehen haben, nie kleiner als Null sein können, gilt dies auch für L. Der Höchstwert von L ist 1; er tritt dann auf, wenn die gefundenen Parameter die richtige Zuordnung jeweils mit Sicherheit (100 % Wahrscheinlichkeit) vornehmen. Da das Rechnen mit Summen leichter zu handhaben ist, als der Umgang mit Produkten wie in Gleichung 4.34, wird die Likelihood-Funktion häufig noch logarithmiert, um die Produkte in Summen zu überführen. Daraus ergibt sich dann die

LogLikelihood-Funktion *LogLikelihood-Funktion LL*:

$$(4.35) \qquad LL = \sum_{y_i=1} \ln\left(p(y_k = 1)\right) \cdot \sum_{y_i=0} \ln\left(1 - p(y_k = 1)\right)$$

iterative Verfahren Zur praktischen Ermittlung der Parameter muss man sich *iterativer Verfahren* bedienen,[66] da kein vollständig spezifiziertes Rechenverfahren existiert.

Zu beachten ist auch, dass mit der Ermittlung der Parameterwerte noch nichts darüber gesagt ist, *wie gut* die gewonnene Funktion für die bekannten

---

[65] Vgl. Schlittgen 2008, S. 300 ff.

[66] Eine Möglichkeit dazu stellen genetische Algorithmen dar. Vgl. hierzu Abschnitt 4.5.2.5.3.

oder neue Daten arbeitet. Hierzu gibt es spezielle Tests, auf die an dieser Stelle nicht weiter eingegangen werden kann.

Aufgrund der nichtlinearen Natur der logistischen Funktion können nicht ohne weiteres direkte Aussagen darüber gemacht werden, *wie* die einzelnen *Attribute* der Objekte zum Klassifizierungsergebnis *beitragen*. *Ob* sie dazu beitragen, lässt sich mit einem statistischen Test prüfen, der dem t-Test ähnelt. Zur Einschätzung der Wirkung einer potenziellen Veränderung einzelner Variablenausprägungen auf die Gruppenzugehörigkeitswahrscheinlichkeit kann man sich einer Maßzahl bedienen, die das Verhältnis zwischen der berechneten Wahrscheinlichkeit und ihrem Gegenwert bei einer erhöhten Variablenausprägung durch das gleiche Verhältnis für die geringere Variablenausprägung dividiert. Diese Maßzahl sei mit *WV* (für *W*ahrscheinlichkeits*v*erhältnis) bezeichnet. Dieses Verhältnis lässt sich zu einer Exponentialfunktion mit dem errechneten Parameter im Exponenten vereinfachen:

Attributbeiträge

$$(4.36) \qquad WV_j = \frac{\dfrac{p(y_i = 1)_{x_j = m+1}}{1 - p(y_i = 1)_{x_j = m+1}}}{\dfrac{p(y_i = 1)_{x_j = m}}{1 - p(y_i = 1)_{x_j = m}}} = e^{b_j}$$

Ergibt sich für WV_j z. B. der Wert 2, so bedeutet dies, dass sich die Wahrscheinlichkeit für das betrachtete Objekt, der entsprechenden Gruppe zugeordnet zu werden, mit jeder Zunahme der Ausprägung der Variable x_j um den Wert Eins verdoppelt.

4.5.2.2.5. Kausalanalyse

Um *kausale Zusammenhänge* zu analysieren, wird u. a. der *LISREL-Ansatz* (Linear Structural Relationship) der Strukturgleichungsanalyse eingesetzt. Der LISREL-Ansatz ist ein Verfahren der Kausalanalyse, das insbesondere

LISREL-Ansatz zur Analyse kausaler Zusammenhänge

aufgrund der Leistungsfähigkeit seiner Version 7 weite Verbreitung gefunden hat.[67]

Der Grundgedanke der Kausalanalyse ist der empirische Test theoretisch aufgestellter Vermutungen über Kausalbeziehungen im Sinne einer kon-

Hypothesen-
überprüfung

firmatorischen *Hypothesenüberprüfung*. Die Besonderheit des LISREL-Ansatzes besteht darin, dass auch die Beziehungen zwischen latenten, d. h.

hypothetische
Konstrukte

nicht direkt beobachtbaren Variablen, sogenannten *hypothetischen Konstrukten*, überprüft werden können. Zu unterscheiden sind latente exogene (unabhängige) sowie latente endogene (abhängige) Variablen.[68]

Strukturmodell

Den Kern eines LISREL-Modells stellt ein *Strukturmodell* dar, das die Beziehungen zwischen einer oder mehreren latenten exogenen Variablen und einer oder mehreren latenten endogenen Variablen abbildet. Das Strukturmodell basiert auf dem regressionsanalytischen Denkansatz. Da die

latente Variablen

latenten Variablen nicht direkt beobachtbar sind, müssen sie mithilfe von *Messmodellen* operationalisiert werden. Die Messmodelle für die latenten exogenen und die latenten endogenen Variablen beruhen auf dem Prinzip der Faktorenanalyse.[69]

Zur Überprüfung eines Hypothesensystems mit dem LISREL-Ansatz bietet sich eine sechsstufige Vorgehensweise an:[70]

Hypothesen-
bildung

1. Hypothesenbildung
Im Rahmen der Hypothesenbildung müssen theoretische Überlegungen darüber angestellt werden, welche Variablen in das Modell einzubeziehen sind und welche Wirkungszusammenhänge zwischen ihnen vermutet werden können.

---

[67]   Vgl. Fritz 1992, S. 115 f. Ein alternatives Produkt ist AMOS, ein Modul des Statistikpakets SPSS. Zu den Unterschieden vgl. z. B. Hox 1995.

[68]   Vgl. Backhaus u. a. 2006, S. 338 ff.

[69]   Vgl. zu einer umfassenderen Darstellung des LISREL-Ansatzes Jöreskog/Sörbom 1988 sowie den Sammelband Hildebrandt/Homburg 1998. Für die Faktorenanalyse siehe Abschnitt 4.5.2.3.1.

[70]   Vgl. Backhaus u. a. 2006, S. 357 ff.

2. Erstellung eines Pfaddiagramms

Die Zusammenhänge zwischen dem Strukturmodell und den Messmodellen können innerhalb eines *Pfaddiagramms* dargestellt werden. Abbildung 21 zeigt ein Pfaddiagramm in allgemeiner Form.

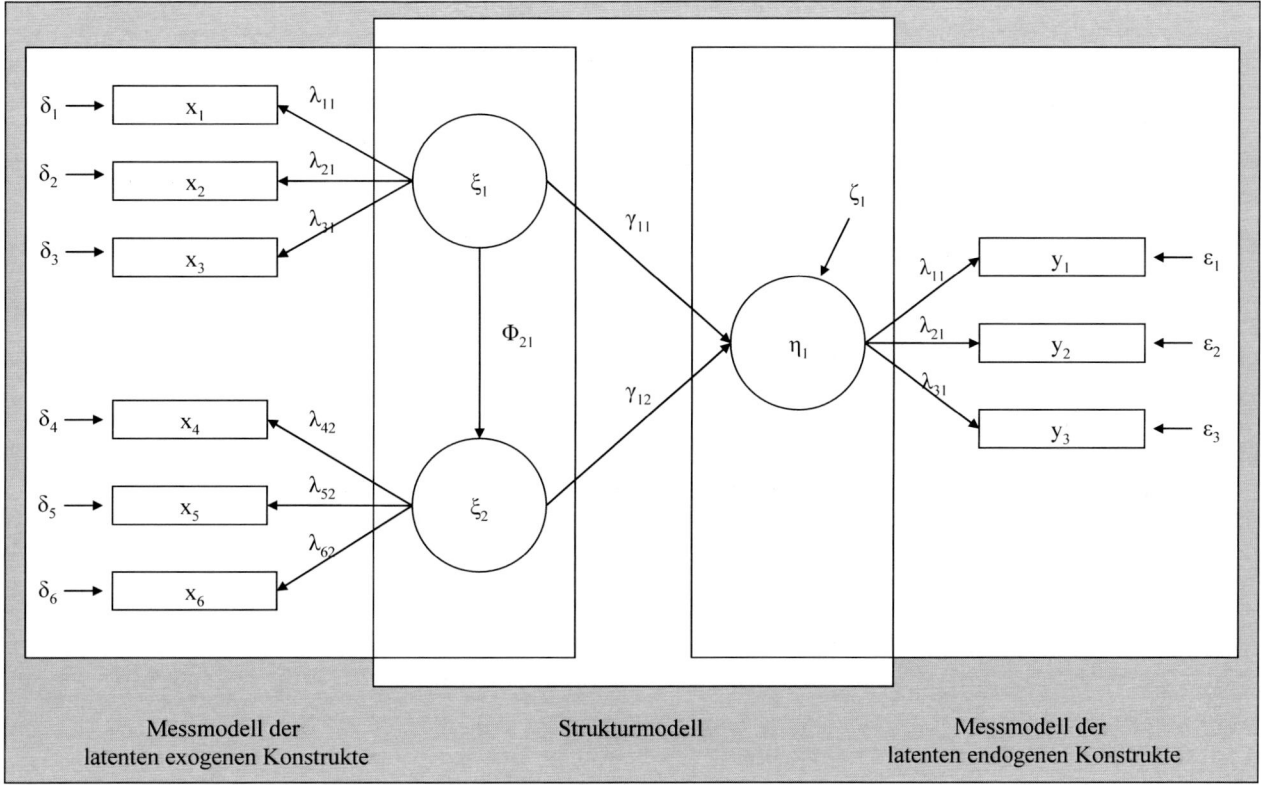

Abb. 21: Pfaddiagramm

Überprüft werden in diesem Beispiel die Zusammenhänge zwischen zwei latenten exogenen Variablen und einer latenten endogenen Variablen. Alle drei hypothetischen Konstrukte werden in diesem Beispiel durch jeweils drei Indikatorvariablen operationalisiert.

Abbildung 22 gibt einen Überblick über die innerhalb eines Pfaddiagramms üblicherweise verwendeten Variablen sowie deren Bedeutung.[71]

---

[71] Vgl. Backhaus u. a. 2006, S. 349.

Variable	Bedeutung
η (eta)	latente endogene Variable, die im Modell erklärt wird
Y	Indikatorvariable für eine latente endogene Variable
ε (epsilon)	Residualvariable für eine Indikatorvariable y
ξ (ksi)	latente exogene Variable, die im Modell nicht erklärt wird
X	Indikatorvariable für eine latente exogene Variable
δ (delta)	Residualvariable für eine Indikatorvariable x
ζ (zeta)	Residualvariable für eine latente endogene Variable
γ (gamma)	Parameter, der die kausalen Beziehungen zwischen den latenten exogenen und den latenten endogenen Variablen repräsentiert
φ (phi)	Parameter, der die Kovarianzen zwischen den latenten exogenen Variablen beschreibt
λ (lambda)	Parameter, der die kausalen Beziehungen zwischen den latenten Variablen und ihren jeweiligen Indikatorvariablen repräsentiert

Abb. 22:   Variablen und ihre Bedeutung

3. Spezifikation der Modellstruktur

Spezifikation der Struktur

Nachdem die Hypothesen verbal formuliert und in einem Pfaddiagramm graphisch dargestellt wurden, müssen sie in ein Gleichungssystem überführt werden. Ein vollständiges LISREL-Modell besteht aus drei Matrizen-Gleichungen, wobei zwei die jeweiligen Messmodelle beschreiben und eine das Strukturmodell abbildet.

4. Identifikation der Modellstruktur

Identifikation der Struktur

Im nächsten Schritt wird geprüft, ob das aufgestellte Gleichungssystem mit den zur Verfügung stehenden empirischen Daten gelöst und die unbekannten Parameter somit bestimmt werden können. Eine notwendige Bedingung dafür ist, dass die Zahl der zu schätzenden Parameter nicht größer als die Zahl der zur Verfügung stehenden Gleichungen ist. Die Differenz zwischen der Anzahl an Gleichungen und der Anzahl der Parameter, also die Zahl der Freiheitsgrade, muss dementsprechend größer gleich 0 sein. Die Zahl der zu schätzenden Parameter wird mit t, die Anzahl der verfügbaren Gleichungen mit t* bezeichnet. Allgemein gilt die notwendige Bedingung:

$$(4.37) \qquad t \leq t^* \Rightarrow t \leq \frac{1}{2}(p+q)(p+q+1),$$

wobei p die Anzahl der y-Variablen und q die Anzahl der x-Variablen bezeichnet.

5. Parameterschätzungen

Parameter-schätzung

Ist ein Modell identifiziert, so können die Modellparameter geschätzt werden. Dazu stehen mehrere alternative Verfahren zur Verfügung, z. B. das ULS-Verfahren (Unweighted Least Squares), bei dem ähnlich wie bei der Methode der kleinsten Quadrate die quadrierten Abweichungen der tatsächlichen Werte von den mittels der geschätzten Parameter errechneten Werten minimiert werden. Dieses Verfahren ist für viele Untersuchungen besonders geeignet, da es nicht eine Normalverteilung der empirischen Daten voraussetzt.[72]

6. Beurteilung der Schätzergebnisse

Ergebnis-beurteilung

Die Ergebnisse der Parameterschätzungen können mithilfe einer Reihe von Testkriterien beurteilt werden.[73] Zu unterscheiden sind Globalkriterien, die dazu dienen, eine Modellstruktur insgesamt zu beurteilen, und Detailkriterien, mit deren Hilfe die Güte der Anpassung von Teilstrukturen bewertet werden kann. Die von LISREL bereitgestellten Modellbeurteilungskriterien sind umstritten, da sie bei unkritischer Anwendung zu leicht zu einer Bestätigung der Modellstruktur führen können. Aus diesem Grund bietet sich ein von FRITZ vorgeschlagenes erweitertes Prüfverfahren an. Nach den Kriterien dieses Verfahrens kann ein Modell angenommen werden, wenn die Globalkriterien zu 100 % und die Detailkriterien mindestens zu 50 % erfüllt sind. Allerdings sollte bei der Beurteilung der Modelle auch diesen Kriterien nicht kritiklos gefolgt werden. Denn die Auswahl der heranzuziehenden Beurteilungskriterien ist letztlich, genau

---

[72] Vgl. hierzu Fritz 1992, S. 120.

[73] Vgl. Fritz 1992, S. 121 ff.

wie die Festlegung von Höchst- bzw. Grenzwerten, die nicht über- oder unterschritten werden dürfen, willkürlich und zudem umstritten.[74]

4.5.2.2.6. Conjoint-Analyse

Ziel der Conjoint-Analyse ist es, die Wichtigkeit einzelner Eigenschaftsausprägungen von Objekten für deren Gesamtbewertung zu ermitteln. Die *Besonderheit* dieses Verfahrens liegt darin, dass *nicht direkt* z. B. danach gefragt wird, ob für ein Auto eine hohe PS-Anzahl wichtiger ist als die Fünftürigkeit. Vielmehr werden Befragte nur gebeten, *ganze Objekte* miteinander zu vergleichen, was die Fragestellung und damit die Antworten zum einen *realitätsnäher* (denn bei der Entscheidung zwischen alternativen Produkten dürfte meistens zumindest unbewusst viel mehr der Gesamteindruck den Ausschlag geben als einzelne Eigenschaften) und zum anderen auch *kürzer* macht (es geht schneller, komplette Produkte zu vergleichen als ihre einzelnen Eigenschaften). Aus der sich ergebenden Rangfolge können dann Rückschlüsse über die eigentlich interessierende Frage nach den einzelnen Ausprägungen der Eigenschaften gezogen werden.

Das Verfahren findet in der *Praxis* z. B. *Anwendung*, wenn es darum geht, eine Entscheidung über die Eigenschaften eines neuen *Produkts* zu fällen. Die Anstrengungen sollten dabei natürlich auf solche Eigenschaften konzentriert werden, die einen hohen Einfluss auf den Gesamteindruck haben, der sich für die potenziellen Käufer ergibt.

Ein vereinfachtes Beispiel diene zur Illustration der weiteren Erklärungen: Abbildung 23 zeigt eine Matrix, deren beide Dimensionen durch die drei bzw. zwei aus Sicht des Entwicklers denkbaren Ausprägungen der beiden Eigenschaften ‚Motorisierung' und ‚Türen' gebildet werden. Aus Gründen der Übersichtlichkeit ist das Beispiel auf zwei Dimensionen begrenzt; bei zusätzlichen betrachteten Eigenschaften und zusätzlichen möglichen Ausprägungen pro Eigenschaft ist das Vorgehen analog.

Marginal notes:
- Ziel
- Besonderheiten
- Einsatz in der Praxis, z. B. bei der Produktentwicklung

---

[74]   Vgl. hierzu Fritz 1992, S. 126 ff.

Türenanzahl (B)		
	Dreitürer	**Fünftürer**
	1	2

			Dreitürer	Fünftürer
Motorisierung (A)	**< 70 PS**	1	Dreitürer; < 70 PS	Fünftürer; < 70 PS
	< 150 PS	2	Dreitürer; < 150 PS	Fünftürer; < 150 PS
	> 150 PS	3	Dreitürer; > 150 PS	Fünftürer; > 150 PS

Abb. 23: Mögliche Produktvarianten

Den ausgewählten Befragten werden nun die denkbaren Alternativen zur Bewertung vorgelegt. Dabei ist es natürlich zu empfehlen, dass sie einer Gruppe angehören, die auch mit dem Bereich in Zusammenhang steht, in dem die Ergebnisse der Analyse später eingesetzt werden sollen, z. B. könnten dies für den vorliegenden Fall frühere Neuwagenkäufer sein. Im Beispiel gibt es aufgrund der geringen Anzahl möglicher Eigenschaften und Eigenschaftsausprägungen nur sechs verschiedene Alternativprodukte. Es erscheint deshalb unproblematisch, die kompletten Alternativen in der Befragung zu verwenden (*Profilmethode*). Bei mehr betrachteten Eigenschaften und mehr möglichen Ausprägungen kann die Zahl der Alternativen allerdings schnell die Grenze der Handhabbarkeit sprengen, z. B. gäbe es bei vier Eigenschaften mit je vier denkbaren Ausprägungen schon $4^4 = 256$ Alternativen. *(Datenerhebung)* *(Profilmethode)*

Um ohne eine Komplettabfrage dennoch die für die spätere Auswertung notwendigen Daten zu erheben, existieren verschiedene Vereinfachungsmöglichkeiten. Z. B. werden bei der *Zwei-Faktor-Methode* nur alle möglichen Zweierkombinationen von Eigenschaftsausprägungen betrachtet, im Rechenbeispiel mit vier Eigenschaften und vier Ausprägungen je Eigenschaft blieben dann also nur noch 6 (verschiedene Kombinationen zweier Eigenschaften) · 4 (Ausprägung der ersten Eigenschaft) · 4 (Ausprägung der zweiten Eigenschaft) = 96 verschiedene Kombinationen übrig. Da es in unserem Beispiel (Konstruktionsvarianten eines Automobils) nur zwei Eigenschaften gibt, kann es durch diese Methode nicht weiter vereinfacht werden. *(Zwei-Faktor-Methode)*

Andere Vereinfachungen bestehen darin, dass zwar nach der Vorgabe der Profilmethode komplette Eigenschaftsbündel verglichen werden, nicht aber alle denkbaren Kombinationen von Eigenschaften abgefragt werden. Auf die Probleme, die mit der Entwicklung solcher *reduzierter Befragungsdesigns* einhergehen, soll hier nicht näher eingegangen werden.

Die *Bewertung* selbst erfolgt prinzipiell durch Aufstellung einer *Rangfolge* der Alternativen, d. h. der Befragte ordnet die vorgeschlagenen Alternativen nach ihrem wahrgenommenen Nutzen. Gibt es sehr viele Alternativen, so bietet sich ein mehrstufiges Vorgehen an, bei dem zunächst Gruppen gebildet werden und die darin enthaltenen Alternativen erst anschließend eine Rangfolge erhalten.

Denkbar sind auch Ratingskalen und Paarvergleiche. *Ratingskalen* sollten eine gerade Anzahl von möglichen Antworten haben, also z. B. von 1 bis 6 reichen. Auf ungerade Anzahlen sollte man verzichten, weil vermutet werden kann, dass unsichere Befragte sonst überdurchschnittlich häufig die ‚Mitte' wählen werden, um keine klare Aussage treffen zu müssen. *Paarvergleiche* haben den Vorteil, dass es häufig einfacher sein wird, eine Entscheidung zwischen zwei Alternativen zu treffen (Welches der beiden Produkte würden Sie wählen, wenn Sie eines geschenkt bekämen?), als eine Vielzahl von Alternativen in eine Rangfolge zu bringen.

Abbildung 24 zeigt beispielhaft das Ergebnis einer Befragung, bei der vom Befragten die Aufstellung einer Rangfolge verlangt wurde.

		Türenanzahl (B)	
		Dreitürer	**Fünftürer**
		1	2
< 70 PS	1	3	4
< 150 PS	2	5	6
> 150 PS	3	2	1

Abb. 24:   Rangfolge der Alternativen

Größere Werte entsprechen dabei besseren Platzierungen. Der Abbildung lässt sich entnehmen, dass der Befragte dem Fünftürer mit einer PS-Zahl zwischen 70 und 150 den größten Nutzen zuschreibt, dem Dreitürer mit der gleichen Motorisierung den zweitgrößten usw.

Zur Berechnung der Nutzenwerte der einzelnen Eigenschaftsausprägungen wollen wir uns bei diesem Beispiel auf die einfachste Möglichkeit beschränken. Sie setzt voraus, dass die Positionen in der ermittelten Rangfolge metrisch interpretiert werden. Es wird also angenommen, dass für den Befragten der Nutzenunterschied zwischen der besten und der zweitbesten Alternative genauso groß ist, wie der zwischen der zweitbesten und der drittbesten Alternative usw. Aufgrund dieser vereinfachenden Annahme spricht man von der *metrischen Lösung*.

metrische Lösung

Die *Berechnung* geht von einem *additiven Modell* aus:

Berechnungs-
modell

$$(4.38) \qquad y_a = \left(\sum_{j=1}^{J} \sum_{m=1}^{M} b_{jm} \cdot x_{jm} \right) + \mu$$

Dabei steht y_a für den Gesamtnutzen der Alternative a, den wir aufgrund der Unterstellung einer metrischen Rangskala mit dem empirischen Rangwert R_a gleichsetzen können. μ ist eine Konstante und bezeichnet den durchschnittlichen Gesamtnutzen aller Alternativen. Im vorliegenden Beispiel kommt man dafür auf $\mu = (1 + 2 + 3 + 4 + 5 + 6) \cdot \frac{1}{6} = 3{,}5$.

b_{jm} ist der Teilnutzen der Ausprägung m von Eigenschaft j, der ermittelt werden soll. Im obigen Beispiel gilt $j = 2$, da wir die beiden Eigenschaften Motorisierung und Türenanzahl betrachten. Für $j = 1$ (Motorisierung) gilt $M = 3$, da drei verschiedene Ausprägungen dieser Eigenschaft betrachtet werden. Für $j = 2$ (Türenanzahl) ist hingegen $M = 2$, da es nur die beiden Ausprägungen ‚Dreitürer‘ und ‚Fünftürer‘ gibt.

Die x_{jm} sind *Dummy-Variablen*, die den Wert 1 annehmen, wenn die Ausprägung m der Eigenschaft j in der Alternative a vorkommt, und den Wert 0, wenn dies nicht der Fall ist. Z. B. ist x_{22} (für die Eigenschaftsausprägung ‚Fünftürer‘) in den Alternativen 2 (in der Zelle (Zeile 1; Spalte 2) von Abbildung 23 bzw. 24), 4 (in der Zelle (2;2)) und 6 (in der Zelle (2;3)) gleich 1 und in den übrigen Alternativen, die alle nur drei Türen haben, gleich 0.

Dummy-Variablen

Für das Beispiel ergeben sich aus diesem Modell sechs Gleichungen:

$$(4.39) \quad \begin{aligned} y_1 &= b_{11} + b_{21} + \mu \\ y_2 &= b_{11} + b_{22} + \mu \\ y_3 &= b_{12} + b_{21} + \mu \\ y_4 &= b_{12} + b_{22} + \mu \\ y_5 &= b_{13} + b_{21} + \mu \\ y_6 &= b_{13} + b_{22} + \mu \end{aligned}$$

schrittweise Berechnung Die *Berechnung* der b_{ij} erfolgt nun *in den folgenden Schritten*:

Durchschnittsnutzen einer Eigenschaftsausprägung 1. Es wird der *Durchschnittsnutzen einer bestimmten Eigenschaftsausprägung* (z. B. $\bar{B}_2$ für ‚Fünftürer') ermittelt, indem der Durchschnitt des Gesamtnutzens aller Alternativen gebildet wird, in denen diese Ausprägung vorkommt.

Teilnutzen einer Eigenschaftsausprägung 2. Der *Teilnutzen einer Eigenschaftsausprägung* entspricht der Differenz zwischen dem Durchschnittsnutzen dieser Ausprägung und dem Gesamtdurchschnittsnutzen μ.

theoretischer Gesamtnutzen 3. Der *theoretische Gesamtnutzen* y_a entspricht der Summe aus dem durchschnittlichen Gesamtnutzen μ und allen in der Alternative a auftretenden Teilnutzenwerten.

Ergebnisse des Zahlenbeispiels Abbildung 25 enthält die um die Berechnung gemäß der Schritte 2 und 3 erweiterte Tabelle aus Abbildung 24. Die Teilnutzenwerte der einzelnen Eigenschaftsausprägungen (um deren Ermittlung es uns bei diesem Verfahren ja letztlich geht) finden sich am rechten Rand der Tabelle für die Eigenschaft A (Motorisierung) und am unteren Rand der Tabelle für die Eigenschaft B (Türenanzahl).

			Türenanzahl (B)			
			Dreitürer	**Fünftürer**		
			1	**2**	$\overline{A}_m$	$\overline{A}_m - \mu$
Motorisierung (A)	< 70 PS	1	3	4	3,5	0
	< 150 PS	2	5	6	5,5	2
	> 150 PS	3	2	1	1,5	-2
	$\overline{B}_i$		$3,\overline{3}$	$3,\overline{6}$		
	$\overline{B}_i - \mu$		$-0,1\overline{6}$	$0,1\overline{6}$		

Abb. 25: Berechnung der Teilnutzenwerte der Eigenschaftsausprägungen

Mit den Ergebnissen aus Abbildung 25 ist es nun möglich, die theoretischen Gütebewertung und die empirischen Werte für den Gesamtnutzen der Alternativen miteinander zu vergleichen. Dies geschieht in Abbildung 26.

	Empirischer Nutzen (R_a)	**Theoretischer Nutzen (y_a)**	$(R_a - y_a)^2$
Alternative 1	3	$3,\overline{3}$	$0,\overline{1}$
Alternative 2	4	$3,\overline{6}$	$0,\overline{1}$
Alternative 3	5	$5,\overline{3}$	$0,\overline{1}$
Alternative 4	6	$5,\overline{6}$	$0,\overline{1}$
Alternative 5	2	$1,\overline{3}$	$0,\overline{4}$
Alternative 6	1	$1,\overline{6}$	$0,\overline{4}$
Summe	21	21	$1,\overline{3}$

Abb. 26: Gütebewertung der Conjoint-Analyse

Die Teilnutzenwerte in Abbildung 25 haben wir so berechnet, dass die quadrierten Abweichungen zwischen den theoretischen und den empirischen Gesamtnutzenwerten minimal sind. Das gleiche Ergebnis erhält man deshalb auch, wenn man die b_{jm} z. B. mithilfe einer Regressionsanalyse schätzt. Abbildung 26 zeigt aber, dass es dennoch zu Abweichungen zwischen der empirischen und der theoretischen Rangfolge kommen kann:

In der theoretischen Rangfolge sind die Positionen der beiden letzten Alternativen vertauscht. Inhaltlich lässt sich dieses Ergebnis darauf zurückführen, dass der Befragte bei den ersten beiden zwei PS-Stufen den Fünftürer vorzieht, in der höchsten PS-Stufe aber den Dreitürer. Über Gründe für solche ‚Inkonsistenzen' könnte man auch in einem realen Fall nur spekulieren, z. B. könnte der Befragte eine sehr hohe PS-Zahl automatisch mit einem hohen Preis verknüpft haben, der ihm negativ erschien.

Bei der Anwendung der Conjoint-Analyse müssen mehrere Aspekte beachtet werden.

Additivität Sie setzt eine Sichtweise von Objekten voraus, wonach sich ihr Gesamtnutzen durch *Addition* der Nutzenbeiträge einzelner Eigenschaftsausprägungen zusammensetzt. Ob dies bei einem konkreten Produkt in der Praxis tatsächlich der Fall ist, lässt sich prüfen: Man ermittelt zunächst in einem reduzierten Design die Teilnutzenwerte der einzelnen Eigenschaften. Anschließend wird der Befragte gebeten, auch noch solche Alternativen zu bewerten, die er bislang nicht gesehen hatte. Der Gesamtnutzen, der diesen Alternativen vom Befragten zugeordnet wird, kann dann mit dem prognostizierten Nutzenwert verglichen werden.

Subjektivität Eine weitere Einschränkung liegt in der *Subjektivität* des Verfahrens. Grundsätzlich geben die Auskünfte Einzelner natürlich nur deren eigene Einschätzung der verschiedenen Eigenschaftskombinationen wieder. In der Regel wird der Marktforscher aber daran interessiert sein, Aussagen über die Grundgesamtheit aller vergleichbaren potenziellen Käufer zu erhalten.

Durchschnitts-bildung Repräsentative Aussagen lassen sich über eine *Durchschnittsbildung* erhalten. Dazu werden mehrere Einzelanalysen nach dem vorgestellten Muster durchgeführt und anschließend Durchschnitte für die ermittelten Teilnutzenwerte berechnet. Problematisch ist eine Durchschnittsbildung in jedem Fall dann, wenn es innerhalb der Zielgruppe einzelne Untergruppen gibt, die sich sehr stark voneinander unterscheiden. Im Extremfall könnte es dann passieren, dass bei der Orientierung an Durchschnittswerten ein Produkt entwickelt wird, das fast niemanden anspricht. Aus diesem Grund kann es nützlich sein, die Befragten oder ihre Antworten mithilfe einer *Clusteranalyse* (siehe unten Abschnitt 4.5.2.3.2.) in deutlich unterschiedliche Segmente zu unterteilen und die weitere Auswertung dann separat für jede Gruppe einzeln durchzuführen.

4.5.2.3. Strukturentdeckende Verfahren

4.5.2.3.1. Die Faktorenanalyse

Bei Problemstellungen in der Marktforschung ist es häufig nicht schon zu Beginn einer Analyse klar,

- welche Variablen für eine Fragestellung relevant sind,

- ob, sowie welche Wirkungszusammenhänge zwischen den verschiedenen Variablen bestehen.

Sind die Variablen, deren Ausprägungen zur Erklärung der Ausprägung einer anderen Variable herangezogen werden, selbst nicht unabhängig voneinander, so liefert der direkte Ansatz zur Aufstellung eines Erklärungsmodells (wie z. B. die Regressionsanalyse) i. d. R. nur unbefriedigende Ergebnisse.

Die Faktorenanalyse dient dazu, eine größere Anzahl von Variablen auf eine kleinere Zahl voneinander unabhängiger neuer Variablen (Faktoren) zurückzuführen. Das *Ziel der Faktorenanalyse* lässt sich damit als die Entdeckung derjenigen Faktoren aus einer gegebenen Menge von Variablen beschreiben, die am besten zur Erklärung der Schwankungen der Ausprägungen einer abhängigen Variable herangezogen werden können.

Zielsetzung der Faktorenanalyse

In der Marktforschung findet die Faktorenanalyse z. B. zur Unterstützung von Positionierungsentscheidungen Anwendung. Um das Vorgehen bei der Faktorenanalyse zu verdeutlichen, soll hier ein bewährtes Beispiel zur Positionierung[75] erläutert und diskutiert werden.

Ein Hersteller von Personenkraftwagen interessiert sich für diejenigen Eigenschaften seiner Produkte, die für die Käufer von herausragender Bedeutung sind. Die ermittelten Eigenschaften sollen dazu dienen, den hypothetischen Positionierungsraum der Nachfragergesamtheit zu konstruieren. Darunter kann man sich eine visualisierte Form der (wahrgenommenen) Ähnlichkeiten zwischen den verschiedenen Personenkraftwagen vorstellen.

Beispiel ‚Positionierung'

---

[75]   Vgl. Hamman/Erichson 2000, S. 256 ff.

Letztlich soll der Positionierungsraum dazu dienen, die Position eines neuen Produktes (also die Ausprägungen seiner Eigenschaften) festzulegen. Gleichzeitig erhält das Unternehmen eine Informationsgrundlage für die Kommunikationspolitik.

Der Hersteller ermittelt zunächst durch Befragung die Ausprägungen der aus Sicht der Nachfrager wichtigen Merkmale der am Markt vertretenen Personenkraftwagen. Anhand der Variablen Preis, Länge, Breite, Höhe, Gewicht, PS, Hubraum, Geschwindigkeit, Beschleunigung und Verbrauch lassen sich in diesem Beispiel die Autotypen charakterisieren. Man erhält Datentabelle zunächst eine *Datentabelle* (vgl. Abbildung 27).

Objekt i / Variable j	Audi 80	BMW 320	Citroen GSX	Fiat 131CL	Ford Taunus	Mercedes 200	Opel Rekord	Peugeot 504	Renault 20TS	Simca 1308S	VW Passat	Volvo 244L
Preis (DM)	12.655	19.300	14.490	12.590	11.930	20.261	14.685	14.995	18.670	13.224	14.925	17.990
Länge (m)	4,38	4,35	4,12	4,26	4,34	4,72	4,59	4,49	4,52	4,24	4,29	4,89
Breite (m)	1,68	1,61	1,60	1,65	1,70	1,78	1,72	1,69	1,72	1,68	1,61	1,70
Höhe (m)	1,36	1,38	1,34	1,38	1,36	1,43	1,42	1,46	1,43	1,39	1,36	1,43
Gewicht (t)	0,91	1,11	0,93	1,01	1,02	1,34	1,10	1,16	1,26	1,07	0,88	1,28
PS	55	122	55	75	55	94	75	79	109	75	75	90
Hubraum (cm³)	1.270	1.990	1.130	1.580	1.280	1.980	1.870	1.790	1.990	1.440	1.580	1.980
Geschw. (km/h)	145	181	145	160	137	160	155	154	173	154	164	155
Beschl. (s für 0-100 km/h)	17,5	10,7	20,8	12,8	20,3	15,2	16,0	15,8	12,7	13,9	13,0	15,0
Verbrauch (l/100 km)	8,9	9,5	8,4	9,2	9,5	11,1	10,2	10,5	10,2	9,7	8,8	11,5

Abb. 27:   Datenmatrix (Autosalon 32, Bonn 1979)[76]

In einem zweiten Schritt werden die Korrelationskoeffizienten zwischen den Variablen (Preis, Länge, Breite, Verbrauch usw.) errechnet und in eine Matrix eingetragen (vgl. Abbildung 28).

---

[76]   Zitiert bei Hammann/Erichson 2000, S. 259.

Objekt i / Variable j	Preis	Länge	Breite	Höhe	Gewicht	PS	Hubraum	Geschw.	Beschl.	Verbrauch
Preis (DM)	1,000									
Länge (m)	0,595	1,000								
Breite (m)	0,313	0,731	1,000							
Höhe (m)	0,545	0,773	0,698	1,000						
Gewicht (t)	0,761	0,800	0,726	0,857	1,000					
PS	0,850	0,489	0,128	0,495	0,663	1,000				
Hubraum (cm³)	0,810	0,741	0,442	0,775	0,808	0,866	1,000			
Geschw. (km/h)	0,700	0,144	- 0,126	0,277	0,368	0,917	0,731	1,000		
Beschl. (s für 0-100 km/h)	- 0,481	- 0,159	0,084	- 0,288	- 0,304	- 0,797	- 0,677	- 0,902	1,000	
Verbrauch (l/100 km)	0,593	0,922	0,763	0,888	0,921	0,480	0,757	0,175	- 0,219	1,000

Abb. 28: Korrelationsmatrix (Hammann/Erichson 2000, S. 262)

Die *Korrelationsmatrix* zeigt, dass z. B. eine enge Beziehung zwischen Geschwindigkeit und PS-Zahl, aber eine noch engere Beziehung zwischen Benzinverbrauch und Fahrzeuggewicht existiert. Mit anderen Worten: Je absolut größer ein Korrelationskoeffizient in der Matrix ist, desto stärker ist der Zusammenhang zwischen den beiden Variablen.

Korrelationsmatrix

Nun folgt die *Faktorextraktion*, die z. B. mit der *Hauptkomponentenmethode* durchgeführt werden kann. Durch die 10 Variablen wird ein zehndimensionaler Raum aufgespannt. Durch diesen Raum wird eine weitere Achse so gelegt, dass ein Maximum der Varianz der 10 ursprünglichen Variablen durch diese neue Variable (erster Faktor) erfasst wird.

Faktorextraktion, z. B. mittels Hauptkomponentenmethode

Das Verfahren kann durch Rückgriff auf die Ausführungen zur Mehrfachregression verdeutlicht werden: Anschaulich werden solange Mehrfachregressionen mit den abgefragten Eigenschaften als unabhängigen Variablen und der durch jeweils eine neue Achse repräsentierten abhängigen Variable durchgeführt, bis das Bestimmtheitsmaß einen möglichst großen Wert erreicht hat. Die Position der neuen Achse wird dazu systematisch variiert, bis sich das Bestimmtheitsmaß nicht mehr wesentlich verändern lässt. Es handelt sich also um ein *iteratives* Verfahren.

Falls die verbliebene *Restvarianz* als zu groß angesehen wird, wird eine weitere Achse unter der Nebenbedingung so in den mehrdimensionalen Raum gelegt, dass sie mit der ersten nicht korreliert ist (d. h. die Achsen

Restvarianz

stehen im rechten Winkel zueinander). Diese Achse soll ein Maximum der Restvarianz erfassen. Für die neue Achse wird ebenfalls auf iterativem Wege die Lage berechnet, in der sie zusammen mit dem ersten Faktor den größtmöglichen Teil der Varianz der Variablenausprägungen erklärt.

In der Regel werden so lange Achsen in den mehrdimensionalen Raum gelegt, bis die Restvarianz minimal klein ist. Jede Achse repräsentiert einen Faktor. Die Faktoren beschreiben die Objekte (bis auf die Restvarianz, die nach Hinzufügen des letzten Faktors verbleibt) genauso gut wie die ursprünglichen Variablen.

In unserem Beispiel sind lediglich zwei Achsen notwendig, um die Restvarianz auf das gewünschte Maß zu reduzieren. In Abbildung 29 wird versucht, diesen Sachverhalt graphisch darzustellen, was natürlich aufgrund der Mehrdimensionalität nur ansatzweise gelingen kann.

Anschließend werden die Korrelationskoeffizienten zwischen den ursprünglichen Variablen und den ermittelten Faktoren berechnet. Diese Korrela-
Faktorladungen   tionen werden als *Faktorladungen* bezeichnet.[77]

In einem letzten Schritt werden die Faktorachsen gemeinsam so um den Ursprung des Koordinatensystems gedreht, dass mit jeder Achse möglichst einige Variablen hoch und die anderen möglichst niedrig korrelieren (laden). Die Bedeutung der Achsen kann anschließend anhand der Variablen mit hohen Faktorladungen interpretiert werden.

Rotation der   Wie in Abbildung 29 zu sehen ist, ist eine *Rotation der Achsen* im Beispiel
Achsen   nicht notwendig. Die Variablen Länge, Breite, Höhe, Gewicht und Verbrauch korrelieren hoch mit dem Faktor 1 und die Variablen PS, Geschwindigkeit und Beschleunigung mit dem Faktor 2. Der Faktor 1 kann als ‚Größe‘ und der Faktor 2 als ‚Leistung‘ bezeichnet werden.

Aufgrund der verbleibenden Restvarianz ist es in diesem Beispiel nicht möglich, die Variablen Hubraum und Preis einer Achse zuzuordnen, weil sie annähernd gleich mit den Faktoren 1 und 2 korrelieren, wie in Abbildung 29 zu erkennen ist.

---

[77]   Auf die Ermittlung der Faktorladungen soll hier nicht näher eingegangen werden. Zur Vertiefung vgl. Backhaus u. a. 2008, S. 329 ff.

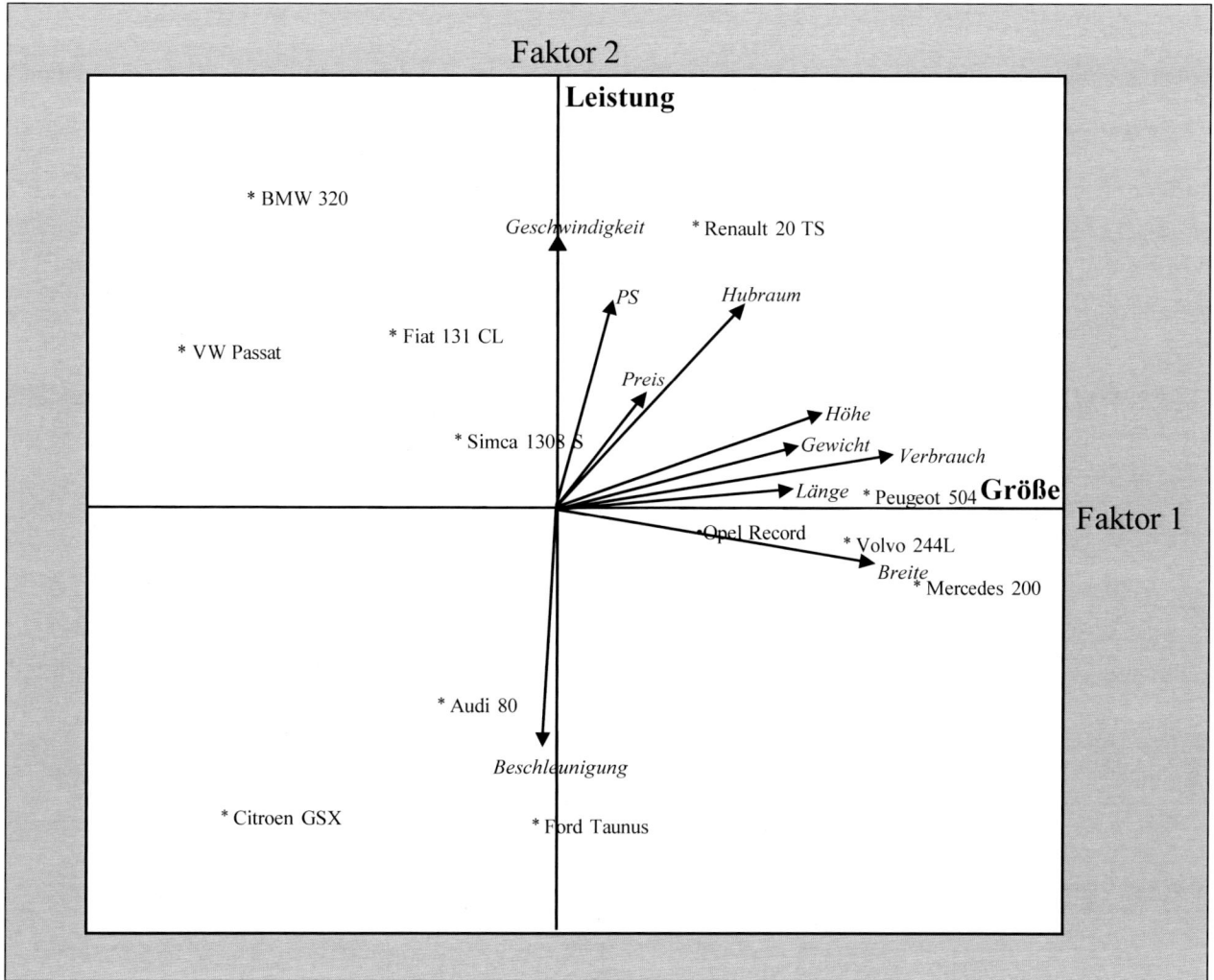

Abb. 29:   Objekte und Variablen im Faktorraum, ein historisches Beispiel
           aus Hammann/Erichson 2000 (S. 267)

Das Ergebnis der Studie verdeutlicht, dass sich die wesentlichen Merkmale
eines Fahrzeuges in diesem Beispiel auf zwei Faktoren reduzieren lassen.
Der Hersteller kann nun anhand der Merkmale Größe und Leistung den
Positionierungsraum konstruieren, sofern er diese Faktoren als ‚Stellver-
treter' für die von den Konsumenten für wichtig gehaltenen Eigenschaften
nutzen will.

Die umrissene methodische Vorgehensweise weist mehrere Probleme auf.
Zwei wesentliche *Kritikpunkte an der Faktorenanalyse* als Instrument für   Kritikpunkte
Positionierungsuntersuchungen sind: an der Faktoren-
                                                                             analyse

- Bei der Faktorenanalyse bereiten Variablen Probleme, die sich auf einer
  45°-Linie zwischen den Faktoren befinden. Diese lassen sich den
  Faktoren nicht eindeutig zuordnen (wie z. B. Hubraum und Preis in   Zuordnung
  Abbildung 29). In diesem Zusammenhang ist die Wahl einer ange-   der Variablen

messen Restvarianz von großer Bedeutung, da davon die Anzahl der Faktoren abhängt.

Faktorinter-
pretation

- Variablen, die mit dem gleichen Faktor hoch laden, aber untereinander keinen klaren inhaltlichen Zusammenhang aufweisen, erschweren die *Faktorinterpretation* erheblich.[78]

Der Anwender muss u. a. entscheiden, welche Ladungen auf echten Korrelationen und welche auf Scheinkorrelationen beruhen. In Abbildung 29 werden die Variablen Höhe, Breite, Länge und Gewicht durch den Faktor ‚Größe' erklärt. Die Variable Verbrauch weist ebenfalls eine hohe Korrelation mit dem Faktor 1 auf. Die hohe Korrelation deutet auf einen Zusammenhang zwischen der Größe und dem Verbrauch eines Autos hin, allerdings kann man von dem Verbrauch eines Autos nicht auf dessen Größe schließen. Dieses Beispiel verdeutlicht, wie entscheidend die Ergebnisse von der Vorauswahl der zu berücksichtigenden Variablen und von der subjektiven Analyse des Anwenders abhängen.

4.5.2.3.2. Die Clusteranalyse

Zielsetzung der
Clusteranalyse

Ein klassisches Verfahren zur mathematisch-statistischen Ermittlung z. B. von Marktsegmenten ist die Clusteranalyse.[79] Die *Zielsetzung* dieser Methode besteht darin, eine Menge von Objekten so zu Gruppen zusammenzufassen, dass die einzelnen Gruppen in sich möglichst homogen, die Unterschiede zwischen den verschiedenen Gruppen aber möglichst groß sind.

Die Clusteranalyse geht in zwei Schritten vor:

1. Quantifizierung der Ähnlichkeit bzw. Unähnlichkeit von Objekten.

2. Zusammenfassung der Objekte, so dass in sich homogene, untereinander aber möglichst heterogene Gruppen entstehen.

---

[78] Vgl. Hammann/Erichson 2000, S. 270.

[79] Vgl. Stegmüller/Hempel 1996, S. 28.

Für die Quantifizierung der Ähnlichkeiten bzw. Unähnlichkeiten von Objekten ist die Wahl geeigneter Segmentierungskriterien (z. B. Alter, Einkommen) notwendig. Die Untersuchungsobjekte werden je nach Ausprägung der Merkmale in einem mehrdimensionalen Raum positioniert. Die Merkmale werden als Dimensionen interpretiert, die diesen *Merkmalsraum* aufspannen. Die Ähnlichkeiten bzw. Unähnlichkeiten von Objekten werden durch die Entfernungen zwischen den Objekten im Merkmalsraum zum Ausdruck gebracht. — Merkmalsraum

Anschließend müssen die Objekte so zu Gruppen zusammengefasst werden, dass möglichst heterogene Cluster entstehen. Ausschlaggebend für die Zusammenfassung der Objekte sind die *Entfernungen zwischen den Objekten* im Merkmalsraum. Die Zusammenfassung der Objekte in zweidimensionalen Räumen lässt sich nur vage ‚optisch' vornehmen. Die ‚exakten' Entfernungen zwischen den Objekten lassen sich nur mit mathematischen Abstandsmaßen (*Proximitätsmaßen*) erfassen. Mit einem Proximitätsmaß wird der Abstand zwischen zwei Objekten bestimmt. — Entfernungen zwischen den Objekten / Proximitätsmaß

Um die Vorgehensweise der Clusteranalyse zu verdeutlichen, soll hier ein *Beispiel zur Marktsegmentierung*[80] illustriert werden. Aus Vereinfachungsgründen werden hier nur 10 Objekte betrachtet. Die 10 Objekte sollen zu möglichst wenigen Clustern zusammengefasst werden. Abbildung 30 zeigt einen zweidimensionalen Raum, in dem die Objekte anhand der Variablen Alter und Einkommen positioniert werden. — Beispiel ‚Marktsegmentierung'

---

[80]   In Anlehnung an Böhler 1985, S. 230.

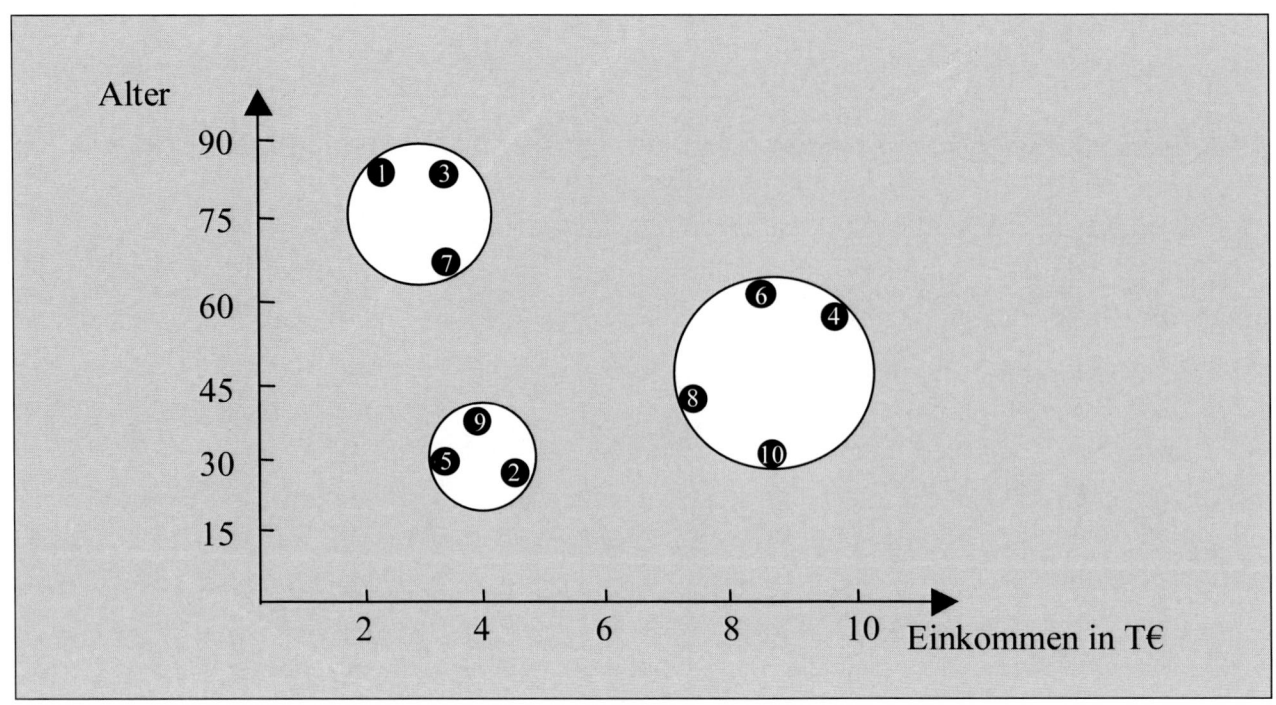

Abb. 30:   Die Clusteranalyse

Euklidische
Distanz

In einem ersten Schritt werden die Distanzen zwischen den Objekten ermittelt. Als Distanzmaß wird die *Euklidische Distanz* verwendet. Die Formel hierfür lautet:

$$(4.40) \qquad d_{ik} = \sqrt{\left[\sum_{j=1}^{2}\left(x_{ij} - x_{kj}\right)^2\right]}$$

Dabei bezeichnen d_{ik} die Distanz zweier Objekte x_i und x_k im zweidimensionalen Raum und x_{ij} bzw. x_{kj} die Ausprägungen des Objekts x_i bzw. x_k bezüglich der Variable j (Alter oder Einkommen in T€). Da es 10 Objekte gibt, liegen i und k im Intervall [1, 10].

Beispiel: Die Distanz zwischen den Objekten x_1 (Alter: 82; Einkommen: 2,1), x_3 (Alter: 81; Einkommen: 3,2) und x_7 (Alter: 70; Einkommen: 3,2) soll berechnet werden.

Zur Ermittlung der Distanz zwischen den Objekten x_1, x_3 und x_7 müssen die Entfernungen zwischen den Objekten x_1 und x_3, zwischen x_1 und x_7 sowie zwischen x$_3$ und x$_7$ errechnet werden.

$$d_{13} = \sqrt{\left[(82-81)^2 + (2,1-3,2)^2\right]} = \sqrt{2,21} \approx 1,49$$

(4.41) $\quad d_{17} = \sqrt{\left[(82-70)^2 + (2,1-3,2)^2\right]} = \sqrt{145,21} \approx 12,05$

$$d_{37} = \sqrt{\left[(81-70)^2 + (3,2-3,2)^2\right]} = \sqrt{121} = 11$$

Die Distanz zwischen mehr als zwei Objekten, wie in diesem Fall zwischen x_1, x_3 und x_7, sei als kleinstmögliche Distanz zwischen einem der am nächsten zusammenliegenden Objekte (hier x_1 und x_3) und dem am entferntesten gelegenen Objekt (hier x_7) definiert. Somit gilt in unserem Beispiel (vgl. Abbildung 30):

(4.42) $\quad d_{137} = \min(d_{17} \mid d_{37}) = 11$

In einem zweiten Schritt werden die Objekte und die errechneten Distanzen auf ein *Dendrogramm* übertragen. In der Reihenfolge aufsteigender Distanzen zwischen den Objekten werden diese zu Clustern zusammengefasst (vgl. Abbildung 31). Dendrogramm

In diesem Beispiel erfolgt auf dem Distanzniveau 1,49 die erste Vereinigung der Objekte 1 und 3, beim Distanzniveau 4,2 die Zusammenfassung der Objekte 4 und 6. Auf dem Distanzniveau 11,0 folgt die Vereinigung von 7 mit dem Paar (1, 3). Auf dem Distanzniveau 12,0 werden 5 und 9 vereinigt, bei 12,1 passiert das gleiche mit den Objekten 8 und 10. Beim Distanzniveau 12,2 kommt Objekt 2 zu dem Paar (5, 9) hinzu. Bei Distanzniveau 14,2 werden schließlich die beiden Paare (8, 10) und (4, 6) zu einem Cluster zusammengefasst.

Auf einem Distanzniveau von 14,2 erhält man hier also 3 Cluster: Ein Cluster enthält vier und die beiden anderen jeweils drei Objekte.

Zu Abbildung 31 ist allerdings zu beachten, dass es sich bereits um eine *idealisierte* Darstellung handelt, denn im Normalfall werden natürlich die Objekte, die als nächstes zusammengefasst werden sollen, nicht direkt nebeneinander stehen, wenn man sie auf der Abszisse eines Koordinatensystems anordnet. Eine Darstellung in Form der Abbildung 31 kann man also erst dann verwenden, wenn man die Zusammenfassung der Cluster bereits durchgeführt hat. Dazu ist ein Dendrogramm allerdings auch nicht erforderlich; es genügt die Information über die Distanzen zwischen den Objekten: Die Dendrogramm-Darstellung dient hier also nur zur Verdeutlichung des Vereinigungsprozesses.

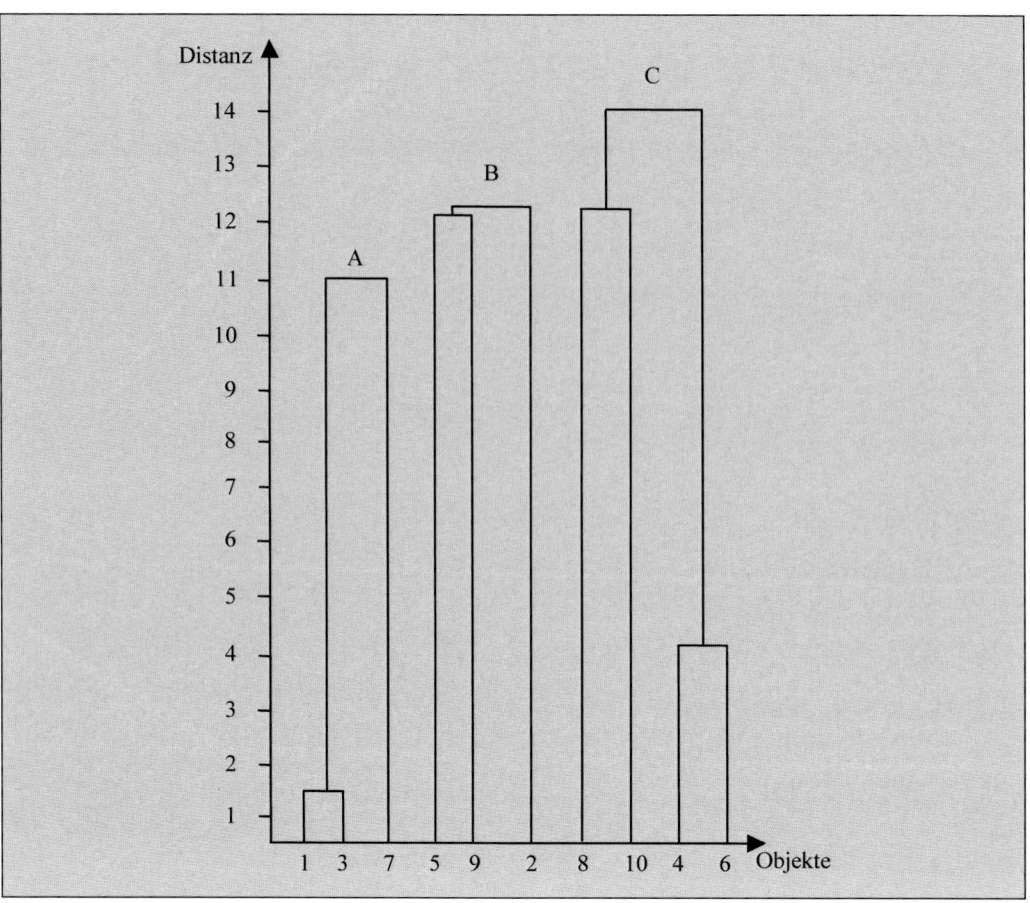

Abb. 31:   Dendrogramm

Dateninter-
pretation

Die drei Cluster können z. B. folgendermaßen bezeichnet werden (vgl. Abbildung 30):

A: Rentner

B: Durchschnittsverdiener/Berufseinsteiger

C: Topverdiener/Management

A priori kann von einer Kaufverhaltensrelevanz der demographischen Kriterien Alter und Einkommen mit Blick auf ein bestimmtes Produkt oder eine bestimmte Dienstleistung ausgegangen werden. Mit den Ausprägungen der Segmentierungskriterien kann nun die Kaufverhaltensrelevanz steigen oder fallen. Z. B. könnte ein mittleres Alter und ein hohes Einkommen die Wahrscheinlichkeit des Buchens von hochpreisigen Sportreisen positiv beeinflussen. Derartige Hypothesen bilden letztlich die Brücke zwischen den gefundenen Segmenten und den Zielgrößen der Marketingplanung.

4.5.2.3.3. Multidimensionale Skalierung

Ähnlich wie die Faktorenanalyse (vgl. Abschnitt 4.5.2.3.1.) *dient die Multi-* Zielsetzung
dimensionale Skalierung (MDS) dazu, die Wahrnehmung mehrerer Objekte
räumlich oder visuell abzubilden.

Bei den *Objekten* muss es sich dabei nicht um *Gegenstände* handeln; ein Untersuchungs-
wichtiges Anwendungsgebiet ist es z. B., zu untersuchen, wie *Konsumenten* objekte
verschiedene Markennamen wahrnehmen.

Im Unterschied zur Faktorenanalyse dienen bei der MDS *Ähnlichkeits-* Ähnlichkeits-
urteile als Grundlage der Berechnungen. Es werden also nicht mehrere urteile
Eigenschaften vorgegeben, deren Ausprägung der Befragte beim jeweiligen
Objekt einschätzen muss. Stattdessen wird nur erhoben, für *wie verschieden*
bzw. *wie ähnlich* der Befragte die Objekte insgesamt hält.

Für die *Erhebung* der Ähnlichkeitsurteile gibt es mehrere Möglichkeiten. Datenerhebung
Bei der *Rangreihung* werden alle Paare von Objekten danach geordnet, wie Rangreihung
ähnlich sie sich sind. Bei 10 Objekten O_1-O_{10} könnte der Befragte z. B.
entscheiden, dass die Ähnlichkeit zwischen O_1 und O_2 größer ist als die
zwischen O_1 und O_5, welche wiederum größer ist als die zwischen O_6 und
O_7 usw. Insgesamt gibt es bei n Objekten $\dfrac{n \cdot (n-1)}{2}$ Objektpaare.[81] Bei 10
Objekten müsste der Befragte also 45 Objektpaare in eine Ähnlichkeitsrangfolge bringen. Diese Aufgabe kann dadurch erleichtert werden, dass
zuerst eine Grobeinteilung in zwei Gruppen erfolgt. Dies kann solange
wiederholt werden, bis die übrig gebliebenen Gruppen klein genug sind, um
schnell in eine Reihenfolge gebracht zu werden.

Bei der *Ankerpunktmethode* wird ein Objekt herausgenommen. Die übrigen Ankerpunkt-
Objekte werden dann von dem Befragten in eine Ähnlichkeitsrangfolge zu methode
diesem Ankerobjekt gebracht. Die Erhebung ist beendet, wenn jedes Objekt
einmal als Anker gedient hat. Die Anzahl der Werte, die erhoben werden
müssen, ist bei dieser Methode noch größer als bei der Rangreihung: Im
Beispiel mit 10 Objekten ergeben sich $10 \cdot 9 = 90$ Werte.

Schließlich können auch *Ratingskalen* zur Erhebung der Ähnlichkeitsdaten Ratingskala
verwendet werden. Anders als bei der *Conjoint-Analyse* (siehe Abschnitt

---

81 Es wird durch 2 dividiert, da z. B. die Paare O_6-O_7 und O_7-O_6 als gleich angesehen
werden.

4.5.2.2.6.) wird hier nicht nach Nutzenwerten gefragt, sondern es wird jeweils die Ähnlichkeit eines Objektpaares auf einer Ratingskala ausgedrückt. Ein Vorteil dieses Vorgehens liegt darin, dass immer nur ein Objektpaar betrachtet werden muss. Es besteht aber auch die Gefahr, dass sich die Bewertungen nicht genügend stark unterscheiden, um mit der MDS sinnvolle Ergebnisse zu erzielen.

Nachdem die Ähnlichkeitsurteile erhoben worden sind, muss eine graphische Darstellung aller Objekte gefunden werden, die die Ähnlichkeitsurteile möglichst gut wiedergibt. Graphisch sollen dabei ähnlichere Objekte näher beieinander stehen als unähnlichere. Das Distanzmaße euklidische *Distanzmaß* für den zwei- oder mehrdimensionalen Raum haben wir bereits im vorigen Abschnitt über die Clusteranalyse kennen Minkowski-Metrik gelernt. Eine allgemeiner formulierte Metrik ist die *Minkowski-Metrik*:

$$(4.43) \qquad d_{ik} = \left[\sum_{j=1}^{J} \left| x_{ij} - x_{kj} \right|^{c} \right]^{\frac{1}{c}}$$

In der Formel bezeichnet $|x_{ij} - x_{kj}|$ den betragsmäßigen Unterschied der beiden Objekte x_i und x_k in der Dimension j. $c \geq 1$ ist eine Konstante: Mit $c = 2$ entspricht (4.43) der euklidischen Distanz aus Formel (4.40); mit $c = 1$ City-Block- ergibt sich die *City-Block-Distanz*, die anschaulich der Summe der Distanz absoluten Entfernungen über alle Dimensionen entspricht.

Vorgehensweise Anschaulich wird anschließend so vorgegangen: Alle bewerteten Objekte werden in einem ersten Iterationsschritt zuerst grob in ein zwei- oder dreidimensionales Koordinatensystem eingeordnet.[82] Dann werden alle Distanzen d_{ij} zwischen jeweils zwei Objekten x_i und x_j mit der gewählten Metrik bestimmt. Die Distanz bezieht sich dabei auf die Positionierung der Objekte im Koordinatensystem.

Es soll erreicht werden, dass immer dann $d_{ef} > d_{gh}$ gilt, wenn die vom Befragten ausgedrückte Ähnlichkeit der Objekte x_e und x_f kleiner ist als die der Objekte x_g und x_h. Je unähnlicher zwei Objekte wahrgenommen werden,

---

[82]   Bei einer größeren Anzahl von Objekten können manchmal mehr Dimensionen erforderlich sein, um die erhobenen Ähnlichkeiten annähernd genau wiederzugeben.

desto weiter sollen sie also in der graphischen Darstellung voneinander entfernt sein. Sind die Distanzen berechnet, wird mindestens ein Objekt so verschoben, dass dieses Ziel besser erreicht wird.

In weiteren Iterationsschritten werden anschließend immer wieder die Distanzen berechnet und die Positionen von Objekten verändert, bis keine Verbesserung der Zielerreichung mehr möglich ist.

Diese Vorgehensweise soll an einem kleinen Beispiel verdeutlicht werden: Abbildung 32 zeigt beispielhaft das Ergebnis einer Rangreihung: Die Objekte C und B sind sich am ähnlichsten, A und D am unähnlichsten.

	A	B	C	D
A	0			
B	2	0		
C	4	1	0	
D	6	3	5	0

Abb. 32:   Befragungsergebnisse

In Abbildung 33 sind die vier Objekte A, B, C und D in einem *zweidimensionalen Koordinatensystem* eingetragen. Wie die Berechnung der euklidischen (d_{euk}) und der City-Block-Distanzen (d_{cb}) gemäß Formel (4.43) in Abbildung 34 zeigt, entspricht diese Konfiguration noch nicht ganz der gewünschten Anordnung. Entsprechend den erhobenen Ähnlichkeitsurteilen ($\ddot{A}_{emp}$) müssten die Objekte A und C nämlich weiter voneinander entfernt sein als die Objekte B und D.

Beispiel der graphischen Darstellung und Distanzberechnung

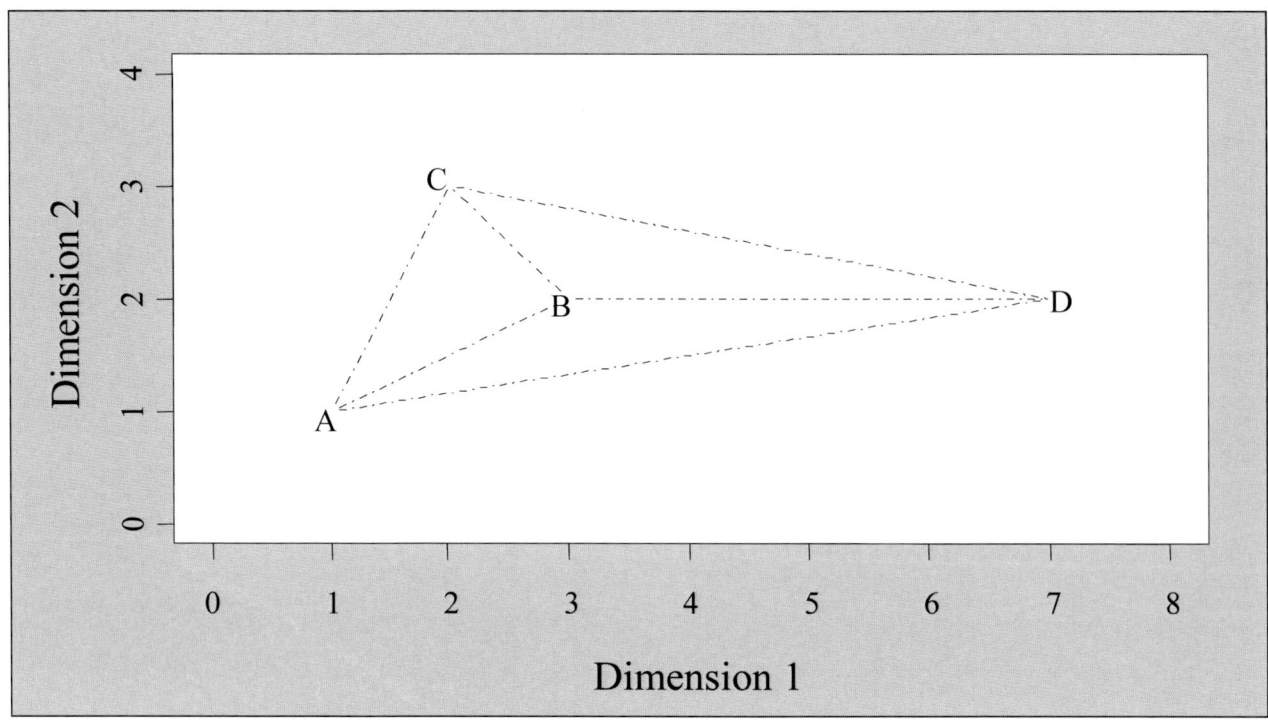

Abb. 33:   Graphisches Zwischenergebnis

	$\lvert x_{i1} - x_{k1} \rvert$	$\lvert x_{i2} - x_{k2} \rvert$	$\sum_j \lvert x_{ij} - x_{kj} \rvert^2$	d_{euk}	d_{cb}	$\ddot{A}_{theo}$	$\ddot{A}_{emp}$
A ~ B	2	1	5	2,2	3	2-3	2
A ~ C	1	2	5	2,2	3	**2-3**	**4**
A ~ D	6	1	37	6,1	7	6	6
B ~ C	1	1	2	1,4	2	1	1
B ~ D	4	0	16	4	4	**4**	**3**
C ~ D	5	1	26	5,1	6	5	5

Abb. 34:   Vergleich von Distanzen und Ähnlichkeiten

Die Werte in der Spalte $\ddot{A}_{theo}$, die sich durch aufsteigende Sortierung der ermittelten Distanzen ergeben[83], zeigen aber, dass dies nicht der Fall ist: Die Distanz zwischen den Objekten A und C ist die zweit- bis drittkleinste

---

[83]   Ob man sich nach der euklidischen Distanz oder der City-Block-Distanz richtet, ist gleichgültig, da sich im Beispiel in beiden Fällen die gleiche Rangfolge ergibt.

und die zwischen den Objekten B und D die viertkleinste, obwohl die Reihenfolge gemäß den Werten der Spalte $\ddot{A}_{emp}$ umgekehrt sein müsste. Deshalb besteht noch ein Widerspruch zwischen dem Urteil der Befragten und der graphischen Darstellung.

Es gibt verschiedene Algorithmen, mit denen die Positionen der Objekte systematisch interativ so variiert werden können, dass die Positionierung der Objekte im Koordinatensystem möglichst gut die empirisch erhobenen Ähnlichkeitsurteile wiedergibt.

Die multidimensionale Skalierung kann in der unternehmerischen Praxis angewendet werden, wenn erforscht werden soll, wie bestimmte Personen eigene und fremde Produkte einschätzen.

Ergebnisinterpretation

Es wird auch häufig versucht, die Dimensionsachsen ähnlich wie bei der Faktorenanalyse zu interpretieren. Dazu kann es wie bei der Faktorenanalyse sinnvoll sein, die Achsen zu rotieren. Dabei wird die Verteilung der Objekte im Raum nicht verändert; es ist aber möglicherweise leichter, den Achsen eine Bedeutung zuzuschreiben. Eine interpretierte multidimensionale Skalierung kann Positionierungsentscheidungen unterstützen.

Ebenso wie bei der Conjoint-Analyse ist man auch bei der multidimensionalen Skalierung meist an Ergebnissen interessiert, die sich auf eine Gruppe von Personen statt auf Individuen beziehen. Prinzipiell gibt es auch hier die Möglichkeit, entweder die Befragungsergebnisse zu aggregieren oder erst die Berechnungsergebnisse zusammenzufassen. In diesem Zusammenhang ergeben sich die gleichen *Probleme* wie sie bereits in den Ausführungen zur Conjoint-Analyse geschildert wurden.

Aggregationsprobleme

4.5.2.4. Zeitreihenanalyse[84]

Die lineare Regression wurde oben u. a. am Beispiel der Ermittlung eines Zusammenhangs von Verkaufspreisen und Absatzmengen dargestellt. Allerdings haben wir in diesem Beispiel die zusätzliche Information, *wann* eine Beobachtung gemacht worden ist, nicht berücksichtigt. Für die Inter-

---

[84] An der Ausarbeitung dieses Abschnitts hat Herr Dipl.-Wirt.-Inf. Carsten D. Schultz, M.Sc. mitgewirkt, dem wir hierfür ausdrücklich danken.

pretation der Daten kann die Zeitdimension allerdings sehr bedeutsam sein: Stellt man die Preis-Mengen-Kombinationen in ihrer chronologischen Reihenfolge dar, können zeitbezogene Zusammenhänge sichtbar werden, die anderenfalls gar nicht aufgefallen wären.

Zeitreihe Eine Datenreihe heißt *Zeitreihe*, wenn ihre Werte nach den Erhebungszeitpunkten geordnet sind. Der zeitliche Abstand zwischen jeweils zwei Werten

Periode ist dabei idealerweise konstant und wird *Periode* genannt.

Abbildung 35 zeigt die Absatzzeitreihe eines Artikels in einer Verkaufsstelle des Lebensmitteleinzelhandels; der Verkaufspreis war über den gesamten Zeitraum hinweg konstant. Die Absatzmengen sind auf Wochen aggregiert, insgesamt liegen 63 beobachtete Absatzmengen vor.

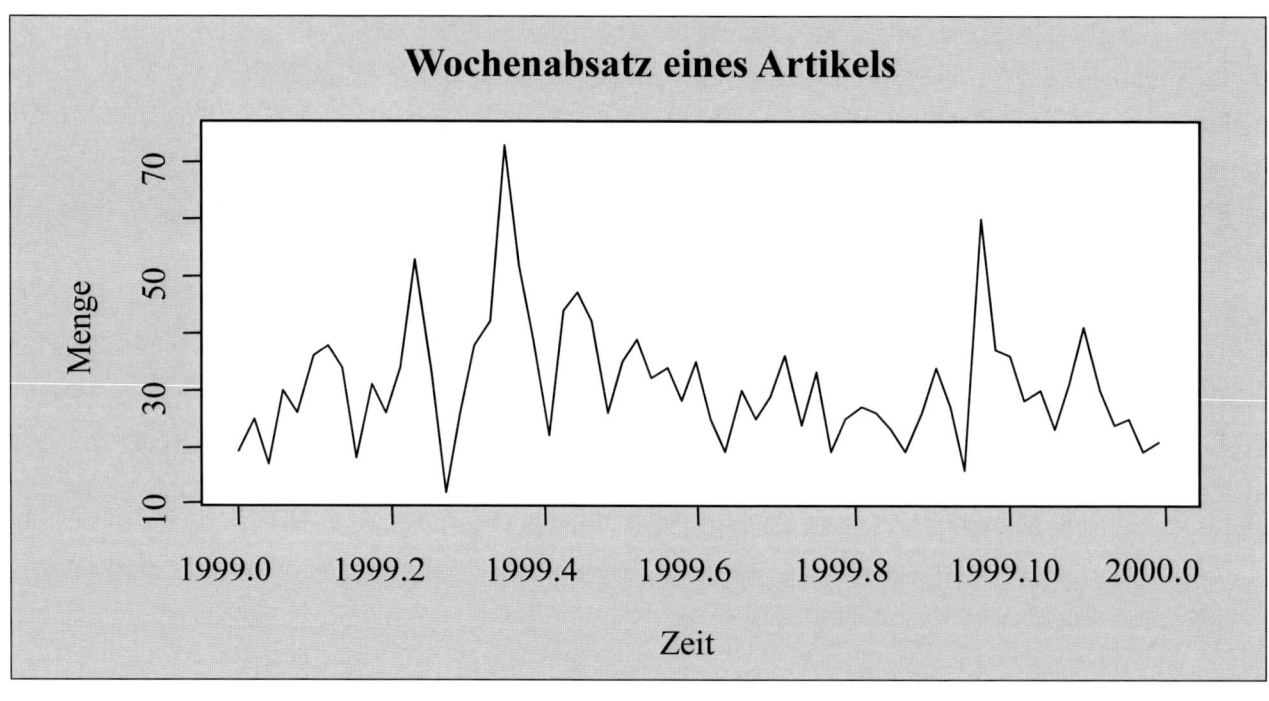

Abb. 35:   Absatzzeitreihe

Was lässt sich der Abbildung entnehmen? Offensichtlich schwanken die Absatzzahlen stark, obwohl der Preis nicht verändert wurde. Neben anderen

zeitbezogene *Einflussfaktoren* kann der Absatz auch durch Faktoren beeinflusst werden,
Einflussfaktoren die sich im *Zeitablauf* verändern. So kann sich neben der zufälligen Fluktuation von Woche zu Woche z. B. die Jahreszeit auf das Kaufverhalten der Nachfrager auswirken (Saisonalität). Weiterhin interessiert den Analysten insbesondere beim Einsatz der Zeitreihenanalyse als Prognoseinstrument die Frage, ob die Zeitreihe einem Trend, also einer bestimmten langfristigen Entwicklung unterliegt.

Die *Zeitreihenanalyse* basiert auf der Annahme, dass die chronologische Abfolge der Beobachtungswerte ein regelmäßiges Muster aufweist, das sich im Zeitablauf wiederholt. Bei einer Verlängerung der Zeitreihe aus Abbildung 35 würde man möglicherweise auch in den Frühjahrsmonaten der folgenden Jahre relative Absatzzunahmen feststellen. Die Gründe für diese Regelmäßigkeit können z. B. durch eine Kundenbefragung ermittelt werden. Für eine Prognose des zukünftigen Absatzes ist die Ermittlung der Ursache aber nicht unbedingt notwendig: Wird eine Regelmäßigkeit in einer Zeitreihe erkannt, kann diese für eine *Fortschreibung der Zeitreihe* in die Zukunft verwendet werden. Die Werte der auf diese Weise verlängerten Zeitreihe dienen dann als Prognosen für die zukünftigen Ausprägungen der beobachteten Größe.

Zeitreihenanalyse

Fortschreibung der Zeitreihe

Ähnlich wie bei der Regressionsanalyse wird auch bei der Zeitreihenanalyse versucht, eine Funktion den Beobachtungswerten möglichst gut anzupassen. In vielen Fällen wird es sich dabei aber nicht um eine lineare oder andere monotone Funktion handeln. In unserem Beispiel kann z. B. eine *Saisonalität*, d. h. ein jahreszeitlich wiederkehrendes Muster vermutet werden. Deshalb werden häufig Funktionen verwendet, die als Eingabeparameter bestimmte Werte der Zeitreihe selbst verwenden. Die Prognosewerte für den Zeitpunkt $t + 1$ hängen dann z. B. von den tatsächlichen Werten der Zeitpunkte t und $t - 1$ usw. ab.

Saisonalität

Es lassen sich drei grundsätzliche Herangehensweisen an die Aufgabe der Zeitreihenfortschreibung unterscheiden: Extrapolationsmethoden, Dekompositionsmethoden und Identifikationsmethoden.

1. *Extrapolationsmethoden*

Extrapolationsmethode

Allgemein werden bei diesen Methoden die n letzten bekannten Werte der Zeitreihe zu einer Prognose verarbeitet.

Bei einer *Projektion* werden die letzten Werte der Zeitreihe in bestimmter Weise auf die Zukunft übertragen: Eine *naive Prognose* könnte z. B. davon ausgehen, dass $\hat{y}_{t+1} = c \cdot y_t$ gilt, wobei $\hat{y}_{t+1}$ für den Schätzwert im Zeitpunkt $t + 1$ steht. Mit $c = 1$ entspräche die Prognose einfach dem letzten bekannten Wert, mit $c > 1$ kann eine vermutete Wachstumsrate in die Prognose einbezogen werden. Denkbar sind neben weiteren Möglichkeiten auch konstante Aufschläge auf den letzten bekannten Wert, z. B. in der Form: $\hat{y}_{t+1} = c + y_t$.

Projektion

naive Prognose

Bei einer *Glättung* gehen jeweils mehrere bekannte Werte in die Berechnung eines Prognosewertes ein. Ein Beispiel für eine solche Glättungs-

Glättung

gleitender methode ist die Berechnung eines *gleitenden Durchschnitts*. Werden n
Durchschnitt Werte berücksichtigt, ergibt sich dabei folgende Formel:

$$(4.44) \qquad \hat{y}_{t+1} = \frac{1}{n} \left(\sum_{i=0}^{n-1} y_{t-i} \right),$$

d. h. als Prognosewert dient der Mittelwert der letzten n Zeitreihenwerte.
Anders als in dieser Formel kann es sinnvoll sein, nicht alle berück-
sichtigten Werte gleich zu gewichten: Die Ereignisse, die weiter in der
Vergangenheit zurückliegen, könnten zum Beispiel weniger stark auf die
Gegenwart wirken, als jüngere Ereignisse. Um dies abzubilden, werden die
Beobachtungswerte mit einer Konstante c_i gewichtet und es ergibt sich:

$$(4.45) \qquad \hat{y}_{t+1} = \frac{1}{n} \left(\sum_{i=0}^{n-1} c_i \cdot y_{t-i} \right).$$

Durch wiederholte Anwendung der Formel 4.46 kann der Prognosewert
unter alleiniger Verwendung der Zeitreihenwerte wie folgt ermittelt
werden:

$$(4.46) \qquad \hat{y}_{t+1} = \alpha \cdot y_t + (1-\alpha) \cdot \hat{y}_t.$$

exponentielle Systematisiert wird eine solche Ungleichgewichtung vo vergangenen
Glättung Beobachtungswerten im Verfahren der *exponentiellen Glättung*. Hier wird
ein Glättungsfaktor α zwischen 0 und 1 bestimmt, der zur Gewichtung der
Beobachtungswerte nach folgender Formel dient:

$$(4.47) \qquad \hat{y}_{t+1} = \alpha \cdot \sum_{i=0}^{n-1} (1-\alpha)^i \cdot y_{t-i}.^{[85]}$$

Je weiter in der Vergangenheit ein Beobachtungswert zurückliegt, desto
weniger stark geht er aufgrund des abnehmenden Ausdrucks $(1-\alpha)^i$ in den
Prognosewert ein.

---

[85]   Die Formel 4.47 entspricht bei großen Zeitreihen der genaueren rekursiven Formel
4.46. Vgl. z. B. Bamberg/Baur/Krapp 2009, S. 201 f.

Am Beispiel der Absatzzahlen eines Artikels (Abbildung 35) wird im Folgenden das Verfahren der exponentiellen Glättung näher betrachtet. Abbildung 36 zeigt einen Ausschnitt der Zeitreihe sowie der angewandten Extrapolationsmethoden.

KW	Absatz-menge	gleitender Durchschnitt (n = 4)	exponentielle Glättung (α = 0,25)
1	20	-	-
2	25	-	20
3	17	-	21
4	30	-	20
5	28	23	23
6	37	25	24
7	39	28	27
8	35	34	30
9	19	35	31
…	…	…	…
62	22	26	28

Abb. 36: Extrapolationsmethoden am Beispiel einer Absatzreihe

Die Angabe der fortlaufenden Kalenderwochen in der ersten Spalte zeigt die geordnete Zeitreihe an. Die tatsächlichen Absatzmengen sind in der zweiten Spalte aufgeführt. In der dritten Spalte wird die Absatzmenge für die Kalenderwoche 5 durch einen um vier Wochen zurückgreifenden gleitenden Durchschnitt geschätzt. Dieses Vorgehen führt zu einer Schätzung auf Basis der Entwicklung der letzten Monate. Nach Formel 4.44 ergibt sich der Schätzwert für die Absatzmenge in Kalenderwoche 5 mit n = 4 als:

$$\hat{y}_5 = \frac{1}{4}\sum_{i=1}^{4} y_i = \frac{20 + 25 + 17 + 30}{4} \approx 23.$$

Die folgenden Prognosen ergeben sich analog als Durchschnitt der jeweils vorangegangenen vier Wochen.

Bei einem Vergleich der geschätzten Absatzmengen mithilfe des gleitenden Durchschnitts (Spalte 3) mit den tatsächlichen Absatzmengen (Spalte 2) ist bereits zu erkennen, dass dieses Verfahren in diesem Fall kein geeignetes Prognoseverfahren für die vorliegende Zeitreihe darstellt. Insbesondere werden die positiven und negativen Schwankungen nicht zuverlässig prognostiziert.

In der vierten Spalte wurde die Prognose anhand der exponentiellen Glättung nach Formel 4.46 vorgenommen. Als Schätzwert für den ersten Datenpunkt wurde die tatsächliche Absatzmenge gewählt: $\hat{y}_1 = y_1 = 20$.

Nach BAMBERG, BAUR und KRAPP wurde mit $\alpha = 0{,}25$ für den Glättungsparameter ein Wert zwischen 0,1 und 0,3 gewählt.[86] So ergibt sich der Prognosewert für die Absatzmenge in der fünften Kalenderwoche dann wie folgt:

$$\hat{y}_5 = 0{,}25 y_4 + 0{,}75 \hat{y}_4 = 0{,}25 \cdot 30 + 0{,}75 \cdot 20 \approx 23 \,.$$

Prognosegüte   Als Maß für die Güte der vorgenommenen Prognosen kann zum Beispiel der mittlere absolute Fehler (Mean Absolute Deviation) oder der mittlere absolute prozentuale Fehler (Mean Absolute Percentage Error) herangezogen werden.

$$(4.17) \qquad MAD = \frac{1}{n} \sum_{i=1}^{n} \left| \hat{y}_{t+i} - y_{t+i} \right| \,.$$

$$(4.18) \qquad MAPE = \frac{1}{n} \sum_{i=1}^{n} \left| \frac{\hat{y}_{t+i} - y_{t+i}}{y_{t+i}} \right| \,.$$

Der mittlere prozentuale Fehler besitzt hier insbesondere den Vorteil, dass die Prognosegüte auch zwischen unterschiedlichen Zeitreihen verglichen werden kann, da der prozentuale Wert unabhängig von der Maßeinheit der Zeitreihe ist. Die Prognosegüte ist umso besser je geringer die Werte für die Gütemaße MAD bzw. MAPE ausfallen.

---

[86]   Vgl. Bamberg/Baur/Krapp 2009, S. 201 ff.

2. Dekompositionsmethoden

Dekompositionsmethoden versuchen, Zeitreihen in ihre Komponenten zu zerlegen. Die *Komponenten der Zeitreihe* werden anschließend einzeln extrapoliert und zur Berechnung von Prognosen wieder zusammengefügt. Dieses Vorgehen hat den Vorteil, dass sich die einzelnen Komponenten meist einfacher extrapolieren lassen als die zusammengesetzte Zeitreihe.

Zur Erklärung dieser Vorgehensweise betrachten wir die idealtypische Situation in Abbildung 37. Folgende Eigenschaften der Zeitreihe im linken Teil der Abbildung sind erkennbar: Die Mengen nehmen im Zeitablauf zu, d. h. der *Trend* der Zeitreihe ist positiv. Außerdem ist eine *Saisonalität* erkennbar, denn auf jeweils höherem Niveau kommt es im Zeitablauf immer wieder zu regelmäßigen Zu- und Abnahmen der Mengen. Weniger regelmäßig als eine Saisonalität würde eine *Konjunkturkomponente* aussehen, die aber in der abgebildeten Zeitreihe nicht enthalten ist. Ebenso wie eine Saisonalität würde auch eine Konjunkturkomponente um den Trend schwanken. Bei ihr wären allerdings die Periodenlängen und das Ausmaß der Abweichungen stärkeren Veränderungen unterworfen.[87]

Im rechten Teil der Abbildung ist die Zeitreihe in ihre drei Komponenten zerlegt. Sie setzt sich zusammen aus einem linearen Trend und einer Sinuskurve für die Saisonalität. Die Summe beider Kurven wird überlagert durch zufällige Abweichungen, die ganz unten dargestellt sind. Die ursprüngliche Zeitreihe kann nun als Summe der drei Kurven dargestellt werden.

Eine geeignete lineare Funktion, eine geeignete Sinuskurve und eine Zufallsverteilung können einfacher einzeln ermittelt werden als direkt eine Funktion zu finden, die die Zeitreihe darstellt.

Marginalien:
- Dekompositionsmethode
- Komponenten einer Zeitreihe
- Trend und Saisonalität
- Konjunkturkomponente

---

[87] Die Konjunktur des Wirtschaftswachstums hält sich z. B. nicht wie eine Saisonalität an Periodenlängen, die von einem Kalender vorgegeben werden. Sie ist auch nicht immer gleich stark ausgeprägt: Manchmal gibt es größere, manchmal nur kleinere Abweichungen vom langfristigen Trend.

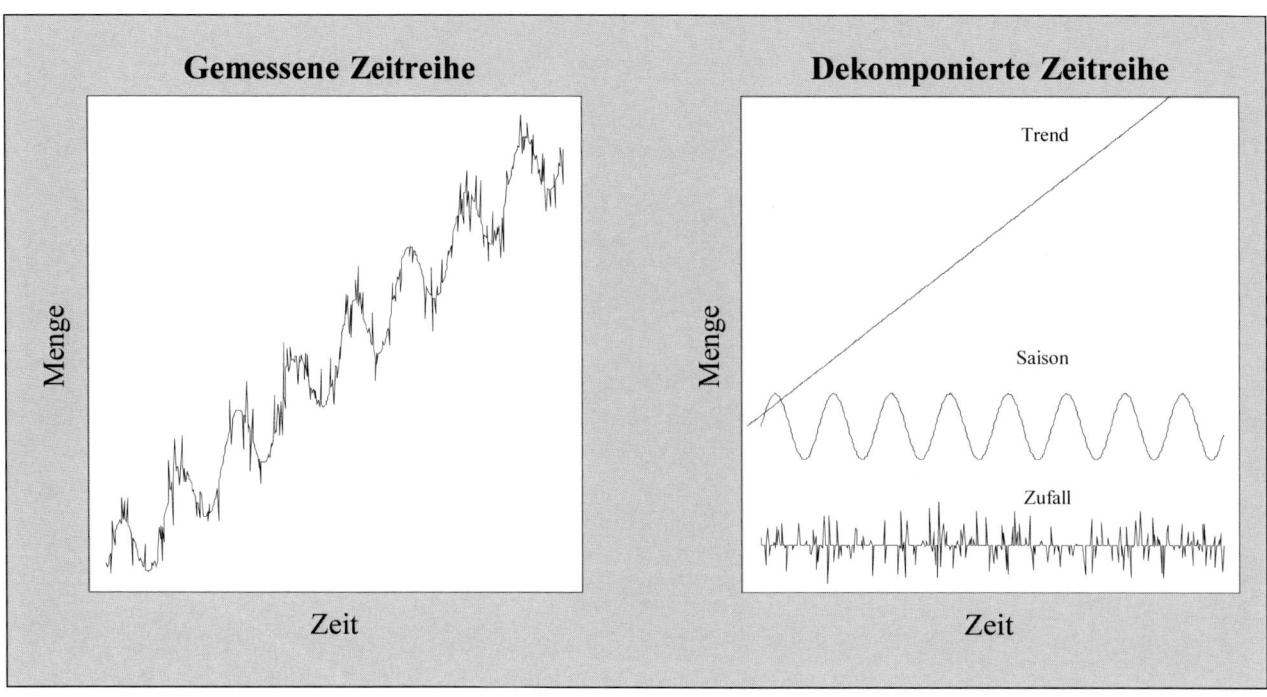

Abb. 37:   Komponenten einer Zeitreihe

Vorgehensweise   In der Praxis kann z. B. folgendermaßen vorgegangen werden:
bei der Analyse

a)   Die gemessene Zeitreihe wird in ihre Komponenten zerlegt; es stehen z. B. Methoden zur Eliminierung des Trendeinflusses zur Verfügung.

b)   Es werden Funktionen für Trend und Saisonalität geschätzt.

c)   Die Funktionswerte werden für jeden Zeitpunkt addiert und mit einer z. B. normalverteilten Zufallsvariable modifiziert.

d)   Ein Vergleich der so errechneten Zeitreihe mit der gemessenen zeigt, wie gut die Anpassung gelingt.

e)   Die Funktion liefert auch für Zeitpunkte in der Zukunft Absatzmengen, die als Prognosen verwendet werden können.

Komponenten-   Über den Zusammenhang der Komponenten wird häufig angenommen, dass
modell   sich die Komponenten der Zeitreihe additiv zusammensetzen. Alternativ sind multiplikative Modelle anzusetzen, wenn zum Beispiel die Saisonalität proportional zum Trend schwankt. Multiplikative Modelle lassen sich durch logarithmische Transformation auf additive Modelle zurückführen. Formal lässt sich das additive Komponentenmodell wie folgt darstellen:

(4.16) $y_t = m_t + k_t + s_t + r_t.$

Die langfristige Entwicklung über die Zeit wird durch die sogenannte *Trendkomponente* m_t repräsentiert. Der Trend spiegelt die langfristige systematische Veränderung der Zeitreihe wieder, der zum Beispiel für die vorausschauende Planung von Bedeutung ist.

Trendkomponente

Die *Konjunkturkomponente* k_t stellt eine zyklische bzw. konjunkturelle Schwankung dar. Diese Schwankung tritt entgegen der *saisonalen Komponente* s_t mehrjährig auf und lässt sich auf Konjunkturzyklen zurückführen. S_t bringt insbesondere jahreszeitlich bedingte Schwankung zum Ausdruck, die sich relativ unverändert im Jahresrhythmus zeigt.

Konjunktur-komponente

Saisonalität

Die ersten beiden Komponenten, die sich auf die langfristige Entwicklung der Zeitreihe beziehen, werden teilweise zu der sogenannten *glatten Komponente* g_t zusammengefasst. Dies ist insbesondere dann sinnvoll, wenn eine Trennung in Trend- und zyklische Komponente inhaltlich oder empirisch kaum möglich ist. Ebenso hat sich für die beiden Schwankungskomponenten k_t und s_t der Begriff *zyklische Komponente* z_t etabliert.

glatte Komponente

zyklische Komponente

Im Gegensatz zu diesen drei systematischen Komponenten fasst die *Restkomponente* r_t die nicht erklärten Einflüsse und Störungen zusammen. Für die Werte der Restkomponente wird üblicherweise angenommen, dass sie klein ausfallen und nicht systematisch um den Wert null streuen. Aus diesem Grund wird r_t auch als Störkomponente bzw. Störvariable bezeichnet.

Restkomponente

Kann unterstellt werden, dass die vorliegende Zeitreihe einem konstanten langfristigen Trend unterliegt, erfolgt die Bestimmung der Trendentwicklung anhand des sogenannten *globalen Komponentenmodells*. Weist die glatte Komponente dagegen zyklische Schwankungen auf, bedient man sich sogenannter *lokaler Komponentenmodelle*. Die genaue funktionale Form kann idealerweise durch inhaltliche Überlegungen identifiziert werden. Häufiger wird sich dem Funktionstyp allerdings durch wiederholte Modellbildung angenähert. Insbesondere kurzfristige Prognosen lassen sich vielfach durch ein lineares Modell approximieren.

globales Komponenten-modell

lokales Komponenten-modell

Das Vorgehen zur Bestimmung der einzelnen Komponenten erfolgt bei unterstelltem linearem Zusammenhang mithilfe der Regressionsanalyse. Erst einmal erfolgt die Schätzung der glatten Komponente unter der Annnahme, dass die saisonale Komponente und die Restkomponente eine Konstante darstellen. Anschließend kann die glatte Komponente in die Trend- und Konjunkturkomponente zerlegt werden. Die Ermittlung der Saisonkomponente erfolgt durch Bereinigung der Zeitreihe. Dazu wird die

Schätzung der Modell-komponenten

glatte Komponente in der Zeitreihe eliminiert, so dass anschließend die Saisonkomponente geschätzt werden kann.

Identifikations-
methode

Identifikation einer
Berechnungs-
vorschrift

3. Identifikationsmethoden

Mithilfe der Identifikationsmethode wird versucht, eine *Berechnungs-vorschrift* zu identifizieren, die der empirisch erhobenen Zeitreihe möglichst gut entspricht. In Betracht kommen Modelle, die den jeweils nächsten Wert durch Verknüpfung einer bestimmten Anzahl zurückliegender Zeitreihenwerte (autoregressive Modelle) bzw. der Abweichungen dieser Werte vom Mittelwert aller Zeitreihenwerte (moving-average Modelle) ermitteln. Denkbar ist auch eine Kombination beider Verfahren.[88]

ARIMA

In der Literatur wird diese Modellklasse auch häufig unter dem Akronym ARIMA angeführt.[89] ARIMA steht hierbei für <u>a</u>utoregressive <u>i</u>ntegrated <u>m</u>oving <u>a</u>verage. Entgegen dem vorgestellten Komponentenmodell, das einen deterministischen Prozess unterstellt, wird im Rahmen von ARIMA-Modellen von einem stochastischen Prozess ausgegangen. Im Wesentlichen liegt hierbei die Annahme zugrunde, dass zufällige Ereignisse einen starken Einfluss auf den Verlauf der Zeitreihe haben.

An den Berechnungsvorschriften zur Zeitreihenanalyse wird deutlich, dass Zeitreihenanalysen rein technischer Natur sind und keinerlei Wissen über den Untersuchungsgegenstand erfordern. Soll z. B. die Absatzentwicklung eines bestimmten Artikels analysiert werden, dann helfen die Ergebnisse einer Zeitreihenanalyse nicht unbedingt weiter. Zeitreihenanalysen sind eher dort von Nutzen, wo es auf die schnelle Generierung einer Vielzahl von Prognosen ankommt, ohne dass immer optimale Prognosen erreicht werden müssen. Dies ist z. B. bei automatischen Bestellsystemen im Handel der Fall, die für ein viele tausend Artikel umfassendes Sortiment den Absatz überwachen und auf Basis von Prognosen der weiteren Absatz-entwicklung die Nachschubversorgung sicherstellen sollen.

---

[88]   Vgl. Weber 1990, S. 351.

[89]   Vgl. z. B. Backhaus u. a. 2008, S. 116. Ebenso findet die Bezeichnung Box-Jenkins-Methode Verwendung, um diese Klasse an Modellen zu identifizieren. Diese Bezeichnung geht auf die grundlegenden Arbeiten von G. E. P. Box und G. M. Jenkins zurück. Vgl. insbesondere Box/Jenkins 1970.

4.5.2.5. Nichtdeterministische Verfahren

4.5.2.5.1. Überblick

Neben den bis jetzt vorgestellten Verfahren, die in der Marktforschung etabliert sind, soll noch kurz auf zwei Methoden einer anderen Gruppe von Verfahren eingegangen werden, die in jüngster Zeit zunehmend Beachtung gefunden hat.

Eine Einordnung in die beiden Verfahrensklassen ‚Strukturprüfung' oder ‚Strukturentdeckung' erfolgt nicht, weil die Verfahren prinzipiell für beide Aufgabenstellungen benutzt werden können. Noch bevor Näheres über die Art dieser besonderen Verfahrensklasse gesagt worden ist, verweist diese Feststellung bereits auf einige ihrer Eigenschaften:

1. *Vielseitige Einsetzbarkeit*: Mit einem prinzipiell immer gleichen Grundverfahren können sehr unterschiedliche Aufgabenstellungen gelöst werden. Zwar muss jeweils eine Anpassung des Verfahrens an das Problem erfolgen, aber dafür entfällt der zumeist größere Aufwand für die Einarbeitung in mehrere unterschiedliche Spezialverfahren.

   vielseitige Einsetzbarkeit

2. *Keine Spezialisierung*: Nichtdeterministische Verfahren sind nicht auf eine bestimmte Anwendung spezialisiert; sie werden in der Meteorologie genauso angewendet wie in der Marktforschung. Ein Spezialverfahren kann ein Problem der Problemklasse, für die es entwickelt wurde, zwar besser lösen als ein allgemeines Verfahren; die Beschaffung (bzw. Entwicklung) eines derartigen Spezialverfahrens ist aber häufig auch mit höheren Kosten verbunden.

   keine Spezialisierung

Die Gemeinsamkeit der beiden im Folgenden vorgestellten Verfahren besteht darin, dass ihr Ablauf nicht determiniert ist, d. h. das Ergebnis ist nicht schon mit Kenntnis des Verfahrens und der vorliegenden Daten eindeutig bestimmt. Dies liegt daran, dass beide Verfahren mit (Pseudo-)Zufallszahlen[90] arbeiten. Bei *Neuronalen Netzen* ist in einigen Varianten der Ausgangspunkt zufällig bestimmt. Bei *Genetischen Algorithmen* gehen kontinuierlich Zufallszahlen in den Prozess ein. Daraus ergibt sich als dritte Gemeinsamkeit:

---

[90]   Die maschinelle Erzeugung möglichst ‚zufälliger' Zahlen ist ein eigenes Forschungsgebiet in der Informatik.

keine garantierten   3. *Keine garantierten Optimallösungen*: Weil Zufallszahlen in die Pro-
Optimallösungen   blemlösungen nichtdeterministischer Verfahren eingehen, wird eine
                         Optimallösung auch dann nicht unbedingt gefunden, wenn sie existiert.
                         Für praktische Anwendungen ist dieser Nachteil aber weniger relevant:
                         Die Basis der Untersuchung ist immer eine Stichprobe. Deshalb ist
                         immer mit Abweichungen zwischen dem tatsächlich in der Realität
                         herrschenden Zusammenhang und dem Analyseergebnis zu rechnen,
                         ganz egal ob dieses in Bezug auf die Stichprobe optimal ist oder der
                         Optimallösung nur sehr nahe kommt.

Zusammengefasst bieten die nichtdeterministischen Verfahren damit die Möglichkeit, ohne großen Zeit- und Arbeitsaufwand fast beliebige Daten auf Zusammenhänge zu untersuchen. Für eine Anwendung, die über solche explorativen Zielsetzungen hinausgeht, in der also z. B. routinemäßig anhand einer ganz bestimmten Art von Daten eine ganz bestimmte Frage beantwortet werden soll, wird indes spezialisierteren Verfahren in den meisten Fällen der Vorzug gegeben.

4.5.2.5.2. Neuronale Netze[91]

Im Jahr 1943 stellten Warren MCCULLOCH und Walter PITTS erstmals
Nachahmung   (künstliche) Neuronale Netze vor, deren Ziel die *Nachahmung biologischer*
biologischer *Neuronaler Netze* als System zur Informationsverarbeitung war.[92] Die An-
Neuronaler Netze   fangseuphorie auf diesem Forschungsgebiet währte allerdings nicht lange, da zum einen die erforderlichen Rechnerleistungen unzureichend waren und zum anderen die Meinung herrschte, dass nur einfache funktionale Beziehungen mit den bisherigen Ansätzen von Neuronalen Netzen abgebildet werden könnten.[93] Die interdisziplinär geprägte Forschung im Bereich der künstlichen Neuronalen Netze ist in den letzten Jahren jedoch stark angestiegen. Diese Wiederbelebung ist u. a. auf die erheblich verbesserten Rechnerleistungen sowie auf den Beweis, dass jede Funktion mittels eines

---

[91]   An der Ausarbeitung dieses Abschnitts hat Herr Dipl.-Kfm. Christian Holsing mit-
       gewirkt, dem wir hierfür ausdrücklich danken.

[92]   Vgl. Rojas 1993, S. 3 und Martinetz 1992, S. 2.

[93]   Vgl. Decker/Wagner 2002, S. 367.

neuronalen Systems approximiert werden kann, zurückzuführen.[94] Die Forschungsinteressen auf dem Gebiet der Neuronalen Netze bzw. der Neuroinformatik gehen generell in zwei Richtungen:[95]

1. Modellierung der Vorgänge im menschlichen Gehirn mit dem Ziel, daraus Erkenntnisse über die konkrete Arbeitsweise des Gehirns zu gewinnen.

2. Lösung von bisher ungenügend beherrschten Problemen, z. B. im Bereich der Datenanalyse, durch Nutzung der grundlegenden Informationsverarbeitungsmechanismen des Gehirns.

Bei der zweitgenannten Forschungsrichtung ist nicht die Treue zum physiologischen Detail von primärer Wichtigkeit, sondern die *Simulation der menschlichen Informationsverarbeitung* als Methode zur Lösung von Problemen. Neuronale Netze weisen hierbei eine Besonderheit gegenüber den bisher behandelten Verfahren auf: Im Grunde berechnen Neuronale Netze nicht, sondern sie lernen.

Simulation menschlicher Informations- verarbeitung

Neuronale Netze haben sich inzwischen als eine Analysemethode etabliert, die traditionelle multivariate Analysemethoden substituieren und bei sehr unterschiedlichen Fragestellungen eingesetzt werden kann.[96] Künstliche Neuronale Netze werden in der *Praxis* zur Prognose und Klassifizierung, z. B. in der Sprach- und Bildverarbeitung, zur Überwachung von Maschinen, in der Robotik und zur Vorhersage von Aktienkursen einge- setzt.[97] Auch im Bereich der Markt- bzw. Marketingforschung kommen Neuronale Netze vermehrt zur Anwendung, z. B. im Rahmen des Database Marketing[98], zur Prognose von Abverkaufszahlen im Lebensmittel-Einzel- handel[99] oder zur Prognose des Nutzerverhaltens auf Webseiten[100].

Einsatz in der Praxis

---

[94] Vgl. Fritzke 1992, S. 1 ff. und Martinetz 1992, S. 1 ff.

[95] Vgl. Taylor 1996, S. 2.

[96] Vgl. hierzu Backhaus u. a. 2008, S. 527 ff. und zu einem Beispiel S. 529 ff.

[97] Vgl. Rigoll 1994, S. 231 ff.

[98] So nennt man Verfahren, die Marketingaktionen auf Basis von Kundendaten- banken planen.

[99] Vgl. hierzu die Dissertation von Buhr 2006d.

[100] Vgl. Säuberlich 2003, S. 130-146.

Verständnis Neuronaler Netze

Abweichend von dem Weg, der gerade in wirtschaftswissenschaftlichen Schriften häufig gewählt wird, um die Funktionsweise Neuronaler Netzwerke zu erklären[101], soll hier nicht von der Analogie künstlicher Neuronaler Netze und biologischer Neuronaler Netze (z. B. menschlicher Gehirne) ausgegangen werden. Diese Überlegungen können zwar gerade für diejenigen Leser von Interesse sein, für die das Verfahren und sein ganzes Konzept neu sind. Zum Verständnis der tatsächlichen Funktionsweise und damit der Möglichkeiten und Grenzen des Verfahrens tragen sie allerdings kaum etwas bei.[102]

Die Literatur zu Neuronalen Netzen ist mittlerweile unüberschaubar. In der Informatik und verwandten Gebieten gibt es mehrere Fachzeitschriften, die sich ausschließlich diesem Thema widmen.[103] Wo im Folgenden auf Fachliteratur verwiesen wird, kann es sich also in jedem Fall nur um eine Auswahl aus der relevanten Literatur handeln. Ein besonderes Augenmerk wird daher auf Quellen gelegt, die einen wirtschaftswissenschaftlichen Hintergrund haben, denn seit längerer Zeit werden die Entwicklungen der Forschung im Bereich Neuronaler Netze auch in der Wirtschaftswissenschaft beachtet.[104]

mehrstufiger Berechnungsprozess

Das, was man ein Neuronales Netz nennt, ist ein *mehrstufiger Berechnungsprozess*, der (einen oder mehrere) Eingabewerte in (einen oder mehrere) Ausgabewerte transformiert. Ein Neuronales Netz beschreibt also eine Funktion. Prinzipiell kann diese Funktion jede denkbare Form haben: Anders als z. B. bei der linearen Regression ist allein mit der Entscheidung, Neuronale Netze einzusetzen, noch keine Begrenzung der möglichen Ergebnisse verbunden. Im Besonderen können also auch hochgradig *nicht-*

---

[101] Vgl. z. B. Hammes 1993, S. 4 f., Polifke 1998, S. 11 ff., Steiner/Wittkemper 1993, S. 448 ff. oder Probst 2002, S. 55 ff. Eine Übersicht über mehr als 15 deutschsprachige Lehrbücher zu neuronalen Netzen findet sich bei Conrad 1996, S. 159.

[102] Vgl. zu den folgenden Ausführungen zur Funktionsweise von neuronalen Netzen z. B. Buhr 2006d, S. 327 ff.

[103] Hierzu zählen u. a. die Fachzeitschriften „Neural Networks" und „Transactions on Neuronal Networks".

[104] Vgl. z. B. Hruschka 1991 für eine frühe Einschätzung aus Sicht des Marketing. Anders 1995 liefert eine für die Wirtschaftswissenschaften offenbar notwendige „Entmythologisierung" neuronaler Netze.

lineare Zusammenhänge durch Neuronale Netze ausgedrückt werden.[105] nichtlineare Zusammenhänge
Der mehrstufige Berechnungsprozess ist aus mehreren gleichartigen und
einfachen *Rechenoperationen* zusammengesetzt, die jeweils einfache nicht- Rechenoperationen
lineare Funktionen einer oder mehrerer Variablen sind. Diese homogenen
Grundeinheiten geben dem Verfahren seinen Namen: Sie werden als
(künstliche) Neuronen bezeichnet.

Die *Neuronen* in Neuronalen Netzen haben nur noch eine entfernte Neuronen
Ähnlichkeit zu ihren biologischen Gegenstücken. Unabhängig von der technischen Implementierung können sie als Einheiten betrachtet werden, die
einen Eingang und einen Ausgang haben. Zahlen kommen durch den Eingang in ein Neuron, werden dort manipuliert und verlassen das Neuron
durch den Ausgang wieder. Die *Manipulation* kann z. B. darin bestehen, Manipulation
dass nur solche Zahlen weiter gereicht werden, die einen bestimmten Wert
übersteigen. Im Inneren anderer Neuronenarten dient der Eingangswert als
Eingabe für eine nichtlineare Funktion, deren Ausgabe das Neuron verlässt.

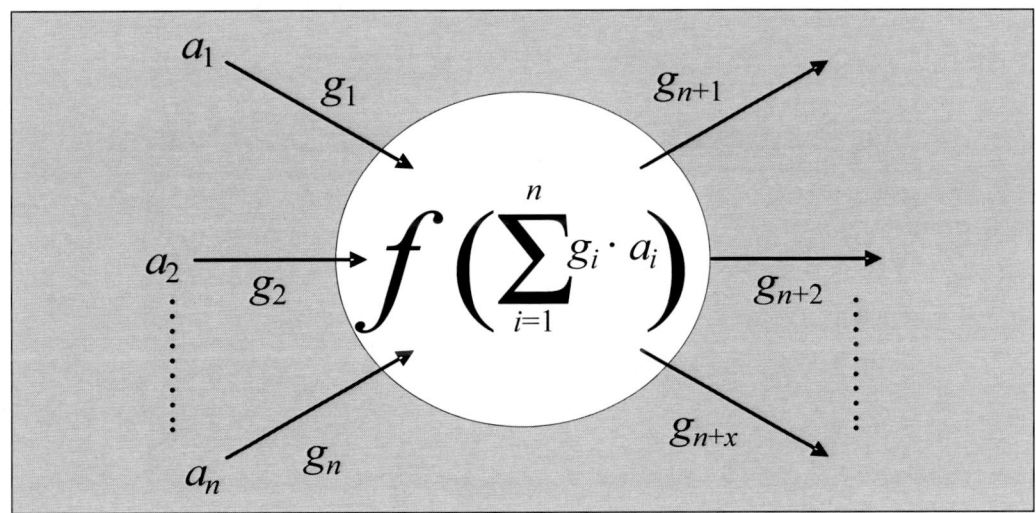

Abb. 38:   Schematische Darstellung eines künstlichen Neurons

Abbildung 38 zeigt ein solches künstliches Neuron. Die Eingabewerte des Gewichtung
Neurons ergeben sich durch die Ausgabewerte eines anderen Neurons, die der Eingabewerte
jeweils mit einer bestimmten reellen Zahl multipliziert werden, die als Ge-

---

105   Vgl. Poddig/Sidorovitch 2001, S. 364 f. sowie allgemein zum Verhältnis Neuronaler Netze zu klassischen statistischen Methoden Widmann 2000, S. 67 ff. und
Hagen 1997.

wicht des Überganges (der Verbindung) zwischen den beiden beteiligten Neuronen bezeichnet wird. Die Abbildung zeigt das Folgende: Mehrere *Eingabewerte* (a_i) werden unter Zuhilfenahme der *Gewichte* (g_i) aufsummiert und auf den sich daraus ergebenden Wert wird eine einfache nichtlineare Funktion (f)[106] angewendet. Der Funktionswert wird über einen oder mehrere Ausgänge an nachfolgende Neuronen im Netz weitergegeben.

Netzaufbau mittels Knoten, Kanten und Gewichten

Graphisch lässt sich das vollständige Netz als Graph veranschaulichen, dessen *Knoten* die Neuronen und dessen *Kanten* die Verbindungen zwischen Neuronen sind. Das zu jeder Kante zwischen zwei Neuronen i und j gehörende *Gewicht* wird hier zur Klarheit mit dem Symbol $g_{i\text{-}j}$ bezeichnet. Abbildung 39 zeigt ein auf diese Weise dargestelltes Neuronales Netz. Wie an der Abbildung zusätzlich zu erkennen ist, sind die ins-

Netzstruktur

gesamt acht *Neuronen in Schichten angeordnet*. Es gibt sehr verschiedene Netzkonfigurationen und prinzipiell kann beinahe jeder Graph als neuronales Netz interpretiert werden. Die Abbildung zeigt ein vorwärts verbundenes (feed-forward) Netz mit mehreren Schichten. Auf diesen Netztyp (Multi-Layer-Perzeptron) beziehen sich alle folgenden Ausführungen.[107]

Eingabeschicht

Den Neuronen der *Eingabeschicht* (N_1-N_3) sind keine anderen Neuronen vorgeordnet. Diese Neuronen erhalten als Eingabe und auch als Ausgabe die (möglicherweise auf bestimmte Weise modifizierten, z. B. im Intervall [0, 1] normalisierten[108]) Ausprägungen ($w(A_i)$) der unabhängigen Variablen

---

[106] Sehr häufig wird z. B. die sogenannte Sigmoid-Funktion verwendet, die die folgende Funktionsgleichung hat: $sig(x) = (1 + e^{-cx})^{-1}$. Diese Funktion nimmt Werte zwischen 0 und 1 an. Je größer c ist, desto steiler ist der Übergang zwischen Funktionswerten, die nahe an 0 bzw. nahe an 1 liegen. Für eine kurze Übersicht über weitere Funktionen vgl. z. B. Poddig/Sidorovitch 2001, S. 379 f.

[107] Es gibt weitere wichtige Klassen Neuronaler Netze, für einen Überblick vgl. z. B. Patterson 1996, S. 46 ff. Anwendungen anderer Netztypen im Marketing betreffen bislang z. B. die Marktstrukturanalyse (Reutterer 1997, 1998 und 1999), die Analyse der Effekte von Sonderaktionen (Poh u. a. 1998), die Marktsegmentierung (Stecking 2000) und die Kundensegmentierung (Saathoff 2000, Boone/ Roehm 2002, Decker/Holsing/Lerke 2006).

[108] Wie die Erfahrung zeigt, liefern neuronale Netze mit entsprechend modifizierten Daten bessere Ergebnisse. Manchmal wird auch das Intervall [0,2; 0,8] empfohlen, da das Lernverfahren hier besser arbeite als in den Randbereichen nahe an den Werten 0 und 1. Hierüber besteht allerdings keine Einigkeit in der Literatur. Vgl. die Übersicht über Stellungnahmen zum Normalisierungsproblem bei Zhang u. a. 1998, S. 49 f.

(A_i) der Funktion, die durch das Netz ermittelt werden soll. Diese Neuronen dienen also gewissermaßen als ‚Eingang' des Netzes, in ihnen findet die in Abbildung 38 angedeutete Berechnung nicht statt. Ihr Eingabewert stammt also nicht aus anderen Neuronen, sondern ‚von außen'.

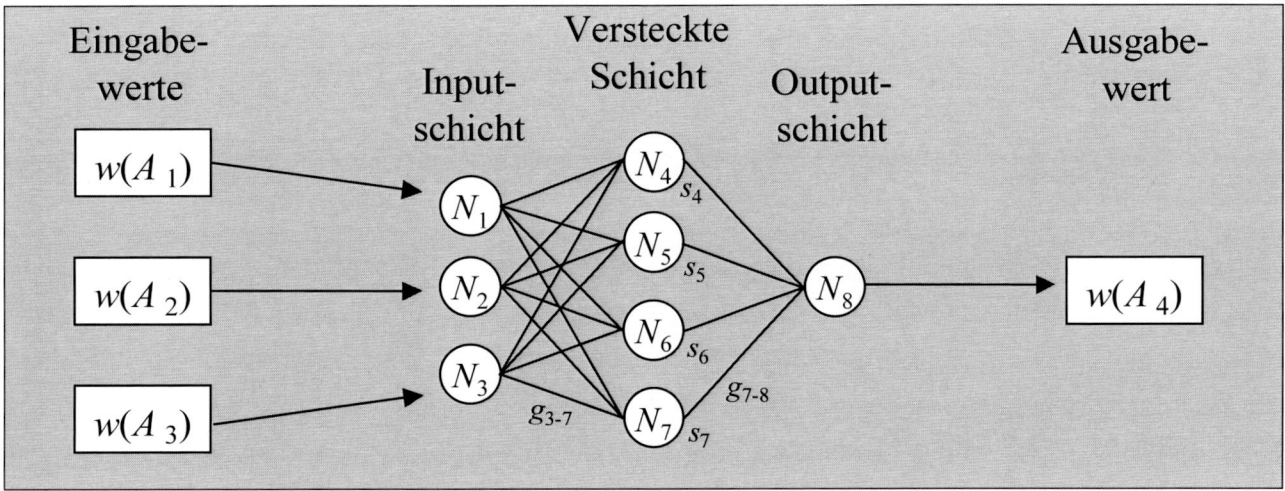

Abb. 39: Schematische Darstellung der Struktur eines Neuronalen Netzes[109]

Angenommen, dieses Netz solle eine Funktion lernen, die den Zusammenhang dreier unabhängiger (A_1, A_2, A_3) und einer abhängigen Variablen (A_4) wiedergibt. Die Datentabelle enthält die vier Spalten mit den Variablen A_1 bis A_4 und eine beliebige Anzahl von Datensätzen. Die Werte der drei unabhängigen Variablen des ersten Datensatzes werden nun an die Neuronen der Inputschicht geschickt. Diese wenden eine nichtlineare Funktion auf die Werte an und geben die Ergebnisse durch ihren Ausgang wieder ab.

Die Neuronen der *versteckten Schicht* entsprechen am ehesten der schematischen Darstellung eines künstlichen Neurons in Abbildung 38. Die Eingänge der vier Neuronen in der versteckten Schicht (N_4-N_7) sind jeweils mit den Ausgängen aller Neuronen der Inputschicht verbunden. Jede Verbindung zwischen zwei Neuronen i und j ist mit einem Gewicht g_{i-j} versehen, durch das der übertragene Wert modifiziert wird. Diese Gewichte werden zu Beginn des Lernvorgangs mit Zufallszahlen initialisiert. Der am

versteckte Schicht

---

[109] Darstellung modifiziert entnommen aus Berry/Linoff 1997, S. 290.

Eingang von N_7 anliegende Wert errechnet sich, indem die Ausgabewerte der Inputneuronen mit dem Gewicht an der Verbindung zwischen dem jeweiligen Neuron und N_7 multipliziert und die drei Produkte aufsummiert werden. Der Ausgabewert für N_7 errechnet sich, indem die spezifische nichtlineare Funktion für N_7 auf den Eingabewert angewendet wird.

Ausgabeschicht Ganz analog ist auch die Verknüpfung zwischen der versteckten und der *Ausgabeschicht*, die in diesem Beispiel nur ein Neuron enthält. Dessen Ausgabewert ist gleichzeitig die Ausgabe des Netzes. Den Neuronen der Ausgabeschicht sind also keine Neuronen nachgeordnet. Dieser Ausgabewert wird nun mit der abhängigen Variable A_4 des ersten Datensatzes verglichen. Beherrschte das Netz die zu lernende Funktion bereits, dann müssten die beiden Werte gleich sein. Die Abweichung zwischen dem Ist- und dem Soll-Wert wird gespeichert und der ganze Vorgang für den zweiten Datensatz wiederholt.

Konfigurations-möglichkeiten Die *Netzstruktur* und die *Verbindungen* können *frei vom Anwender gewählt* werden: Sie müssen nicht symmetrisch sein. Die Neuronenanzahl lässt sich ebenfalls variieren. Es gibt zwar einige Erfahrungswerte zur Größe zweckmäßiger Netze in Abhängigkeit von der Aufgabenstellung, aber eindeutige Handlungsanweisungen liegen nicht vor. Tendenziell erfordern kompliziertere Fragestellungen mehr Neuronen.[110] Auch an verschiedenen *Lern-*

Lernalgorithmen *algorithmen* gibt es eine große Auswahl.

Wissen des Netzes ‚Lernen' besteht bei Neuronalen Netzen also aus der Optimierung der Gewichte an den Verbindungen zwischen den Neuronen. Jedes einzelne Gewicht hat einen Einfluss auf die Ausgabe des Outputneurons und damit auf die Leistung des Netzes. Das *‚Wissen' des Netzes* besteht damit aus den Gewichten, im Beispiel aus 16 Werten. Bei größeren Netzen oder einer größeren Anzahl von Input- und Outputneuronen kann diese Anzahl noch sehr viel größer werden. Es gibt keine bestimmte Stelle des Netzes, an der man die Funktion entnehmen könnte, die das Netz gelernt hat. Eine

---

110 Die Neuronenanzahl sollte mit Blick auf die Gefahr der Überanpassung nur vorsichtig erhöht werden. Schon wenige Dutzend Neuronen können ausreichen, um umfangreiche Datensätze einfach abzubilden, so dass das Netz auf jede Eingabe mit der richtigen Ausgabe reagiert. Formal ist dann zwar die Abweichung zwischen Soll und Ist minimiert, aber das Netz hat keinen funktionalen Zusammenhang gelernt und wird bei Anwendung auf neue Daten i. d. R. schlechte Resultate liefern.

potenziell sehr komplizierte Funktion kann durch Verbindungen (connections) vieler einfacher Neuronen ausgedrückt werden. Man spricht deshalb von einem *konnektionistischen Ansatz*.

Konnektionismus

Ein Neuronales Netz beschreibt also eine potenziell beliebig komplexe Funktion.[111] Diese lässt sich zwar prinzipiell auch in symbolischer Form als Funktionsgleichung schreiben. Stattdessen wird zur Speicherung eines Netzes aber zweckmäßigerweise eine *Adjazenzmatrix* verwendet. Eine solche Adjazenzmatrix für das Netz aus Abbildung 39 zeigt Abbildung 40.

Adjazenzmatrix

	N_1	N_2	N_3	N_4	N_5	N_6	N_7	N_8
N_1	–	–	–	g_{1-4}	g_{1-5}	g_{1-6}	g_{1-7}	–
N_2	–	–	–	g_{2-4}	g_{2-5}	g_{2-6}	g_{2-7}	–
N_3	–	–	–	g_{3-4}	g_{3-5}	g_{3-6}	g_{3-7}	–
N_4	–	–	–	–	–	–	–	g_{4-8}
N_5	–	–	–	–	–	–	–	g_{5-8}
N_6	–	–	–	–	–	–	–	g_{6-8}
N_7	–	–	–	–	–	–	–	g_{7-8}
N_8	–	–	–	–	–	–	–	–

Abb. 40:   Adjazenzmatrix für das Netz in Abbildung 39

Für ein Netz mit n Neuronen ist die Adjazenzmatrix eine *n x n-Matrix*, die immer dann, wenn es zwischen dem *i*-ten und dem *j*-ten Neuron eine Verbindung gibt, in der Zelle (*i*, *j*) das Gewicht dieser Verbindung angibt. Dabei steht *i* für das jeweils in der Zeile, *j* für das jeweils in der Spalte angegebene Neuron. Die Matrix ist nicht symmetrisch, da die Kanten zwischen den Neuronen gerichtet sind, d. h. die Informationen fließen nur in eine Richtung. Nichtvorhandene Verbindungen werden in der Matrix mit einem Querstrich gekennzeichnet. Über die reine Beschreibung einer Funk-

n x n-Matrix

---

[111] Hornik 1991 beweist, dass beliebig komplexe Funktionen beliebig genau approximiert werden können.

tion hinaus dient diese Darstellung im Umfeld der technischen Implementation auch zur Simulation des Netzes, indem die gleiche Struktur, die durch die Matrix beschrieben ist, auch die Berechnung selbst durchführt.

Sobald die Adjazenzmatrix eines Neuronalen Netzes vorliegt, sobald also die Struktur des Neuronalen Netzes und die Gewichte bestimmt sind, ,verkörpert' das Netz eine Funktion. Nun ist das Ziel des Einsatzes neuronaler Netze die *Ermittlung einer bestimmten Funktion*. I. d. R. handelt es sich darum, eine Funktion zu bestimmen, die den Zusammenhang zwischen bekannten Eingabewerten und bekannten Ausgabewerten möglichst gut beschreibt. Gesucht ist also eine Funktion, mit der aus den Eingabewerten die Ausgabewerte errechnet werden können.

Ermittlung einer Funktion (Randnotiz)

Beispiel (Randnotiz)

Beispiel: Es sei ein Datensatz vorhanden, der bestimmte Kennzahlen von Unternehmensbilanzen enthält (Eingabedaten) und einen Hinweis darauf gibt, ob das entsprechende Unternehmen zu einem bestimmten späteren Zeitpunkt insolvent war (Ausgabedaten). Gelingt es hier, eine Funktion der beschriebenen Art zu ermitteln, dann drückt diese Funktion das Wissen über den Zusammenhang zwischen den beschriebenen Kennzahlen und Insolvenzen aus. U. U. könnte eine solche durch ex-post-Prognosen validierte Funktion[112] später zur Prognose von Unternehmensinsolvenzen auf der Basis von Bilanzdaten eingesetzt werden.[113]

Die durch die einzelnen Neuronen berechneten Funktionen stehen fest. Soll die durch ein bestimmtes Neuronales Netz berechnete Funktion verändert werden, so müssen deshalb die Verbindungsgewichte verändert werden. Gesucht ist also die Konfiguration von Gewichten, die zu einer Funktion führt, die die vorliegenden Daten möglichst gut beschreibt. Den beschriebenen Ansatz nennt man *Parametersuche*, da nur die Gewichte variierbar sind. Natürlich ist ex ante unbekannt, welche Netzstruktur am besten für ein vorliegendes Problem geeignet ist. Wird die Netzstruktur selbst zum Gegenstand der Suche, dann spricht man von einer *Modellsuche*: Nicht nur die Parameter einer Funktion sind nun gesucht, sondern auch die Form

Parametersuche (Randnotiz)

Modellsuche (Randnotiz)

---

[112]   Hier handelt es sich um eine ex-post-Prognose, weil die Ergebnisse, die das Netz prognostizieren soll, also die tatsächlichen Insolvenzen der Unternehmen bereits bekannt waren als das Netz trainiert wurde.

[113]   Für derartige Anwendungen vgl. z. B. Tam/Kiang 1992, Baetge/Krause 1993, Wilson/Sharda 1994 und Baetge u. a. 1995.

dieser Funktion. Für die meisten realistischen Anwendungen dürfte eine Modellsuche indes zu komplex sein, da sich hier die Möglichkeit denkbarer Ergebnisse, der Suchraum, gegenüber einer Parametersuche um ein Vielfaches vergrößert.

‚Von Hand‘ ist eine gute Konfiguration fast nie aufzufinden: Selbst wenn die 16 Gewichte in dem kleinen Netz aus Abbildung 39 und Abbildung 40 nur jeweils 101 Werte zwischen 0 und 1 annehmen könnten ($\{0,00; 0,01; 0,02...0,99; 1,00\}$) gäbe es bereits 101^{16} mögliche Konfigurationen. Die Suche nach der besten Konfiguration muss angesichts derart großer Suchräume daher *automatisch* durchgeführt werden, d. h. es wird ein Verfahren benötigt, das systematisch nach besseren Konfigurationen sucht.

automatische Suche

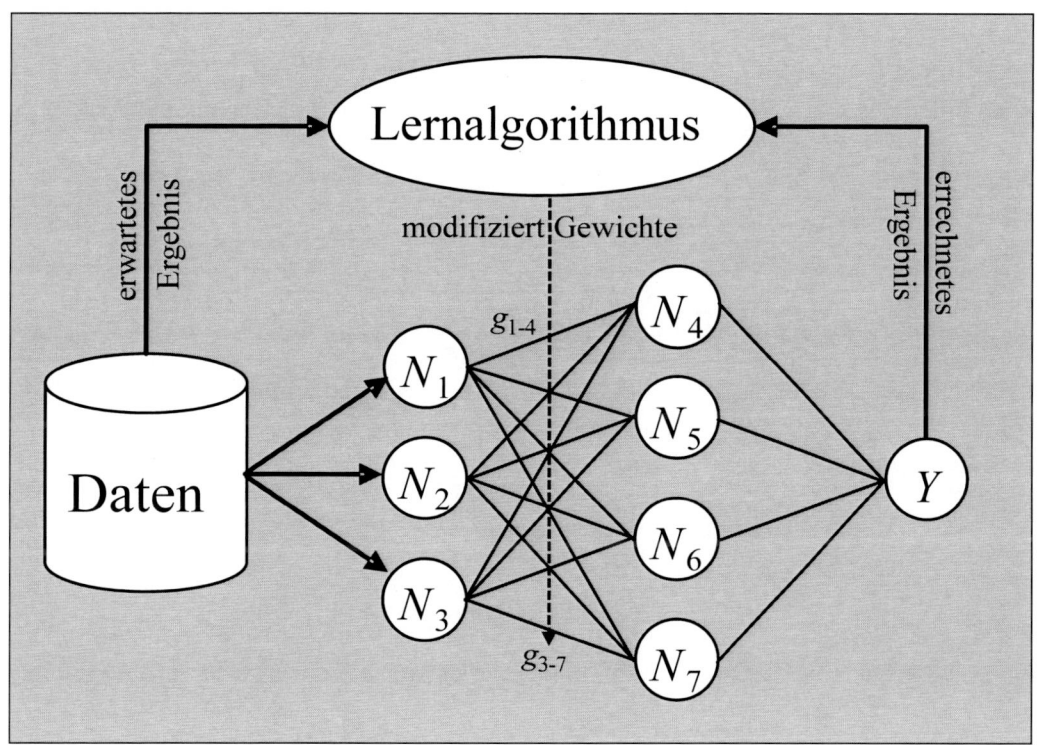

Abb. 41: Schematische Darstellung der Arbeitsweise eines Lernalgorithmus[114]

---

114 Beispiel modifiziert entnommen aus Schocken/Ariav 1994, S. 396.

Backpropagation   Ein solches Verfahren ist die *Backpropagation*.[115] Sie ist das am besten er-
Lernverfahren   forschte und am weitesten verbreitete *Lernverfahren* für neuronale Netze. Dabei werden nacheinander die vorhandenen Datensätze in das Netz ein-gegeben und die sich ergebenden Fehler, d. h. die Abweichungen zwischen der Ausgabe des Netzes und der gewünschten Ausgabe, von der Ausgabe-schicht rückwärts durch das Netz geschickt.[116] Auf diese Weise kann er-mittelt werden, wie stark und in welcher Weise die einzelnen Gewichte zu

Backpropagation-   dem Fehler beigetragen haben. Der *Backpropagation-Algorithmus*[117] er-
Algorithmus   mittelt dann, welche Veränderung der Gewichte den Fehler am stärksten verringern würde und führt diese Änderung durch. Abbildung 41 zeigt diese Vorgehensweise schematisch.

Lernzyklen   Lagen alle Datensätze einmal am Netz an, dann ist der erste *Lernzyklus* komplett. Das Ergebnis dieses Durchlaufs sind die gesammelten Ab-weichungen zwischen Soll- und Ist-Werten. Ein Lernalgorithmus berechnet nun aus diesen Informationen neue Gewichte für das Netzwerk. Es schließen sich ein zweiter Lernzyklus und eine zweite Gewichtsanpassung an usw. Dieses Verfahren wird solange fortgesetzt bis bestimmte Abbruch-bedingungen erfüllt sind. Eine solche Bedingung könnte z. B. erfüllt sein, wenn eine bestimmte Rechenzeit abgelaufen ist, seit einer bestimmten Anzahl von Schritten keine Verbesserung mehr erreicht wurde oder die Ausprägung eines bestimmten Fehlermaßes eine vorher definierte Schwelle unterschritten hat. Die Vorgehensweise kann insgesamt als ‚Lernen aus Beispielen' bezeichnet werden, wobei sich das Lernen als ein iterativer Prozess vollzieht, d. h. durch die vielmalige Wiederholung einer in sich vergleichsweise einfachen Berechnung.

---

[115]   Für einen weniger technischen Überblick vgl. z. B. Urban 1998, S. 75 ff. und Wiedmann/Buckler 1999, S. 25 ff. Für formalere Darstellungen vgl. deLur-gio 1998, S. 676 f. und Widmann 2000, S. 27 ff.

[116]   Ein einführendes Beispiel zum Informationsverarbeitungsprozess eines Neuro-nalen Netzes mit reellen Zahlen ist bei Backhaus u. a. 2008, S. 529 ff. zu finden.

[117]   Die zur praktischen Implementation eines solchen Algorithmus notwendigen Formeln finden sich z. B. bei deLurgio 1998, S. 708 f.

Ob ein fertig trainiertes Netz tatsächlich sinnvoll eingesetzt werden kann, kann nicht allein aufgrund der Abweichung der Ist-Zielwerte von den Soll-Zielwerten beurteilt werden. Das typische Verfahren zur Bewertung der Güte einer erreichten Netzanpassung versucht deshalb, das Netz *unter Realitätsbedingungen zu testen*. Dazu werden die vorhandenen Daten vor Beginn des Trainings in zwei bis drei Teile aufgeteilt. Immer gibt es die *Trainingsdaten*, mit denen das Analyseverfahren eingesetzt wird und die *Bewertungsdaten*.[118] Letztere dienen dazu, die Güte des Ergebnisses (also z. B. den durchschnittlichen Schätzfehler) in solchen Fällen zu testen, die nicht zur Ableitung dieses Ergebnisses beigetragen haben. Für das Analyseverfahren sind diese Fälle also ebenso ‚neu‘ wie solche, die erst in der Zukunft erhoben werden.

Anwendungstest unter Realitätsbedingungen

Trainingsdaten

Bewertungsdaten

Zum Abschluss dieser groben Einführung seien noch die wichtigsten *Probleme Neuronaler Netze* angesprochen: Die mangelnde Anschaulichkeit gewonnener Ergebnisse und das Fehlen gut bestätigter Regeln zur Konstruktion erfolgreicher Netze.

Probleme Neuronaler Netze

Die Adjazenzmatrix beschreibt ein Neuronales Netz vollständig. Sie kann als kompakte Darstellung der Funktion interpretiert werden, die durch das neuronale Netz repräsentiert wird. Aber selbst bei sehr kleinen Netzen, wie im Beispiel in Abbildung 40 mit nur acht Neuronen und 16 Verbindungen, ist für den menschlichen Betrachter aus dieser Darstellung nicht einmal eine Vermutung darüber zu entnehmen, welche Art von Beziehung zwischen Eingabe- und Ausgabedaten das betreffende Netz beschreibt. Das ‚Wissen‘ des Netzes liegt in den Ausprägungen der Gewichte, die sich im Laufe des Lernprozesses den Daten ‚angepasst‘ haben. Da das Wissen also in der Struktur des Netzes liegt, kann es nicht einfach an beliebiger Stelle aus dem Netz ‚entnommen‘ werden. Das Neuronale Netz stellt somit weitgehend eine *black box* dar, eine Art Maschine, die auf ‚Fragen‘ (die Eingabe von Daten) zwar antwortet (durch Ausgabe von Daten), über ihre Funktionsweise aber keine Auskunft geben kann. Die realweltliche Komplexität kann also in den meisten Fällen nicht verständlich ausgedrückt werden. Jedoch stellen nicht die Neuronalen Netze selbst ein black box-Modell dar, denn

Black-Box-Problem

---

118 Manchmal treten noch *Testdaten* hinzu, deren Sinn es ist, eine *Überanpassung* zu verhindern, vgl. Mitchell 1997, S. 66 f. So bezeichnet man die Situation, in der ein Analyseergebnis (z. B. eine Regressionsfunktion) die verwendeten Daten sehr gut beschreibt, bei der Übertragung auf weitere Datensätze aber versagt.

sie bilden lediglich die komplexen Zusammenhänge der Realität ab. Somit stellt also die Realität für den Menschen eine black box dar. Besonders bei praktischen Anwendungen dürfte dieser Nachteil aber wenig ins Gewicht fallen, da es hier in erster Linie auf die Güte der Antworten ankommen wird. Zudem bieten viele Softwarelösungen mittlerweile die Möglichkeit, verschiedene Analysen durchzuführen, um die Wichtigkeit einzelner Einflussfaktoren ersichtlich zu machen.[119]

fehlende Regeln zur Konstruktion Die „Entwicklung geeigneter Netze [ist] immer noch ein heuristischer Prozess".[120] Dies ist so, weil es bislang keine allgemein anerkannten Forschungsergebnisse gibt, die es erlauben würden, z. B. von der Komplexität der Problemsituation und bestimmten Anforderungen an die Ergebnisse auf die zu diesem Zweck am besten geeignete Netzkonfiguration zu schließen. Aufgrund der Vielfalt möglicher Netzkonfigurationen ist es unmöglich, auch nur für eine einzige Datenbasis eine optimale Netzkonfiguration zu ermitteln. Es existieren *lediglich einige einfache Regeln* hinsichtlich solcher Setzungen für die Datentransformation, die Netzkonfiguration, den Lernalgorithmus und Abbruchkriterien, die sich in früheren Anwendungen bewährt haben. Diese Regeln dürften in den meisten Fällen zu Netzen führen, deren Minderleistung gegenüber den optimalen Konfigurationen für praktische Anwendungen kaum wahrnehmbar ist.[121] So betrachtet ist dieses Problem neuronaler Netze für die betriebswirtschaftliche Praxis nur von geringer Bedeutung, insbesondere bei einer Betrachtung der Vorteile.

Vorteile Neuronaler Netze Zu den *Vorteilen* zählen u. a. die Einsetzbarkeit auch bei unbekannten Ursache-Wirkungs-Zusammenhängen, das Erkennen nichtlinearer Zusammenhänge, die Generalisierungsfähigkeit, die hohe Fehlertoleranz (Einsatz auch bei ‚schlechter' Datenqualität möglich) und die Flexibilität hinsichtlich des Datenmaterials (metrisches, ordinales oder nominales Skalenniveau möglich).

---

[119] Bekannte, in der Praxis häufig eingesetzte Softwarepakete sind z. B. SAS Enterprise Miner oder IBM SPSS Modeler.

[120] Stolzke 2000, S. 113.

[121] So dürfte es z. B. aus Sicht der Betriebswirtschaftslehre fast nie relevant sein, ob ein bestimmter Netztyp eine um einige Sekunden längere Rechenzeit und ein um einige Zehntelprozent schlechteres Ergebnis erbringt als ein anderer.

Abschließend ist anzumerken, dass Neuronale Netze eine *Erweiterung bestehender Methoden* darstellen. Herkömmliche Methoden, wie z. B. die Regressionsanalyse, sollten weiterhin zum Einsatz kommen, insbesondere wenn Hypothesen (also ein gewisses Vorwissen) über die Ursache-Wirkungs-Zusammenhänge existieren. In diesem Fall liefern sie, insbesondere bei kleinen Stichproben, bessere Resultate als Neuronale Netze, die hingegen bei großen Datenmengen oftmals bessere Gütemaße aufweisen.

Erweiterung existierender Methoden

4.5.2.5.3. Genetische Algorithmen

Genetische Algorithmen sind eine Klasse nichtdeterministischer Lernverfahren. Anders als neuronale Netze versuchen sie nicht, eine einzige Lösung immer näher an das Optimum heranzubringen. Sie erzeugen hingegen immer wieder neue Lösungsvorschläge. Im Kern kann man auch von einer ‚*intelligenten Ausprobierstrategie*'[122] sprechen. Die Leistung eines genetischen Algorithmus liegt gerade in der Art und Weise, wie neue Vorschläge generiert werden.

genetischer Algorithmus

Strategie des intelligenten Ausprobierens

Als *Beispiel* diene wieder die Suche nach einer Funktion mit drei unabhängigen und einer abhängigen Variable. Die Datenbasis entspricht ebenfalls der Beschreibung im vorigen Abschnitt.

Beispiel

Nachfolgend sei ein linearer Zusammenhang zwischen den unabhängigen und der abhängigen Variable unterstellt:

$$(4.48) \qquad A_4 = r_0 + r_1 \cdot A_1 + r_2 \cdot A_2 + r_3 \cdot A_3$$

Eine Lösung besteht dann einfach aus je einem Koeffizienten für die drei unabhängigen Variablen (r_1, r_2, r_3) und einer Konstanten (r_0). Im Prinzip wird der genetische Algorithmus in diesem Beispiel also dazu verwendet, die Koeffizienten eines linearen Regressionsmodells zu ermitteln.

Mögliche Lösungen für die Suche nach einer geeigneten Funktion werden in einheitlicher Form *kodiert*, meist als Zeichenketten über einem festgelegten Alphabet.

Kodierung

---

122 Nicht intelligent ist Ausprobieren, wenn es alle denkbaren Lösungsmöglichkeiten für ein Problem in eine Reihenfolge bringt und nacheinander ausprobiert.

Wenn man vereinfachend für jeden Koeffizienten sowie die Konstante einen Platzbedarf von vier Stellen unterstellt, besteht eine Lösung also aus einer Kette von $4 \cdot 4 = 16$ Zeichen. Gleichzeitig ist damit auch der Suchraum festgelegt, d. h. die Menge aller denkbaren Lösungen. Berücksichtigt man als Alphabet die Ziffern von 0 bis 9, dann umfasst der Suchraum genau 10^{16} mögliche Lösungen, da es genauso viele verschiedene Ziffernketten der Länge 16 gibt. Das Ziel des genetischen Algorithmus besteht jetzt darin, eine geeignete Lösung zu finden, ohne alle Lösungen durchzuprobieren. Alle möglichen Lösungen auszutesten, ist schon bei geringfügig schwierigeren Problemen aus Zeitgründen nicht möglich.

Anfangspopulation   Der genetische Algorithmus startet, indem er eine Anzahl möglicher Lösungen erzeugt, die *Anfangspopulation*. Die Güte jeder einzelnen Lösung wird dann durch die *Fitnessfunktion* ermittelt. Sie dekodiert die Lösungen, wendet sie auf das Problem an und vergleicht das Ergebnis mit dem Optimum. Im Beispiel könnte die durchschnittliche absolute Abweichung zwischen errechnetem und tatsächlichem Wert der abhängigen Variable als Gütemaß dienen.

Fitnessfunktion erscheint als Randbegriff.

Crossover   Die Güte einer Lösung entscheidet über die Wahrscheinlichkeit, mit der sie für einen *Crossover* (Rekombination, Informationsaustausch) ausgewählt wird. Ein Crossover vermischt die einzelnen Bestandteile zweier ausgewählter Eltern-Lösungen zu zwei neuen Kinder-Lösungen. Bessere Lösungen haben tendenziell einen höheren Erwartungswert für die Anzahl ihrer Nachkommen als schlechtere.

Mutation   Auf die Kinder-Lösungen wird dann noch eine *Mutation* angewendet, d. h. jeder Lösungsbestandteil wird mit einer geringen Wahrscheinlichkeit zufällig verändert. Z. B. könnte jede der 16 Ziffern im Beispiel mit der Wahrscheinlichkeit 0,001 in eine zufällige andere Ziffer geändert werden.

Generation   Anschließend werden weitere Kinder-Lösungen produziert, auf diese Weise entsteht eine neue *Generation*. Crossover und Mutation werden solange wiederholt, bis die neue Generation genauso groß ist wie die alte. Danach beginnt die nächste Iteration des Verfahrens mit der Ermittlung der Fitnesswerte. Dies wird solange fortgesetzt, bis ein zuvor festgelegtes *Abbruchkriterium* erfüllt ist. Z. B. liegt ein Entwicklungsstillstand vor, d. h. dass es über eine bestimmte Anzahl von Generationen keine größere Veränderung in der Zusammensetzung der Population mehr gegeben hat. Abbildung 42 zeigt das Ablaufschema eines genetischen Algorithmus.[123]

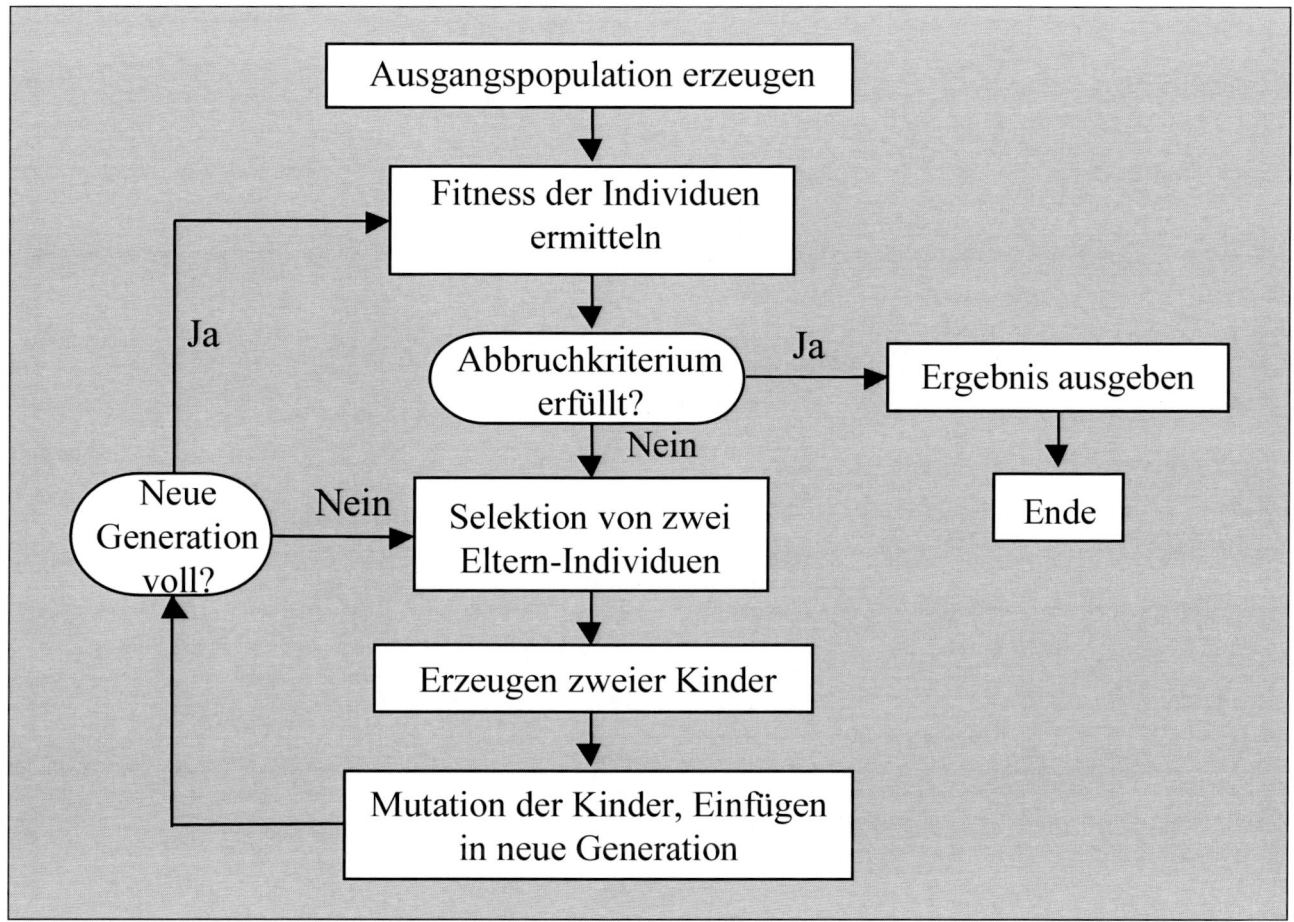

Abb. 42: Ablaufschema für genetische Algorithmen

Wozu kann man ein so kompliziert erscheinendes Verfahren einsetzen? Genetische Algorithmen sind zur numerischen Lösung beliebiger Optimierungsprobleme einsetzbar. Die einzige Voraussetzung ist, dass sich mögliche Problemlösungen in geeigneter Form kodieren und automatisch bewerten lassen. Der Anwender muss zwei Entscheidungen treffen:

generalisiertes Optimierungsverfahren

1. Wie sollen Selektion und Mutation konkret durchgeführt werden?

2. Wie sieht die Fitnessfunktion aus?

---

[123] Das Flussdiagramm ist an die Ablaufbeschreibung in Mitchell 1996, S. 10 f. angelehnt.

Anwendungs-möglichkeiten Bei der Untersuchung nichtlinearer Zusammenhänge ist die *Anwendung genetischer Algorithmen* eine Alternative zur multiplen Regression. Bei Gruppierungsproblemen bieten genetische Algorithmen manchmal Vorteile gegenüber Clusteralgorithmen, weil sie weniger Entscheidungen vom Benutzer erfordern; ähnliches gilt für die Berechnung von Diskriminanzfunktionen. Die Algorithmen können auch bei der Optimierung der Struktur Neuronaler Netze als Hilfsmethode dienen.

Probleme Trotz zahlreicher Experimente und Anwendungen gibt es noch keine gesicherten Erkenntnisse darüber, welche Konfigurationen für welche *Probleme* am besten geeignet sind. Daraus resultiert Einarbeitungsbedarf und Unsicherheit über die Güte der erreichten Lösungen.

Übungsaufgaben

Gegeben seien die folgenden 15 Datensätze, die Preis-Mengen-Kombinationen eines Artikels in einer Verkaufsstelle darstellen. Sie stammen aus Scanningdaten, die jeweils für eine Woche aggregiert wurden.

Menge (x_i)	89	69	51	44	35	39	38	32
Preis (p_i)	1,99	2,19	2,29	2,39	2,49	2,49	2,49	2,49
Menge (x_i)	32	24	20	20	19	20	18	
Preis (p_i)	2,49	2,99	2,99	2,99	2,99	2,99	3,09	

Abb. 43: Preis-Mengen-Kombinationen eines Artikels

a) Berechnen Sie die Mittelwerte für Preise und Mengen sowie die Varianzen und die Kovarianz!

b) Berechnen Sie mithilfe der Ergebnisse aus a) die Koeffizienten der linearen Regressionsgleichung und stellen Sie diese auf!

c) Berechnen Sie mithilfe der Ergebnisse aus a) und b) das lineare Bestimmtheitsmaß!

d) Charakterisieren Sie den ermittelten Zusammenhang zwischen Preis und Menge!

e) Es wird eine Preisänderung auf 2,79 erwogen. Mit welcher Absatzmenge sollte kalkuliert werden?

f) Wie beurteilen Sie das Vorhaben, den Preis auf Basis des ermittelten Zusammenhangs auf 1,50 zu senken?

Aufgabe 21: Varianzanalyse

Ein Handelsunternehmen überdenkt die Gestaltung seiner Verkaufsstätten. Nach einer ersten Ideenfindung diskutiert das Management drei grundverschiedene Konzepte zur Gestaltung der Verkaufsstätten. Bevor die Wahl auf ein Konzept fällt, sollen die unterschiedlichen Konzepte erst einmal erprobt werden. Jedes Konzept wird in jeweils einer Verkaufsstätte erprobt. Die nachstehende Tabelle zeigt die Erträge (TSD €) in den drei Verkaufsstätten für die ersten sechs Monate.

i $\diagdown$ j	Januar	Februar	März	April	Mai	Juni	$\bar{y}_i$
Verkaufsstätte 1	675	720	525	495	690	765	645
Verkaufsstätte 2	540	585	600	555	645	675	600
Verkaufsstätte 3	435	525	525	525	555	495	510

Abb. 44:   Erträge dreier Verkaufsstätten

a) Berechnen Sie mithilfe der nachstehenden Formel die Summe der Abweichungen zwischen den Faktorausprägungen (SZF) und die Summe der Abweichungen innerhalb der Faktorausprägungen (SIF)! Bestimmen Sie auch den empirischen F-Wert (Fe)! Erläutern Sie den Aussagegehalt Ihrer Ergebniswerte!

$$\sum_{i=1}^{I}\sum_{j=1}^{J}\left(y_{ij}-\bar{y}\right)^2 = \underbrace{\sum_{i=1}^{I}J\left(\bar{y}_i-\bar{y}\right)^2}_{SZF} + \underbrace{\sum_{i=1}^{I}\sum_{j=1}^{J}\left(y_{ij}-\bar{y}_i\right)^2}_{SIF}$$

$$F_e = \frac{MSZF}{MSIF} = \frac{\dfrac{SZF}{2}}{\dfrac{SIF}{15}}$$

b) Erläutern Sie, welches Problem bei einer unbedachten Auswahl der Verkaufsstätten als Prototypen für die zu testenden Konzepte bestehen kann! Erläutern Sie hierzu kurz drei Beispiele!

c) Erläutern Sie für das Beispiel, welche Interpretation ein signifikanter F-Wert erlaubt!

Aufgabe 22: Diskriminanzanalyse

Ein Kreditkarten-Unternehmen möchte seine Kapazitäten in der Kundenbetreuung möglichst zielgerichtet einsetzen und sich zu diesem Zweck intensiver um ‚gute' Kunden als um ‚mittlere' oder ‚schlechte' Kunden kümmern. Die ‚Güte' der Kunden wird von der Höhe ihres Jahresumsatzes mit der Kreditkarte abhängig gemacht. Damit auch die Betreuung von Neukunden differenziert erfolgen kann, soll mithilfe der Diskriminanzanalyse prognostiziert werden, zu welcher der drei Kategorien sie gehören werden. Als Merkmale stehen dem Unternehmen personenbezogene Daten über alle Kunden zur Verfügung.

a) Erläutern Sie die Zielsetzung und die grundlegende Vorgehensweise der Diskriminanzanalyse! Gehen Sie dabei insbesondere auf das Zusammenwirken von Diskriminanzfunktion und Trennvorschrift ein!

b) Die folgende Tabelle enthält die Ergebnisse der Güteüberprüfung einer Diskriminanzanalyse: Die Spalten zeigen die Gruppenzuteilung durch die Trennvorschrift, die Zeilen geben die tatsächlichen Gruppenzugehörigkeiten der untersuchten Kunden wieder.

Erfahrung	Erwartung		
	Gut	Mittel	Schlecht
Gut	20	17	8
Mittel	14	16	9
Schlecht	3	23	10

Abb. 45: Ergebnisse der Güteprüfung einer Diskriminanzanalyse

Wie hoch ist der Anteil der richtig zugeordneten Kunden? Kann die Verwendung dieser Trennvorschrift für die differenzierte Behandlung neuer Kunden empfohlen werden?

c) Das Unternehmen will versuchen, Neukunden, für die eine ‚mittlere' Güte prognostiziert wurde, durch ein gezieltes Rabattangebot zu einem stärkeren Gebrauch der Kreditkarte anzuregen und diese damit zu ‚guten' Kunden werden zu lassen. Zeigt das Unternehmen damit nicht, dass es der Prognose gar keinen Glauben schenkt? Diskutieren Sie die An-

nahmen, die der Verwendung der Diskriminanzanalyse zu Prognose-
zwecken zugrunde liegen!

Aufgabe 23: Strukturgleichungsmodelle

a) Die nachstehende Abbildung zeigt das Ergebnis eines Strukturgleichungsmodells nach dem LISREL-Ansatz. Erklären Sie das Modell
und gehen Sie dabei auch auf die unterstellten Beziehungen ein! Erläutern Sie in diesem Zusammenhang auch die Ergebnisse der Analyse!

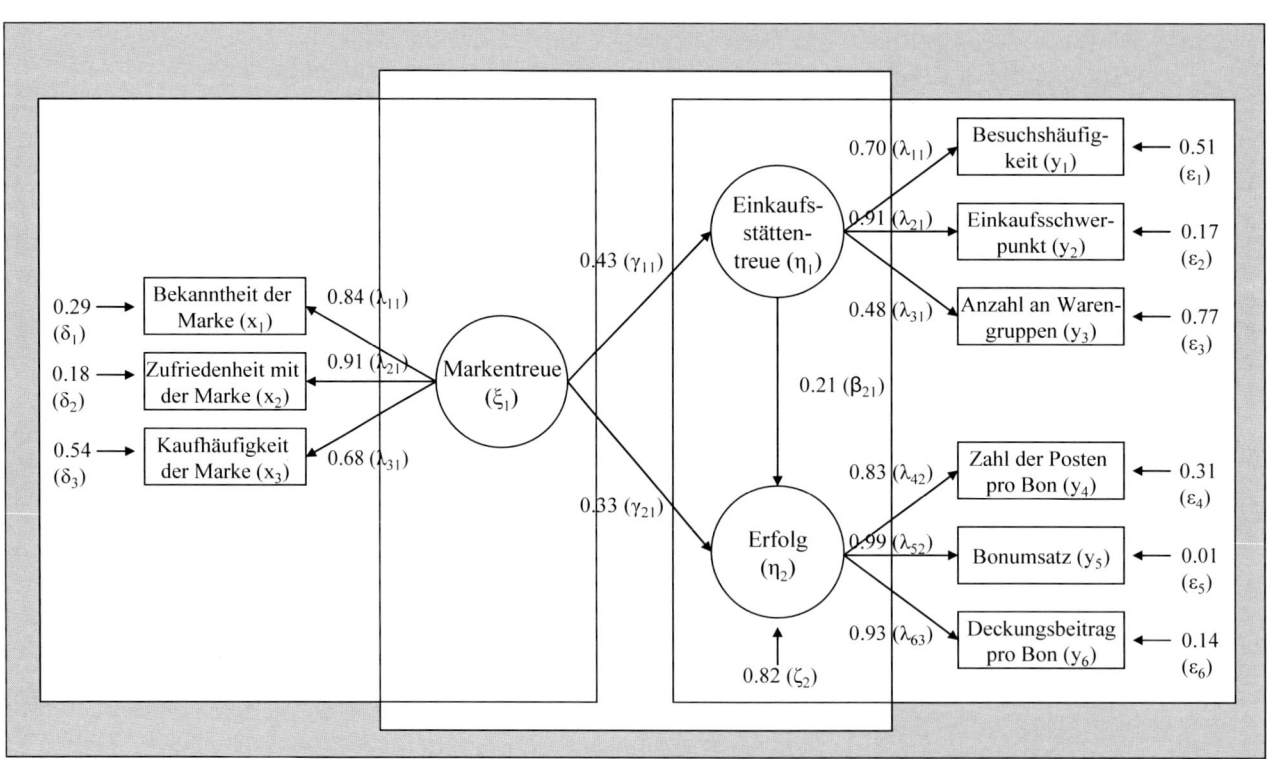

Abb. 46:   Ergebnis eines Strukturgleichungsmodells

b) Skizzieren Sie die Vorgehensweise im Rahmen der Kausalanalyse!
Benennen Sie die verwendeten Verfahren, die beim LISREL-Ansatz im
Rahmen des Messmodells sowie des Strukturmodells eingesetzt werden!
Erklären Sie die Besonderheit von Strukturgleichungsmodellen!

c) Erläutern Sie am Beispiel der Kausalanalyse, ob kausale Beziehungen im
Sinne der Wissenschaftstheorie bewiesen werden können!

Aufgabe 24: Conjoint-Analyse

Ein Handelsunternehmen überlegt, sein Sortiment zu erweitern. Unter einer eigenen Marke soll zukünftig eine Delikatess-Wurst vertrieben werden. Aus den bisherigen Abverkaufszahlen der im Sortiment vorhandenen Markenartikel ließen sich die Fleischart, die Füllmenge und die Preislage als wesentliche Merkmale für den Kauf identifizieren.

Für die neue Delikatess-Wurst wurden drei unterschiedliche Fleischarten und eine vegetarische Variante in Betracht gezogen. Aus produktionstechnischen Gründen kann die Wurst mit 125g, 150g und 175g geliefert werden. Bezüglich der Preislage möchte das Handelsunternehmen das Produkt entweder in einer günstigen, mittleren oder hohen Preislage positionieren.

a) Erläutern Sie am Beispiel des Handelsunternehmens die Grundzüge der Conjoint-Analyse! Gehen Sie insbesondere auf die Zielsetzung und auf die Besonderheit dieses Verfahrens ein! Skizzieren Sie dabei auch die Vorgehensweise dieses Verfahrens!

b) Berechnen Sie für das Beispiel jeweils die Anzahl der Kombinationen, die im Rahmen der Profilmethode und diejenige Anzahl, die im Rahmen der Zwei-Faktor-Methode durch die Befragten zu beurteilen sind! Begründen Sie anschließend für welche Methode Sie sich im Rahmen des Beispiels entscheiden würden!

c) Angenommen, die Untersuchung zeigt keine eindeutige Präferenz für eine Delikatess-Wurst. Vielmehr werden mehrere unterschiedliche Alternativen bevorzugt. Wodurch kann dieses Ergebnis erklärt werden? Erläutern Sie auch, wie sich das Handelsunternehmen nun bezüglich der Produkteinführung verhalten sollte!

Aufgabe 25: Faktorenanalyse

a) Erläutern Sie in Grundzügen die Faktorenanalyse! Gehen Sie insbesondere auf die Zielsetzung und auf die Vorgehensweise dieses Verfahrens ein!

b) Verdeutlichen Sie an einem frei gewählten Beispiel die Einsatzmöglichkeiten der Faktorenanalyse als Informationsgrundlage für die Marketingplanung!

c) Zeigen Sie an diesem Beispiel die Grenzen dieses Verfahrens als Informationsgrundlage für die Marketingplanung auf!

Aufgabe 26: Clusteranalyse

a) Erläutern Sie in Grundzügen die Clusteranalyse! Gehen Sie insbesondere auf die Vorgehensweise und Ziele dieses Verfahrens ein!

b) Verdeutlichen Sie an einem frei gewählten Beispiel die Einsatzmöglichkeiten der Clusteranalyse als Informationsgrundlage für die Marketingplanung!

c) Zeigen Sie die Grenzen dieses Verfahrens als Informationsgrundlage für die Marketingplanung auf!

Aufgabe 27: Multidimensionale Skalierung

a) Die Ergebnisse einer Multidimensionalen Skalierung lassen sich wie die einer Faktorenanalyse graphisch darstellen. Welche Aussagen lassen sich den Darstellungen jeweils entnehmen? Wie wirken sich die Unterschiede auf die Anwendungsmöglichkeiten der Analyseergebnisse aus?

b) Im Rahmen einer multidimensionalen Skalierung hat sich nach einigen systematischen Veränderungen der Positionen der Objekte A-E in einem zweidimensionalen Koordinatensystem die Konfiguration dieses Diagramms ergeben.

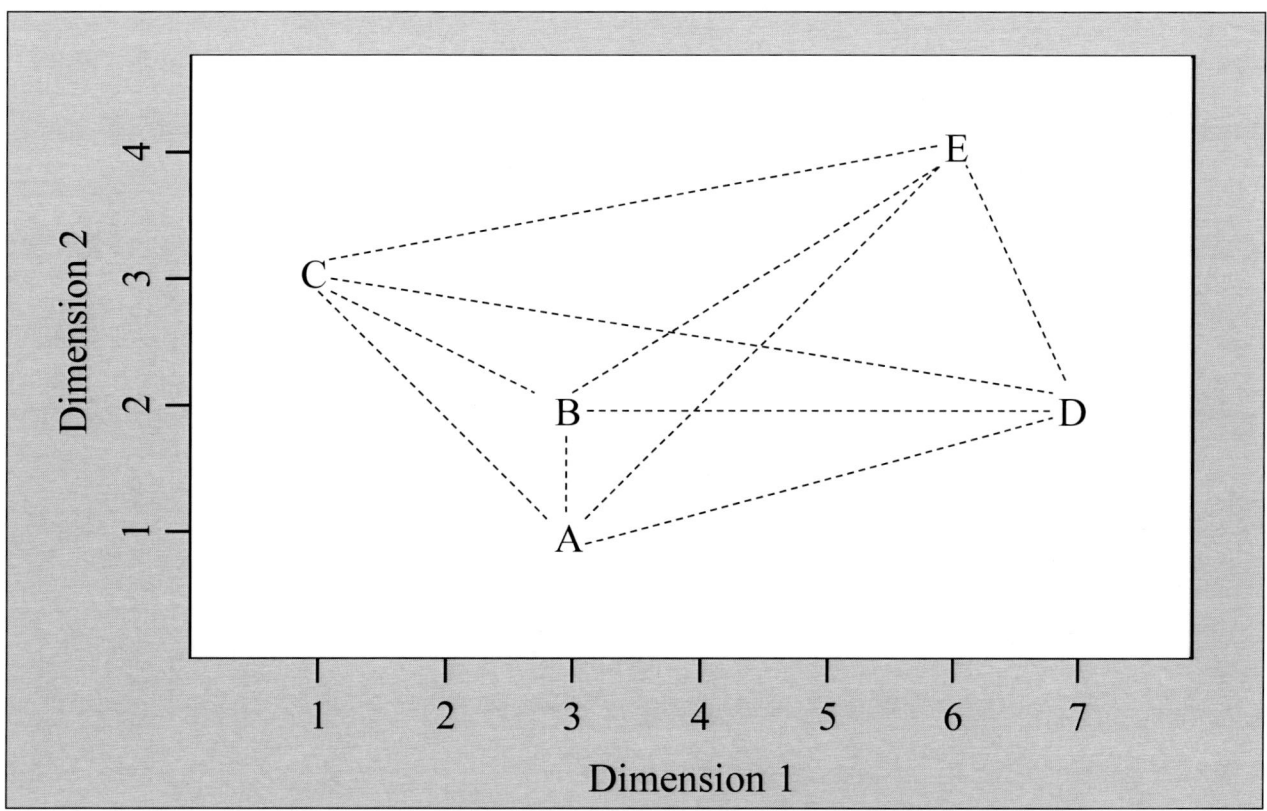

Abb. 47:   Graphisches Ergebnis einer multidimensionalen Skalierung

Stimmt diese Konfiguration mit der Rangreihung überein, die in der folgenden Tabelle enthalten ist? (Je kleiner die Werte, desto ähnlicher sind die Objekte.) An welchen Positionen weichen die Werte der Tabelle von denen des Diagramms ab? Begründen Sie ihre Antwort mithilfe der euklidischen Distanz! Ändert sich das Ergebnis, wenn stattdessen City-Block-Distanzen verwendet werden?

	A	B	C	D	E
A	0				
B	1	0			
C	4	2	0		
D	6	5	10	0	
E	8	7	9	3	0

Abb. 48:   Ergebnis einer Rangreihung

c) Diskutieren Sie, warum es trotz der höheren Anzahl dabei notwendiger Einzelvergleiche u. U. empfehlenswert sein kann, zur Datenerhebung für die Multidimensionale Skalierung nach der Ankerpunktmethode vorzugehen, statt eine Rangreihung zu verwenden!

Aufgabe 28: Extrapolationsmethoden

Die folgende Tabelle zeigt für ein Unternehmen die Zahl an Kundenaufträgen in den ersten 11 Monaten eines Jahres.

Monat	Jan	Feb	Mär	Apr	Mai	Jun	Jul	Aug	Sep	Okt	Nov
Aufträge	401	431	450	466	474	498	482	457	448	421	406

Abb. 49:   Zahl an Kundenaufträgen

a) Skizzieren Sie kurz sprachlich den Verlauf der Zahl an Kundenaufträgen! Schätzen Sie mithilfe des gleitenden Durchschnitts (n = 3) und der exponentiellen Glättung ($\alpha = 0{,}3$) die Anzahl der Kundenaufträge für den Monat Dezember!

b) Im Monat Dezember werden 400 Kundenaufträge registriert. Beurteilen Sie die eingesetzten Extrapolationsmethoden aus Teilaufgabe a) mithilfe des mittleren absoluten Fehlers (MAD) und des mittleren absoluten prozentualen Fehlers (MAPE)! Bewerten Sie anschließend sowohl die prognostizierten Werte aus Teilaufgabe a) als auch die eingesetzten Extrapolationsmethoden!

c) Erläutern Sie, wodurch die Schwankungen der Auftragszahlen begründet werden können! Geben Sie zusätzlich eine Empfehlung für einen alternativen Prognoseansatz!

Aufgabe 29: Nichtdeterministische Verfahren

Im Rahmen der Marktforschung werden neben klassischen Verfahren sogenannte nichtdeterministische Verfahren eingesetzt.

a) Stellen Sie zunächst drei Eigenschaften dar, die nichtdeterministischen Verfahren zuzurechnen sind! Geben Sie für jede Eigenschaft aussagekräftige Beispiele!

b) Zu den nichtdeterministischen Verfahren zählen zum Beispiel Neuronale Netze. Erläutern Sie drei Probleme, die beim Einsatz Neuronaler Netze auftreten können! Verdeutlichen Sie diese Probleme am Beispiel von Preisaktionen, die mit Scanningdaten überprüft und verbessert werden sollen!

c) Nehmen Sie zu der Aussage Stellung, dass nichtdeterministische Verfahren „alles können, aber nichts richtig"! Begründen Sie Ihre Antwort!

4.6. Die Dateninterpretation und entscheidungsgerichtete Verwertung

Unternehmen treffen Entscheidungen und führen die ausgewählten Handlungsalternativen aus. Die Entscheidungen sollten so getroffen werden, dass die Ziele des Unternehmens erreicht werden (können). Der Zusammenhang zwischen Entscheidungen und Unternehmenszielen wird über die vermuteten Wirkungen der Entscheidungen hergestellt, d. h. es sollten die Handlungsalternativen ausgewählt werden, mit denen die Ziele (am besten) erreicht werden können. Formal kann man das diesem Verständnis zugrunde liegende Kalkül wie in Abbildung 50 darstellen.

		Umweltzustände	
		U_1	U_2
Handlungs-	A_1	F_1	F_2
alternativen	A_2	F_3	F_4

Abb. 50: Entscheidungsmodell

Entscheidungs-modell Dem Entscheider stehen in diesem vereinfachten *Modell* zwei Handlungsalternativen A_1 und A_2 zur Verfügung. Je nach zukünftigem Umweltzustand (U_1 oder U_2) und ausgewählter Handlungsalternative ist mit unterschiedlichen Handlungsergebnissen (F_1-F_4) zu rechnen.

Wenn der Entscheider sich über den Umweltzustand sicher ist, kann er direkt die Alternative wählen, deren Ergebnis am besten dem angestrebten Ziel (z. B. Gewinnmaximierung) entspricht. Wenn hingegen Unsicherheit über den zukünftigen Umweltzustand besteht, müssen die Eintrittswahrscheinlichkeiten der verschiedenen möglichen Umweltzustände geschätzt werden. Dann käme z. B. die Wahl der Alternative in Frage, bei der der Erwartungswert des Ergebnisses am größten ist.

Um betriebliche Entscheidungen nach diesem Schema betrachten zu können, sind also zwei Arten von Informationen notwendig:

Umweltzustand 1. Es müssen Erkenntnisse darüber vorliegen, wie der *Zustand der relevanten Umwelt* sein wird. (Für die Planung einer Produkteinführung muss z. B. eine Vorstellung darüber existieren, über welche Kaufkraft die Zielgruppe verfügen wird, bzw. wie hoch das Marktvolumen für

Produkte der betreffenden Produktkategorie sein wird. U_1 könnte z. B. für ein Marktvolumen unter 2 Mrd. Euro, U_2 für ein Marktvolumen über 2 Mrd. Euro stehen.)

2. Es muss bekannt sein, wie die alternativen Handlungen jeweils wirken. (Von Interesse ist z. B., welcher Absatz für verschiedene Produktvarianten in Abhängigkeit vom Marktvolumen zu erwarten ist.) Wirkungsweisen

Untersuchungen in der Marktforschung können bei der Beschaffung beider Arten von Informationen nützlich sein.

Zwei grundsätzliche Probleme sind dabei zu beachten:

1. Die Übertragung der Ergebnisse aus der Analyse von Vergangenheitsdaten auf Entscheidungen, die in die Zukunft gerichtet sind, kann fehlerhaft sein. Umweltzustände können sich im Zeitablauf ebenso verändern wie Wirkungszusammenhänge. Übertragungsproblem

2. Die aus den erhobenen Daten abgeleiteten Hypothesen über den zukünftigen Umweltzustand können falsch sein. Dies kann z. B. daran liegen, dass eine Stichprobe nicht repräsentativ für die Grundgesamtheit war oder dass wichtige Einflussgrößen auf den Umweltzustand nicht erhoben wurden. Auswertungsproblem

Selbst wenn das Auswertungsproblem gelöst und der Zustand der Umwelt oder die Wirkungsweise einer Handlung für den Zeitpunkt der Datenerhebung korrekt ermittelt werden könnte, ist die Übertragbarkeit der Analyseergebnisse auf die Zukunft fraglich. Man behilft sich hier mit einer *impliziten und unspezifizierten ceteris-paribus-Klausel*, die besagt, dass alle Faktoren, deren Variation den ermittelten Zusammenhang verändern könnte, konstant bleiben. Im Einzelfall ist jedoch nicht überprüfbar, ob hinreichend viele Faktoren konstant sind, damit ein in der Vergangenheit gefundener Zusammenhang auch in der Zukunft gelten wird. implizite und unspezifizierte ceteris-paribus-Klausel

Das Problem der Übertragung von Erkenntnissen aus der Vergangenheit in die Zukunft ist unlösbar. In der Praxis besteht aber ein Bedürfnis danach, die Übertragbarkeit von Analyseergebnissen auf die Zukunft plausibel zu machen: Unternehmen müssen auch dann Entscheidungen treffen, wenn sie nur über unzureichende Informationen verfügen. Z. B. werden Größen, denen ein Einfluss auf die Wirkung eines ermittelten Zusammenhanges unterstellt wird, daraufhin untersucht, wie stark ihre Ausprägungen in der Vergangenheit geschwankt haben, um einschätzen zu können, mit welchen

Schwankungen in der Zukunft zu rechnen ist. Am Ende dieser und ähnlicher *heuristischer* Überlegungen kann aber bestenfalls eine subjektive Wahrscheinlichkeit stehen, die angibt, wie stark das Vertrauen des Entscheiders in die Konstanz der Rahmenbedingungen ist.

sorgfältige Planung
Eine *sorgfältige Planung* von Untersuchungen ist zur Vermeidung von Auswertungsfehlern unerlässlich. Gleichwohl kann aber nicht garantiert werden, dass immer alle Einflussfaktoren berücksichtigt werden, die tatsächlich zur Prognose eines Umweltzustandes relevant sind.

Grenzen der Induktion
Die Suche nach gesetzesartigen Wirkungszusammenhängen unterstellt bereits, dass solche Zusammenhänge tatsächlich existieren. Selbst wenn aber in einer Stichprobe z. B. eine sehr starke Korrelation zwischen zwei Größen beobachtet wird, kann damit noch nicht auf die Geltung eines entsprechenden Gesetzes geschlossen werden. Durch *Induktion*, also die Beobachtung und Auswertung von Einzelfällen, kann niemals zwingend auf die Geltung eines allgemeinen Gesetzes geschlossen werden.[124]

Die Interpretation der Ergebnisse von Datenanalysen in der Marktforschung muss also immer unter Berücksichtigung der geschilderten Grenzen erfolgen. Diese Grenzen sind prinzipieller Natur und unabhängig von den Stärken und Schwächen einzelner Analyseverfahren. Ein Rückgriff auf heuristische Entscheidungshilfen ist damit in der Praxis in den meisten Fällen unausweichlich.

---

[124]   Zum Induktionsproblem vgl. Popper 1994, S. 3 ff.

Übungsaufgabe

Aufgabe 30: Dateninterpretation und entscheidungsgerichtete Verwertung

Ein Hersteller von hochwertiger und hochpreisiger Damenbekleidung verbreitet seine Ware bisher in Zusammenarbeit mit ausgewählten Boutiquen. Mit Blick auf die Zielsetzung, eine stärkere Marktpräsenz zu realisieren und auf diesem Wege auch neue Kundensegmente zu gewinnen, entschließt sich der Hersteller, die Beschränkungen seines derzeitigen Vertriebsnetzes sowie seiner Produktpalette zu überwinden.

a) Erläutern Sie für die Entscheidung, das Vertriebsnetz auszuweiten, ein einfaches Entscheidungsmodell! Gehen Sie hierzu auf zwei mögliche Handlungsalternativen sowie zwei mögliche Umweltzustände ein. Leiten Sie auch entsprechende Handlungsergebnisse ab. Übertragen Sie Ihre Ergebnisse in folgende Tabelle und erläutern Sie für welche Handlungsalternative sich der Bekleidungshersteller entscheiden sollte!

		Umweltzustände	
Handlungs-alternativen			

Abb. 51: Matrix eines Entscheidungsmodells

b) Die folgende Abbildung zeigt das Ergebnis einer Clusteranalyse. Im Markt für Damenbekleidung wurden vier Käufersegmente von Damenbekleidung identifiziert.

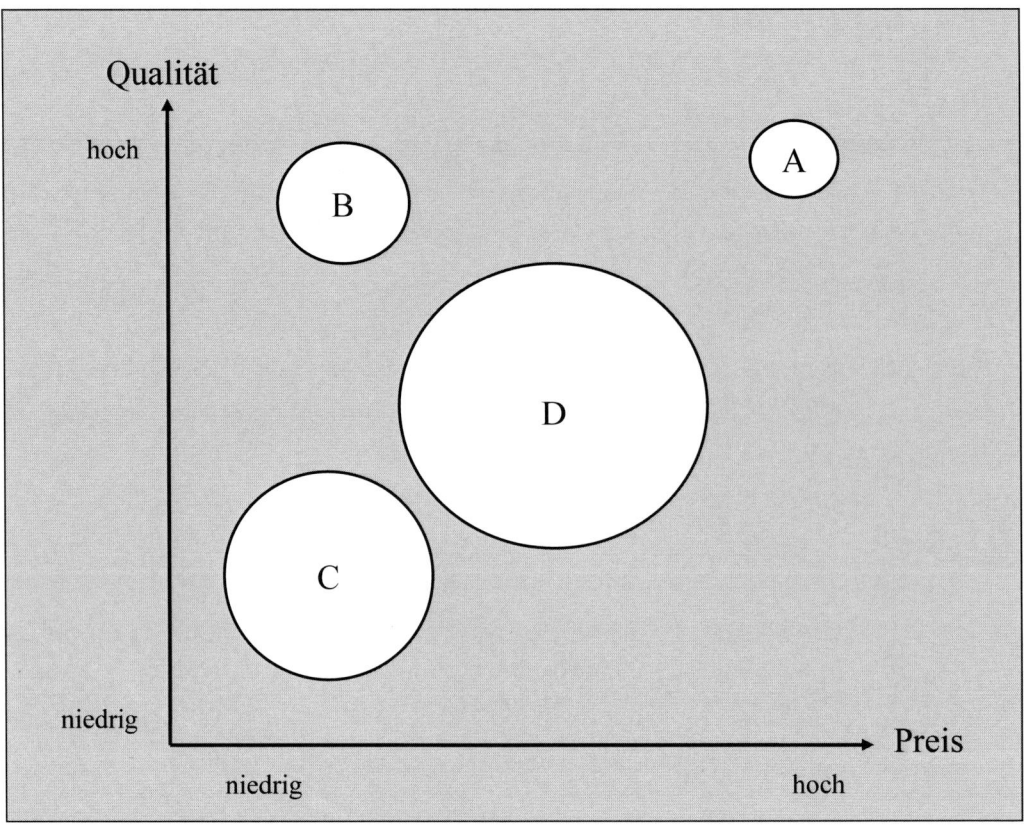

Abb. 52:   Ergebnis einer Clusteranalyse

Interpretieren Sie das Ergebnis und charakterisieren Sie die vier Cluster! In welchem Cluster befinden sich die Kunden, die die Produkte des Bekleidungsherstellers kaufen?

Hinweis: Die Größe der für die Darstellung der Cluster verwendeten Kreise verweist auf die Größe der dahinterstehenden Kundengruppe, d. h. z. B. dass die dem Cluster C zugehörigen Kunden einen größeren Anteil an der Grundgesamtheit ausmachen als die dem Cluster B zugeordneten Kunden.

c) Erläutern Sie, ob der Bekleidungshersteller seine Produktpalette auf Basis der Marktübersicht aus Teilaufgabe b) erweitern sollte!

Weiterführende Literatur

BACKHAUS, K./ERICHSON, B./PLINKE, W./WEIBER, R. 2008: Multivariate Analysemethoden – eine anwendungsorientierte Einführung, 12., vollst. überarb. Aufl., Berlin u. a. 2008.

BEREKOVEN, L./ECKERT, W./ELLENRIEDER, P. 2009: Marktforschung – methodische Grundlagen und praktische Anwendung, 12., überarb. u. erw. Aufl., Wiesbaden 2009.

HAMMANN, P./ERICHSON, B. 2000: Marktforschung, 4., überarb. und erw. Aufl., Stuttgart u. a. 2000.

HERRMANN, A./HOMBURG,C./KLARMANN, M. 2008: Handbuch Marktforschung – Methoden, Anwendungen, Praxisbeispiele, Wiesbaden 2008.

FANTAPIÉ ALTOBELLI, C./HOFFMANN, S. 2011: Grundlagen der Marktforschung, Konstanz u. München 2011.

KUß, A./EISEND, M. 2010: Marktforschung – Grundlagen der Datenerhebung und Datenanalyse, 3., überarb. und erw. Aufl., Wiesbaden 2010.

OLBRICH, R. (Hrsg.) 2006: Marketing-Controlling mit POS-Daten, Analyseverfahren für mehr Erfolg in der Konsumgüterwirtschaft, Frankfurt am Main 2006.

PARASURAMAN, A./GREWAL, D./KRISHNAN, R. 2006: Marketing Research, 2nd ed., Boston u. a. 2006.

Kapitel 5

Marktforschung am Point-of-Sale

5. Marktforschung am Point-of-Sale

5.1. Scanningpanels im Einzelhandel

5.1.1. Die Gewinnung und Aggregation von Scanningdaten

Scanningdaten sind i. w. S. codierte *Informationen*, die erst durch den Einsatz eines Scanners und einer entsprechenden Software decodiert werden können. Bei diesen Informationen handelt es sich um Angaben über Vorgänge, Zustände und Sachverhalte, die hauptsächlich die Leistungen (Waren und Dienstleistungen) von Unternehmen betreffen. Die Erfassung von Scanningdaten kann an jeder beliebigen Schnittstelle der Logistikkette erfolgen, wie z. B. die Nummer der Versandeinheit bei der Warenannahme des Spediteurs, die EAN 128 (z. B. das Verfalldatum) bei der Kontrolle der Lagerhaltung und die EAN 13 beim Kassiervorgang im Einzelhandel.[125]

Scanningdaten können Informationen aller Art enthalten

In der Wissenschaft und in der Praxis werden mit Scanningdaten allerdings häufig nur jene Informationen in Verbindung gebracht, die während des *Kassiervorgangs* decodiert werden (sogenannte POS-Scanningdaten).[126] D. h. unter dem Begriff Scanningdaten werden i. e. S. Warenausgangsdaten des Einzelhandels verstanden. An diese Definition sollen sich die weiteren Ausführungen anlehnen.

häufig Beschränkung auf genuine Absatzdaten

Scanningdaten werden üblicherweise durch den Einsatz von Scannerkassen im Einzelhandel gewonnen. Scannerkassen gehören mittlerweile zum alltäglichen Bild bei einem Einkauf in einem SB-Warenhaus oder Supermarkt.[127] Beim Einsatz von *Scannerkassen* führt der kassierende Mitarbeiter das Produkt über einen Scanner, der den Verkauf mit einem Piepton quittiert, anstatt die Preise über eine Tastatur zu erfassen (vgl. Abb. 53).

Scannerkassen

---

[125] Vgl. hierzu auch Grünblatt 2004, S. 21 ff. sowie Olbrich/Grünblatt 2006, S. 78 ff.

[126] Vgl. z. B. Simon/Kucher/Sebastian 1982, S. 555 ff.; Vossebein 1993, S. 23 ff. und Olbrich 1993. Eine umfassende und zugleich anwendungsorientierte Darstellung des Marketing-Controlling mit POS-Daten ist darüber hinaus Olbrich 2006 zu entnehmen.

[127] Zur Illustration der verschiedenen Varianten von Scannerkassen vgl. Olbrich/ Grünblatt 2001, S. 654.

Die internationale Artikelnummer (EAN), mit der die Produkte in Form eines Strichcodes markiert sind, schafft die technische Voraussetzung für diese teilautomatisierte Form des Kassierens.

In der Praxis werden zwei unterschiedliche Varianten von Scannern verwendet. Die erste Variante bildet der *Slot-Scanner*. Bei dieser Variante werden die Produkte über den Kassentisch geschoben. Der Laserstrahl tastet die EAN ab und leitet die erfassten Informationen an einen angeschlossenen Rechner weiter, der diese Informationen in einer Datenbank speichert. Die zweite Variante bildet der *Handscanner* oder Handleser. Diese Variante eignet sich für die Registrierung großvolumiger Produkte und zur mobilen Datenerfassung.

Slot-Scanner

Handscanner

Abb. 53:   Kassiervorgang mit einer Scannerkasse (CCG 1997)

5.1.2.   Vorteile von POS-Scanningpanels im Vergleich zu traditionellen Handelspanels

Im Vergleich zum traditionellen Handelspanel ist die Messstelle für die Datenerfassung beim *POS-Scanningpanel* im Einzelhandel der Point-of-Sale (POS-Scanning). Die Voraussetzungen für die Erfassung von Scanningdaten sind eine eindeutige Identifikation der Artikel mit einem

POS-Scanningpanel

Strich- oder Zifferncode und die Verfügbarkeit von technischen Geräten, wie z. B. Scannerkassen oder Handscanner.

In der Bundesrepublik Deutschland bieten die Information Resources GmbH (InfoScan) und die A.C. Nielsen GmbH (MarketTrack) POS-Scanningpanels an. Sämtliche Anbieter verfeinern die Aussagefähigkeit ihrer Daten durch Ausweitung der teilnehmenden Geschäfte und fortschreitende Erfassung von Verkaufsbedingungen (z. B. Vertriebslinienangehörigkeit der teilnehmenden Einzelhandelsgeschäfte, Platzierung der Ware, usw.).

Beim Scanning werden die Variablen Preis, Datum und Zeit des Einkaufs, Standort der Verkaufsstelle und Zahl der verkauften Einheiten erfasst. Im Handelsbereich ergibt sich ein Vorteil bei der Verwendung von Scanning daraus, dass die Einführung geschlossener Warenwirtschaftssysteme unterstützt und somit eine vollständige Erfassung und Steuerung der Warenbestände ermöglicht wird. Zum anderen ergeben sich positive Effekte aus der schnellen Verfügbarkeit sowie der kostengünstigen und genauen Datenerfassung. Im Handel können Scanningdaten insbesondere im Bereich der Sortimentspolitik und Preispolitik genutzt werden. Darüber hinaus können sie zur Gewinnung von Informationen über das Käuferverhalten beitragen, wie z. B. die Verteilung der Einkaufshäufigkeiten pro Tag. Diese Informationen können u. a. für die Personaleinsatzplanung von Bedeutung sein. Seitens der Industrie können Scanningdaten u. a. zur Vertriebs- und Außendienststeuerung, zur Erfolgsmessung von Marketingaktivitäten, wie z. B. Preisänderungen, Sonderaktionen und Werbung sowie zur Konkurrenzanalyse eingesetzt werden.[128]

Durch die *automatisierte Abverkaufsdatenerfassung* und *computergestützte Weiterverarbeitung* der Daten ergibt sich im Vergleich zum traditionellen Handelspanel neben einem kürzeren Berichtszeitraum (i. d. R. wöchentlich) auch eine erheblich schnellere Berichtsverfügbarkeit. Diese beträgt bei Scanningpanels ca. 10-15 Tage, bei traditionellen Handelspanels hingegen je nach Lage der Erhebungstage 4-5 Wochen. Zudem können im Rahmen von Scanningpanels erstmals die tatsächlichen Verkaufspreise registriert

automatisierte Abverkaufsdatenerfassung und computergestützte Weiterverarbeitung

---

128   Zum Einsatz von Scanningdaten vgl. ausführlicher Vossebein 1993.

werden, während traditionelle Handelspanels nur die Preise an den Erhebungsstichtagen ausweisen.[129]

Das traditionelle Handels- sowie das POS-Scanningpanel können mit Blick auf die Anzahl und auf die Vielfalt der kooperierenden Geschäfte darauf
Repräsentativität angelegt sein, eine möglichst hohe *Repräsentativität* zu erreichen oder sich auf ein spezielles Segment zu beschränken (z. B. eine Branche oder eine Betriebsform).[130]

Die Anbieter versuchen, die Aussagefähigkeit ihrer Daten durch Ausweitung der teilnehmenden Geschäfte und fortschreitende Erfassung von Verkaufsbedingungen zu verbessern (z. B. Vertriebslinienangehörigkeit der teilnehmenden Einzelhandelsgeschäfte, Platzierung der Ware usw.).

Im Rahmen eines POS-Scanningpanels werden Scanningdaten in den kooperierenden Einzelhandelsgeschäften während des Kassiervorgangs erhoben und einem Marktforschungsinstitut (wöchentlich) zur Verfügung ge-
Erfassung der stellt. Bei den gewonnenen Daten handelt es sich um *,Rohdaten'* oder so-
Rohdaten genannte Warenkörbe. Besondere Erhebungskosten fallen für die Datenerhebung nicht an. Somit sind sie als ,Nebenprodukt' des Kassiervorgangs und eines geschlossenen Warenwirtschaftssystems zu sehen (vgl. (1) und (2) in der Abb. 54).[131]

Die Marktforschungsinstitute verfügen über Mitarbeiter, sogenannte
Marktbeobachter *,Marktbeobachter'*, die die einzelnen Einzelhandelsgeschäfte aufsuchen, um zusätzliche POS-Daten (z. B. Sonderaktionen und Zweitplatzierungen) für das Scanningpanel zu erheben (vgl. (3) in der Abb. 54). Die Scanningdaten werden anschließend von den Marktforschungsinstituten zu marktforscherischen Zwecken aufbereitet (formatiert und aggregiert) und den Kunden (Industrie und Handel sowie Beratungsunternehmen) gegen ein Entgelt zur Verfügung gestellt (vgl. (4) und (5) in der Abb. 54).

Datenanalyse als In den Fällen, in denen die Kunden der Marktforschungsinstitute auch eine
Dienstleistung Analyse der Scanningdaten und Beratung wünschen, können auch diese *Dienstleistungen* angeboten werden (vgl. (6) in der Abb. 54). Je nach Auf-

---

[129] Vgl. Erichson 1992, S. 197.

[130] Vgl. Meffert 1992, S. 214.

[131] Vgl. Huppert 1984, S. 19.

wand und Know-how der anzuwendenden Analyseverfahren kann es vorkommen, dass die Marktforschungsinstitute mit Verbundpartnern kooperieren oder bestimmte Aufgaben an diese delegieren (vgl. (7) in der Abb. 54).

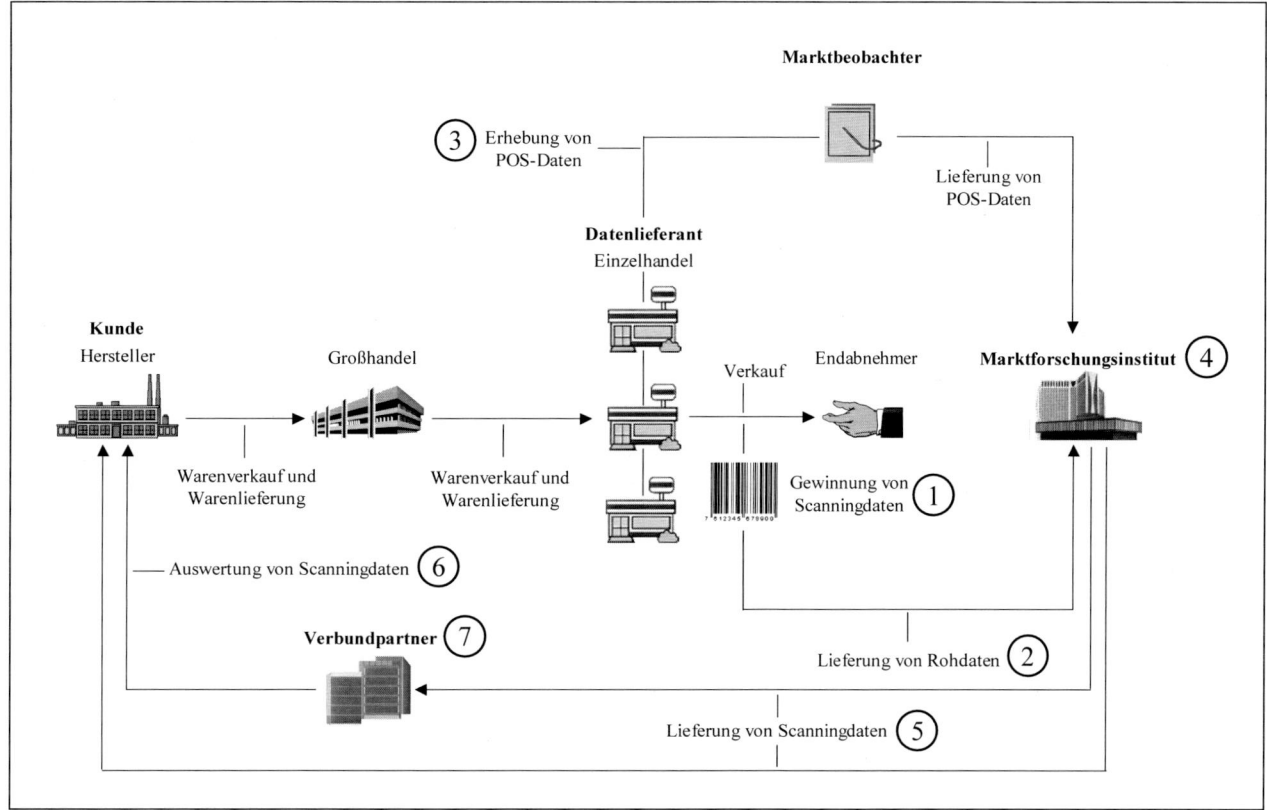

Abb. 54: Die Gewinnung von Scanningdaten im Rahmen von Scanningpanels (in Anlehnung an MADAKOM 1998, S. 3)

Mittels Scanningdaten werden die Verkaufsmengen automatisch erfasst.
Dies führt zu erheblichen Kostensenkungspotenzialen, weil die personal-
und kostenintensive Datenerhebung des Lager- und Regalbestandes durch
die Mitarbeiter der Handels- und Marktforschungsunternehmen z. T. (bis
auf gelegentliche Inventuren) nicht mehr notwendig ist.

Die *Reliabilität* (Verlässlichkeit) der Erhebung von Scanningdaten ist Reliabilität
relativ hoch. Aufgrund der automatisierten Datenerfassung durch die
Scannerkassen können Fehler bei der Erhebung der Daten deutlich reduziert
werden, da eine manuelle Erfassung der Daten zum großen Teil nicht mehr
erforderlich ist. Im Rahmen der Preiserhebung können Scanningdaten sogar

genauere Daten liefern.[132] Bei den traditionellen Handelspanels werden die Preise, die an den Erhebungsstichtagen gelten, erhoben. Die Scannerkassen hingegen registrieren die tatsächlichen Verkaufspreise. Somit können auf der Grundlage von Scanningdaten der im Handel tatsächlich verlangte Preis und die erzielten Umsätze ermittelt werden. Obwohl die automatisierte Datenerfassung (Scanning) im Vergleich zu den traditionellen Handelspanels die Fehlerquote bei der Datenerhebung deutlich reduzieren kann, muss berücksichtigt werden, dass im Rahmen des Scanning im Einzelhandel bis heute eine Reihe von technischen Problemen ungelöst geblieben sind, die der Verlässlichkeit der Nutzung von Scanningdaten in der Unternehmenspraxis gewisse Grenzen setzen.

5.1.3.   Die Methoden zur Erfassung und Analyse von Scanningdaten im Überblick

Analysemethoden für Scanningdaten

Die *Analysemethoden für Scanningdaten* besitzen mittlerweile ein weites Spektrum. Sie lassen sich jedoch vereinfacht in drei größere Bereiche einteilen:

1. Marktbeobachtung,

2. Wirkungsanalysen sowie

3. Bildung von Käufersegmenten zum Zwecke der Zielgruppenanalyse und -ansprache.

Marktbeobachtung **1.   Marktbeobachtung**

Die reine Marktbeobachtung dient zunächst dazu, einen Überblick über den Abverkauf bestimmter Artikel, die im Einzelhandel tatsächlich verlangten Preise und die eingesetzten verkaufsfördernden Instrumente zu erlangen. Beispiele für derartige Analysen sind:

- Abverkaufs-/Marktanteilsanalysen,

- Ermittlung des Distributionsgrades,

---

132   Vgl. Huppert 1985, S. 29 und Vossebein 1993, S. 25.

- Preisklassenanalyse und Preisstellungsanalyse,

- Ermittlung von Aktionshäufigkeiten (Promotionintensitätsanalyse),

- Ermittlung von Käuferfrequenzen und Einkaufsbeträgen und

- Sortimentsstrukturanalysen im Einzelhandel.

Als Beispiel für eine Form der Marktbeobachtung sei auf die Abbildung 66 in Abschnitt 5.2.4. verwiesen. Dort wird eine *Preisklassenanalyse* dargestellt.

Preisklassen-analyse

2. Wirkungsanalysen

Wirkungsanalyse

Bei der Wirkungsanalyse wird stets versucht, kausale Zusammenhänge zwischen dem Einsatz einzelner Marketinginstrumente und dem Abverkauf bzw. Marktanteil bestimmter Artikel, Artikelgruppen und Warengruppen herzustellen.[133] Sie dienen damit der besseren Steuerung der Marketinginstrumente. Beispielhaft sind zu nennen:

- Preis-Absatz-Analysen,

- Preis-Promotion-Analysen,

- Werbewirkungsanalysen,

- Verbund- und Substitutionseffekte aktionierter Artikel und

- Platzierungsanalysen.

Als Beispiel für eine Wirkungsanalyse sei auf die Abbildung 64 in Abschnitt 5.2.3. verwiesen. Dort wird eine *Preisabstandsanalyse* dargestellt.

Preisabstands-analyse

Aus der Vielzahl möglicher Auswertungsbeispiele soll des Weiteren eine *Preis-Promotion-Analyse* für Schokoladenprodukte, die zu den Impulskaufprodukten zählen, herausgegriffen werden. Solche Produkte werden häufig als Zweitplatzierung im Kassenbereich positioniert. Für diese Produkte soll untersucht werden, welche Absatzsteigerungen für verschiedene Kombinationen von verkaufsfördernden Marketinginstrumenten zu erwarten sind.

Preis-Promotion-Analyse

---

133 Vgl. zu einem vertiefenden Fallbeispiel aus dem Markt für Entkalker Abschnitt 5.2.

Neben der Preisaktion (PA) berücksichtigt die Auswertung in Abbildung 55 Zweitplatzierungen (ZW), kommunikative Unterstützung (KU) (z. B. durch Handzettel sowie Anzeigen in Tageszeitungen) sowie Kombinationen dieser Marketinginstrumente. Die Auswertung zeigt, dass bei Preisaktionen mit Preisnachlässen bis zu 7 % zumindest eine kommunikative Unterstützung, bei Nachlässen über 7 % dagegen zusätzlich eine Zweitplatzierung zu empfehlen ist, sofern der Absatz gesteigert werden soll.

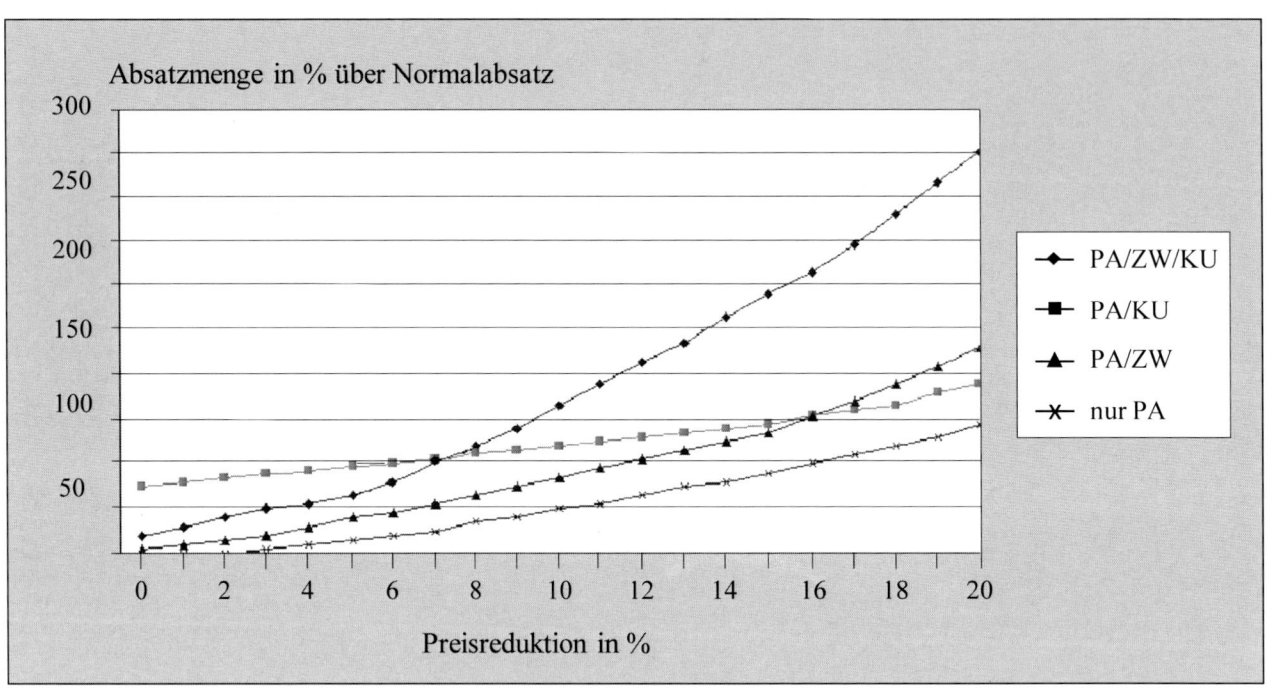

Abb. 55:   Preis-Promotion-Analyse
           (MADAKOM GmbH u. gdp Marktanalysen GmbH 1998)

Des Weiteren soll das Preis-Promotion-Modell des Marktforschungsinstituts A. C. Nielsen herausgegriffen werden.[134] Für eine Marke X soll untersucht werden, welche Absatzsteigerungen für verschiedene Kombinationen von verkaufsfördernden Marketinginstrumenten zu erwarten sind. Häufig beobachtete Instrumente sind Displays, Handzettel sowie Anzeigen in Tageszeitungen. Des Weiteren besitzt die Preissenkung im Zuge des Einsatzes dieser Instrumente zumeist eine besondere Bedeutung. Die in den erhobenen Scannerdaten vorgefundenen Einzelfälle derartiger Aktionen

---

[134]   Vgl. Milde/Hirvonen 1992 und Milde 1997, S. 431 ff.

sollen nach diesem Modell nunmehr Auskunft über die zu erwartenden Absatzsteigerungen geben (vgl. Abb. 56).

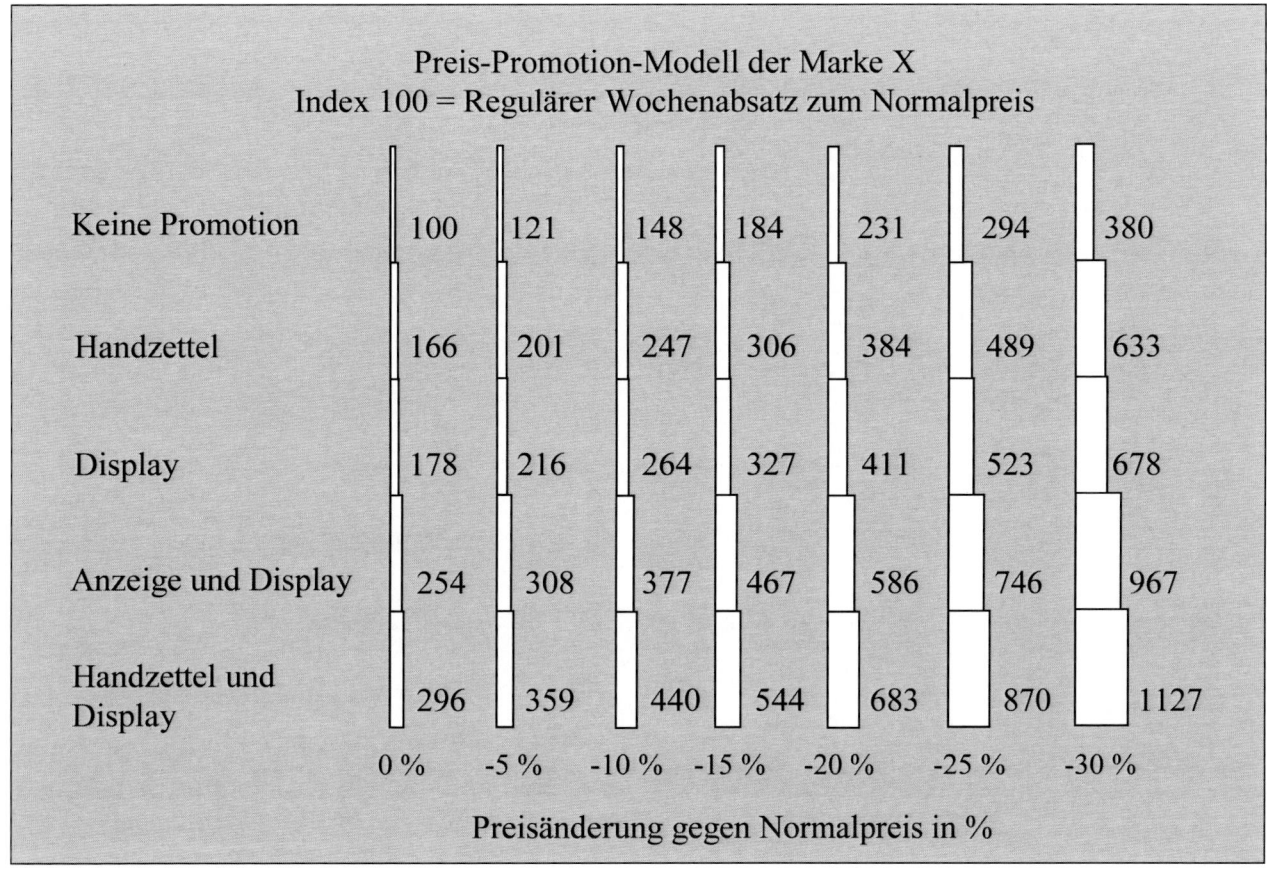

Abb. 56:   Preis-Promotion-Modell der Firma A.C. Nielsen
(Milde/Hirvonen 1992, S. 485)

Die wöchentlich aggregierten Daten zeigen z. B. in den folgenden drei Fällen in Form eines Indexwertes auf, dass gegenüber dem Normalfall (Verkauf von 100 Einheiten der Marke X) Steigerungen in unterschiedlicher Höhe erzielt werden konnten.

1.   Displayunterstützung, ohne Preissenkung (178 Einheiten)

2.   Handzettelwerbung, 10 % Preissenkung (247 Einheiten)

3.   Keine Promotion, 20 % Preissenkung (231 Einheiten)

Diesen Ergebnissen auf der Absatzseite können nunmehr die Wareneinstandskosten und die Kosten für den Einsatz der Marketinginstrumente zur Ermittlung von Roherträgen gegenübergestellt werden. Die Frage, ob sich hinter den zusätzlichen Verkäufen z. B. ein tatsächlicher Mehrverkauf verbirgt oder ob Vorratskäufe getätigt wurden, kann mit Scanningdaten, die im Einzelhandel anonym, d. h. ohne Zuordnung zum Käufer abgespeichert wurden, nicht beantwortet werden. Für derartige Fragestellungen müssen die Käufer identifiziert und damit Konsumentenpanels eingesetzt werden.

Bildung von Käufersegmenten

3. Bildung von Käufersegmenten zum Zwecke der Zielgruppenanalyse und -ansprache

Zielgruppenanalyse

Die *Zielgruppenanalyse* auf der Grundlage von Scanningdaten kann als die jüngste Entwicklung auf diesem Gebiet des Marketing-Controlling angesehen werden. Zielsetzung ist es, das Einkaufsverhalten bestimmter Käufersegmente zu analysieren. Es stehen zur Beantwortung unterschiedlicher Fragestellungen folgende Formen der Datenanalyse zur Auswahl:

1. Analyse der Warenkörbe anonymer Käufer und

2. Analyse der Warenkörbe identifizierter Käufer.

Warenkorbanalyse anonymer Käufer

Zu 1. Analyse der Warenkörbe anonymer Käufer:

Der Warenkorb eines Käufers stellt die mittels Scanning erfasste ‚Ur-Information' dar. Die Erfassung des Warenkorbes kann einerseits lediglich dazu dienen, den Abverkauf der in ihm enthaltenen Artikel fortzuschreiben. Andererseits kann er in seiner vollständigen Zusammensetzung abgespeichert und für weitere Auswertungen vorgehalten werden. Die Abspeicherung der Warenkörbe anonymer Käufer erlaubt unter bestimmten Prämissen Schlussfolgerungen hinsichtlich des Einkaufsverhaltens der Kunden.[135]

Warenkorb

Ein *Warenkorb* enthält sämtliche Artikel eines einkaufenden Konsumenten. Der Warenkorb enthält Informationen darüber,

*   welche(r) Artikel,

*   wann (Datum und Uhrzeit),

*   in welcher Verkaufsstelle,

*   wie oft,

---

[135]   Vgl. Fischer 1997, S. 281 ff.

- mit welchem Preis verkauft wurde(n) und

- mit welchem Zahlungsmittel (Bargeld, EC- oder Kundenkartenzahlung) der (anonyme) Kunde bezahlt hat.

Bei den *Warenkorbdaten* handelt es sich um Rohdaten, die einer weiteren Aufbereitung bedürfen, um verwertbare Informationen zu gewinnen.

Warenkorb-rohdaten

Abbildung 57 zeigt einen Ausschnitt aus den Warenkorbdaten einer Verkaufsstelle mit der Nummer ‚3' am 05. September 2001. Die Speicherung der Nummer des Outlets ist auch deshalb wichtig, weil die in den Verkaufsstellen gespeicherten Warenkörbe an die Systemzentrale zu marktforscherischen Zwecken übertragen werden können. Die Nummer des Outlets ermöglicht die einwandfreie Zuordnung der Scanningdaten zu den Verkaufsstellen und erleichtert somit die Verwaltung und Aufbereitung der Daten in der Systemzentrale.

Abbildung 57 zeigt auch, dass der Käufer, dem der Kassenbon mit der Nummer 1324 zuzuordnen ist, eine Mengeneinheit des Artikels mit der EAN-Nummer ‚40354778909345' sowie zwei Mengeneinheiten der Artikel mit den EAN-Nummern ‚40675904342578' und ‚40346782903222' gekauft hat.

Datum	Uhrzeit	Bonnummer	Outlet	EAN	Absatz	Preis
…	…	…	…	…	…	…
05.09.01	14:34:09	1324	3	40354778909345	1	2,29
05.09.01	14:34:11	1324	3	40675904342578	2	1,19
05.09.01	14:34:12	1324	3	40346782903222	2	0,99
05.09.01	14:34:09	1325	3	40567899098345	1	2,29
05.09.01	14:34:09	1325	3	40543789887783	4	2,29
05.09.01	14:34:09	1325	3	40445677884532	2	2,29
…	…	…	…	…	…	…

Abb. 57: Ausschnitt aus den Warenkorbdaten einer Verkaufsstelle

Zusätzlich wird der zugehörige Verkaufspreis gespeichert. Weitere Informationen, die sich auf den jeweiligen Abverkauf beziehen, wie z. B. Sonderaktionen, können durch die Eingabe von zusätzlichen Kennzeichen in das Scannersystem automatisch festgehalten werden. Allerdings werden diese Informationen in der Unternehmenspraxis häufig nicht gepflegt, so dass Marktforschungsinstitute, die ihre Scanningdaten vom Einzelhandel beziehen, gezwungen sind, diese Informationen an den Regalen der betreffenden Verkaufsstellen zusätzlich zu erfassen. Diese Aufgabe übernehmen häufig sogenannte Marktbeobachter.[136]

Sollen die Warenkörbe der Konsumenten analysiert werden, so müssen die Daten aus den Scannerkassen in dieser Form über einen bestimmten Zeitraum und für bestimmte Verkaufsstellen gesammelt werden.

Abbildung 58 zeigt ein Beispiel für eine Warenkorbanalyse.[137] Auf der Abszisse ist der Anteil der Käufer abgetragen, die ein Produkt aus den Warengruppen ‚Butter‘, ‚Kosmetik‘ und ‚Tiernahrung‘ gekauft haben.

Die Positionierung der Warengruppe bezüglich der Ordinate gibt Aufschluss über den durchschnittlichen Einkaufsbetrag dieser Kunden in der Warengruppe. Die Käuferfrequenz ist in den Warengruppen ‚Butter‘ und ‚Tiernahrung‘ deutlich rückläufig. Die Käufer wandern folglich zu anderen Anbietern ab und decken dort ihren Bedarf. In der Warengruppe ‚Kosmetik‘ steigt zwar der durchschnittliche Einkaufsbetrag, es konnten jedoch keine zusätzlichen Käufer hinzugewonnen werden.

Analyse der Käuferfrequenz   Die *Analyse der Käuferfrequenz* im Rahmen der Sortimentskontrolle kann hier zeigen, ob ein Absatz- bzw. Umsatzrückgang in einer Warengruppe auf einen Käuferfrequenzverlust zurückzuführen ist. Somit kann die Analyse der Käuferfrequenz auf Warengruppenebene u. a. Anhaltspunkte für Modifikationen der Gestaltung und Zusammensetzung von Warengruppen oder für einen gezielten Ansatz der Marketinginstrumente in den unterschiedlichen Einkaufsstätten liefern. In diesem Zusammenhang spricht man auch

---

136   Vgl. hierzu Abschnitt 5.1.2.

137   Zu den Nutzenpotenzialen der Warenkorbanalyse vgl. Julander 1992, S. 10 ff.; Fischer 1993; Michels 1995, S. 38 ff.; Rehborn/Steckner 1997, S. 24 ff. und Recht/Zeisel 1997, S. 96 ff sowie Buhr 2006a, 2006b und 2006c, Knuff 2006, Tauberger 2006 und Windbergs 2006.

von Mikromarketing, weil die abzuleitenden Maßnahmen in der Regel nur auf ein bestimmtes Geschäft bzw. einen bestimmten Standort angewandt werden sollen.[138]

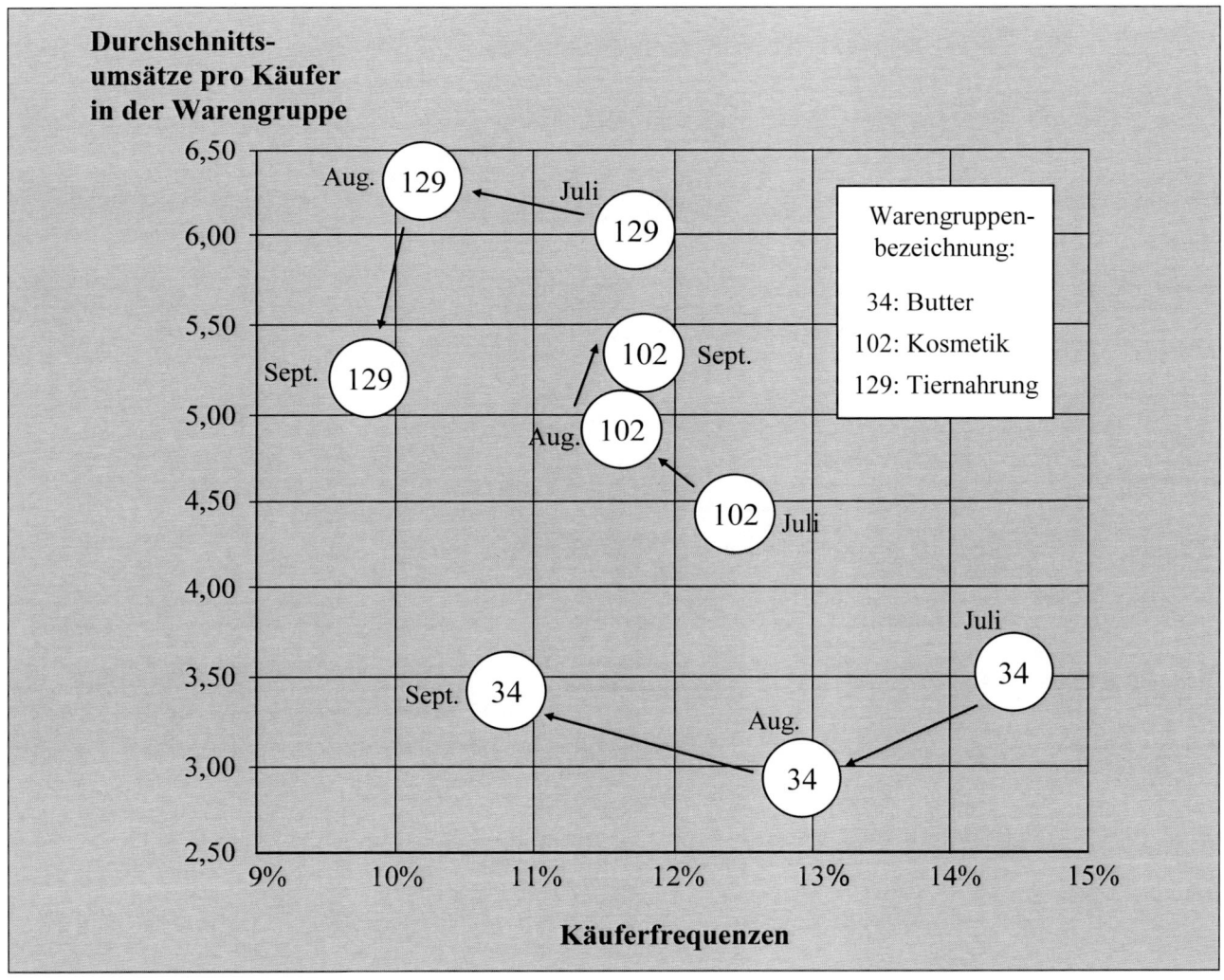

Abb. 58: Dynamische Analyse des warengruppenspezifischen Einkaufs-verhaltens (Fischer 1993, S. 91)

Derartige Informationen sind für das Handelsmanagement und für die Distributionspolitik der Industrie von Interesse, da sie Hinweise auf die Akzeptanz von Warengruppen in den unterschiedlichen Einkaufsstätten

---

138 Vgl. Neslin u. a. 1994, S. 404; Gerling 1994b, S. 66; Gerling 1994c, S. 27 ff. und Montgomery 1997, S. 316.

geben und so Anregungsinformationen für einen gezielten Einsatz der Marketinginstrumente liefern.

Aggregation von Warenkorbdaten Um Speicherplatz und Datenübertragungskosten einzusparen, werden zumeist die *Warenkorbdaten* bereits in der Verkaufsstelle *aggregiert*.[139] Die Warenkorbdaten werden zunächst in der Weise aggregiert, dass alle Abverkäufe desselben Artikels, die an einem Tag stattgefunden haben, zusammengefasst werden. In diesem Zusammenhang wird auch von ‚tagesgenauen Scanning(roh)daten' gesprochen. Ähnlich wie Warenkörbe, bestehen tagesgenaue Scanningdaten aus einzelnen Datensätzen.

Abbildung 59 zeigt einen Ausschnitt aus einer Scanningdatenbasis. Jede Zeile entspricht einem Datensatz. Ein Datensatz der tagesgenauen Scanningdaten gibt Aufschluss darüber, wie oft ein bestimmter Artikel an einem bestimmten Tag in einer bestimmten Verkaufsstelle verkauft wurde. Der erste Datensatz in der Abbildung 59 zeigt z. B., dass von dem Artikel mit der EAN-Nummer ‚40354778909345' in der Verkaufsstelle ‚3' am 05. September 2001 zwanzig Mengeneinheiten verkauft wurden.

Aggregation ermöglicht bereits Vergleiche zwischen Verkaufsstellen Die *Aggregation* der Warenkörbe auf Tagesbasis ermöglicht einen besseren *Vergleich* der Abverkaufszahlen verschiedener *Verkaufsstellen*. In der Abbildung 59 fällt z. B. auf, dass die Abverkaufszahlen in der Verkaufsstelle ‚3' jeweils deutlich höher als die Abverkaufszahlen in der Verkaufsstelle ‚4' sind. Dies kann z. B. darauf zurückzuführen sein, dass bei den zu untersuchenden Verkaufsstellen unterschiedliche Betriebsformen des Einzelhandels vorliegen. So kann es z. B. sein, dass die Verkaufsstelle ‚3' ein SB-Warenhaus und die Verkaufsstelle ‚4' ein kleiner Supermarkt ist. Aus diesem Grund ist es sinnvoll – insbesondere mit Blick auf die Analyse und Auswertung der Datensätze durch Marktforschungsinstitute sowie durch Industrie- und Beratungsunternehmen – die Betriebsgröße und die Betriebsform der einzelnen Verkaufsstellen in der Scanning-Datenbasis zu berücksichtigen.

---

[139]   Vgl. ähnlich Gerling 1994a, S. 47.

EAN	Datum	Outlet	Absatz	Preis	Umsatz
...	...	...	...	...	...
40354778909345	05.09.01	3	20	2,29	45,80
40354778909345	06.09.01	3	24	2,29	52,96
...	...	...	...	...	...
40354778909345	05.09.01	4	8	2,19	17,52
40354778909345	06.09.01	4	9	2,19	19,71
...	...	...	...	...	...

Abb. 59: Ausschnitt tagesgenauer Scanningrohdaten

Die Verwaltung und Analyse von tagesgenauen Daten ist in der Praxis so kostenintensiv (große Speichermedien und sehr leistungsfähige EDV-Systeme), dass in den meisten Fällen eine weitere Aggregation vorgenommen wird. Diese Aggregation erfolgt auf der Basis von Kalenderwochen (vgl. Abb. 60). Diese Form der Aggregation von Scanningdaten überwiegt in der Unternehmenspraxis.[140] Die Verwaltung von Scanningdaten als Tagesdaten oder Warenkörbe wird häufig nur dann bevorzugt, wenn der finanzielle Aufwand für die Aggregation der Einzeltransaktionen zu je einem Datensatz pro Artikel und Woche höher als die zusätzlichen Speicher- und Übertragungskosten der Warenkörbe ist.[141] Dieses Problem kann bei kleineren Geschäftsstätten auftreten, in denen die notwendigen technischen und personellen Ressourcen für die Datenaufbereitung nicht vorhanden sind. Der wesentliche Grund, der für die Verwaltung und Aufbereitung von Scanningdaten mit einem geringeren Aggregationsniveau als Wochendaten spricht, ist die hohe Anzahl an unterschiedlichen und detaillierten Analysemöglichkeiten, die Warenkörbe und tagesgenaue Daten bieten.

---

[140] Vgl. Gerling 1994a, S. 47.

[141] Vgl. Gerling 1995, S. 31.

EAN	Kalenderwoche	Outlet	Absatz	Preis	Umsatz
...	...	...	...	...	...
40354778909345	33/01	3	120	2,29	274,80
40354778909345	34/01	3	84	2,29	192,36
...	...	...	...	...	...
40354778909345	33/01	4	43	2,19	94,17
40354778909345	34/01	4	39	2,19	85,41
...	...	...	...	...	...

Abb. 60:   Ausschnitt wochenbasierter Scanningdaten

Der erste Datensatz in der Abbildung 60 zeigt, dass während der 33. Kalenderwoche in der Verkaufsstelle ‚3' von dem Artikel mit der EAN-Nummer ‚40354778909345' 120 Mengeneinheiten verkauft wurden.

Bei den in der Abbildung 60 enthaltenen Datensätzen handelt es sich i. e. S. nicht um Scanningrohdaten, da die Daten bereits aggregiert und aufbereitet wurden. In der Praxis werden allerdings als Scanningrohdaten auch jene Scanningdaten bezeichnet, die einer Institution auf der geringst möglichen Aggregationsstufe zur Verfügung stehen. Bezieht ein Hersteller bereits aggregierte Scanningdaten (z. B. Wochendaten) von einem Marktforschungsinstitut, dann betrachtet der Hersteller diese Daten nicht selten auch als Scanningrohdaten.

Selektionskriterien Auf der Basis von Wochendaten können die Datensätze nach verschiedenen *Kriterien selektiert* werden, z. B. nach bestimmten Verkaufsstellen, Absatzkanälen und Absatzregionen. Die Wahl des Selektionskriteriums hängt im Wesentlichen von der Zielsetzung der Untersuchung ab. Je mehr Informationen in einer Scanning-Datenbasis verfügbar sind, umso mehr Selektionsmöglichkeiten der Scanningdatensätze stehen den betreffenden Unternehmen zur Verfügung.

Einfluss der Kontrollebene Die Aggregation von Scanningdaten reduziert zumeist den Aufwand der Datenverwaltung und -analyse. Das Niveau der Datenaggregation hängt im Prinzip von der Höhe der *Kontrollebene* im Unternehmen und der Länge des Planungszeitraumes ab. Je höher (niedriger) die Kontrollebene im

Unternehmen oder je länger (kürzer) der zu untersuchende Planungszeitraum ist, umso stärker (geringer) werden Scanningdaten aggregiert.[142]

Zu 2. Analyse der Warenkörbe identifizierter Käufer:

Die Analyse der Warenkörbe identifizierter Käufer[143] erlaubt hingegen direkte Aussagen zum Einkaufsverhalten bestimmter Kunden. Die Kernfrage, die mit der Zuordnung eines Warenkorbes zum Käufer beantwortet werden soll, lautet:

Wer kauft welchen Warenkorb mit welchen Produkten zu welchem Zeitpunkt vor dem Hintergrund welcher Konstellation der Marketinginstrumente von Hersteller und Handel?

Vor dem Hintergrund des Einsatzes bestimmter Marketinginstrumente verbergen sich z. B. folgende Fragestellungen hinter der Identifizierung und anschließenden Segmentierung von Käufern auf der Basis von Warenkörben:

1. Handelt es sich bei diesen Käufern um bisherige Käufer von Konkurrenzprodukten oder um markentreue Käufer?

2. Findet bei bestimmten Käufern eine Vorverlagerung des Kaufs, d. h. eine Bevorratung, statt?

3. Bei welchem Anteil an Käufern erfolgt ein Mehrverbrauch?

4. Wie hoch ist der Anteil an Käufern, der die Einkaufsstätte wechselt?

Zur Beantwortung dieser Fragen sind *Längsschnittanalysen* über das Einkaufsverhalten der Konsumenten erforderlich. Es müssen also die Einkäufe identifizierter Käufer über einen längeren Zeitraum erfasst werden. Dieses wird einerseits mit der Ausgabe von *Identifikationskarten* (ID-Karten) an die Konsumenten angestrebt. Andererseits soll zur Beantwortung der skizzierten Fragen die Nutzung von Scanning in den Haushalten der Konsumenten dienen (Inhome-Scanning).

Randnotizen: Warenkorbanalyse identifizierter Käufer; Längsschnittanalyse; Identifikationskarten

---

142 Vgl. Huppert 1985, S. 34.

143 Vgl. Mohme 1997, S. 431 ff.

Methoden zur
Datenerfassung

Die Eignung einzelner *Methoden zur Datenerfassung* und die Zweck-
mäßigkeit einzelner Analysemethoden kann allerdings nur vor dem Hintergrund zu beantwortender Fragestellungen beurteilt werden. Sämtliche
Methoden zur Datenerfassung eröffnen dabei jeweils eine spezifische Aussagekraft, die in letzter Konsequenz von der Informationsquelle abhängt.
Abbildung 61 zeigt im Überblick auf, welche der skizzierten Methoden für
die Erfassung welcher Daten geeignet ist und entsprechend eingesetzt wird.

Anzahl der genutzten Einkaufsstätten / Anzahl der Einkaufsvorgänge	Eine Einkaufsstätte	Mehrere Einkaufsstätten
Ein Einkaufsvorgang	z. B. Scannerkassen in der Einkaufsstätte	z. B. Konsumentenpanel - auf der Basis des Inhome-Scanning - auf der Basis von unternehmens-übergreifenden ID-Kartensystemen (z. B. in Testmarkt-gebieten)
Mehrere Einkaufsvorgänge	z. B. handelseigene Kundenkartensysteme (ID-Karten)	

Abb. 61:   Die Einsatzgebiete unterschiedlicher Methoden zur Erfassung
von Warenkörben

Bei der Auswahl der Methoden ist es von entscheidender Bedeutung, ob das
Kaufverhalten der Konsumenten in einer oder in mehreren Einkaufsstätten
sowie im Querschnitt (ein Einkaufsvorgang) oder im Längsschnitt (mehrere
Einkaufsvorgänge) beobachtet werden soll.

5.2.   Fallstudie ‚Sidol versus Antikal'

5.2.1.   Einführung in die Problemstellung

1996 führten die beiden Hersteller Henkel und Procter & Gamble zwei neue
Produkte, Sidol Entkalker (Henkel) und Antikal (P&G), in den Entkalker-
Markt ein.

Die folgende Fallstudie stellt den Ablauf einer Analyse von *Scanningdaten* dar und beleuchtet insbesondere die *Preispositionierung* dieser beiden Produkte. Hierbei sind jedoch die unterschiedlichen Markenkonzepte der beiden Produkte zum Zeitpunkt der Markteinführung zu beachten:[144]

Scanningdaten

*Preis-
positionierung*

Die Traditionsmarke *Sidol*, die aufgrund der nicht mehr aktiv betriebenen Markenpflege nur noch einen geringen Bekanntheitsgrad aufwies, sollte durch einen Relaunch wieder aktiviert und repositioniert werden. Dies geschah durch eine Produktdifferenzierung. Neben dem Entkalker wurden gleichzeitig ein Backofenreiniger und ein Küchenreiniger in das Produktsortiment aufgenommen. Weiterhin hatte das Produkt ‚Sidol Entkalker‘ neben seiner Eignung als Oberflächenentkalker die Besonderheit, als erstes Produkt seiner Gattung auch Geräte entkalken zu können. Sidol Entkalker wurde gänzlich als Entkalkungsprodukt konzipiert und somit auch mit Blick auf den Markt für Entkalkungsprodukte preislich positioniert.

Sidol

Im Gegensatz zu Sidol wurde mit *Antikal* von Procter & Gamble eine gänzlich neue Marke in den Markt eingeführt. Antikal wurde nicht als Entkalker, sondern als Allzweckreiniger mit dem Zusatznutzen der gleichzeitigen Anwendbarkeit als Oberflächenentkalker positioniert. Dieser Zusatznutzen führte zu einer Differenzierung von anderen Haushaltsreinigern und ermöglichte eine Preispositionierung deutlich oberhalb dieser Produkte. Sowohl durch die zeitliche Nähe der Einführung als auch aufgrund der Ansprache ähnlicher Zielmärkte konkurrierten Sidol und Antikal miteinander.

Antikal

Zusammenfassend ist festzuhalten, dass Sidol eine neukonzipierte Traditionsmarke mit dem hinzugekommenen Leistungselement Geräteentkalkung als Zusatznutzen ist. Sie konzentriert sich auf den Entkalker-Markt. Antikal dagegen ist eine neue Marke, welche einerseits als Allzweckreiniger über ein größeres Marktpotenzial verfügt, andererseits aber auch als Oberflächenentkalker verwendet werden kann. Die konkrete *Konkurrenzsituation* tritt somit nur im Bereich der Oberflächenentkalkung auf. Die folgende Abbildung 62 stellt die Zielmärkte der Produkte Antikal und Sidol dar.

*Konkurrenz-
situation*

---

144 Vgl. zu dieser Fallstudie Olbrich/Battenfeld/Grünblatt 1999, S. 13 ff. sowie Olbrich/Battenfeld/Grünblatt 2000, S. 271 ff.

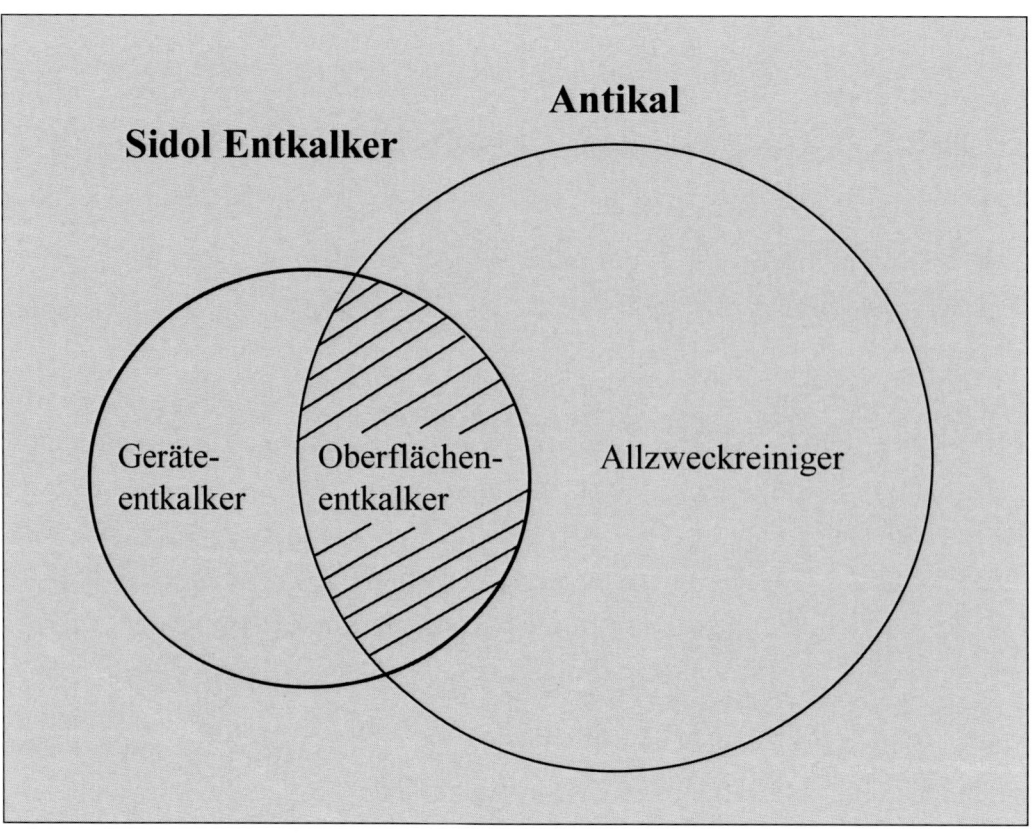

Abb. 62:   Zielmärkte der Produkte Sidol und Antikal

Wettbewerbs-
situation
Mit der Hilfe von Scanningdaten kann die *Wettbewerbssituation* von Produkten näher untersucht werden.[145] Zu diesem Zweck wurden aus Scanningdaten Informationen über die Nutzung der Vertriebskanäle sowie **Preisabstände und** die *Preisabstände und Preisklassen* dieser Produkte gewonnen.
Preisklassen

5.2.2.   Die Analyse der Nutzung von Vertriebskanälen

Die Analyse der Vertriebskanäle wird durchgeführt, um festzustellen, welche Absatzwege Unternehmen für den Verkauf ihrer Produkte nutzen. Eine solche Analyse lässt erkennen, welche Vertriebskanäle von Bedeutung **Absatz- und** für die *Absatz- und Umsatzentwicklung* des Produktes sind und welche **Umsatz-** eventuell durch Marketingmaßnahmen gezielt unterstützt werden sollten. **entwicklung** Abbildung 63 zeigt die Ist-Situation der Vertriebskanäle und verdeutlicht,

---

[145]   Vgl. Simon 1987, S. 22-24.

dass beide Produkte in vergleichbarer Gewichtung über die gleichen Vertriebskanäle den Weg zum Konsumenten finden.

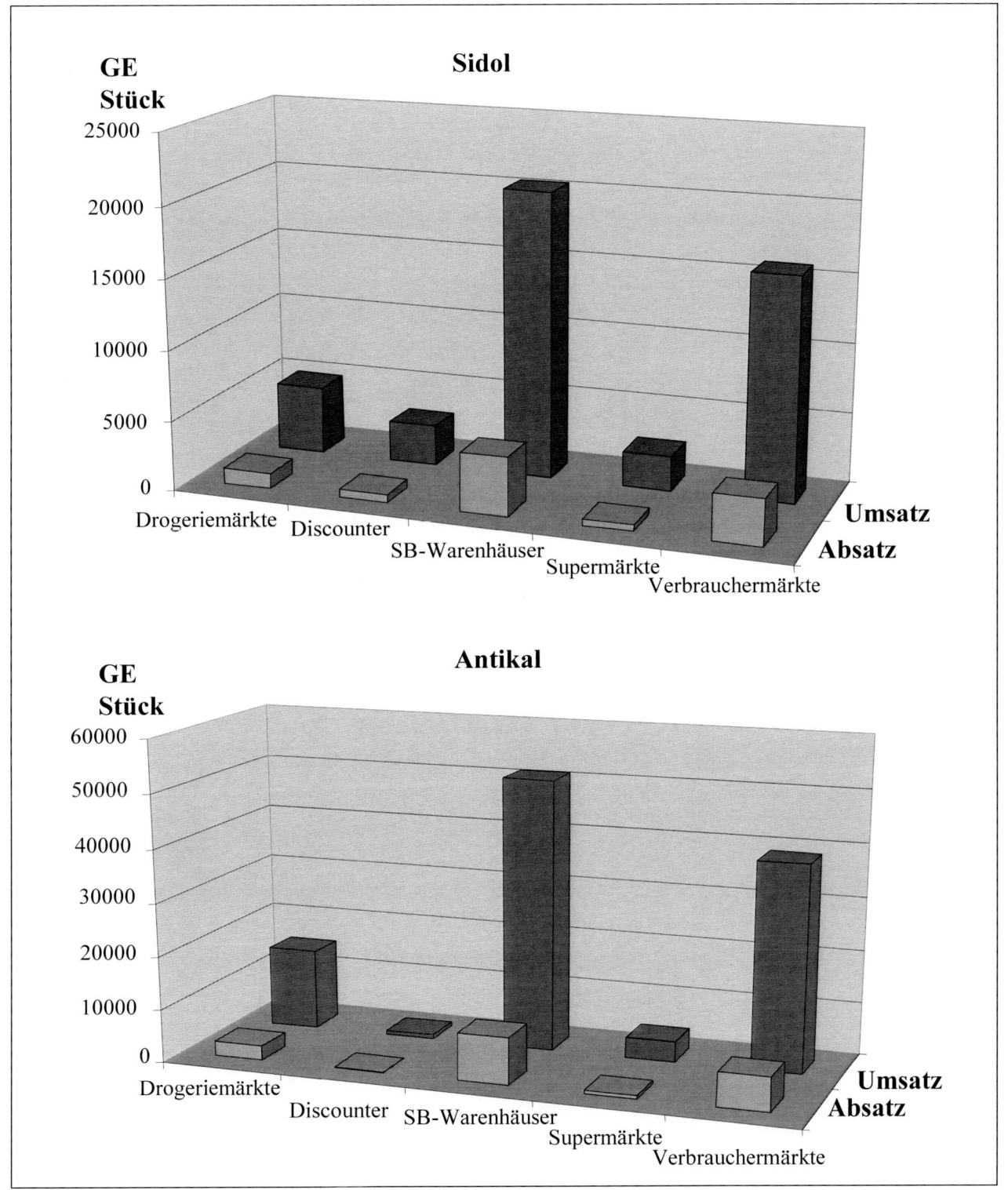

Abb. 63:   Vertriebskanäle von Sidol und Antikal

Vertriebskanäle

Nach Abbildung 63 sind die mit Abstand wichtigsten *Vertriebskanäle* die SB-Warenhäuser und die Verbrauchermärkte. Drogeriemärkte, Discounter und Supermärkte scheinen eine untergeordnete Rolle beim Vertrieb der beiden Produkte zu spielen. Dieses Ergebnis ist einerseits darauf zurück-

kleinflächige Betriebsformen

zuführen, dass die *kleinflächigen Betriebsformen* (Drogeriemärkte, Discounter und Supermärkte) entweder keine Entkalker führen oder aber nur wenige Marken in geringer Stückzahl präsentieren. Andererseits ist die

großflächige Betriebsformen

Kundenfrequenz und damit das Absatzpotenzial in *großflächigen Betriebsformen* des Handels größer als in kleinflächigen Betriebsformen. Somit ist der geringe Absatz bei kleinflächigen Betriebsformen auf das entsprechende Listungsverhalten des Handels und die geringeren Absatzpotenziale dieser Betriebsformen zurückzuführen. Dieses Beispiel zeigt, dass eine vordergründige Interpretation der Daten zu Fehlschlüssen führen kann und deshalb eine kritische Reflexion der Ergebnisse notwendig ist.

5.2.3.   Die Preisabstandsanalyse

Preisabstands-
analyse

Die *Preisabstandsanalyse* hat die Aufgabe, die Veränderung des Marktanteils eines Produktes in Abhängigkeit von dem Preisabstand zwischen dem Produkt und einem bestimmten anderen Produkt aufzuzeigen.[146] Um die Konkurrenzsituation von Antikal und Sidol besser zu verdeutlichen, wurde vereinfacht angenommen, dass sich beide Produkte ,ihren gemeinsamen' Markt teilen, d. h. die Summe der mengenmäßigen Marktanteile wird auf 100 % gesetzt. In der Abbildung 64 sind die Preisabstände der Produkte Sidol (500 ml) und Antikal (500 ml) dargestellt.

Preisgleichheit

Abbildung 64 zeigt, dass bei einer *Preisgleichheit* das Produkt Antikal einen Marktanteil von 91 % und Sidol von 9 % erreicht. Je teurer Antikal im Verhältnis zu Sidol ist, desto geringer scheint der Unterschied der Marktanteile auszufallen. Bei Preisabständen von 2,21 bis 2,40 GE und von 2,41 bis 2,80 GE ergeben sich sehr auffällige Marktanteilswerte. Es wären hier weitere Marktanteilszuwächse von Sidol zu erwarten gewesen.

---

[146]   Vgl. Olbrich 1997, S. 148.

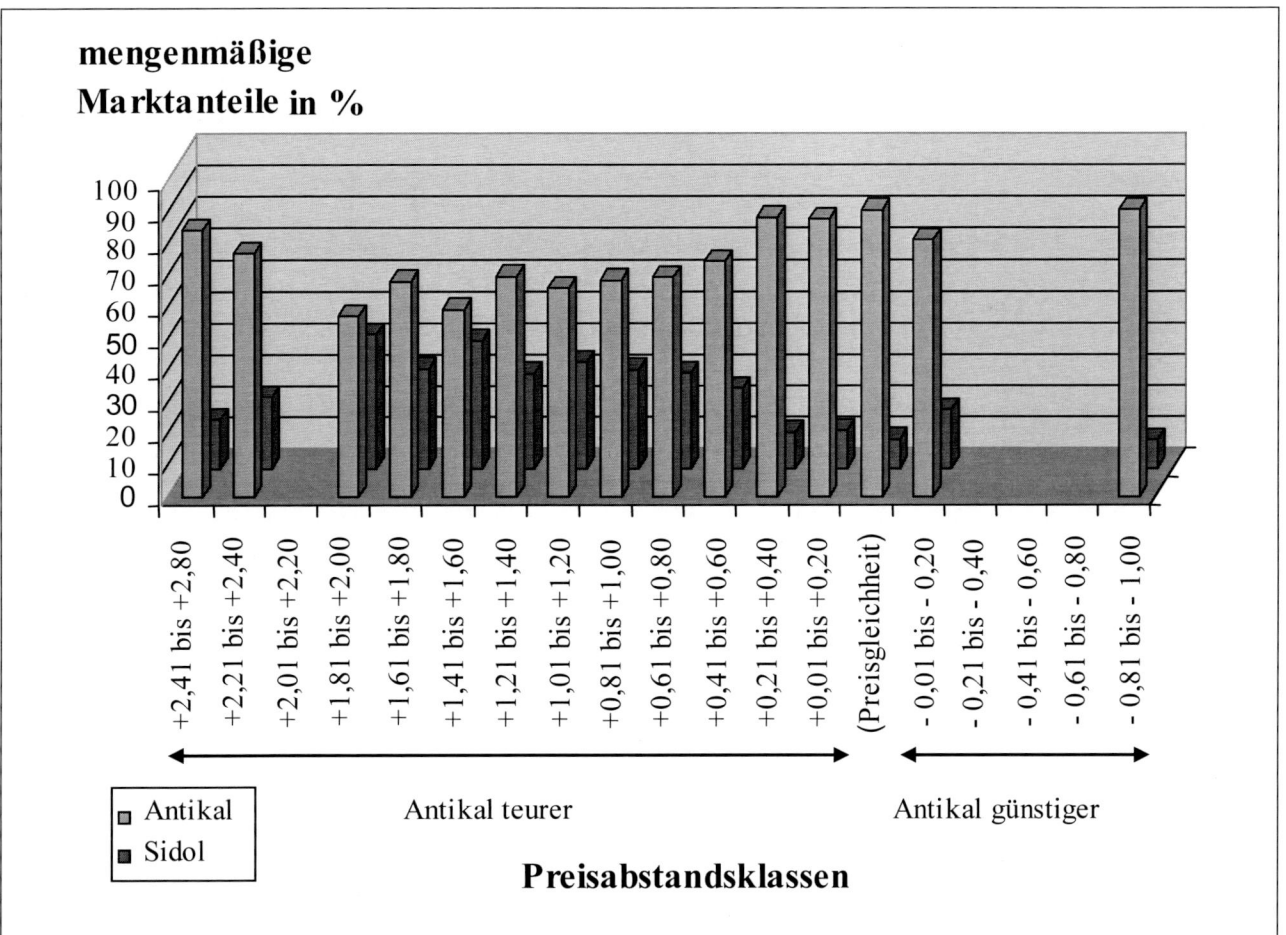

Abb. 64:   Preisabstandsanalyse

Abbildung 65 zeigt, dass diese Ergebnisse auf die geringe Anzahl von
Datenpunkten zurückzuführen sind. Die Kennzahl *KW-Häufigkeit* gibt die   KW-Häufigkeit
Anzahl an Kalenderwochen und Verkaufsstellen wieder, in denen die
beiden Produkte mit dem jeweiligen Preisabstand angeboten wurden. Diese
Kennzahl wird als Produkt aus den Verkaufsstellen und den Kalender-
wochen, in denen die Produkte mit diesem Preisabstand vorgefunden
wurden, ermittelt. Die Kennzahl KW-Häufigkeit wird für unterschiedliche
Scanningdaten-Analysen verwendet.

Je größer die KW-Häufigkeit ist, umso mehr Konsumenten haben die
Produkte in den entsprechenden Preisklassen erworben. Folglich ist auch
ein höherer Absatz zu erwarten.

Preisabstands-klassen	KW-Häufigkeit	Absatz in Stück (Antikal)	Absatz in Stück (Sidol)	mengenmäßiger Marktanteil in % (Antikal)	mengenmäßiger Marktanteil in % (Sidol)
+2,41 bis 2,80	1	11	2	84,62	15,38
+2,21 bis 2,40	1	34	10	77,27	22,73
+2,01 bis 2,20	0	0	0	0	0
+1,81 bis 2,00	95	546	405	57,41	42,59
+1,61 bis 1,80	31	470	218	68,31	31,69
+1,41 bis 1,60	121	736	501	59,5	40,5
+1,21 bis 1,40	85	1246	540	69,76	30,24
+1,01 bis 1,20	284	4329	2214	66,16	33,84
+0,81 bis 1,00	1143	14178	6466	68,68	31,32
+0,61 bis 0,80	231	5915	2589	69,56	30,44
+0,41 bis 0,60	308	5085	1741	74,49	25,51
+0,21 bis 0,40	5	177	23	88,5	11,5
+0,01 bis 0,20	6	217	30	87,85	12,15
Preisgleichheit	15	1810	182	90,86	9,14
-0,01 bis -0,20	1	167	38	81,46	18,54
-0,21 bis -0,40	0	0	0	0	0
-0,41 bis -0,60	0	0	0	0	0
-0,61 bis -0,80	0	0	0	0	0
-0,81 bis -1,00	1	113	11	91,13	8,87

Abb. 65:   KW-Häufigkeit und Absatz

Bei einer kleinen KW-Häufigkeit besteht die Gefahr, dass die beobachteten Fälle zu selten für eine verlässliche Analyse sind und somit ‚Ausreißer' darstellen könnten. Gleichzeitig verdeutlicht dieses Beispiel ein typisches Analyse von realen Problem der *Analyse von realen Absatzzahlen*. Für die komplette Breite der Absatzzahlen absatzpolitischen Parameter stehen in der Regel nur in beschränktem Maße

Beobachtungsfälle zur Verfügung, so dass bei einer Vorteilhaftigkeits-
analyse immer die Anzahl verfügbarer Datensätze beachtet werden muss.
Im vorliegenden Beispiel zeigen die Datensätze jedoch immerhin eine
relativ eindeutige Tendenz der *Marktanteilsentwicklung* in Abhängigkeit   Marktanteils-
von den Preisabständen.   entwicklung

Sidol erreicht den größten Marktanteil, wenn es 1,81 bis 2,00 GE preiswerter als Antikal angeboten wird. Für höhere Preisabstände und solche
Preisabstände, bei denen Sidol 0,21 bis 0,80 GE über dem Preis von Antikal
angeboten wird, liegen keine Scanningdaten vor, da keine Verkaufsstellen
die Produkte zu diesen Preisabständen angeboten haben.

5.2.4.   Die Preisklassenanalyse

Die Aufgabe der *Preisklassenanalyse* besteht darin, die Absatzmengen in   Preisklassen-
unterschiedlichen Preisklassen aufzuzeigen. Abbildung 66 verdeutlicht,   analyse
dass Sidol und Antikal hinsichtlich des Preises unterschiedlich positioniert
sind.

Sidol wird überwiegend zu einem niedrigeren Preis als Antikal angeboten.
In der Preisklasse zwischen 4,81 und 5,00 GE erreicht Sidol den größten
Absatz, Antikal erreicht diesen in einer höheren Preisklasse und zwar
zwischen 5,81 und 6,00 GE.

In diesem Zusammenhang müssen die *Anzahl der Verkaufsstellen und der
Kalenderwochen*, in denen die Produkte zu einem bestimmten Preis angeboten wurden, berücksichtigt werden. Abbildung 66 zeigt, dass die KW-
Häufigkeiten für die verschiedenen Preisklassen nicht gleich sind. Somit
dürfen diese Preisklassen nicht als *absatzmaximierende Preise* interpretiert   absatz-
werden. Es ist offensichtlich, dass sich die höheren Absatzzahlen in den   maximierende
Preisklassen von 4,81 bis 5,00 GE für Sidol und von 5,81 bis 6,00 GE für   Preise
Antikal durch die hohen KW-Häufigkeiten erklären. Die Preisklassenanalyse beleuchtet daher in erster Linie das Preissetzungsverhalten des
Handels und die daraus resultierenden Absatzzahlen.

Im Rahmen der Preisklassenanalyse wird die Rolle des Handels bezüglich
der Preisfestsetzung deutlich. Hersteller sprechen in der Regel eine *Preis-*   Preisempfehlung
empfehlung aus. Die tatsächlichen Preise der angebotenen Produkte beruhen
allerdings auf der preispolitischen Strategie des Handels. Damit wird die

Absatzentwicklung von Sidol und Antikal durch die Preissetzung des Handels entscheidend geprägt.

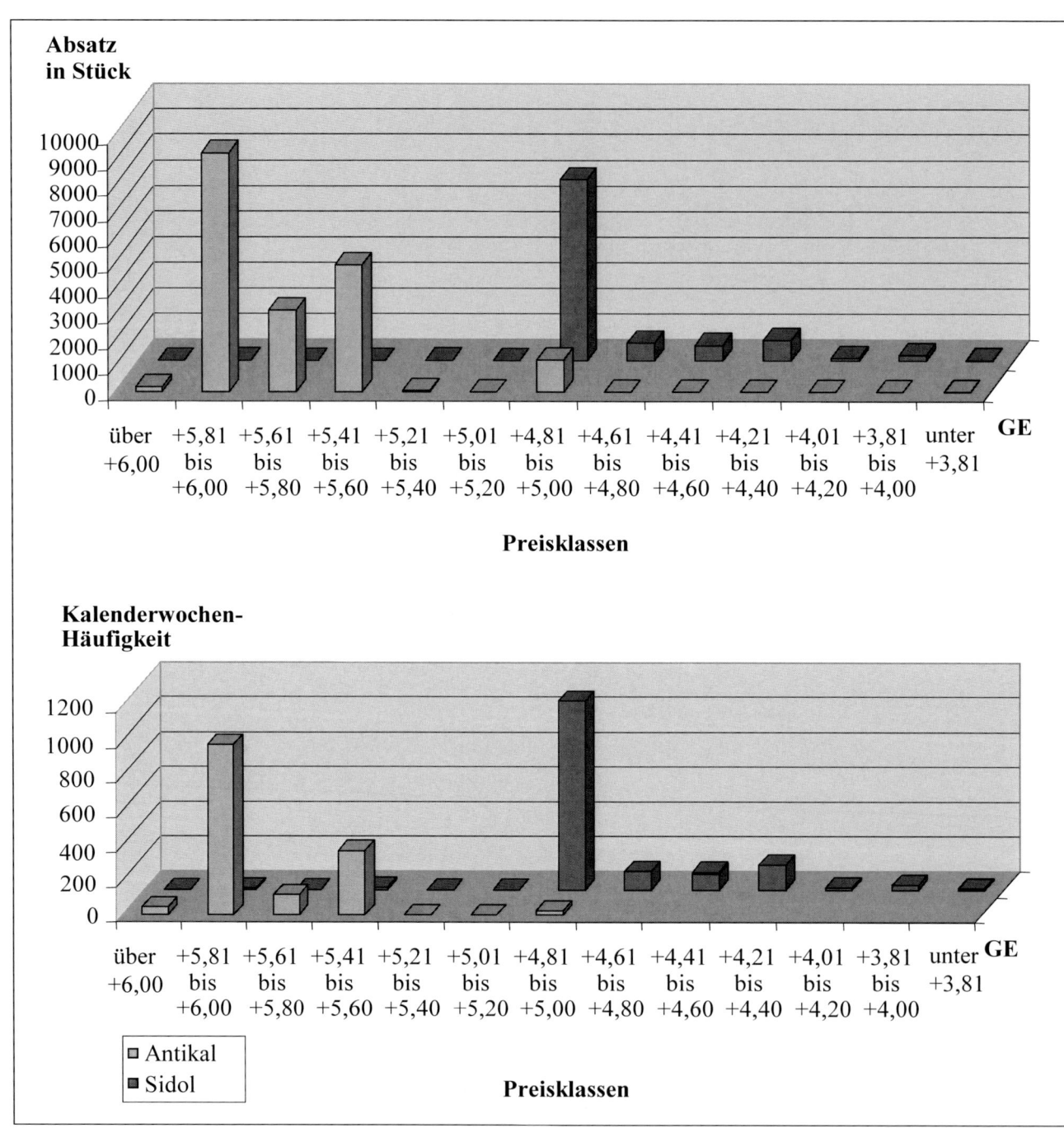

Abb. 66:   Preisklassenanalyse und KW-Häufigkeit

5.2.5. Zusammenfassung der empirischen Ergebnisse

Die wesentlichen Ergebnisse der Studie sind wie folgt zusammenzufassen:

Die mit Blick auf die Abverkäufe wichtigsten *Vertriebskanäle* beider Pro- Vertriebskanal
dukte sind die SB-Warenhäuser und Verbrauchermärkte.

Die Marktanteile der Produkte gleichen sich am ehesten an, wenn das Preis-
Produkt Sidol etwa 1,81 bis 2,00 GE günstiger als Antikal angeboten wird. entwicklungen
Für höhere Preisabstände können keine Aussagen getroffen werden, da der
Handel die Produkte im Beobachtungszeitraum nicht zu derartigen Preisen
angeboten hat.

Zu einem Preis von 4,81 bis 5,00 GE erreicht Sidol die größte Absatzmenge. Bei Antikal lag dieser Preis bei 5,81 bis 6,00 GE. Diese Preise
spiegeln das Preissetzungsverhalten des Handels wider und dürfen nicht als
absatz- oder umsatzmaximierende Preise missverstanden werden.

Die Ergebnisse der Studie scheinen zunächst die bessere Wettbewerbssituation von Antikal zu verdeutlichen: Ein höherer Absatz von Sidol ist nur
dann gewährleistet, wenn Sidol preislich deutlich unter Antikal positioniert
wird. In diesem Zusammenhang muss allerdings das unterschiedliche Preis-
niveau auf dem Markt für Entkalker auf der einen Seite und auf dem Markt
für Oberflächenreiniger auf der anderen Seite berücksichtigt werden.
Aufgrund der größeren Verwendungsbreite als Allzweckreiniger mit Zusatznutzen kann Antikal deutlich teurer positioniert werden.

5.3. Besondere Probleme der Auswertung von Scanningdaten aus Panels im Einzelhandel

Die vorangegangenen Analysen erlauben in ersten Ansätzen die Gewinnung
strategisch relevanter Informationen für die Positionierung der Verkaufspreise des Handels und damit indirekt auch der Verkaufspreise der
Industrie. Aufgrund der unbestreitbaren Möglichkeiten, die Scanningdaten
bieten, soll abschließend vor allem auf die Probleme bei der Auswertung
von Scanningdaten eingegangen werden.

Werden *kausale Zusammenhänge* zwischen Scanningdaten hergestellt, so kausale
sind detaillierte Datenanalysen erforderlich, um die Aussagekraft der ge- Zusammenhänge
wonnenen Ergebnisse zu überprüfen. In einigen Fällen beruhen die Beob-

achtungen nicht auf einem kausalen Wirkungszusammenhang, sondern müssen auf bestimmte Eigenschaften der verwendeten Scanningdaten zurückgeführt werden.

Im Rahmen der durchgeführten Preisklassenanalyse wurde deskriptiv ermittelt, bei welcher Preisklasse der Absatz am höchsten ist. Wenn ein Zusammenhang zwischen den Absatzzahlen und Preisklassen hergestellt werden soll, muss das Verhältnis von Absatz und KW-Häufigkeit beachtet werden.

Problem der Heterogenität der Verkaufsstellen
Darüber hinaus besteht das *Problem der Heterogenität der Verkaufsstellen*: Verkaufsstellen mit großen Verkaufsflächen setzen in der Regel mehr Produkte ab als die kleinen Verkaufsstellen des Einzelhandels. Dies ist dann problematisch, wenn sich die Beobachtungen in jeder Preisklasse aus Absatzzahlen von Verkaufsstellen verschiedener Größe unterschiedlich zusammensetzen. Aufgrund eines unterschiedlichen Preissetzungsverhaltens in verschiedenen Betriebsformen besteht ggf. eine Korrelation zwischen der Preisklasse und der Verkaufsstellengröße. Eine Übertragbarkeit der Ergebnisse (Preisklasse/Absatz) auf andere Betriebsformen ist damit nicht möglich. Es empfiehlt sich deshalb u. U. vor der Durchführung der Preisklassenanalyse die Verkaufsstellen nach ihrer Größe zu gruppieren. Die Analyse sollte dann, sofern ein entsprechend tiefes Informationsinteresse besteht, in jeder Verkaufsstellengrößenklasse getrennt durchgeführt werden.

Eine derartige Segmentierung der Scanningdaten verringert allerdings zwangsläufig die Anzahl der Beobachtungsfälle. Bei einer zu geringen Anzahl an Beobachtungsfällen besteht die Gefahr von Fehlinterpretationen, da die Absatz- oder Umsatzzahlen u. U. zu stark von unbekannten bzw. nicht kontrollierbaren Störgrößen beeinflusst werden.

Problem der Vergangenheitsorientierung von Scanningdaten
Ein weiteres wesentliches *Problem* bei der Ableitung von Handlungsempfehlungen besteht darin, dass die aus Scanningdaten gewonnenen Informationen stets *vergangenheitsorientiert* sind und nur unter sehr restriktiven Bedingungen (z. B. Beibehaltung der Vertriebskanäle und der quantitativen Ausprägung der in ihnen vorhandenen Betriebsformen) eine Prognose von Ergebnisgrößen (Absatz/Umsatz) erlauben. Darüber hinaus bilden Scanningdaten nur das tatsächliche Verhalten von Handel und Industrie ab. Das ganze Spektrum möglicher Ausprägungen einzelner Entscheidungsparameter (z. B. Preishöhe) ist außerhalb explizit experimenteller Herangehensweisen wohl nie zu beobachten. Insofern bleibt vielfach ein durch das mehr oder weniger bewusste Verhalten ‚natürlich' begrenztes Informationsfenster, das nur durch gezielte Experimente geöffnet werden kann.

Übungsaufgaben

Aufgabe 31: Marktforschung mit Scanningdaten

Die Analysemethoden von Scanningdaten besitzen mittlerweile ein weites Spektrum. Sie lassen sich jedoch vereinfacht in drei größere Bereiche einteilen.

a) Benennen und erläutern Sie die drei Bereiche! Stellen Sie zu jedem Bereich ein Beispiel für eine Analysemethode dar!

b) Durch welche Faktoren kann die Aussagefähigkeit von Scanningdaten eingeschränkt sein?

c) Worin unterscheiden sich im Rahmen von Scanningdaten Längsschnitt- von Querschnittsanalysen? Hinsichtlich welcher Fragestellung ist es notwendig, mittels Scanningdaten eine Längsschnittanalyse durchzuführen, um die Aussagefähigkeit der Untersuchung zu erhöhen?

Aufgabe 32: Fallstudie Sidol versus Antikal

a) Nennen Sie alternative Möglichkeiten zur besseren Ausschöpfung der Marktpotenziale von Sidol und Antikal! Konzentrieren Sie Ihre Ausführungen auf:

- die Produktpolitik,
- die Preispolitik,
- die Kommunikationspolitik und
- die Distributionspolitik.

b) Welche Ausprägung der Preiselastizität der Nachfrage (elastisch oder unelastisch) würden Sie aufgrund der Preisabstandsanalyse vermuten? Begründen Sie Ihre Antwort!

c) Werden die beiden Produkte aufgrund Ihrer Antwort in Teilaufgabe b) von den Nachfragern als ‚austauschbar‘ oder ‚weniger austauschbar‘ wahrgenommen? Begründen Sie Ihre Antwort!

d) Welche Maßnahmen im Bereich des Marketing können die Austauschbarkeit (i. S. v. Homogenität) von Produkten herabsetzen?

e) Welche möglichen Konsequenzen für die Preispolitik sind aus Sicht

- des Handels

- der Industrie (hier Henkel)

aus der Preisabstandsanalyse zu ziehen, wenn der mengenmäßige Marktanteil von Sidol gesteigert werden soll?

f) Wie kann aus der Sicht der Industrie (hier aus Sicht Henkels) das Preissetzungsverhalten des Handels im Sinne Ihrer Antwort aus Teilaufgabe e) beeinflusst werden?

Weiterführende Literatur

BUHR, C.-C. 2006d: Verbundorientierte Warenkorbanalyse mit POS-Daten, in: OLBRICH, R. (Hrsg.), Schriftenreihe Marketing, Handel und Management, Bd. 5, zugl. Diss. FernUniversität in Hagen 2006, Lohmar u. Köln 2006.

GRÜNBLATT, M. 2004: Warengruppenanalyse mit POS-Scanningdaten. Kennzahlengestützte Analyseverfahren für die Konsumgüterwirtschaft, in: OLBRICH, R. (Hrsg.), Schriftenreihe Marketing, Handel und Management, Bd. 2, zugl. Diss. FernUniversität in Hagen 2003, Lohmar u. Köln 2004.

Lösungsskizzen zu den Übungsaufgaben

Lösungsskizze zu Aufgabe 1:

Mit Blick auf Marktforschungsuntersuchungen können Kosten und Nutzen in der Regel nicht exakt operationalisiert werden, so dass eine ‚Optimierung' nicht möglich ist.

Die Operationalisierung der Kosten bereitet i. d. R. noch recht geringe Schwierigkeiten. So lassen sich die Kosten einer extern erstellten Studie in der Regel leicht ermitteln. Die Kosten einer internen Abteilung für Marktforschung können ebenfalls ermittelt werden. Diese sind allerdings nur schlecht einzelnen Untersuchungen zuzuordnen, da es sich zumeist um fixe Kosten handelt.

Hinsichtlich des Nutzens von Marktforschungsuntersuchungen greifen diese recht einfachen Hilfsmittel nicht. Die Bewertung des Nutzens von Marktforschungsuntersuchungen, der über den bloßen Wissenszuwachs hinausgeht, kann dem Markterfolg eines Produktes nur indirekt zugerechnet werden, wenn man davon ausgeht, dass Wissen über Märkte dem Unternehmenserfolg zuträglich ist. Eine Bewertung des Wissens durch die Kostenrechnung des Unternehmens ist kaum möglich. Schließlich ist es auch ex ante nicht möglich, das durch die Untersuchung zu erlangende Wissen zu bewerten, ohne es zu kennen. Würde man das Wissen jedoch bereits kennen, bräuchte man es nicht mehr zu erwerben. Aus diesem Grund kann einer operationalisierbaren Größe auf der Kostenseite ex ante keine entsprechende Größe auf der Nutzenseite gegenübergestellt werden.

Lösungsskizze zu Aufgabe 2:

zu a)

Das Handelsunternehmen formuliert als Hypothese, dass durch die Kommunikation von Preisaktionen mittels Handzetteln der Absatz der beworbenen Produkte nicht ansteigt. In der Statistik ist es üblich, die Hypothese so zu formulieren, dass kein Zusammenhang vorliegt. Die Hypothese wird so lange als wahr angesehen, bis sie mit den vorliegenden Daten nicht mehr vereinbar ist. Bei Ablehnung der Hypothese wird die Alternativhypothese angenommen. Für diesen Fall lautet die Alternativhypothese: Die Kommunikation von Preisaktionen mittels Handzetteln steigert den Absatz der beworbenen Produkte.

In der klassischen Wissenschaftstheorie wird von dem Vorhandensein ökonomischer Gesetzmäßigkeiten ausgegangen, die, wenn sie erkannt worden sind, von den Wirtschaftssubjekten als Grundlage für Entscheidungen und Prognosen herangezogen werden können. Im Sinne der Klassik wird das Handelsunternehmen auf Basis seiner Kenntnis (oder Vermutung) bestimmter Gesetzmäßigkeiten versuchen, konkrete Wirkungen der mittels Handzetteln kommunizierten Preisaktionen, wie z. B. eine Absatzsteigerung, abzuschätzen.

Als Gegenpol zur Klassik versucht die Historische Schule Wirkungszusammenhänge durch die empirische Untersuchung von Einzelfällen zu erklären, indem die gewonnenen Ergebnisse zu theoretischen Aussagen verdichtet werden. Im Sinne der Historischen Schule gewinnt das Handelsunternehmen durch explorative und deskriptive Untersuchungen Erkenntnisse über die Absatzwirkung von mittels Handzetteln kommunizierten Preisaktionen. Durch die wiederholte Analyse von Einzelfällen werden Gesetzmäßigkeiten abgeleitet.

Die oben formulierte Hypothese gilt als vorläufig widerlegt, wenn eine positive Absatzwirkung durch Handzettelwerbung in der Stichprobe zu beobachten ist. Nur in diesem Fall ist die Hypothese abzulehnen und die Alternativhypothese, dass also Handzettelwerbung den Absatz positiv beeinflusst, wird vorläufig als wahr angenommen.

zu b)

Kennzeichnend für eine deduktiv-nomologische Vorgehensweise ist die Erklärung von Wirkungszusammenhängen durch die logische Ableitung (Deduktion) aus übergeordneten Gesetzmäßigkeiten. Diese Gesetzmäßigkeiten werden als nomologische Aussagen bezeichnet, während der Prozess der logischen Ableitung unter dem Begriff Deduktion zusammengefasst wird. Für das Beispiel kann u. a. angenommen werden, dass der Absatz zumindest teilweise von dem Bekanntheitsgrad eines Produkts abhängt. Wird das Produkt mithilfe von Handzetteln beworben, so ist der Anstieg des Produktabsatzes auf diese Gesetzmäßigkeit zurückzuführen.

Das induktive Verstehen bezeichnet hingegen den Erkenntnisgewinn aus der Untersuchung von Einzelfällen. Hierzu wird das Handelsunternehmen einzelne mittels Handzetteln kommunizierte Preisaktionen hinsichtlich ihrer Absatzwirkung empirisch auswerten, um etwaige Wirkungszusammenhänge zu erkennen. Durch die wiederholte Bewährung der Ergebnisse wird auf eine zugrunde liegende Gesetzmäßigkeit geschlossen. Zeigt sich also in einer Vielzahl von empirischen Untersuchungen, dass der Produktabsatz durch Handzettel kommunizierte Preisaktionen gesteigert werden kann, so ist dieser Wirkungszusammenhang auch für zukünftige Maßnahmen zu vermuten.

Kritiker sehen in der Vorgehensweise des induktiven Erklärens die Problematik, dass der Schluss von Einzelfällen auf Gesetzmäßigkeiten immer kontext- sowie zeitgebunden erfolgt. Im Sinne dieser Kritik erklären Ergebnisse eines komplexen Systems lediglich einen vergangenen Einzelfall, so dass streng genommen diese Ergebnisse nicht für zukünftige Untersuchungen herangezogen werden können. Bei einer Veränderung der Untersuchungsbedingungen sind die gewonnenen Aussagen nicht länger gültig.

zu c)

Das Handelsunternehmen ist durch Veränderungen seiner Umwelt und der ökonomischen Rahmenbedingungen einem ‚Wandel der Realität' unterworfen. Somit besteht die Möglichkeit, dass sich die Absatzwirkung von Preisaktionen mittels Handzetteln im Zeitablauf verändert.

Gleichwohl sollte das Handelsunternehmen an einer Klärung des Wirkungszusammenhangs interessiert sein, um die Wirkung der Kommunikation von zukünftigen Preisaktionen abschätzen zu können. Die Kenntnis auch eines zeitlich begrenzt geltenden Wirkungszusammenhangs ermöglicht eine verbesserte Planung und Steuerung der Kommunikationsmaßnahmen sowie letztlich die Überprüfung ihrer ökonomischen Vorteilhaftigkeit. Die Kontrolle der Einzelmaßnahmen dient dann auch der Prüfung der bisher vermuteten Gesetzmäßigkeiten.

Lösungsskizze zu Aufgabe 3:

Vielfältige Merkmale kennzeichnen das Konsumentenverhalten:

Konsumentenverhalten ist zweckorientiert

Aus der Perspektive eines Konsumenten oder eines industriellen Einkäufers geht mit einem Kauf i. d. R. das Ziel einher, bestimmte Bedürfnisse zu befriedigen. So kann z. B. der Erhalt von Nahrungsmitteln das Hungergefühl eines Konsumenten abschwächen oder die Beschaffung von Rohstoffen zur Fortführung der Produktion eines Industriebetriebes dienen. Diese Bedürfnisse können höchst unterschiedlicher Natur sein. Sie reichen bei Konsumenten von elementaren physischen Bedürfnissen bis zum Streben nach sozialem Status und Selbstverwirklichung. Ein Streben nach sozialer Anerkennung kann sich u. a. im Kauf prestige- bzw. luxusorientierter Güter äußern, die zusätzlich dazu beitragen sollen, sich von der breiten Masse an Konsumenten abzugrenzen. Hingegen orientiert sich ein industrieller Einkauf weitgehend an den gängigen Ober- und Unterzielen von Unternehmen (z. B. Gewinnerzielung, Existenzsicherung des Unternehmens, Kostensenkung). Gleichwohl können aber auch persönliche Bedürfnisse der am Beschaffungsprozess Beteiligten (z. B. das Streben nach Aufrechterhaltung guter Kontakte zum Vertreter des Lieferanten) den industriellen Einkauf beeinflussen. In den meisten Kaufentscheidungen ist allerdings nicht die Befriedigung eines einzelnen Bedürfnisses maßgeblich. Vielmehr wird mit einer Kaufentscheidung die gleichzeitige Befriedigung einer Kombination unterschiedlicher Bedürfnisse verbunden. Z. B. kann der Kauf eines exklusiven Automobils gleichzeitig von den Wünschen nach Mobilität und Selbstdarstellung beeinflusst sein.

Kenntnisse über die jeweilige Zweckorientierung des Konsumentenverhaltens können dazu verhelfen, neue Ansatzpunkte für die Entwicklung entsprechender Marketingstrategien zu identifizieren. Vor diesem Hintergrund bleibt jedoch anzumerken, dass die Zweckorientierung des Konsumentenverhaltens nicht zwangsläufig dem Konsumenten immer vollständig bewusst sein muss. Oftmals verleiten gerade verborgene Bedürfnisse zu einer Kaufentscheidung. So könnte sich z. B. der möglicherweise verdrängte Wunsch nach Sozialprestige in der Wahl hochpreisiger Marken äußern. Darüber hinaus ist davon auszugehen, dass das Konsumentenverhalten in den meisten Fällen keinem nutzenmaximierenden und damit rationalen Verhalten entspricht.

Konsumentenverhalten umfasst vielfältige Aktivitäten

Zum Konsumentenverhalten gehört die Auswahl, der Erwerb, die Lagerung und die Verwendung von Produkten sowie deren Weggabe nach Gebrauch bzw. die Vernichtung von deren Resten. Die Tätigkeit von Käufern umfassen z. B. Informationssuche und -verarbeitung (insbesondere vor Kaufentscheidungen), physische Aktivitäten (Weg zum Einkaufszentrum) oder Zahlungsvorgänge unterschiedlicher Art.

Konsumentenverhalten hat Prozesscharakter

Aktivitäten von Käufern erfordern immer Zeit. Das Hauptaugenmerk der Forschung liegt dabei auf Vorgängen, die sich vor einem Kauf abzeichnen. Diese Schwerpunktbildung begründet sich vor allem in der recht engen Bindung der Konsumentenverhaltensforschung an die Marketingwissenschaft. Unabhängig davon können selbstverständlich auch nach einem Kauf stattfindende Prozesse (z. B. im Hinblick auf eine energiesparende Verwendung von Produkten oder entstehende Konsumentenzufriedenheit) von ökonomischer Bedeutung sein. Anhand von Kaufentscheidungsprozessen lässt sich auch ein Eindruck von der Unterschiedlichkeit der Dauer der für das Konsumentenverhalten relevanten Prozesse finden: Während z. B. die Zeit für die Entscheidung eines Konsumenten über ein Sonderangebot eines Supermarktes i. d. R. im Sekundenbereich liegt, kann ein organisationaler Beschaffungsprozess (z. B. die Entscheidung für eine neue Produktionstechnik) Monate oder Jahre dauern.

Konsumentenverhalten umfasst aktivierende und kognitive Prozesse

Die Unterteilung der für das Käuferverhalten maßgeblichen psychischen Vorgänge in aktivierende und kognitive Prozesse ist von KROEBER-RIEL geprägt worden. Während aktivierende Prozesse als solche Vorgänge bezeichnet werden, die mit internen Erregungen und Spannungen verbunden sind und das Verhalten antreiben, lassen kognitive Prozesse das Individuum sich selbst und seine Umwelt erkennen und sind demnach als gedankliche Informationsverarbeitung zu charakterisieren. Doch lassen sich viele der für das Konsumentenverhalten wichtigen Konstrukte nicht vollkommen eindeutig diesen beiden Kategorien zuordnen. Aus diesem Grund orientiert sich die Zuordnung an der schwerpunktmäßigen Ausrichtung der verschiedenen Konstrukte. So werden nach KROEBER-RIEL Emotionen, Motive und Einstellungen den aktivierenden, Wahrnehmung, Denken, Lernen, Entscheidung und Informationsspeicherung (Gedächtnis) den kognitiven Prozessen zugerechnet.

Konsumentenverhalten wird von externen Faktoren beeinflusst

Nicht nur jeder Konsument, sondern auch jeder industrielle Einkäufer ist in vielfältige ökonomische und soziale Beziehungen eingebunden. Die Kaufentscheidung wird durch gesamtwirtschaftliche Faktoren (z. B. die Einkommenssituation eines Haushaltes), einzelwirtschaftliche Faktoren (z. B. Preisänderungen für bestimmte Produkte) sowie durch die Kultur und soziale Schicht beeinflusst. Beispielsweise unterscheiden sich die Präferenzen beim Automobilkauf der Angehörigen der Subkultur ‚Yuppies' von den Präferenzen der Angehörigen der Subkultur ‚LOVOS' („**L**ifestyle **o**f **Vo**luntary **S**implicity": Lebensstil des einfachen Lebens). Einen direkten Einfluss auf viele Kaufentscheidungen üben Bezugsgruppen (Freunde, Kollegen etc.) und die Familie des Konsumenten aus.

Konsumentenverhalten kann bei verschiedenen Personen bzw. in verschiedenen Situationen unterschiedlich sein

Unterschiedliche Bedürfnisse, Erfahrungen, Fähigkeiten etc. münden auch in einem unterschiedlichen Konsumentenverhalten. Unabhängig davon kann aber auch das Verhalten einer Person in verschiedenen Situationen verschiedenartig sein. Für den Ablauf eines Kaufentscheidungsprozesses dürfte z. B. der jeweils vorhandene Zeitdruck oder der Verwendungszweck eines Produkts (eigener Bedarf, Geschenk, Bewirtung von Gästen) eine Rolle spielen. Gerade die Unterschiedlichkeiten innerhalb des Konsumentenverhaltens erschweren einerseits dessen Analyse und Prognose, bieten andererseits aber Ansatzpunkte für Strategien der Marktsegmentierung.

Konsumentenverhalten kann sich auf physische Güter, Dienstleistungen, Rechte und Vermögenswerte beziehen

Die Bedeutung des Konsumentenverhaltens geht deutlich über den Erwerb und die Verwendung von Konsum- und Investitionsgütern im engeren Sinne hinaus. Der Begriff des Kaufes umfasst den Austausch von Geld gegen Güter, Dienstleistungen, Rechte und Vermögenswerte durch Personen, Personengruppen und Organen. In die Betrachtung einbezogen werden also z. B. der Abschluss von Mietverträgen, die Auswahl von Urlaubsreisen, der Erwerb von Lizenzen oder der Kauf von Aktien. Diese Entscheidungen und die damit verbundenen Aktivitäten können z. B. von Einzelpersonen, Ehepaaren, Unternehmen oder Behörden getragen werden. Die hier skizzierte weite Fassung des Begriffs Kauf korrespondiert auch mit dem in der Marketingliteratur inzwischen verbreiteten Verständnis, dass ein Produkt ein Sachgut, eine Dienstleistung, ein Recht oder eine Kombination davon sein kann.

Lösungsskizze zu Aufgabe 4:

Beim Kauf eines Produktes kommen situative Faktoren zu Tragen. Hierunter sind situationsspezifische Gegebenheiten zu verstehen, die aufgrund der Schwierigkeit von Prognosen des Konsumentenverhaltens einer tieferen Betrachtung zugeführt werden. Diese beruhen auf Charakteristika der betreffenden Person (z. B. demographische Merkmale) und des Objekts (Produkt, Werbung etc.).

Fünf Merkmale charakterisieren eine Situation:

- physische Umgebung,

- soziale Umgebung,

- zeitbezogene Merkmale,

- Art der Aufgabe und

- vorhergehender Zustand.

Nachfolgend sollen drei Arten von Situationen, die sich an der Sichtweise der Marketingpraxis orientieren, aufgegriffen werden:

- **Konsumsituation** (Gebrauch des Produkts zu Hause oder am Arbeitsplatz? Im Alltagsleben oder aktiver Freizeit? Allein oder mit Freunden?)

- **Kaufsituation** (Verfügbarkeit des Produkts am Einkaufsort, Wartezeiten, Zeitdruck)

- **Kommunikationssituation** (Kontakt zur Rundfunkwerbung im Auto oder zu Hause? Ablenkung beim Kontakt zur Werbung?)

Die Anwendung situativer Faktoren auf die Marketingstrategien wird jedoch – insbesondere mit Blick auf die große Vielfalt von Ausprägungen situativer Variablen – erheblich erschwert. Aus diesem Grund liegen bisher auch nur einige wenige Untersuchungsergebnisse vor, z. B. über

- die Verbrauchssituation,

- den Zeitdruck und

- Geschenksituationen.

Lösungsskizze zu Aufgabe 5:

zu a)

Das Konstrukt der Einstellung kann als eine erlernte Neigung, hinsichtlich eines bestimmten Stimulus in einer konsistent positiven oder negativen Weise zu reagieren, definiert werden. Die Einstellung setzt sich in Anlehnung an die traditionelle 3-Komponenten-Theorie aus einem kognitiven, einem affektiven Bestandteil sowie der Verhaltenstendenz zusammen. Das Wissen bzw. der Informationsstand und die Erfahrung eines Individuums in Bezug auf einen bestimmten Stimulus repräsentieren die kognitive Komponente. Demgegenüber spiegelt sich die affektive Komponente in den Werthaltungen des Individuums wider. Die Verhaltenstendenz zeigt sich in der Bereitschaft, sich einem bestimmten Einstellungsobjekt gegenüber in einer bestimmten Weise zu verhalten, beispielsweise es zu kaufen.

Das 3-Komponenten-Modell ist allerdings in seinem Aufbau vielfach kritisiert worden. So wird u. a. beanstandet, dass die Verhaltenskomponente nicht als Bestandteil der Einstellung aufzufassen sei, sondern vielmehr als eigenständige psychische Größe, die neben der Einstellung besteht. Folgt man dieser Argumentation, wäre eine Modifikation der o. a. Einstellungsdefinition notwendig, da diese die Verhaltenskomponente explizit berücksichtigt.

zu b)

Das mehrdimensionale Modell der Einstellungsmessung von Trommsdorff lässt sich formal wie folgt darstellen:

$$E_{ij} = \sum_{k=1}^{n} \left| A_{ijk} - I_{ik} \right|$$

A_{ijk} entspricht dabei der von Person i an Objekt j wahrgenommenen Ausprägung des Merkmals k. I_{ik} steht hingegen für die von Person i an Objekten derselben Objektklasse als ideal empfundene Ausprägung des Merkmals k. Der Ausdruck A_{ijk}-I_{ik} wird auch als Eindruckswert bezeichnet. Durch Summation der Eindruckswerte über die Merkmale k = 1 bis n ergibt sich die Einstellung bzw. der Einstellungswert E_{ij} einer Person i gegenüber Objekt j.

Im Rahmen dieses Modells werden von den drei unter a) skizzierten Komponenten nur die affektive und die kognitive Komponente gemessen. Die kognitive Komponente (das Wissen) wird direkt über die wahrgenommenen Merkmalsausprägungen A_{ijk} gemessen. Die affektive Komponente (die Bewertung) wird in diesem Modell hingegen nur indirekt über die für ideal gehaltenen Merkmalsausprägungen I_{ik} und einem anschließenden Soll-Ist-Vergleich erfasst.

Dieser Soll-Ist-Vergleich spiegelt sich in dem Eindruckswert zu einer ganz bestimmten Merkmalsausprägung wider, da sich dieser aus der Differenz zwischen realer Ausprägung eines Merkmals an einem bestimmten Objekt (z. B. eine Digitalkamera der Marke X hat eine Auflösung von 8 Mio. Megapixel) und der für ideal gehaltenen Ausprägung dieses Merkmals an Objekten derselben Klasse (idealerweise sollten Digitalkameras dieser Objektklasse eine Auflösung von 10 Mio. Megapixel besitzen) ergibt.

Durch die Offenlegung der Bewertungsmaßstäbe (Idealausprägung) der Testpersonen bei einzelnen einstellungsrelevanten Merkmalsausprägungen erhält ein Unternehmen klare Hinweise auf Schwächen seines Einstellungsobjektes in den Augen der Testpersonen. Derartige Informationen lassen sich dann nutzen, um mithilfe des absatzpolitischen Instrumentariums die Einstellung zum Einstellungsobjekt zu verbessern. Zieht man auch hier wieder die Auflösung einer Digitalkamera als Merkmal heran, hätte ein Unternehmen in dem obigen Beispiel durch die Einstellungsmessung die Information erhalten, dass die reale Megapixel-Zahl bei seiner Digitalkamera der Marke X unter der von den Testpersonen als ideal empfundenen Megapixel-Zahl in dieser Objektklasse liegt.

Zur Verbesserung der Einstellung gegenüber diesem Einstellungsobjekt stehen einem Unternehmen dann die beiden folgenden Handlungsalternativen offen:

- Heranführung der realen Merkmalsausprägung an das Ideal der potenziellen Kunden durch entsprechende produktpolitische Maßnahmen, z. B. Ausstattung der Digitalkamera der Marke X mit einer Auflösung von 10 Mio. Megapixel.

- Veränderung des bisherigen Idealbildes durch kommunikationspolitische Maßnahmen, z. B. Informationskampagne zu den Gründen, warum die Digitalkamera der Marke X idealerweise nur 8 Mio. Megapixel aufweisen sollte (z. B. mit Blick auf die Größe des Objektives und der sich ergebenden Fotoqualität).

Der Hauptvorteil der Einstellungsmessung nach TROMMSDORFF liegt für Unternehmen also darin, über die Ermittlung der Eindruckswerte Abweichungen hinsichtlich der Merkmalsausprägungen eines Objektes zwischen dem Real- und Idealbild potenzieller Kunden zu identifizieren und mithilfe dieser Erkenntnisse auch die absatzpolitischen Instrumentarien zielführender einzusetzen.

zu c)

Die wissenschaftliche Diskussion greift seit geraumer Zeit die verhaltenssteuernde Wirkung der Einstellung auf und rückt diese in den Mittelpunkt des Interesses. Schließlich hat diese Beziehung auch für das Marketing vorrangige Bedeutung; wird doch davon ausgegangen, dass die heute gemessene Einstellung das Verhalten ‚von morgen' bestimmt. Gemäß dieser

Wirkungsrichtung geht man z. B. bei Kaufprognosen davon aus, dass mit zunehmender Stärke einer positiven Einstellung zum Produkt die Kaufwahrscheinlichkeit steigt.

Neuere Untersuchungen haben allerdings in zunehmendem Maße auch den umgekehrten Einfluss – und zwar die Bestimmung der Einstellung durch das Verhalten – belegt. So ist z. B. der Fall denkbar, dass ein Käufer aufgrund der Nichtverfügbarkeit seines präferierten Produktes dazu übergeht, seinen Bedarf über ein anderes Produkt zu decken. Dieser Kauf kann dann zu einer Einstellungsänderung gegenüber dem sonst nicht infrage kommenden Produkt führen (z. B. die Konfitüre der Marke X hat entgegen der Erwartung doch einen ausgezeichneten Geschmack etc.). Eine derartige Wirkungsrichtung ist insbesondere unter Low-Involvement-Bedingungen vorzufinden, da eine positive Einstellung zu einem Produkt keine notwendige Voraussetzung für den Kauf dieses Produktes ist. Vielmehr ist die Einstellung ein mögliches Ergebnis des Kaufs.

Um zu demonstrieren, dass sich eine solche Einstellungsänderung nicht nur aus dem Kauf eines Produktes ergeben kann, sei ein weiteres Beispiel für den Zusammenhang Verhalten → Einstellung angeführt. Vielfach ist zu beobachten, dass sich bei Paaren durch die Geburt eines Kindes (= Verhaltensänderung) die Einstellung zu vielen Aspekten des Lebens ändert. So bedingt die Existenz eines Kindes vielfach eine konservativere und weniger risikofreudige Einstellung bei den Partnern (möglicherweise auch nur bei einem Elternteil) als vorher.

Lösungsskizze zu Aufgabe 6:

zu a)

Element	Erläuterung	Beispiel
i	i bezeichnet die befragten Personen.	Passant A, Passant B
j	j steht für das Untersuchungsobjekt.	„Shui"
k	k repräsentiert die untersuchten Merkmale.	Aroma, Intensität, Wirkung, Geschmacks-richtung
n	n beziffert die Anzahl der untersuchten Merkmale.	4
A_{ijk}	A_{ijk} stellt die wahrgenommene Ausprägung der Person i bei Objekt j und Merkmal k dar.	Werte der Spalten *„Shui"*
I_{ik}	I_{ik} repräsentiert den als ideal empfunden Wert der Person i für das Merkmal k.	Werte der Spalten *Erwartungen*
E_{ij}	E_{ij} bezeichnet den Einstellungswert der Person i zu dem Objekt j.	Die Werte werden in Aufgabenteil b) berechnet.

Abb. 67:   Tabellarische Darstellung der Elemente zur Einstellungsmessung

zu b)

Zur Berechnung des Einstellungswerts wird zuerst die Differenz zwischen Erwartung gegenüber der Kategorie und der neuen Teesorte für jedes Merkmal berechnet. Danach wird der Betrag der einzelnen Differenzen ermittelt. Der Einstellungswert ergibt sich als Summe der Beträge der Differenzen.

Passant A:

	„Shui"-Erwartung	Zwischenergebnis
Aroma	|2-2|	0
Intensität	|5-3|	2
Wirkung	|5-2|	3
Geschmacksrichtung	|4-4|	0
Einstellungswert:		5

Passant B:

	„Shui"-Erwartung	Zwischenergebnis
Aroma	|4-5|	1
Intensität	|6-5|	1
Wirkung	|5-5|	0
Geschmacksrichtung	|2-3|	1
Einstellungswert:		3

Abb. 68: Berechnung der Einstellungswerte

Je größer der Einstellungswert des Passanten ist, desto größer ist der Unterschied zwischen den Erwartungen, die der Passant an das Produkt stellt, und den wahrgenommenen Merkmalsausprägungen bei einem Produkt. Ein hoher Einstellungswert bedeutet also, dass das Produkt eines Unternehmens nicht die Erwartungen eines Konsumenten erfüllt.

Mit einem Einstellungswert von 5 weichen die durch den Passanten A wahrgenommenen Ausprägungen stärker von seinen Erwartungen ab als bei Passant B mit einem Einstellungswert von 3.

Im vorliegenden Fall müsste das Unternehmen zur Verbesserung der Einstellung der Konsumenten gegenüber dem Produkt „Shui" entweder die realen Merkmalsausprägungen an das Ideal heranführen oder über kommunikationspolitische Maßnahmen auf die Wahrnehmung des Produktes beim Konsumenten einwirken.

Aufgrund der unterschiedlichen Erwartungen an hochwertige grüne Teesorten ist zu untersuchen, ob im Markt verschiedene Zielgruppen existieren, die gegebenenfalls durch andere Ausprägungen des Marketinginstrumentariums anzusprechen sind.

zu c)

Im Rahmen des dargelegten Fallbeispiels existiert eine Vielzahl von Problemen. Eine Gruppe von Problemen betrifft zunächst das zugrunde gelegte experimentelle Design:

- Wird mit der Befragung in der Fußgängerpassage tatsächlich die Zielgruppe befragt? Sind die Befragten also repräsentativ für die Zielgruppe?

- In einer Vorstudie wurden vier Merkmale identifiziert. Sind dies die einzigen und relevanten Merkmale?

- Die Passanten wurden direkt befragt. Wie groß ist die Verzerrung durch diesen Effekt? Können Konsumenten ihre Einstellungen überhaupt realistisch wiedergeben?

- Die Befragung erfolgte anhand einer Skala mit sieben Ausprägungen. Ist die Zahl der Ausprägungen sinnvoll? Konnten die Befragten ihre Einstellungen anhand dieser Skalen definieren?

- Die Passanten wurden lediglich zu ihrer allgemeinen Einstellung und ihrem Eindruck von der Teesorte „Shui" befragt. Eine Vergleichsgröße im Sinne einer zweiten Teesorte wurde in diesem Fall nicht herangezogen.

Eine zweite Problemgruppe bezieht sich auf den Einsatz des Modells zur Einstellungsmessung von TROMMSDORFF:

- In dem Modell von TROMMSDORFF wird angenommen, dass die Merkmale voneinander unabhängig sind. In vielen Fällen ist allerdings von einer zumindest teilweise bestehenden Abhängigkeit auszugehen.

- Eine Grundannahme des Modells von TROMMSDORFF ist, dass die festgestellten Unterschiede additiv sind. Unklar ist, ob sich einzelne Differenzen in den Merkmalsausprägungen komplementär zueinander verhalten.

- Eine weitere Annahme des Modells beruht auf der Gewichtung der einzelnen Unterschiede. Es ist ungewiss, ob die einzelnen Merkmalsausprägungen zu gleichen Anteilen den Einstellungswert beeinflussen.

- Ein allgemeines Problem der Einstellungsmessung mit dem Modell von TROMMS-DORFF ist die Identifikation und Auswahl der einzelnen Komponenten (Merkmale), die relevant für die Einstellung einer Person gegenüber einem Objekt sind.

Lösungsskizze zu Aufgabe 7:

zu a)

Das Konstrukt der Einstellung spielt in der Marketinglehre aus unterschiedlichen Gründen eine wesentliche Rolle. Ein Grund stellt die Tatsache dar, dass Einstellungen gewissermaßen als ‚Vorläufer' des (Kauf-)Verhaltens angesehen werden können. In unterschiedlichen Untersuchungen hat sich jedoch herausgestellt, dass zwischen Einstellungen und tatsächlichem Verhalten oftmals Diskrepanzen bestehen. Diese lassen sich zumeist auf die Existenz von sogenannten Störfaktoren zurückführen.

Im konkreten Fall kann es sein, dass die Konsumenten nicht nur zu umweltfreundlichen Produkten eine positive Einstellung haben, sondern auch zu Alternativprodukten, die dann gekauft werden. Ein weiterer Störfaktor kann im vorliegenden Fall darin begründet liegen, dass situative Faktoren die Konsumenten daran hindern, umweltfreundliche Produkte zu kaufen. So ist es denkbar, dass umweltfreundliche Produkte nur in speziellen Einkaufsstätten vorrätig sind, also beim Einkauf in den gängigen Einkaufsstätten der potenziellen Käufer nicht verfügbar sind. Somit müssten die Konsumenten beim Kauf dieser Produkte zusätzliche Einkaufsanstrengungen auf sich nehmen. Darüber hinaus kann die positive Einstellung zu den umweltfreundlichen Produkten nur bedingt verhaltenswirksam geworden sein, weil diese Produkte häufig teurer sind als Alternativprodukte und potenzielle Konsumenten nicht bereit sind, hierfür mehr Geld auszugeben. Ein weiterer Grund für die skizzierte ‚Verhaltenslücke' kann darin liegen, dass der Kauf umweltfreundlicher Produkte durch Konsumenten an der Rücksichtnahme auf die Wertvorstellungen seiner Bezugsgruppen scheitert. So kann es durchaus vorkommen, dass eine Person umweltfreundliche Produkte nicht kauft, weil diese bei ihrem Lebenspartner aufgrund des Preises auf Widerstand stoßen (vice versa).

zu b)

Von den oben angegebenen Begründungen für die bestehende ‚Verhaltenslücke' stellen die situativen und ökonomischen Faktoren im Rahmen dieser Lösung exemplarisch die entscheidenden Gründe dar. Anhand dieser beiden Störgrößen sollen instrumentelle Ansatzpunkte zur Überwindung der Diskrepanz zwischen Einstellung und Verhalten aufgezeigt werden.

Um die situative Störgröße der begrenzten Verfügbarkeit von umweltfreundlichen Produkten zu entschärfen, wäre eine geänderte Distributionspolitik ein geeigneter instrumenteller Ansatzpunkt. So könnten Unternehmen, die umweltfreundliche Produkte herstellen, versuchen, ihre Produkte ‚flächendeckender' zu vertreiben, so dass potenzielle Käufer diese Produkte ohne große Zusatzanstrengungen erwerben können. Sollten ökonomische Gründe die Ursache für die ‚Verhaltenslücke' sein, stehen einem Unternehmen grundsätzlich zwei absatzpolitische Instrumente zur Verfügung, um diese Diskrepanz zu überbrücken: Einerseits die Preispolitik, andererseits die Kommunikationspolitik. Im Rahmen der Preispolitik sollte der Preis für die umweltfreundlichen Produkte – falls ökonomisch sinnvoll – soweit gesenkt werden, dass hierbei kein gravierender Unterschied mehr zu den Alternativprodukten besteht und potenzielle Käufer nicht mehr durch den hohen Preis abgeschreckt werden. Mithilfe der Kommunikationspolitik kann aber auch der Versuch unternommen werden, die Preisbereitschaft der Konsumenten zu erhöhen, indem diesen der höhere Preis, z. B. durch die kommunikative Vermittlung des Zusatznutzens umweltfreundlicher Produkte, plausibel gemacht wird. Auch eine Kombination beider Instrumente ist hier denkbar.

zu c)

Um die ‚Verhaltenslücke' messen zu können, benötigt man sowohl für die Einstellung als auch für das tatsächliche Verhalten Indizien. Während die Einstellung von Personen mit den traditionellen Verfahren der Einstellungsmessung untersucht werden kann, kann man das tatsächliche Verhalten hilfsweise durch den Absatz eines konkreten Produktes messen. Zur Erzielung genauer Ergebnisse bei einer repräsentativen Testgruppe sollte hierbei für die einzelnen Testpersonen zunächst die Einstellung zu umweltfreundlichen Produkten erfasst werden und anschließend im Rahmen eines Feldexperimentes das tatsächliche Kaufverhalten beobachtet werden.

Lösungsskizze zu Aufgabe 8:

zu a)

‚Extensive' oder ‚echte' Kaufentscheidungen unterstellen die Wahrnehmung einer neuen Entscheidungssituation und die Lösung des durch diese Situation geschaffenen Problems. Extensive Kaufentscheidungen beinhalten, dass auf eine neue Situation in einer neuen Art und Weise reagiert wird. Angesichts der Neuartigkeit einer Situation prüft das Individuum im Rahmen einer echten Kaufentscheidung mögliche Alternativen und trifft die Kaufentscheidung erst nach Einholung und Auswertung der relevanten Informationen. Mit Blick auf das Konsumentenverhalten dient oftmals der erste Kauf eines Fernsehgerätes als Beispiel für eine solche Kaufentscheidung. Bevor der Konsument hier eine Entscheidung trifft, wird zunächst überlegt, welche Anforderungen das Fernsehgerät erfüllen muss und welche Marken überhaupt in Frage kommen. Im Anschluss hieran holt der Konsument Informationen zu möglichen Produkten ein (beim Kauf von neuen Fernsehgeräten z. B. durch Prospekte, Testberichte und Besuche beim Händler). Erst nachdem eine Vielzahl an Informationen eingeholt und geprüft worden ist, erfolgt die Entscheidung. Im organisationalen Beschaffungsverhalten spiegeln sich extensive Kaufentscheidungen vor allem im Neukauf von Anlagen wider.

‚Limitierte' Kaufentscheidungen zeichnen sich dadurch aus, dass aus der Perspektive des Konsumenten schon Erfahrungen aus früheren Käufen innerhalb derselben Produktgruppe vorliegen. Es haben sich bereits Vorstellungen über die relevanten Entscheidungskriterien herausgebildet. Infolgedessen müssen diese Kriterien in einer Kaufsituation dann nicht mehr entwickelt werden. Lediglich eine Auswahl aus den zur Verfügung stehenden Alternativen ist vorzunehmen. Ein Beispiel kann der Ersatzkauf eines Fernsehgerätes durch ein Individuum darstellen. Hierbei resultieren aus dem Erstkauf eines Fernsehgerätes und den Erfahrungen mit diesem bereits feste Kriterien (z. B. Marke, Design, Auflösung oder Energieeffizienz), an denen sich der Käufer nun in seiner aktuellen Kaufentscheidung orientieren kann. Betrachtet man hingegen das organisationale Kaufverhalten, so kann der modifizierte Wiederkauf einer Anlage den limitierten Kaufentscheidungen zugeordnet werden.

Das ‚habitualisierte' Kaufverhalten stellt bei Gütern des täglichen Bedarfs das übliche Kaufverhalten dar. Man wiederholt hier also nur noch eine Kaufentscheidung, die man in einer Vielzahl ähnlicher Situationen auch schon vollzogen hat. Gerade aufgrund des regelmäßigen Auftretens einer Entscheidungssituation stellt sich ein routiniertes Verhalten ein. Ein ‚bewusster' Entscheidungsprozess findet i. d. R. nicht statt. Als ein Beispiel kann der Kauf von Grundnahrungsmitteln (z. B. Butter, Zucker, Milch etc.) dienen, die von einem Individuum wöchentlich im Discounter erworben werden.

zu b)

Aus der Sicht der Marketingpraxis lassen sich die Konsum-, die Kauf- und die Kommunikationssituation unterscheiden.

Im Rahmen der Kaufsituation werden z. B. die Verfügbarkeit, mögliche Wartezeiten sowie eventueller Zeitdruck untersucht. Fragestellungen nach der privaten oder beruflichen sowie der alleinigen oder geselligen Verwendung eines Produkts sind Aspekte, die im Kontext der Konsumsituation untersucht werden. Mit der Kommunikationssituation werden die situativen Merkmale mit Blick auf die Empfänglichkeit bzw. die Rezeption einzelner Werbemaßnahmen verbunden.

Die Kaufsituation wird die Entscheidung einer extensiven Kaufentscheidung im Normalfall nicht beeinflussen. Die Kaufentscheidung ist bereits im Vorfeld wohl überlegt beschlossen worden und es existiert üblicherweise kein Zeitdruck.

Im Rahmen der Konsumsituation ist die Produktentscheidung bereits getroffen, so dass das Konsumerlebnis die getroffene Entscheidung rückwirkend beurteilt sowie zukünftige Produktentscheidungen beeinflusst. Eine Beeinflussung der getätigten Kaufentscheidung findet eher nicht statt.

In Abhängigkeit vom Kaufentscheidungstyp können Werbemaßnahmen Konsumenten auf unterschiedlichen Ebenen ansprechen. Ein extensiver Entscheider ist aufgrund der Neuartigkeit der Situation üblicherweise für informationelle Reize empfänglicher als für emotionelle Reize.

zu c)

Das habitualisierte Kaufverhalten stellt ein alltägliches und ‚eingeschliffenes' Kaufverhalten dar. Der Konsument verhält sich dabei in ähnlichen Situationen in einer ähnlichen Art und Weise. So greift er z. B. immer, wenn er Durst auf ein alkoholfreies Erfrischungsgetränk hat, zum gleichen Produkt und zieht Alternativen nicht in Erwägung. In diesem Fall haben Unternehmen bei einem habitualisierten Kaufverhalten nur in seltenen Ausnahmefällen (Nicht-Vorhandensein des Produktes im Geschäft) Konkurrenz zu fürchten. Somit stellt ein solches Kaufverhalten für ein Unternehmen immer dann die vorteilhafteste Form des Kaufverhaltens dar, wenn man annimmt, dass es sich bei dem Produkt, das regelmäßig gekauft wird, um ein Produkt aus seinem Haus handelt.

Neben diesem elementaren Zusammenhang ist ein habitualisiertes Kaufverhalten für Unternehmen immer dann besonders vorteilhaft, wenn sich ihr eigenes Produkt in einer späten Phase des Produktlebenszyklus befindet, da es in dieser Situation eher wahrscheinlich ist, dass dieses Produkt eine hohe habitualisierte Nachfrage auf sich vereint. In der Einführungsphase eines Produktes hingegen ist ein ‚eingeschliffenes' Kaufverhalten für das neue Unternehmen weniger vorteilhaft, da es nun versuchen muss, dieses Kaufverhalten durch geeignete instrumentelle Maßnahmen zu durchbrechen und für seine Produkte eine eigene Nachfrage zu erzeugen.

Lösungsskizze zu Aufgabe 9:

zu a)

‚Extensive' oder ‚echte' Kaufentscheidungen gehen mit der Wahrnehmung einer neuen Entscheidungssituation durch den Konsumenten einher und führen zu einem umfassenden und bewussten Problemlösungsprozess. Gerade die Neuartigkeit der Entscheidungssituation führt zu der Notwendigkeit, zunächst Kriterien zur Bewertung möglicher Alternativen zu entwickeln. Es werden Informationen über verschiedene Alternativen eingeholt und diese miteinander verglichen. Eine extensive Kaufentscheidung ist infolgedessen durch ein hohes Involvement des Käufers und ein großes Ausmaß kognitiver Steuerung seitens des Käufers geprägt und ist besonders bei erklärungsbedürftigen und höherwertigen Produkten vorzufinden. Speziell im organisationalen Beschaffungsverhalten liegt eine extensive Kaufentscheidung dann vor, wenn über einen Neukauf von Anlagen zu entscheiden ist.

Im Bereich privater Anschaffungen könnte als Beispiel für eine extensive Kaufentscheidung der i. d. R. nicht alltägliche Kauf einer Immobilie herangezogen werden. Bevor die Entscheidung zugunsten des Erwerbs einer Immobilie ausfällt, sind zunächst zahlreiche Informationen (z. B. mit Blick auf Wert, Lage, Ausstattung oder Bauweise) einzuholen und Anforderungen, die die Immobilie erfüllen sollte, festzulegen. Die Schaffung der Informationsgrundlagen geht dann meist noch mit mehrfachen Besichtigungen verschiedener Objekte einher. Erst dieses Vorgehen führt letztlich zu einer Kaufentscheidung.

Im Rahmen des Konsumentenverhaltens ist die habitualisierte Kaufentscheidung der Gegenpol einer extensiven Kaufentscheidung. Durch das wiederholte Auftreten bestimmter Kaufentscheidungen in einer Vielzahl ähnlicher Situationen entsteht gewissermaßen ein routinierter Vorgang. Derartige routinierte Entscheidungen führen dazu, dass eine intensive und bewusste Auseinandersetzung mit der Entscheidung ausbleibt. Die Bedeutung der Kaufentscheidung nimmt für den Konsumenten ab, so dass dieser die Entscheidung lediglich mit einem geringen Problemlösungsaufwand fällt.

Beispiele für eine Routinekaufentscheidung finden sich vorzugsweise im Bereich der Güter des alltäglichen Bedarfs. So kann z. B. der Kauf von Papiertaschentüchern, der mit keinem finanziellen Risiko für den Konsumenten einhergeht, einer habitualisierten Kaufentscheidung entsprechen.

zu b)

Die Kommunikationspolitik umfasst u. a. die klassischen Instrumente Werbung, Öffentlichkeitsarbeit und Verkaufsförderung.

Da im Falle einer extensiven Kaufentscheidung eine bewusste Auseinandersetzung mit den Inhalten der Kommunikationspolitik erfolgt, sollten Sachinformationen, die einen Bezug zu dem jeweiligen Produkt haben, vermittelt werden. Das betrifft vor allem die Werbung und die Verkaufsförderung. Im Rahmen der Öffentlichkeitsarbeit können Meinungsführer (z. B. Testinstitute) eine große Rolle spielen.

Da bei Routineentscheidungen aufgrund des geringen Involvement i. d. R. keine bewusste Auseinandersetzung mit den Inhalten der Kommunikationspolitik erfolgt, kann deren Informationsgehalt reduziert werden. Die Beeinflussung der Konsumenten erfolgt in diesem Fall durch Werbebotschaften, die unbewusst durch die Konsumenten aufgenommen werden.

Das Ausmaß des Involvement kann auch selbst Ziel einer Beeinflussung sein. Auf diesem Wege kann der Typ des Kaufentscheidungsprozesses verändert werden. Bspw. kann ein

Unternehmen durch den Hinweis auf gesundheitliche Risiken (z. B. Karies) das Involvement beim Kauf seiner Produkte (in diesem Beispiel Zahncreme) erhöhen. Die Werbebotschaft bietet mit Blick auf die ausgelöste extensive Kaufentscheidung Sachinformationen zum beworbenen Produkt. Diese Informationen sollen verdeutlichen, dass der Konsument die gesundheitlichen Risiken durch den Einsatz des Produkts reduzieren oder gar ausschalten kann.

zu c)

Die Einteilung der Kaufentscheidungsprozesse zielt auf die unterschiedliche Gestaltung der Marketinginstrumente für die unterschiedlichen Typen von Entscheidungsprozessen ab. Doch ist für die gezielte Ausrichtung der Marketinginstrumente auch eine differenzierte Ansprache der Marktsegmente erforderlich. Werden z. B. kommunikationspolitische Maßnahmen auf ein Marktsegment gerichtet, so sollten die Konsumenten dieses Segmentes ihre Kaufentscheidungen überwiegend in ähnlicher Weise treffen. Zumeist mangelt es einem Unternehmen aber genau an der Kenntnis, welcher Typ von Entscheidungsprozess bei den Nachfragern in einem Marktsegment überwiegend vorliegt.

In diesem Fall könnte die Werbebotschaft Sachinformationen vermitteln und auf diesem Wege das Informationsbedürfnis von Konsumenten des Typs einer extensiven Kaufentscheidung befriedigen. Gleichzeitig kann eine informative Werbebotschaft aber auch zur Stimulierung des Informationsbedürfnisses von Konsumenten des Typs einer habitualisierten Kaufentscheidung beitragen, verbunden mit dem Ziel, über eine Steigerung des Involvement die Kaufentscheidung in Richtung einer extensiven Kaufentscheidung zu ,verschieben'.

Lösungsskizze zu Aufgabe 10:

zu a)

Im Rahmen der Marktforschung lassen sich grundsätzlich folgende drei Typen von Untersuchungen unterscheiden:

1. Explorative Marktforschungsuntersuchung

Für diesen Untersuchungstyp ist charakteristisch, dass die Untersuchungsfragen nicht präzisiert werden. Lediglich das Untersuchungsfeld wird grob skizziert. Folglich wird nicht festgelegt, welche Größen im Zuge der Untersuchung erhoben werden sollen, so dass die Datensammlung nur bedingt zielgerichtet erfolgt.

Ziel der explorativen Marktforschung ist es, einen ersten Einblick in einen Sachverhalt bzw. ein Analyseobjekt zu bekommen, um daran anknüpfend weitere Untersuchungen durchzuführen. Diese Form der Untersuchung ist daher häufig einer deskriptiven oder kausal-analytischen Marktforschungsuntersuchung vorgelagert.

Als Beispiel soll hier ein Schokoladenproduzent dienen. Bevor dieser in den Markt für Schokoladenprodukte eintritt, möchte er Informationen über diesen Markt einholen, um sich einen Überblick über die Marktstruktur zu verschaffen. Die explorative Marktforschungsuntersuchung dient hierbei der Entscheidungsfindung bzgl. des Marketing-Mixes zur Bearbeitung des Marktes für Schokoladenprodukte. So muss der Schokoladenproduzent zum Beispiel entscheiden, wem er was, wann und wo anbieten kann. Dazu muss er u. a. seine Konkurrenz und seine (potenziellen) Abnehmer kennen.

2. Deskriptive Marktforschungsuntersuchung

Im Rahmen der Planungsphase deskriptiver Marktforschungsuntersuchungen werden sowohl die Untersuchungsfragen als auch die zu messenden Größen präzise spezifiziert.

Diese Form der Untersuchung dient der reinen Beschreibung der in der Planungsphase spezifizierten Größen. Nichtsdestotrotz können aus deskriptiven Marktforschungsuntersuchungen auch Hinweise auf kausale Wirkungszusammenhänge gewonnen werden, welche wiederum zur Bildung von Untersuchungshypothesen herangezogen werden können. Mittels weiterer Untersuchungen sind dann die ermittelten Wirkungszusammenhänge und Untersuchungshypothesen zu prüfen.

Angenommen der Schokoladenproduzent hat sich mittlerweile erfolgreich am Markt etabliert. Im ersten Halbjahr konnte er vor allem im Segment der Stammkunden einen recht hohen Umsatz verzeichnen. Nun möchte er genau wissen, auf welche Filiale und auf welche Kundensegmente welcher Umsatzanteil zurückzuführen ist.

3. Kausalanalytische Marktforschungsuntersuchung

Steht das Aufdecken von Wirkungszusammenhängen im Vordergrund einer Untersuchung spricht man von kausalanalytischen Marktforschungsuntersuchungen.

Diese haben zum Ziel, Untersuchungshypothesen, welche kausale Wirkungszusammenhänge unterstellen, zu bestätigen oder zu widerlegen.

Der Schokoladenproduzent stellt sich die Frage, ob eine Erhöhung des Schokoladengehalts seiner Produkte eine positive Wirkung auf den Absatz besitzt. Dazu stellt er folgende kausal-analytische Untersuchungshypothese auf: „Eine Erhöhung des Schokoladenanteils um 8 % hat eine Absatzsteigerung um 10 % zur Folge."

zu b)

Im Rahmen einer Querschnittsanalyse kann folgende Frage untersucht werden: „In welcher Verkaufsstelle wurde innerhalb der vier betrachteten Wochen der höchste Absatz bei Artikel A registriert?" Hierbei findet eine Aggregation der Absatzzahlen für Artikel A pro Verkaufsstelle über den gesamten betrachteten Zeitraum statt.

Da sich die Querschnittsanalyse immer auf einen bestimmten Zeitpunkt (hier: nach Ablauf der vier Wochen) bezieht und dazu dient, die Situation oder den Zustand eines bestimmten Untersuchungsobjektes (hier: über vier Wochen aggregierte Absatzzahlen des Artikels A je Verkaufsstelle) an einem Stichtag zu untersuchen, muss für diese Art der Fragestellung eine Querschnittsuntersuchung herangezogen werden. Hinzu kommt, dass für eine Querschnittsanalyse alle erhobenen Daten denselben Zeitbezug haben müssen und eine Momentaufnahme des Untersuchungsobjektes darstellen. Auch diese Anforderungen sind für die gegebene Fragestellung erfüllt, da alle vier Verkaufsstellen während derselben vier Wochen betrachtet werden und die Absatzzahlen der Verkaufsstellen erst nach Ablauf dieser vier Wochen untersucht werden.

Im Gegensatz dazu können im Zuge einer Längsschnittuntersuchung beispielsweise die Änderungen im Absatz der Verkaufsstätten untersucht werden. Insbesondere muss sich das Handelsunternehmen fragen, auf welche Maßnahmen diese Entwicklung zurückzuführen ist. Hat also beispielsweise eine Werbemaßnahme in der zweiten Woche zu höheren Absätzen in der zweiten und den Folgewochen geführt?

Da hier die Entwicklung von Absatzzahlen im Zeitablauf von vier Wochen betrachtet wird, ist für diese Fragestellung die Längsschnittanalyse zweckdienlich. Die Längsschnittbetrachtung bezieht sich auf einen Zeitraum, so dass Veränderungen des Untersuchungsobjektes (hier: Absatzentwicklung) innerhalb dieses Zeitraumes (hier: vier Wochen) bzw. im Zeitablauf gemessen werden können. Hierfür werden jeweils für eine Woche die Absatzzahlen gemessen, so dass pro Verkaufsstelle eine Zeitreihe für die Absatzzahlen über die vier Wochen entsteht und analysiert werden kann.

zu c)

Beispielsweise sei angenommen, dass das Handelsunternehmen herausgefunden hat, dass eine Preissenkung für Artikel A um 20 % zu einer Steigerung des Absatzes um mindestens 12 % führt.

Obwohl diese Untersuchungshypothese im Rahmen einer kausalanalytischen Untersuchung im Querschnitt bestätigt wurde, ist dieses Ergebnis kritisch zu betrachten, da es neben der Preissenkung weitere Faktoren bzw. Verkaufsstelleneigenschaften gegeben haben kann, die für die Absatzsteigerung von Artikel A verantwortlich gewesen sind. Gleichzeitig können zum Beispiel Konkurrenzpreisänderungen oder weitere parallele Marketingmaßnahmen, wie zum Beispiel eine Verköstigung des Produktes A zeitgleich zu dieser Preisaktion, stattgefunden haben.

Des Weiteren kann eine bestätigte Untersuchungshypothese keine Gewähr dafür bieten, dass die gewonnenen Untersuchungsergebnisse auch in Zukunft Gültigkeit besitzen. Die zeitliche Stabilität der Ergebnisse wird beispielsweise dadurch beeinflusst, dass Konsumenten im Zeitverlauf ihr Verhalten ändern können.

Schließlich sei noch auf weitere Aspekte hingewiesen, die das Handelsunternehmen zum einen im Rahmen der Preisaktion, zum anderen bei der Ergebnisinterpretation berücksichtigen sollte. So ist eine Preissenkung von 20 % aufgrund von Rahmenverträgen möglicherweise nur bedingt umsetzbar. Zudem können Interdependenzen zu anderen Entscheidungen, wie z. B. die Preissetzung für Substitute, dazu beigetragen haben, dass die Untersuchungshypothese bestätigt wurde.

Lösungsskizze zu Aufgabe 11:

zu a)

Eine Möglichkeit zur Bearbeitung der o. a. Problemstellung stellt ein Vier-Gruppen-Experiment dar. Dieses lässt sich durch die folgende Notation zur Darstellung des Experimentaufbaus beschreiben:

Versuchsgruppe 1	(R)	(X_1)	E	Y_1
Kontrollgruppe 1	(R)	(X_2)		Y_2
Versuchsgruppe 2	(R)	X_3	E	Y_3
Kontrollgruppe 2	(R)	X_4		Y_4

Abb. 69: Schematische Darstellung eines 4-Gruppen-Experimentes

Bei diesem experimentellen Design werden zunächst die 200 Testpersonen zufällig auf die Gruppen aufgeteilt. In unserem Fall ist es sinnvoll, jede Gruppe nach dem Zufallsprinzip mit

50 Personen zu besetzen. Diese zufällige Aufteilung bezeichnet man als Randomisierung und ist in der obigen Notation durch (R) symbolisiert.

X und Y stehen für die Messgrößen, hier also für die Kaufabsichten der Testpersonen. Das E steht hingegen für den experimentellen Faktor, also für die vom Untersucher kontrollierte Größe, die auf die Testpersonen einwirkt und deren Wirkung untersucht werden soll. Im vorliegenden Fall handelt es sich hierbei um die Werbekampagne.

Das Experiment ist nun so aufgebaut, dass die Kaufabsicht in der Versuchs- und Kontrollgruppe 2 gemessen wird (Pretest), bevor man dann anschließend den experimentellen Faktor nur auf die Versuchspersonen der beiden Versuchsgruppen einwirken lässt. In der Versuchs- und Kontrollgruppe 1 erfolgt hingegen kein Pretest (die X-Werte stehen deshalb in Klammern). Nach einem vorher festgelegten Zeitabstand werden dann in allen vier Gruppen die Kaufabsichten gemessen.

Vorteilhaft stellt sich an diesem experimentellen Design dar, dass mit seiner Hilfe allen von der Geschäftsleitung vorgegebenen Anforderungen Rechnung getragen werden kann.

So wird durch die Randomisierung vermieden, dass das Ergebnis durch systematische Unterschiede der einzelnen Testgruppen verzerrt wird, da die Randomisierung die Vergleichbarkeit der Testgruppen gewährleistet.

Die Einführung der Kontrollgruppe 1 führt dazu, dass eine Vielzahl alternativer Erklärungsmöglichkeiten für eine eventuelle Änderung der Kaufabsichten in der Versuchsgruppe 1 ausgeschlossen werden können, da sich die beiden Gruppen nun nur noch durch die Einwirkung der Werbekampagne bei der Versuchsgruppe 1 unterscheiden.

Wenn es sich bei den Testobjekten – wie im vorliegenden Fall – um Personen handelt, kann durch den Pretest eine psychologische Beeinflussung bewirkt (Testpersonen wissen, dass sie getestet werden, und verhalten sich möglicherweise anders als unter normalen Umständen) und dadurch das Untersuchungsergebnis verzerrt werden (z. B. durch Reaktanz, Übereifer). Auch dieses Problem der Konditionierung der Testpersonen durch die Vormessung kann durch Hinzuziehung der Versuchsgruppe 1 und der Kontrollgruppe 1 sichtbar gemacht werden (→ siehe hierzu die Darstellung des Pretesteffektes unter Teilaufgabe b).

zu b)

Um die nachfolgenden Formeln zu begründen, sollen zunächst die Annahmen offen gelegt werden, die den hier exemplarisch vorgeschlagenen Lösungswegen zugrunde liegen. Im Einzelnen handelt es sich dabei konkret um die folgenden Aspekte:

Annahme 1: $X_3 = X_4$. Diese Annahme erscheint plausibel, wenn man bedenkt, dass die Auswahl der Testgruppen zufällig erfolgt und somit zu erwarten ist, dass keine systematischen Unterschiede in den Gruppen bestehen.

Annahme 2: X_3 und X_4 dienen als Schätzung für die Ergebnisse der nicht erfolgten Vormessung in der Versuchsgruppe 2 (X_1) und der Kontrollgruppe 2 (X_2).

Annahme 3: Die Interaktion zwischen den unkontrollierten Einflüssen, dem Pretesteffekt und der experimentellen Wirkung kann vernachlässigt werden ($I_{PEU} \approx 0$).

Ausgehend von diesen Annahmen sollen nun die Effekte verbal dargestellt und Möglichkeiten zur Berechnung der im Experiment enthaltenen Effekte vorgestellt werden.

Der experimentelle Effekt ist definiert als der Einfluss des experimentellen Faktors E auf die Messgröße Y. Im konkreten Fall bezeichnet er die Wirkung der Werbekampagne auf die Kaufabsichten der Testpersonen. Eine Berechnung des experimentellen Effektes lässt sich im Rahmen des vorliegenden Experimentaufbaus z. B. mithilfe der folgenden Formel durchführen:

$$E = Y_1 - Y_2$$

Der Pretesteffekt hingegen beinhaltet die Verzerrung der Messgröße Y durch eine Vormessung. Dieser Effekt kann im vorliegenden Versuchsaufbau wie folgt bestimmt werden:

$$P = Y_2 - Y_4$$

Darüber hinaus findet zwischen dem Pretesteffekt und der experimentellen Wirkung eine Interaktion statt (I_{PE}), d. h. der Pretesteffekt bei einer Testperson ist davon abhängig, ob dieser Testperson Werbung gezeigt wurde oder nicht, er kann also verstärkt oder abgeschwächt werden. Der Einfluss dieser Interaktion kann mithilfe der folgenden Formel im obigen Experimentaufbau sichtbar gemacht werden.

$$I_{PE} = (Y_3 - X_3) - (Y_4 - X_4) - (Y_1 - Y_2)$$

Diese setzt sich unter Vernachlässigung des Interaktionseffektes I_{PEU} (Annahme 3) aus den folgenden Komponenten zusammen:

$$I_{PE} = (E + U + P + I_{PE} + I_{PU} + I_{EU}) - (P + U + I_{PU}) - (E + I_{EU})$$

wobei

E = experimentelle Wirkung,

U = Störgröße,

P = Pretesteffekt,

I = Interaktionseffekte zwischen den im Index aufgeführten Größen.

Zieht man die Annahme 1 heran, so ergibt sich im Wege der Umformung die folgende Formel zur Berechnung des Einflusses der Interaktion:

$$I_{PE} = Y_3\text{-}Y_4\text{-}Y_1\text{+}Y_2$$

zu c)

Um von einer Kausalbeziehung zwischen einzelnen Variablen sprechen zu können, müssen zunächst die beiden Merkmalsausprägungen, zwischen denen man einen kausalen Zusammenhang vermutet, auch gemeinsam auftreten. Da dieses gemeinsame Auftreten von Grund und Effekt nicht ausreicht, um von einer Kausalbeziehung sprechen zu können, wird zusätzlich gefordert, dass die Variation des Grundes der entsprechenden Variation des Effektes vorauszugehen hat. Die dritte Anforderung an Kausalzusammenhänge besteht nun darin, dass alternative Erklärungsmöglichkeiten für die Variation von Grund und Effekt in der vorgegebenen zeitlichen Abfolge ausgeschlossen sind.

Lösungsskizze zu Aufgabe 12:

zu a)

Im Rahmen der Beschaffung und Aufbereitung von Informationen können Unternehmen zum einen auf die Primärforschung, zum anderen auf die Sekundärforschung zurückgreifen. Primärforschung findet Einsatz, wenn das Datenmaterial für ein Untersuchungsvorhaben neu erhoben wird. Im Gegensatz dazu spricht man von Sekundärforschung, wenn man im Zuge eines Untersuchungsvorhabens vorhandenes Datenmaterial nutzt.

Die Sekundärforschung kann die Primärforschung in dreierlei Hinsicht unterstützen.

1. Die Sekundärforschung kann die Primärforschung einerseits ersetzen. Um die Sekundärforschung als Ersatz für die Primärforschung einzusetzen, muss mithilfe bereits erhobener Daten die Bearbeitung des Untersuchungsproblems möglich sein. Weiterhin liegt die Ersatzfunktion der Sekundärforschung in deren zumeist geringeren zeitlichen und finanziellen Aufwand begründet.

2. Andererseits kann die Sekundärforschung die Primärforschung vorbereiten. Die Grundlage der Primärforschung bilden in diesem Fall Daten, die mittels Sekundärforschung gewonnen wurden.

3. Schließlich kann die Primärforschung auch durch die Sekundärforschung ergänzt werden. Die Ergebnisse der Primärforschung werden hierbei zu Daten der Sekundärforschung in Beziehung gesetzt.

zu b)

Ein Unternehmen, das neue Informationen für eine unternehmerische Entscheidung erhebt und somit auf die Primärforschung zurückgreift, muss neben zahlreichen Vorteilen auch einige Nachteile in Kauf nehmen. Diese Vor- und Nachteile werden im Folgenden kurz erläutert.

Ein zentraler Vorteil der Primärforschung besteht in der Möglichkeit, für eine unternehmensspezifische Problemstellung, für die keine geeigneten Sekundärdaten zur Verfügung stehen, problemorientierte, genaue und entscheidungsrelevante Daten mithilfe eines geeigneten Untersuchungsdesigns und unter Rückgriff auf die im Unternehmen vorhandenen Erfahrungen zu erheben und zu interpretieren. Zudem zeichnen sich die Daten, die mittels Primärforschung gewonnen wurden, durch einen hohen Grad an Aktualität aus. Da das Unternehmen bestimmt, wie die Daten erhoben und aggregiert werden, kann es auch den Grad der Genauigkeit beeinflussen.

Wesentliche Nachteile der Primärforschung sind ein relativ hoher Zeit- und Kostenaufwand. Da die Daten neu erhoben werden, müssen diese einer zeitintensiven Aufbereitung und Auswertung unterworfen werden. Der für die Datenerhebung, -aufbereitung und -auswertung eingesetzte ‚Marktforschungsapparat' ist sehr kostenintensiv. Einflussfaktoren auf die Höhe der Kosten für die Primärforschung sind u. a. der Umfang der Stichprobe, die Art der Befragung (schriftlich, mündlich usw.) und die eingesetzten Analysetools. Die Primärforschung beruht häufig auf Teilerhebungen. Dies kann zur Folge haben, dass die Aussagekraft der erhobenen Daten aufgrund der Stichprobenziehung eingeschränkt ist. Zudem müssen im Unternehmen Mitarbeiter mit methodischem Fachwissen vorhanden sein, um die häufig komplexen Problemstellungen bewältigen zu können.

zu c)

Validität, Reliabilität und Praktikabilität sind drei mögliche Kriterien zur Beurteilung der Güte von Messinstrumenten. Die Validität betrifft die Gültigkeit einer Messung, die Reliabilität die Zuverlässigkeit einer Messung und die Praktikabilität die Anwendbarkeit eines Messverfahrens für ein Untersuchungsvorhaben.

Missachtet ein Unternehmen die genannten Kriterien der Gütebeurteilung, kann das die Qualität der erhobenen Daten beeinträchtigen. Dies kann zur Folge haben, dass die Datenauswertung zu fehlerhaften Interpretationen der Daten führt. Wenn diese die Grundlage für Unternehmensentscheidungen bilden, können diese Fehlinterpretationen dazu führen, dass das Unternehmen falsche Entscheidungen trifft.

Lösungsskizze zu Aufgabe 13:

zu a)

Ein Unternehmen kann zur Beschaffung von Informationen grundsätzlich auf zwei unterschiedliche Erhebungformen zurückgreifen.

1. **Primärforschung**: Für ein anstehendes Untersuchungsproblem wird neues Datenmaterial erhoben.

2. **Sekundärforschung**: Für einen gegebenen Untersuchungszweck wird vorhandenes Datenmaterial herangezogen.

Die Sekundärforschung kann mit Blick auf den Zweck der Untersuchung drei Funktionen übernehmen:

1. Zum einen kann die Sekundärforschung als **Ersatz** für die Primärforschung eingesetzt werden. Dieser Zweck kommt ihr immer dann zu, wenn die Bearbeitung eines anstehenden Problems mithilfe der Nutzung bereits erhobener Daten erfolgen kann.

2. Des Weiteren kann die Sekundärforschung den Zweck der **Vorbereitung** der Primärforschung erfüllen. In diesem Fall basiert die Primärforschung auf Daten, die durch Sekundäranalyse gewonnen wurden.

3. Letztlich kann die Sekundärforschung der Primärforschung auch als **Ergänzung** dienen. So ist es durchaus denkbar, dass Ergebnisse der Primärforschung zu Daten der Sekundärforschung in Beziehung gesetzt werden.

Im Vergleich zur Primärforschung sind folgende Vorteile der Sekundärforschung zu nennen:

- Der Rückgriff auf Daten amtlicher Statistiken oder aus firmeninternen Quellen ist i. d. R. mit geringeren Kosten als die Neuerhebung von Daten verbunden.

- Oft hat der Zugang zu vorhandenen Daten, deren Aufbereitung und Auswertung relativ wenig Zeit in Anspruch nimmt, eine Zeitersparnis zur Folge.

- Nicht selten beruhen Sekundäranalysen auf Totalerhebungen und sind in ihrer Aussagekraft somit nicht durch Stichprobenfehler eingeschränkt.

- Zudem sind Sekundärdaten oftmals auch für Zeitreihen erhältlich, so dass es mit ihnen möglich ist, Veränderungen im Zeitablauf zu beobachten.

Mit der Verwendung von Sekundärdaten können aber auch folgende Nachteile verbunden sein:

- Für eine Vielzahl an Marketing-Problemen existieren keine geeigneten Sekundärdaten.

- Gelegentlich sind die in bestimmten Statistiken verwendeten Maßeinheiten oder Klasseneinteilungen für die Vorbereitung von Marketing-Entscheidungen wenig geeignet.

- Da Sekundärdaten oftmals mit erheblicher zeitlicher Verzögerung publiziert werden, fehlt es ihnen z. T. an der notwendigen Aktualität.

- Auch mit Blick auf die Genauigkeit ist bei Sekundärdaten oftmals Vorsicht geboten, da nicht immer ersichtlich ist, wie Daten erhoben und ausgewertet wurden.

- Darüber hinaus ist die Repräsentativität von Sekundärdaten nicht immer gewährleistet. Beispielsweise findet man häufig, dass von Verbänden publizierte Daten nur hinsichtlich der Mitglieder dieser Verbände Aussagekraft besitzen.

- Ein letztes Problem bezieht sich auf das nicht selten zu hohe Aggregationsniveau von Sekundärdaten, das Aussagen für detaillierte Marketing-Fragestellungen kaum zulässt.

zu b)

Um erste Anhaltspunkte über die Zufriedenheit seiner Kunden zu erhalten, stehen dem Hersteller unterschiedliche interne Informationsquellen zur Verfügung. Als eine wichtige Informationsquelle bieten sich hier der Außen- oder Kundendienst an. Diese unternehmenseigenen Organe stehen im Rahmen turnusmäßiger Besuche oder aber als Form produktbegleitender Dienstleistungen direkt in Kontakt mit den Kunden und bekommen auf diesem Wege erste Informationen zur Kundenzufriedenheit. Relevante Informationen könnten dann in Kunden- oder Außendienstberichten zu finden sein.

Eine weitere Informationsquelle könnten in dem hier skizzierten Fall Daten aus der Beschwerdeabteilung oder der Reklamationsstatistik darstellen. Bei dieser internen Informationsquelle lassen sich aus der Anzahl und Intensität der Beschwerden von Kunden über die Anlage Rückschlüsse auf deren Zufriedenheit mit der Anlage ziehen.

Als dritte Möglichkeit zur Informationsgewinnung kann das Unternehmen auch noch die Auftragseingänge (z. B. hinsichtlich sonstiger Produkte des Unternehmens) der mit der Anlage belieferten Unternehmen heranziehen. Sollten diese stark rückläufig sein, könnte eine Unzufriedenheit mit der Anlage als eine mögliche Ursache in Betracht gezogen werden.

zu c)

Unternehmensexterne Informationsquellen, die ein Hersteller nutzen könnte, um Anhaltspunkte für die Kundenzufriedenheit seiner Abnehmer zu erhalten, sind neben Veröffentlichungen des Kunden auch Informationen von gemeinsamen Geschäftspartnern (Lieferanten oder Abnehmer). Möglicherweise enthalten auch die offiziellen Medien des Kunden Meldungen, die die neue Anlage betreffen und z. B. deren Leistungsfähigkeit oder Zuverlässigkeit herausstellen.

Darüber hinaus könnten die folgenden unternehmensexternen Informationsquellen Hinweise auf die Kundenzufriedenheit geben:

- Konkurrenten, mit denen vertrauliche Informationen ausgetauscht werden

- Marktforschungsinstitute

- Kunden der belieferten Unternehmen

- Konkurrenten der belieferten Unternehmen

Zusätzlich zu den hier genannten Informationsquellen können je nach den Rahmenbedingungen, denen ein konkretes Unternehmen unterworfen ist, auch weitere externe Informationsquellen Hinweise auf die Kundenzufriedenheit geben.

Lösungsskizze zu Aufgabe 14:

zu a)

Die Erforschung des Konsumentenverhaltens erstreckt sich auf das Verhalten aller aktuellen bzw. potenziellen Konsumenten. Die Grundgesamtheit umfasst also eine kaum überschaubare Zahl an Mitgliedern. Eine Vollerhebung insbesondere im Rahmen des Konsumentenverhaltens ist häufig weder praktikabel noch finanziell umsetzbar. Aus diesem Grund beruhen Studien zur Erforschung des Konsumentenverhaltens auf einer Stichprobe, die den Schluss auf das Verhalten der Grundgesamtheit ermöglichen soll.

Das Zufallsprinzip beinhaltet, dass jedes Mitglied der Grundgesamtheit dieselbe Wahrscheinlichkeit besitzt, in die Stichprobe aufgenommen zu werden. Eine wichtige Bedingung für eine zufällige Auswahl ist, dass die Grundgesamtheit bekannt ist. Würde ein Handelsunternehmen also das Einkaufsverhalten in seinen Verkaufsstellen untersuchen wollen, müsste das Handelsunternehmen alle aktuellen sowie potenziellen Konsumenten kennen, um dann eine zufällige Stichprobenauswahl zu treffen.

Die Stichprobe wird beim willkürlichen Auswahlverfahren unter pragmatischen Gesichtspunkten bestimmt. Die Verzerrung in der Stichprobe, die die willkürliche Auswahl immer aufweist, schränkt die Übertragbarkeit der Erkenntnisse auf die Grundgesamtheit ein. Bei unbedachtem Vorgehen kann dies zu fehlerhaften Untersuchungsergebnissen führen. Zur Erforschung des Einkaufsverhaltens in seinen Verkaufsstellen kann ein Handelsunternehmen beispielsweise die Verkaufsstelle am Unternehmensstammsitz auswählen, um dann auf das Verhalten in allen Verkaufsstellen zu schließen.

zu b)

Das Quotaverfahren ist das bekannteste Verfahren der systematischen Stichprobenauswahl. Auf Basis bestimmter Merkmale, wie zum Beispiel den Kriterien zur Zielgruppensegmentierung, wird die Grundgesamtheit aller Kunden in allen Verkaufsstätten des Handelsunternehmens charakterisiert. Im Folgenden sei angenommen, dass zu 70 % Frauen in den Verkaufsstätten einkaufen. Die Stichprobe wird nun so gewählt, dass genau 70 % der Stichprobe weiblich sind.

In dem vorliegenden Beispiel soll das Verhalten in den Verkaufsstätten untersucht werden. Die Kriterien der Quotenbildung müssen also insbesondere einen starken Zusammenhang zum Verhalten aufweisen. Dieser Zusammenhang wird auch von den Determinanten der Zielgruppensegmentierung gefordert, so dass diese Determinanten als Grundlage für die Untersuchung dienen können.

Die Verwendung von Kriterien zur Zielgruppenbildung als Grundlage für das Quotaverfahren kann vielfach problembehaftet sein. Insbesondere verhaltensbezogene und psychographische Kriterien können die Auswahl bestimmter Stichprobenmitglieder erschweren. Ein offensichtliches Problem tritt dann zu Tage, wenn die Marktforschungsuntersuchung diese Kriterien erst einmal bestimmen soll.

zu c)

Das Quotaverfahren wählt zufällig Mitglieder der Grundgesamtheit aus, so dass bestimmte Schichten abhängig von vorab festgelegten Quoten in der Stichprobe vertreten sind. Als wesentlicher Vorteil wird im Rahmen des Quotaverfahrens die Kontrolle der Zusammensetzung der Stichprobe angesehen. Dies soll im Ergebnis zu einer repräsentativeren und verlässlicheren Stichprobe führen. Die Erkenntnisse sollen aus dieser Überlegung heraus besonders gut auf die Grundgesamtheit übertragen werden können. Problematisch sind in diesem Zusammenhang die Bestimmung der einzelnen Kriterien, die tatsächlich das Verhalten determinieren, und insbesondere die zeitliche Abhängigkeit dieser Kriterien. Die Quotenbildung ist somit immer abhängig vom Status quo.

Lösungsskizze zu Aufgabe 15:

zu a)

Beobachtungsverfahren lassen sich erstens in strukturierte und unstrukturierte Beobachtungen unterteilen. Im Rahmen strukturierter Beobachtungen werden die Fragestellungen anhand vorher definierter Kriterien untersucht. Dagegen werden unstrukturierte Beobachtungen eher für explorative Fragestellungen eingesetzt. So dient eine unstrukturierte Beobachtung im Lebensmitteleinzelhandel der generellen Sammlung von Informationen bezüglich des Einkaufsverhaltens.

Zweitens können Beobachtungsverfahren in teilnehmende und nicht-teilnehmende Beobachtungen unterteilt werden. Bei der teilnehmenden Beobachtung ist der Marktforscher Teil der Untersuchung, während bei der nicht-teilnehmenden Beobachtung der Marktforscher nicht an der Untersuchung mitwirkt. So kann die nicht-teilnehmende Beobachtung im Lebensmitteleinzelhandel zum Beispiel über Videokameras geschehen.

Die Unterteilung in offene und getarnte Beobachtungsverfahren bildet eine dritte Gestaltungsdimension. Im Rahmen offener Beobachtungsverfahren wissen die zu Beobachtenden, dass sie beobachtet werden. Hingegen wissen die zu Beobachtenden im Rahmen getarnter Beobachtungen nicht, dass sie beobachtet werden. Im Rahmen der offenen Beobachtung des Einkaufsverhaltens im Lebensmitteleinzelhandel werden die zu Beobachtenden über die Beobachtung vorab informiert.

Viertens können Beobachtungsverfahren in Feld- und Laborbeobachtungen eingeteilt werden. Im Rahmen von Feldbeobachtungen finden die Beobachtungen innerhalb der ‚natürlichen‘ Beobachtungssituation statt. So kann eine Untersuchung zum Einkaufsverhalten im Lebensmitteleinzelhandel im Rahmen einer Feldbeobachtung zum Beispiel in einem Supermarkt stattfinden. Dagegen findet eine Laborbeobachtung innerhalb einer künstlichen, vom Forscher kontrollierten Umgebung statt.

zu b)

Im Rahmen strukturierter Beobachtungen werden lediglich die vordefinierten Kategorien analysiert. Weitere Beobachtungen werden in diesem Zusammenhang nicht protokolliert. Im Rahmen unstrukturierter Beobachtungen besteht die Gefahr, dass relevante Ergebnisse aufgrund der fehlenden Vorausplanung bzw. der Zielsetzung der Untersuchung nicht erkannt werden.

Die Teilnahme des Marktforschers am Beobachtungsprozess kann dazu führen, dass sich die zu Beobachtenden durch die Anwesenheit des Forschers anders verhalten. Das so verfälschte Ergebnis kann u. U. zu falschen Schlussfolgerungen führen. Ein weiteres Problem teilnehmender Beobachtung ist die Doppelrolle des Marktforschers. Durch die aktive Teilnahme des Forschers kann dieser bewusst oder unbewusst das Ergebnis der Untersuchung beeinflussen.

Auch die offene Beobachtung kann zu unerwünschten Verhaltensänderungen führen, während die getarnte Beobachtung aufgrund fehlender Einwilligung der Teilnehmer aus ethischer Sicht bedenklich ist.

Die Feldbeobachtung kann bei speziellen Fragestellungen, wie zum Beispiel der Konsumsituation zu Hause, nicht als getarnte Beobachtung im Haushalt durchgeführt werden. Im Rahmen der Laborbeobachtung stellt sich das Problem, dass Laborbeobachtungen entweder eine Nachbildung der Untersuchungssituation fordern oder die zu Beobachtenden gedanklich von der Umgebung abstrahieren müssen.

zu c)

Die Protokolldateien, die sogenannten Logfiles, die im Rahmen der Logfile-Analyse eingesetzt werden, protokollieren alle von einem Internetnutzer angefragten Dateien. Im Regelfall handelt es sich bei der Logfile-Analyse um eine nicht-teilnehmende und getarnte Feldbeobachtung des realen Online-Suchverhaltens.

In besonderem Maße vermeidet die Logfile-Analyse also jegliche Interaktionseffekte, die vor allem im Rahmen teilnehmender sowie offener Beobachtungsverfahren auftreten. Des Weiteren erfolgt die Datensammlung im Rahmen der Serverprotokolle automatisch, so dass eine aufwändige und vor allem kostenintensive Datenerhebung entfällt.

Lösungsskizze zu Aufgabe 16:

zu a)

Befragungsverfahren können u. a. hinsichtlich der Befragungsstrategie, der Befragungstaktik und der Kommunikationsform unterschiedlich gestaltet werden.

Befragungsstrategie:

Im Rahmen einer Befragung können folgende drei Strategien unterschieden werden:

- Standardisiertes Interview: Festgelegte, einheitliche Fragenformulierungen und Fragenreihenfolge.

- Strukturierte Befragung: Vorgegebene Kernfragen, aber situationsabhängige Zusatzfragen oder Fragenreihenfolge.

- Freies Interview: Nur das Untersuchungsthema ist festgelegt.

Befragungstaktik:

Zwischen folgenden zwei Befragungstaktiken kann gewählt werden:

- Direkte Befragungstaktik: Das Erkenntnisziel ist für den Befragten erkennbar.

- Indirekte Befragungstaktik: Psychologisch geschickte Formulierung der Fragen, so dass das Erkenntnisziel für den Befragten nicht erkennbar ist.

Kommunikationsform:

Befragungen können auf unterschiedliche Weise durchgeführt werden. Man kann zwischen der mündlichen, schriftlichen und telefonischen Befragung unterscheiden.

- Mündliche Befragung: Ein Interviewer befragt die Auskunftsperson.

- Schriftliche Befragung: Die Auskunftsperson erhält (i. d. R. per Briefpost) einen Fragebogen, den sie ausfüllen und zurücksenden kann.

- Telefonische Befragung: Mündliche Befragung am Telefon mithilfe sogenannter CATI-Systeme.

- Online-Befragung: Die Auskunftsperson füllt einen Fragebogen auf einer Webseite aus.

zu b)

Unterschiede beim Einsatz von Beobachtungsverfahren und Befragungsverfahren ergeben sich hinsichtlich der Breite der Einsatzmöglichkeiten, der Datenqualität, der Repräsentativität der Erhebung und der Kosten.

Breite der Einsatzmöglichkeiten

Die Einsatzmöglichkeiten von Befragungsverfahren sind deutlich vielfältiger als die Einsatzmöglichkeiten von Beobachtungsverfahren. Beobachtungsverfahren können nur dann eingesetzt werden, wenn eine Situation geschaffen werden kann, in der das zu untersuchende Verhalten mit hoher Wahrscheinlichkeit auftritt und in der eine Beobachtung möglich ist.

Datenqualität

Eine getarnte Feldbeobachtung ermöglicht es, das interessierende Verhalten der beobachteten Personen direkt und ohne eine Beeinflussung durch den Marktforscher aufzudecken. Durch eine Befragung wird hingegen nicht das reale Verhalten der Befragten, sondern deren Selbsteinschätzung ihres Verhaltens erfasst.

Im Falle einer offenen Beobachtung, in der also für die Versuchspersonen erkennbar ist, dass sie beobachtet werden, ist mit einer Beeinflussung des Verhaltens der beobachteten Personen zu rechnen. Wie sich diese Beeinflussung im Vergleich zu den Messfehlern bei einer Befragung auswirkt, kann – wenn überhaupt – nur im Einzelfall beurteilt werden.

Bei einer schriftlichen Befragung per Post tritt das Identitätsproblem auf, d. h. es kann nicht kontrolliert werden, wer den Fragebogen ausfüllt. Dieses Problem entfällt bei einer Beobachtung.

Repräsentativität

Die Repräsentativität von Befragungen wird eingeschränkt durch den Rücklauf bei einer schriftlichen Befragung bzw. durch Verweigerungen möglicher Auskunftspersonen bei der mündlichen bzw. telefonischen Befragung.

Dem steht bei einer offenen Beobachtung die Einschränkung gegenüber, dass das Einverständnis der zu beobachtenden Person notwendig ist. Im Falle einer Laborbeobachtung müssen mögliche Versuchspersonen häufig in Eigeninitiative Kontakt mit den Marktforschern aufnehmen. Wird angenommen, dass die Teilnahme an einer Beobachtung aufwendiger für die betreffenden Personen ist und zu einer größeren emotionalen Beteiligung führt als die Teilnahme an einer Befragung, dann kann vermutet werden, dass sich bei einer offenen Beobachtung größere Probleme hinsichtlich der Repräsentativität der Stichprobe ergeben als bei einer Befragung. Bei einer getarnten Beobachtung entfallen diese Probleme.

Kosten der Erhebung

Im Vergleich zu einer schriftlichen Befragung entstehen für eine Beobachtung i. d. R. höhere Kosten, da die Beobachter entlohnt werden müssen. Der Aufwand für eine Laborbeobachtung im Vergleich zu einer mündlichen oder telefonischen Befragung hängt davon ab, wie aufwendig es ist, die Situation, in der Personen beobachtet werden sollen, zu arrangieren. Wie groß der Aufwand für eine Feldbeobachtung im Vergleich zu einer mündlichen Befragung ist, hängt davon ab, wie lange die Beobachter darauf warten müssen, dass sich geeignete

Personen in eine der Untersuchung entsprechende Situation begeben bzw. wie bereitwillig angesprochene Personen für ein Interview zur Verfügung stehen.

zu c)

Die Repräsentativität einer Online-Befragung wird dadurch reduziert, dass nur Internet-Nutzer erreicht werden können. Dies stellt natürlich nur dann eine Einschränkung dar, wenn die der Untersuchung zugrunde liegende Grundgesamtheit Personen enthält, die das Internet nicht nutzen. Im Einzelfall ist zu prüfen, ob die Eigenschaft, das Internet zu nutzen, mit den Antworten der Personen in der Grundgesamtheit direkt oder indirekt korreliert. Eine indirekte Korrelation liegt z. B. vor, wenn durch eine Online-Befragung vorwiegend jüngere Personen erreicht werden und sich deren Antworten von älteren Personen signifikant unterscheiden.

Die Qualität der durch eine Online-Befragung erhobenen Daten ist mit der Qualität der durch eine schriftliche Befragung erhobenen Daten im Wesentlichen vergleichbar. Durch eine mündliche oder telefonische Befragung kann eine höhere Datenqualität erzielt werden.

Der finanzielle Aufwand für eine Online-Befragung ist deutlich geringer als der Aufwand für eine schriftliche, mündliche oder telefonische Befragung, da keine Interviewer benötigt werden und Portokosten entfallen.

Lösungsskizze zu Aufgabe 17:

zu a)

Von einem Panel spricht man, wenn bei einer festgelegten, gleichbleibenden Menge von Erhebungseinheiten über einen längeren Zeitraum wiederholt oder kontinuierlich die gleichen Merkmale erhoben werden. Den Erhebungseinheiten und dem Erhebungszweck entsprechend kann man z. B. folgende drei Arten von Panels unterscheiden: Konsumenten-, Handels- und Spezial-Panel.

Konsumenten-Panels: Konsumenten-Panels können in Haushalts-Panels und Einzelpersonen-Panels untergliedert werden. Für jeden Einkauf halten die Teilnehmer des Panels (z. B. Haushalte oder Einzelpersonen) Datum, Einkaufsstätte sowie Bezeichnung, Menge und Preis der gekauften Produkte fest.

Handelspanels: Handelspanels setzen sich aus verschiedenen Verkaufsstätten des Handels zusammen. Man kann zwischen Einzel- und Großhandelspanels unterscheiden. Durch einen Vergleich der Lagerbestände zu zwei Zeitpunkten und unter Berücksichtigung der Einkäufe in der Zwischenzeit wird der Absatz einzelner Produkte bestimmt. Werden in den Verkaufsstätten des Handels moderne Scannerkassensysteme zur Erfassung der Abverkäufe eingesetzt, spricht man auch von einem Scanningpanel.

Spezialpanel: Das bekannteste Spezialpanel ist das Fernsehpanel. Hierbei wird zunächst eine repräsentative Auswahl mehrerer Haushalte getroffen. Mittels einer technischen Einrichtung wird deren Fernsehverhalten protokolliert, so z. B. welche Fernsehprogramme wann und wie lange eingeschaltet sind. Dadurch kann die Reichweite von TV-Werbung geschätzt werden.

zu b)

Zu Problemen im Rahmen von Panelerhebungen können zum einen die hohen Durchführungskosten und zum anderen die Methodik der Durchführung führen. Hierunter fällt u. a. die Auswahl der Panel-Teilnehmer. Da die Teilnehmer recht hohe Anforderungen erfüllen müssen, ist mit einer hohen Verweigerungsrate zu rechnen. Daher ist eine Auswahl mit einer einfachen Zufallsstichprobe meist nicht zielführend.

Zu den methodischen Problemen zählt auch die Panel-Sterblichkeit. Unter Panel-Sterblichkeit versteht man die Entwicklung, dass im Laufe der Zeit die Bereitschaft der Panel-Teilnehmer zur Mitarbeit erlischt. In solchen Fällen muss nach angemessenem Ersatz gesucht werden.

Der sogenannte Panel-Effekt stellt ein weiteres erhebliches Problem dar. Von Panel-Effekt spricht man, wenn Panel-Mitglieder durch das Bewusstsein, laufend beobachtet und befragt zu werden, konditioniert werden. Folglich kann das Verhalten der Untersuchungsteilnehmer von ihrem eigentlichen Verhalten abweichen.

Schließlich stellt auch die Alterung des Panels ein Problem dar. So kann es beispielsweise sein, dass die an der Erhebung beteiligten Personen nach einer gewissen Zeit nicht mehr der Grundgesamtheit entsprechen.

zu c)

Die Beurteilung der Güte von Messinstrumenten kann u. a. anhand der drei folgenden Kriterien erfolgen: Validität, Reliabilität und Praktikabilität. Die Validität bezieht sich hierbei auf die Gültigkeit von Messungen. Diese liegt vor, wenn mit der Messung tatsächlich das erfasst wird, was auch gemessen werden soll. Die Reliabilität hat die Zuverlässigkeit von Messungen zum Gegenstand. Sie bezieht sich also auf die formale Genauigkeit mit der die Merkmalserfassung erfolgt. Die Praktikabilität hingegen betrifft die Anwendbarkeit eines Messverfahrens für den Untersuchungszweck.

Die o. a. Probleme von Panelerhebungen wirken sich nun vor allem auf das Kriterium der Validität aus. So beeinträchtigt die Panel-Sterblichkeit z. B. die Repräsentativität von Panelerhebungen und somit die Übertragbarkeit der Ergebnisse auf die Grundgesamtheit, also die externe Validität. Die interne Validität, also die Gültigkeit der Ergebnisse für die Untersuchungseinheiten selbst, wird u. a. durch den Panel-Effekt verringert, da sich bei den Panel-Teilnehmern u. U. eine Veränderung des Konsumentenverhaltens einstellt.

Lösungsskizze zu Aufgabe 18:

zu a)

In der ersten Phase der entscheidungsgerichteten Planung werden der Untersuchungsgegenstand und die zu untersuchenden Größen spezifiziert, für den Untersuchungsgegenstand werden auf Basis theoretischer Überlegungen Hypothesen über die Wirkungszusammenhänge und -richtung der zu untersuchenden Größen formuliert. Aufgrund des engen Zusammenhangs zwischen den einzelnen Maßnahmen, den Unternehmenszielen und den Untersuchungszielen hat die Planung einer Marktforschungsuntersuchung in enger Zusammenarbeit von Entscheidungsträgern im Unternehmen und den Marktforschern zu erfolgen.

Abhängig vom Untersuchungsziel lassen sich die Untersuchungen in explorative, deskriptive und kausalanalytische Untersuchungen einteilen. Eine weitere Unterteilung kann abhängig vom Zeitbezug der Untersuchung in Querschnitts- und Längsschnittuntersuchung vorgenommen werden.

Nach der ausführlichen Planung der Marktforschungsuntersuchung erfolgt die Datengewinnung. Sollen für die Marktforschungsuntersuchung neue Daten erhoben werden, ist festzulegen, welche Datenerhebungsmethode eingesetzt werden soll. Üblicherweise wird hierbei zwischen Befragungs- und Beobachtungsmethoden unterschieden. Ebenso ist häufig ein Verfahren der Stichprobenauswahl zu bestimmen, da eine Vollerhebung bei allen Mitgliedern der Grundgesamtheit oftmals nicht möglich ist. Neben der Vollerhebung können im Rahmen der Stichprobenauswahl folgende fünf Verfahren unterschieden werden:

- die willkürliche Auswahl,

- die einfache Zufallsauswahl,

- die geschichtete Zufallsauswahl,

- das Quotaverfahren und

- die Klumpenauswahl.

Beim Verfahren der willkürlichen Auswahl wird die Stichprobe meist aus pragmatischen Gesichtspunkten bestimmt. Dieses Verfahren führt durch eine natürliche Verzerrung in der Stichprobe häufig zu einer stark eingeschränkten Aussagekraft der Untersuchungsergebnisse.

Ist es für jedes Element der Grundgesamtheit gleich wahrscheinlich in die Stichprobe aufgenommen zu werden, liegt eine einfache Zufallsauswahl vor. Voraussetzung ist, dass die Grundgesamtheit bekannt ist und somit eine zufällige Auswahl durchgeführt werden kann.

Nach Unterteilung der Grundgesamtheit in einzelne Schichten wird bei der geschichteten Zufallsauswahl die Stichprobe nach dem Zufallsprinzip ermittelt. Problematisch ist vor allem die Festlegung der Kriterien zur Bildung der einzelnen Schichten.

Erfolgt die Auswahl der Stichprobe in den einzelnen Schichten so, dass die Elemente in den Schichten die Verteilung der Grundgesamtheit widerspiegeln, erfolgt die Stichprobenauswahl nach dem sogenannten Quotaverfahren. Es werden also solange Personen einer Schicht in die Stichprobe aufgenommen, bis eine bestimmte Quote erfüllt ist. Neben dem bereits beschriebenen Problem der Schichtenbildung sind u. U. die Struktur und damit die einzelnen Quoten der Grundgesamtheit nicht bekannt.

Von dem reinen Zufallsprinzip abweichend werden beim Klumpenauswahlverfahren zusammenhängende Einheiten gebildet. Dies können zum Beispiel nach Festlegung einzelner in die Datenerhebung aufzunehmender Städte die einzelnen Stadtteile sein. Diese Einheiten sind die namensgebenden Klumpen. Nach zufälliger Auswahl der Klumpen erfolgt anschließend eine Vollerhebung innerhalb der Klumpen.

zu b)

Zur Bewertung der Güte eines Messinstrumentes werden die Validität, die Reliabilität und die Praktikabilität eines Messinstrumentes beurteilt.

Die Validität bezieht sich auf die generelle Gültigkeit von Messungen: „Wird das gemessen, was auch gemessen werden soll?" Alle Ergebnisse der Datenanalyse und Dateninterpretation beruhen auf der Annahme, dass die Datenbasis Auskunft über den untersuchten Zusammenhang liefern kann. Dies ist allerdings bei Verletzung der Validität nicht gewährleistet und führt aufgrund einer fehlerbehafteten Datenbasis zu falschen Schlussfolgerungen und Entscheidungen. Die Klumpenauswahl kann das Kriterium der Validität verletzen, wenn die Klumpen nicht sorgfältig bestimmt wurden oder generell nicht geeignet sind, um Verzerrungen in der Stichprobe zu vermeiden. Die Stichprobenelemente liefern dann systematisch andere Messergebnisse als eine Zufallsstichprobe gleicher Stichprobengröße aus der Grundgesamtheit.

Die Reliabilität befasst sich mit der Zuverlässigkeit von Messungen. Hier steht also die Frage im Vordergrund, wie genau ein Messinstrument einen Sachverhalt erfassen kann. Insbesondere wird gefordert, dass eine Wiederholung der Messung unter gleichen Bedingungen zu identischen Messergebnissen führt. Je nach eingesetztem Verfahren zur Auswahl der

Klumpen erhält man nun unterschiedliche Messergebnisse, wodurch die Reliabilität der Messung in Frage gestellt wird.

Die Praktikabilität versucht die Anwendbarkeit eines Messverfahrens zu beurteilen. Neben der Frage, ob sich ein Verfahren überhaupt anwenden lässt, ist ebenso zu klären, ob der Einsatz dieses Verfahrens für die Untersuchung verhältnismäßig ist. Fehlt einer Untersuchung die notwendige bzw. verhältnismäßige Praktikabilität ist das Experiment entweder nicht durchführbar oder nur unter sehr großem Aufwand durchzuführen. Ein Vorteil der Klumpenauswahl ist gerade deren praktische Anwendbarkeit. Die Verletzung der reinen Zufallsauswahl führt dabei u. a. zur Reduktion der Befragungskosten.

zu c)

Bei der Klumpenauswahl werden zusammenhängende Einheiten gebildet und zufällig ausgewählt. Anschließend erfolgt eine Untersuchung der ausgewählten Einheiten im Rahmen einer Vollerhebung. Von verletzter Repräsentativität ist dann zu sprechen, wenn die Stichprobenauswahl die eigentliche Grundgesamtheit nicht abdeckt. Das Klumpenauswahlverfahren kann das Kriterium der Repräsentativität dann verletzen, wenn die ausgewählten Klumpen nicht der Struktur der Grundgesamtheit entsprechen. Dies ist unter anderem auf die systematische – meist pragmatisch bestimmte – Auswahl der Klumpen zurückzuführen. Aus diesem Grund wird bei der Klumpenauswahl üblicherweise unterstellt, dass die gebildeten Klumpen die Grundgesamtheit möglichst gut repräsentieren.

Eine Verletzung der Repräsentativität führt dazu, dass die Ergebnisse nicht auf die Grundgesamtheit übertragbar sind. Die Erkenntnisse aus der Datenanalyse sind also ausschließlich auf die untersuchte Stichprobe zu beziehen. Eine Übertragung der Ergebnisse auf die Grundgesamtheit kann also zu falschen Entscheidungen im Rahmen des unternehmerischen Handelns führen.

Lösungsskizze zu Aufgabe 19:

Messungen sollten die Ausprägungen interessierender (theoretischer) Phänomene erfassen. Zum Zwecke der Datenaufbereitung und -analyse müssen die Daten i. d. R. in ein numerisches System überführt werden. Hierbei handelt es sich entweder um beliebig austauschbare Symbole für qualitativ unterschiedliche Ausprägungen eines Konstrukts oder aber um als Ausprägungen eines zahlenmäßig erfassbaren Konstruktes interpretierbare Werte. Zu unterscheiden sind dabei nicht-metrische Messniveaus (Nominal- und Ordinalskalen) und metrische Messniveaus (Intervall- und Ratioskalen) von Daten.

Nominalskalen

Die zur Kennzeichnung von Messwerten verwendeten Zahlen dienen ausschließlich der Identifizierung (hinsichtlich des interessierenden Merkmals) gleicher bzw. ungleicher Erhebungselemente. Dabei handelt es sich um willkürlich zugeordnete Zahlen, die lediglich Häufigkeitsaussagen über das Auftreten der einzelnen Werte ermöglichen. In diesen Fällen lassen sich verwendete Zahlen ohne Verlust in Symbole transformieren, z. B. „gut" = 0, „schlecht" = 1, „weiß nicht" = 2. Gängige Maßzahl ist der Modus, d. h. eine Angabe darüber, welcher Wert am häufigsten vorliegt.

Ordinalskalen

Ordinalskalen stellen die Rangordnung („größer" bzw. „kleiner") von Erhebungselementen dar. Hierbei sind die Abstände zwischen den einzelnen Messwerten nicht interpretierbar, so dass arithmetische Operationen nicht zulässig sind. Gängige Maßzahl ist der Median.

Intervallskalen

Im Gegensatz zu Ordinalskalen sind bei Intervallskalen die Abstände (Intervalle) interpretierbar (vergleichbar). Arithmetische Operationen wie z. B. die Berechnung des Mittelwertes (arithmetisches Mittel) und der Varianz sind daher zulässig. Dies ermöglicht die Anwendung fast allen leistungsstarken statistischen Verfahren, so dass im Allgemeinen dieses Datenniveau angestrebt wird. Die Abgrenzung zwischen Ordinal- und Intervallskalen ist aber nicht immer ganz eindeutig, da Meinungsverschiedenheiten über die Interpretation der Intervalle vorstellbar sind.

Ratioskalen

Ratioskalen zeichnen sich nicht nur durch gleich große Intervalle, sondern auch durch einen eindeutig definierten Nullpunkt (unabhängig von der Maßeinheit) aus. Folglich ermöglichen sie, zusätzlich zu den Möglichkeiten der Intervallskalen, eine Interpretation der Relationen zwischen den Messwerten, d. h. ein Vergleich der absoluten Werte ist möglich. Es sind somit sämtliche Rechenoperationen (z. B. auch die Berechnung des geometrischen Mittels) erlaubt.

Lösungsskizze zu Aufgabe 20:

zu a)

Der Mittelwert der Mengenangaben beträgt etwa 36,66, der Mittelwert der Preise etwa 2,623. Die Varianz der Mengenangaben errechnet sich zu etwa 383,4, die Varianz der Preise etwa zu 0,115. Die Kovarianz von Mengen und Preisen beträgt etwa -6,05. Die Daten variieren also stark gegenläufig.

zu b)

Nach Berechnung der Koeffizienten ergibt sich die folgende Regressionsgleichung: $x_i = 174{,}14 - 52{,}4 \cdot p_i$.

zu c)

Für SQE ergibt sich mit der Regressionsgleichung aus b) ein Wert von etwa 4760, für SQT ein Wert von etwa 5751. Dividiert man diese beiden Werte durcheinander (siehe Gleichung 4.22), erhält man für das Bestimmtheitsmaß R^2 einen Wert von etwa 0,827.

zu d)

Der Großteil der Varianz der Daten ist durch die ermittelte Regressionsgleichung erklärt. Sie erscheint für ein Konsumgut realistisch, das aus der Perspektive der Nachfrager mit anderen Gütern konkurriert, denn mit steigendem Preis verringert sich die Menge.

zu e)

Für einen Preis von 2,79 wäre gemäß der Regressionsgleichung aus Aufgabenteil b) mit einem Absatz von etwa 28 Einheiten zu rechnen.

zu f)

Die beobachteten Preise liegen alle weit oberhalb von 1,50. Eine einfache Fortschreibung der Regressionsgleichung für diesen Bereich bringt also zusätzliche Risiken mit sich, da sich dort ein Strukturbruch befinden könnte: Aufgrund einer Trendänderung könnte es dort z. B. zu einer geringeren Absatzmenge kommen als angenommen.

Ein weiteres Problem liegt darin, dass nur ein Artikel isoliert betrachtet wird. Neben seinem eigenen Preis könnten sich auch preisinduzierte oder anders verursachte Nachfrage-änderungen bei anderen Artikeln auf seine Absatzmenge auswirken.

Lösungsskizze zu Aufgabe 21:

zu a)

Der Gesamtmittelwert $\bar{y}$ beträgt in diesem Beispiel $(645 + 600 + 510)\ 1/3 = 585$.

Somit ergibt sich für die Summe der Abweichungen zwischen den Faktorausprägungen:

SZF = 6[(645-585)^2 + (600-585)^2 + (510-585)^2] = 56700.

Die Summe der Abweichungen zwischen den Faktorausprägungen ist ein Maß dafür, wie stark die Faktorausprägungen, also die unterschiedlichen Verkaufsstättenkonzepte, die Ergebnisgröße beeinflussen. SZF berechnet also die Varianz zwischen den Faktorausprägungen. Es gilt: Je größer SZF ist, desto größer ist der Einfluss auf die Ergebnisse.

Die Summe der Abweichungen innerhalb der Faktorausprägungen beläuft sich auf:

$$
\begin{aligned}
\text{SIF} = \; & (675\text{-}645)^2 + (720\text{-}645)^2 + (525\text{-}645)^2 + (495\text{-}645)^2 + \\
& (690\text{-}645)^2 + (645\text{-}645)^2 + (540\text{-}600)^2 + (585\text{-}600)^2 + \\
& (600\text{-}600)^2 + (555\text{-}600)^2 + (645\text{-}600)^2 + (675\text{-}600)^2 + \\
& (435\text{-}510)^2 + (525\text{-}510)^2 + (525\text{-}510)^2 + (525\text{-}510)^2 + \\
& (555\text{-}510)^2 + (495\text{-}510)^2
\end{aligned}
$$
$$\text{SIF} = 81900.$$

Die Summe der Abweichungen innerhalb der Faktorausprägungen entspricht der kumulierten Varianz innerhalb dieser Ausprägungen.

Mithilfe des empirischen F-Wertes wird nun eine Größe berechnet, die angibt, um welchen Faktor die Abweichungen erklärt durch die Faktorausprägungen (Verkaufsstättenkonzepte) die Abweichungen in den Daten übersteigen.

$$F_e = \frac{MSZF}{MSIF} = \frac{\dfrac{56700}{2}}{\dfrac{81900}{15}} = \frac{28352}{5460} \approx 5,19 \, .$$

Zur Prüfung der Untersuchungshypothese wird nun der empirische F-Wert mit dem theoretischen Wert der F-Verteilung bei gleichen Freiheitsgraden (2; 15) verglichen. Es zeigt sich, dass das Ergebnis auf einem Signifikanzniveau von $\alpha = 2 \, \%$ signifikant ist.

zu b)

Ein wesentliches Problem bei einer unbedachten Auswahl von Verkaufsstätten als Musterverkaufsstätten könnte in der fehlenden Repräsentativität der ausgewählten Verkaufsstätte liegen. Ist die Repräsentativität der ausgewählten Verkaufsstätten nicht gewährleistet, sind die Ergebnisse der Untersuchungen nicht auf alle Verkaufsstätten des Handelsunternehmens übertragbar.

Die fehlende Repräsentativität kann anhand einer Vielzahl an Beispielen erläutert werden. Im Folgenden werden exemplarisch drei Faktoren erläutert.

Eine wesentliche Eigenschaft von Verkaufsstätten ist ihre Verkaufsfläche sowie eng mit dieser verbunden die zur Verfügung stehende Regalfläche. Somit sind die Ergebnisse der prototypischen Verkaufsstätte auch nur auf ähnlich große Verkaufsstätten übertragbar.

Eine weitere Eigenschaft von Verkaufsstätten ist deren Einzugsgebiet und der damit verbundene Kundenkreis. Insbesondere kann sich der Kundenkreis für Verkaufsstätten in Stadtzentren von Verkaufsstätten in Randgebieten oder ausgelagerten Flächen unterscheiden.

Auch die Konkurrenzdichte kann einen wesentlichen Einfluss auf den Erfolg einer Verkaufsstätte haben. Starke Unterschiede können auch hier die Übertragbarkeit der Untersuchungsergebnisse verhindern.

zu c)

Im vorliegenden Beispiel lautet die Nullhypothese wie folgt: Die Konzepte haben keinen Einfluss auf die Erträge in den Verkaufsstätten. Diese Aussage kann mit einer Vertrauenswahrscheinlichkeit von $\alpha = 98\,\%$ abgelehnt werden, d. h. die vorgeschlagenen Konzepte haben einen Einfluss auf die Erträge in den Verkaufsstätten. Allerdings liefert dieses Ergebnis bisher keine Aussage zu der Fragestellung, *welches* der Konzepte umgesetzt werden sollte.

Lösungsskizze zu Aufgabe 22:

zu a)

Ziel der Diskriminanzanalyse ist es, die Klassifikation von Objekten gemäß der Ausprägungen meist mehrerer metrisch skalierter Attribute in einer Funktion abzubilden. Z. B. könnte versucht werden, Kunden mit hohem Monatsumsatz und Kunden mit niedrigem Monatsumsatz anhand ihrer persönlichen Eigenschaften (z. B. Alter, Einkommen, Bildungsgrad usw.) zu unterscheiden. Wenn die ermittelte Funktion eine gute Unterscheidung der Klassen erlaubt, dann kann sie für die Prognose der Klassenzugehörigkeit bislang unbekannter Objekte (z. B. Neukunden) verwendet werden.

Damit eine solche Klassifikation durchgeführt werden kann, wird ein funktionaler Zusammenhang zwischen den Attributen und einer abhängigen Variable (Diskriminanzvariable) unterstellt, anhand derer mittels einer Trennvorschrift anschließend über die Klassenzugehörigkeit entschieden werden kann. Sowohl die unabhängigen Variablen als auch die abhängige Variable sind also metrisch skaliert. Ein solcher Zusammenhang hat die folgende Form, die als Diskriminanzfunktion bezeichnet wird:

$$Y = b_0 + b_1 X_1 + b_2 X_2 + b_3 X_3$$

Dabei bezeichnet Y die (abhängige) Diskriminanzvariable, die X_i die (unabhängigen) metrischen Attribute und die b_i die zu ermittelnden Parameter der Diskriminanzfunktion.

Die Parameter b_i müssen so bestimmt werden, dass die Y-Werte, die sich dann für die betrachteten Objekte errechnen, eine Aufteilung dieser Objekte auf die verschiedenen Klassen ermöglichen, die der bekannten tatsächlichen Verteilung möglichst nahe kommt. Es existieren verschiedene Verfahren zur Berechnung der Parameter.

Wendet man die ermittelte Diskriminanzfunktion auf die bekannten Objekte an, können für jedes Objekt dessen Klassenzugehörigkeit (k_i) und der sich ergebende Wert für die Diskriminanzvariable (y_i) einander zugeordnet werden, wie dies schematisch die folgende Tabelle zeigt:

Y	y_1	y_2	y_3	y_4	y_5
K	k_1	k_2	k_3	k_4	k_5

Abb. 70:   Zuordnung von Objekten zu Klassen anhand von Diskriminanzwerten

Das Ergebnis der Diskriminanzanalyse wird durch die Angabe einer Trennvorschrift in Form einer Wenn-Dann-Regel komplettiert, die für alle y_i angibt, welcher Klasse k_i die entsprechenden Objekte zuzuordnen sind.

Zur Prognose kann das Analyseergebnis, das aus Diskriminanzfunktion und Trennvorschrift besteht, wie folgt angewendet werden: Die Eigenschaften eines neuen Objektes werden mit den berechneten Parametern b_i verknüpft und das Ergebnis Y mithilfe der Trennvorschrift einer Klasse zugeordnet. Die Prognose besteht dann in der Annahme, dass das Objekt zu dieser Klasse gehört bzw. gehören wird.

zu b)

Richtig zugeordnet sind alle Kunden, für die die Erfahrung (bereits bekannte tatsächliche Gruppenzugehörigkeit) mit der Erwartung (durch das Ergebnis der Diskriminanzanalyse errechnete Gruppenzugehörigkeit) übereinstimmt. Dies ist im vorliegenden Beispiel für 20 + 16 + 10 = 46 Kunden der Fall, denn für 20 gute Kunden wurde anhand ihrer Eigenschaften auch berechnet, dass sie gute Kunden sein würden, für 16 mittlere Kunden und für 10 schlechte Kunden wurde ein analoges Ergebnis erzielt. Um den erfragten Anteil zu berechnen, muss diese Anzahl noch der Gesamtanzahl untersuchter Kunden gegenübergestellt werden. Diese Gesamtanzahl erhält man, wenn man alle neun Werte der Tabelle addiert, was hier zu 120 Kunden führt. Der Anteil richtig zugeordneter Kunden liegt also bei $^{46}\!/_{120} \approx 0,383$ oder etwa 38,3 %.

Zur Bewertung der Trennvorschrift müssen zwei Situationen miteinander verglichen werden: Eine differenzierte Behandlung der Kunden mit und eine differenzierte Behandlung der Kunden ohne Benutzung dieser Trennvorschrift. Es lässt sich hingegen nicht beurteilen, ob eine differenzierte Behandlung von Kunden überhaupt sinnvoll ist!

Zu vergleichen ist nun die korrekte Zuordnung von 38,3 % der Kunden mit einer zufälligen Zuordnung, denn zur Durchführung einer differenzierten Behandlung der Kunden muss festgelegt werden, welche Kunden gleich und welche unterschiedlich behandelt werden sollen. Welches Ergebnis hätte eine zufällige Zuordnung der Kunden zu Gruppen? Hier sind zwei Fälle zu unterscheiden:

1. Jeder Kunde wird zufällig einer Gruppe zugeordnet.

2. Eine Gruppe wird ausgewählt, der dann alle Kunden zugeordnet werden.

Für den ersten Fall ergibt sich bei jedem Kunden eine Wahrscheinlichkeit von $\frac{1}{3}$, dass er einer bestimmten der drei Gruppen zugeordnet wird. Der Anteil bei einem solchen Vorgehen richtig zugeordneter Kunden entspricht dem Erwartungswert, einen bestimmten Kunden richtig zuzuordnen, der bei gleichwahrscheinlichen Gruppen wie im vorliegenden Fall folgerichtig ebenfalls $\frac{1}{3}$ beträgt.

Für den zweiten Fall ergibt sich das gleiche Ergebnis, falls die Gruppe, der alle Kunden zugeordnet werden sollen, ebenfalls zufällig bestimmt wird. Es könnte aber z. B. bekannt sein, dass eine der Gruppen größer ist als die anderen. In diesem Fall gilt dies für die Gruppe guter Kunden, die einen Anteil von $\frac{45}{120} = 0,375$ an allen Kunden hat. Ginge man nun einfach davon aus, dass alle Kunden zu dieser größten Gruppe gehörten, dann wäre genau dieser Anteil von 37,5 % richtig zugeordnet.

Zusammenfassend lässt sich sagen, dass die Trennvorschrift bessere Ergebnisse liefert als zufällige Annahmen über die Gruppenzugehörigkeit von Kunden. Allerdings ist der Unterschied zwischen beiden Ergebnissen nur sehr gering. Unter der Annahme, dass jede falsche Zuordnung eines Kunden einen gleich großen Nachteil hat, kann die Trennvorschrift also zur Verwendung empfohlen werden, da sie mindestens einen Kunden weniger falsch zuordnet, als dies bei einer zufälligen Zuordnung zu erwarten wäre.

Diese Annahme dürfte in der Praxis allerdings nicht haltbar sein, da im Allgemeinen nicht bekannt ist und auch nicht ermittelt werden kann, wie sich eine andere Behandlung eines Kunden auf dessen Verhalten gegenüber dem Unternehmen ausgewirkt hätte. Z. B. könnte man annehmen, dass die richtige Zuordnung guter Kunden vorteilhafter (und ihre falsche Zuordnung entsprechend nachteilhafter) für das Unternehmen ist als ein analoges Ergebnis für die Zuordnung schlechter Kunden. Aufbauend auf solchen Überlegungen müsste die Berechnung der Güte einer Trennvorschrift entsprechend modifiziert werden.

zu c)

Diskriminanzfunktion und Trennvorschrift werden in einer Diskriminanzanalyse auf der Basis bereits klassifizierter Objekte ermittelt. Eine Anwendung von Diskriminanzfunktion und Trennvorschrift auf neue Objekte beruht nun auf der Annahme, dass diese Objekte zu den gleichen Klassen gehören (oder gehören werden) wie bereits bekannte Objekte, denen sie ähneln. Das setzt einerseits voraus, dass solche Eigenschaften der Objekte betrachtet werden, die für die Gruppenzugehörigkeit relevant sind. Andererseits wird davon ausgegangen, dass die Wirkungszusammenhänge, die z. B. dazu führen, dass ein gut verdienender Kunde i. d. R. auch viel kauft, also ein guter Kunde ist, auch in der Zukunft gelten werden. Wie allgemein bei der Anwendung von Marktforschungsergebnissen zur Entscheidungsunterstützung wird also von einer impliziten und unspezifizierten ceteris-paribus-Klausel ausgegangen.

Die Prognose der Güte eines Neukunden auf Basis der Diskriminanzanalyse gilt damit für den Fall, dass ihm keine besonderen Rabatte angeboten werden, denn den Altkunden, auf deren Eigenschaften die Diskriminanzanalyse beruht, wurden solche Rabatte ja ebenfalls nicht angeboten.

Weil das Unternehmen davon ausgeht, dass diese Prognose zutrifft, also unveränderte Rahmenbedingungen (keine Rabatte) zu einem unerwünschten Ergebnis (mittlere Kunden) führen würden, versucht es, über eine Änderung der Rahmenbedingung (Rabattangebot) zu einem gewünschten Ergebnis (gute Kunden) zu kommen.

Ein Widerspruch zwischen dem Vertrauen auf die Prognose und der Zielsetzung zusätzlicher Rabattgewährung besteht deshalb nicht.

Lösungsskizze zu Aufgabe 23:

zu a)

Strukturgleichungsmodelle ermöglichen, nicht direkt beobachtbare, sogenannte latente Größen in einem Modell zu berücksichtigen. Dies geschieht durch die sogenannten Messmodelle, die die entsprechende latente Variable schätzen. Des Weiteren ermitteln Strukturgleichungsmodelle die Stärke des Beziehungszusammenhangs zwischen zwei latenten Größen.

In dem Modell (vgl. Abb. 46) werden die Beziehungen zwischen den drei latenten Variablen Markentreue, Einkaufsstättentreue und Erfolg untersucht. Das latente exogene Konstrukt Markentreue wird hierbei über die drei Indikatoren Bekanntheit der Marke, Zufriedenheit mit der Marke und Kaufhäufigkeit der Marke operationalisiert. Die δ-Werte entsprechen den Fehlerwerten (Residualgrößen) der exogenen Messindikatoren, während die λ_x-Werte die Koeffizienten der latenten exogenen Größe (Markentreue) auf die exogenen Indikatoren (x_1

bis x_3) darstellen. Diese Koeffizienten entsprechen im LISREL-Ansatz den Faktorladungen der Faktorenanalyse. Beispielweise erklärt das Konstrukt Markentreue 71 % der Varianz des Indikators Bekanntheit der Marke (λ_{11}^2). Es bleiben also 29 % der Varianz (δ_1) unerklärt.

Die beiden endogenen latenten Größen sind Einkaufsstättentreue und Erfolg. Auch die Einkaufsstättentreue wird durch drei Indikatoren gemessen: Besuchshäufigkeit, Einkaufs-schwerpunkt und Anzahl der Warengruppen. Die Residualgrößen werden im endogenen Messmodel mit ε bezeichnet. Der Erfolg wird im vorliegenden Modell ebenso über drei Indikatoren, nämlich Zahl der Posten pro Bon, Bonumsatz und Deckungsbeitrag pro Bon, gemessen.

Im Rahmen des Strukturmodells werden drei Beziehungen untersucht:

- Die Wirkung (γ_{11}) der Markentreue auf die Einkaufsstättentreue,

- die Wirkung (γ_{12}) der Markentreue auf den Erfolg und

- die Wirkung (β_{21}) der Einkaufsstättentreue auf den Erfolg.

Anhand des abgebildeten Pfadmodells ist zu erkennen, dass alle Beziehungen positiv sind. Steigt also der Grad der Marken- oder Einkaufsstättentreue, so steigt sukzessiv der Erfolg. Die vorliegenden standardisierten Pfadkoeffizienten erlauben den Vergleich der einzelnen Wirkungen miteinander. So kann einerseits gesagt werden, dass Markentreue ($\gamma_{12} = 0{,}33$) stärker als Einkaufsstättentreue ($\beta_{21} = 0{,}21$) auf den Erfolg wirkt. Andererseits kann auch der direkte Einfluss der Markentreue auf den Erfolg (γ_{12}) sowie der indirekte Einfluss der Markentreue über die Einkaufsstättentreue ($\gamma_{11} \cdot \beta_{21} = 0.43 \cdot 0.21 = 0{,}0903$) verglichen werden.

Abschließend informiert der ζ_2-Wert über den Anteil der durch das Modell nicht-erklärten Varianz des Erfolges (0,82). Anhand dieses Modells können also lediglich 18 % der Erfolgs-schwankungen durch die Datenbasis erklärt werden.

zu b)

Strukturgleichungsmodelle erlauben im Gegensatz zu anderen Verfahren die Aufnahme nicht direkt beobachtbarer Größen als sogenannte latente Konstrukte. Dies können zum Beispiel Einstellungsgrößen wie das Markenbewusstsein, das Qualitätsbewusstsein oder die Einkaufs-stättentreue sein.

Die Werte dieser latenten Konstrukte sind mithilfe der ermittelten Indikatorvariablen im Rahmen der sogenannten Messmodelle zu schätzen. Im Rahmen des LISREL-Ansatzes wird zur Schätzung der latenten Konstrukte die Faktorenanalyse eingesetzt. Die Messung der Beziehungen zwischen den latenten Konstrukten erfolgt mithilfe einer Regressionsschätzung.

Üblicherweise folgt die Kausalanalyse einem sechsstufigen Ansatz. Im Rahmen der Hypothesenbildung werden aufgrund theoretischer Überlegungen die Größen identifiziert, die in das Modell zu integrieren sind. Des Weiteren werden die Beziehungen zwischen den Variablen festgelegt. Da die Stärke des Zusammenhangs durch das Verfahren ermittelt wird, ist vor allem die Richtung des Wirkungszusammenhanges festzulegen.

Auf Basis der entwickelten Hypothesen erfolgt im nächsten Schritt die graphische Darstellung des Modells mithilfe eines Pfaddiagramms. Das Pfaddiagramm kann sowohl das Mess- als auch das Strukturmodell enthalten.

In einem dritten Schritt ist das Modell formal zu definieren. Ausgehend von den formulierten Hypothesen und den dargestellten Pfaden erfolgt eine formelle Definition des Modells in drei Matrizen-Gleichungen. Dabei dienen zwei Gleichungen der Formulierung des exogenen und endogenen Messmodells und eine Gleichung der Formulierung des Strukturmodells.

Anschließend erfolgt die Identifikation der Modellstruktur. Dieser Schritt dient vor allem der Prüfung, ob das Modell mit den vorhandenen Daten lösbar ist. Das Modell muss mindestens so viele Gleichungen wie zu schätzende Größen enthalten.

Im fünften Schritt werden die Parameter des Modells geschätzt, bevor zum Schluss im sechsten Schritt die Schätzergebnisse beurteilt werden. Die Ergebnisse des Schätzvorgangs werden anhand einer Reihe von Kriterien beurteilt. Üblicherweise wird zwischen Global- und Detailkriterien unterschieden.

zu c)

Kausalmodelle sind theoriegeleitete und strukturprüfende Analyseverfahren, d. h. die in den Messmodellen und dem Strukturmodell unterstellten Beziehungen beruhen auf theoretischen Überlegungen. Im Sinne der Strukturprüfung kann im Rahmen der Kausalanalyse lediglich die Stärke der unterstellten Beziehung berechnet werden. Zu beachten ist, dass dieser Wert nur für die in den Daten erfasste einzelne Situation, d. h. für einen limitierten Zeitausschnitt und eine (zufällig) ausgewählte Stichprobe gilt. Diese existentielle Aussage ist auch nicht falsifizierbar.

Im Sinne der Wissenschaftstheorie, speziell des kritischen Rationalismus, können sich unterstellte Erkenntnisse zwar im Rahmen von Untersuchungen bewähren, aber die Möglichkeit eines Irrtums kann nicht ausnahmslos beseitigt werden. Wissen besteht somit aus einer Sammlung von Hypothesen, die u. U. viele Falsifikationsversuche überstanden haben und deshalb als zuverlässig angesehen werden können. Die theoretische Erklärung der unterstellten Beziehungszusammenhänge gilt hierbei als vorläufig bewährt. Eine endgültige Verifikation dieser Hypothesen im Sinne einer universalen Aussage (All-Aussagen ohne Raum-Zeit-Bezug) ist jedoch nicht möglich.

Lösungsskizze zu Aufgabe 24:

zu a)

Die Conjoint-Analyse zählt zu den strukturprüfenden Verfahren. Der Methode liegt die Annahme zugrunde, dass sich aus den als bedeutend identifizierten Eigenschaften eines Untersuchungsobjektes eine optimale Kombination dieser Eigenschaften bestimmen lässt. Für das Handelsunternehmen stellt sich die Frage, mit welcher Kombination aus Fleischart, Füllmenge und Preislage der größte Nutzen für die Zielgruppe erreicht werden kann.

Ziel der Conjoint-Analyse ist es, die Ausprägungen der Objektkomponenten zu bestimmen, die in hohem Maße zum Gesamtnutzen des Objektes beitragen. Mithilfe der Conjoint-Analyse wird also die optimale Kombination der Eigenschaftsausprägungen eines Untersuchungsobjektes aus Sicht der Befragten festgestellt. Aus diesem Grund wird die Conjoint-Analyse vielfach im Rahmen der Produktentwicklung eingesetzt.

Die Besonderheit der Conjoint-Analyse liegt darin begründet, dass es sich um ein dekompositionelles Verfahren handelt. D. h. die Conjoint-Analyse ermittelt die Bedeutung der einzelnen Ausprägungen auf Basis der Beurteilung ganzer Objekte. Die Befragten beurteilen also nicht direkt einzelne Ausprägungen, sondern immer ganze Objekte. Aus diesen Gesamtnutzenwerten werden anschließend die Teilnutzenwerte der einzelnen Ausprägungen der Komponenten bestimmt. Es wird also aus dem Gesamtnutzen, den ein Befragter einer möglichen Delikatess-Wurst zuordnet, der Teilnutzen bestimmt (zum Beispiel der verwendeten Fleischart).

Zu Beginn der Conjoint-Analyse sind die bedeutenden Eigenschaften sowie deren Ausprägungen zu identifizieren. Diese sollen im Beispiel die Fleischart, die Füllmenge und die Preislage sein. Anschließend sind diese Eigenschaften und Ausprägungen in ein Erhebungsdesign zu überführen. Als Erhebungsdesign können die Profilmethode und die Zwei-Faktor-Methode unterschieden werden.

Im Anschluss an das Erhebungsdesign erfolgt die Datenerhebung. Üblicherweise sollen die Befragten die verschiedenen Objekte in eine Rangfolge in Abhängigkeit von dem Gesamtnutzen bringen. Insbesondere bei einer hohen Anzahl von unterschiedlichen Objekten werden auch Ratingskalen oder Paarvergleiche zur Ermittlung der Rangwerte eingesetzt. Diese beiden Ansätze sind für die Befragten einfacher zu handhaben.

Nach der Datenerhebung werden auf Basis der empirisch erhobenen Rangdaten die Teilnutzenwerte der Ausprägungen abgeleitet. Hierbei werden aus den bisher ordinalen Rangwerten metrische Nutzenwerte für jeden Befragten bestimmt. Eine Verallgemeinerung der Werte erfolgt dann durch die Berechnung des Durchschnitts über alle Befragten. Üblicherweise wird bei der Berechnung angenommen, dass die Summe der Teilnutzenwerte den Gesamtnutzenwert ergibt.

zu b)

Liegen wenige Eigenschaften und wenige Ausprägungen vor, bietet sich die sogenannte Profilmethode an. Bei dieser Methode wird die Kombination aller Ausprägungen in die verschiedenen Objekte überführt. Hierbei kann die Zahl der verschiedenen Objekte allerdings schnell zunehmen. So sind bei drei Eigenschaften mit je drei Ausprägungen $3 \cdot 3 \cdot 3 = 27$ Objekte zu beurteilen und bei drei Eigenschaften mit je vier Ausprägungen sind es bereits $4 \cdot 4 \cdot 4 = 64$ Objekte.

Aus diesem Grund wird im Rahmen des Erhebungsdesigns meist auf eine Komplettabfrage verzichtet. Im Rahmen der Profilmethode sind alle möglichen Kombinationen durch die Befragten in eine Rangfolge zu bringen bzw. zu bewerten. Im Beispiel werden drei Eigenschaften (Fleischart, Füllmenge und Preislage) genannt. Für die Fleischart werden vier mögliche Ausprägungen aufgeführt und für die Füllmenge sowie die Preislage jeweils drei Ausprägungen. Insgesamt ergeben sich also $4 \cdot 3 \cdot 3 = 36$ verschiedene Kombinationen.

Ein Beispiel für ein sogenanntes reduziertes Design stellt die sogenannte Zwei-Faktor-Methode dar. Bei der Zwei-Faktor-Methode werden nur alle möglichen Zweier-Kombinationen von Eigenschaftsausprägungen betrachtet. So sind für die Faktoren Fleischart und Füllmenge sowie Fleischart und Preislage jeweils $4 \cdot 3 = 12$ Kombinationen zu bewerten und für die Faktoren Füllmenge und Preislage sind es $3 \cdot 3 = 9$ Kombinationen. Insgesamt sind also im Rahmen der Zwei-Faktor-Methode $12 + 12 + 9 = 33$ Objekte einzuschätzen.

In dem vorgestellten Beispiel führt die Zwei-Faktor-Methode lediglich zu einer geringen Reduktion der Gesamtzahl an zu bewertenden Kombinationen. Diese Reduktion geht mit einer reduzierten Informationsbasis einher, da hierbei nicht das jeweils gesamte Objekt beurteilt wird. Dies spricht für den Einsatz der Profilmethode.

Für den Einsatz der Zwei-Faktor-Methode spricht, dass neben der Objektanzahl insbesondere der Aufwand für die Befragten, die Objekte zu vergleichen, abnimmt. So sind bei der Zwei-Faktor-Methode höchstens 12 Zweier-Kombinationen auf einmal zu vergleichen, während bei der Profilmethode alle 36 Objekte geordnet werden müssen.

zu c)

Die unterschiedlichen Präferenzen der Befragten lassen sich unter Umständen auf die Stichprobenauswahl zurückführen. Dies ist insbesondere dann der Fall, wenn die Befragten bezüglich ihrer Vorlieben für Delikatess-Wurst stark heterogen sind.

Die betriebswirtschaftlichen Folgen dieses Ergebnisses können vielfältig sein. Eine Überlegung könnte sein, im Rahmen einer Produktdifferenzierung mehrere Produktvarianten in den Markt einzuführen. Hierbei sind allerdings die im Regelfall höheren Produktionskosten einer Produktdifferenzierung gegenüber dem Fall einer Produktstandardisierung zu beachten.

Lösungsskizze zu Aufgabe 25:

zu a)

Die Faktorenanalyse zählt zu den strukturentdeckenden Verfahren. Zu Beginn der Analyse ist u. U. unklar, welche Variablen für die Analyse relevant sind und ob sowie welche Wirkungszusammenhänge zwischen den vorliegenden Variablen bestehen.

Die Zielsetzung der Faktorenanalyse ist, die Anzahl der zur Erklärung eines Objektes benötigten Attribute zu verringern (auf weniger Faktoren zurückzuführen). Die Faktorenanalyse versucht also, aus einer gegebenen Menge von Variablen diejenigen Faktoren zu entdecken, die die Schwankungen der Ausprägungen einer abhängigen Variablen am Besten erklären. Dabei soll die Unterscheidbarkeit zwischen den Objekten so wenig wie möglich beeinträchtigt werden. Das graphische Ergebnis der Faktorenanalyse ist dann die Positionierung der untersuchten Objekte in einem Koordinatensystem, dessen Dimensionen die ermittelten Faktoren sind. Diese Darstellung dient dem Zweck, die Analyseergebnisse in einer Form zu präsentieren, die für den Betrachter eine schnelle Verarbeitung der wichtigsten Informationen ermöglicht. Eine reine Zahlentabelle, die der graphischen Darstellung natürlich zugrunde liegt, ist dafür weniger geeignet.

Die Vorgehensweise der Faktorenanalyse lässt sich in fünf Schritte gliedern. Diese werden nachfolgend erläutert.

In einem ersten Schritt werden die relevanten zu untersuchenden Merkmale festgelegt oder durch geeignete Methoden der Marktforschung (z. B. Befragung der Zielgruppe) ermittelt. Anhand dieser Merkmale lassen sich die zu analysierenden Objekte charakterisieren. Als Ergebnis erhält der Marktforscher eine Datentabelle.

In dem zweiten Schritt werden die Korrelationskoeffizienten zwischen den als relevant identifizierten Merkmalen berechnet. Die Korrelationskoeffizienten werden anschließend in eine Korrelationsmatrix eingetragen. Die Korrelationsmatrix gibt einen Überblick über die einzelnen linearen Beziehungen zwischen den untersuchten Merkmalen. Je näher der Koeffizient bei 1 bzw. -1 liegt, desto stärker ist der Zusammenhang zwischen beiden Variablen.

Anschließend wird die Faktorextraktion z. B. mithilfe der Hauptkomponentenmethode durchgeführt. Die Faktorextraktion legt dabei solange eine Achse durch den mehrdimensionalen Raum, der durch die identifizierten Merkmale aufgespannt wird, bis die einzelne Achse ein Maximum der Varianz der Merkmale erklärt und die Achsen zusammen eine minimal kleine Restvarianz nicht erklären. D. h. wird nach Einfügen einer Achse festgestellt, dass die Restvarianz noch zu groß ist, wird eine weitere Achse eingefügt. Es handelt sich also um ein iteratives Verfahren. Die Achsen werden dabei so in den Raum gelegt, dass sie untereinander nicht korrelieren (d. h. rechtwinklig zueinander sind). Im Ergebnis repräsentiert jede Achse einen Faktor. Die so ermittelten Faktoren beschreiben die zugrunde liegenden Objekte (bis auf die Restvarianz) genauso gut wie die ursprüngliche Merkmalsmenge.

Im Anschluss an die Faktorextraktion werden die Korrelationskoeffizienten zwischen den ursprünglichen Merkmalen und den ermittelten Faktoren berechnet. Diese Korrelationen werden als Faktorladungen bezeichnet.

In einem letzten Schritt werden die Faktorachsen gemeinsam so um den Ursprung gedreht, dass mit jeder Achse möglichst einige Variablen hoch und andere möglichst niedrig korrelieren (laden). Nach der Rotation der Achsen ist die Bedeutung der Achsen anhand der Variablen mit hohen Faktorladungen zu interpretieren.

zu b)

Als dekompositionelles Verfahren soll die Faktorenanalyse potenziell relevante Produkteigenschaften auf eine geringe Anzahl von Dimensionen reduzieren. Im Rahmen der Produktpositionierung ist die wesentliche Zielsetzung der Faktorenanalyse, möglichst wenige und relevante Produkteigenschaften zu ermitteln, anhand derer ein Positionierungsraum aufgespannt werden kann. Produkte, die sich in den Augen der Nachfrager ähneln, werden in dem Positionierungsraum nah beieinander ‚gelegt'. Mit zunehmenden wahrgenommenen Unterschieden werden die Entfernungen zwischen den einzelnen Produkten im Positionierungsraum größer. Mithilfe dieses Vorgehens sollen die zum großen Teil nur unterbewusst vorhandenen, kaufrelevanten Eigenschaften entschlüsselt werden. Der Vorteil dieses Verfahrens ist, dass eine explizite Vorgabe bestimmter Eigenschaften nicht notwendig ist. Diesem Vorteil steht der Nachteil gegenüber, dass der Positionierungsraum nicht gekennzeichnet ist, d. h. die Dimensionen (Achsen) sind zunächst unbekannt und müssen nachträglich interpretiert werden.

Als Beispiel soll im Folgenden der Markt für Farbfernseher betrachtet werden. Nach Anwendung der Faktorenanalyse ergibt sich beispielsweise der in nachstehender Abbildung dargestellte Eigenschaftsraum. In der Abbildung 71 sind verschiedene Objekte (Farbfernseher) nach den Dimensionen Preis und Bildqualität positioniert.

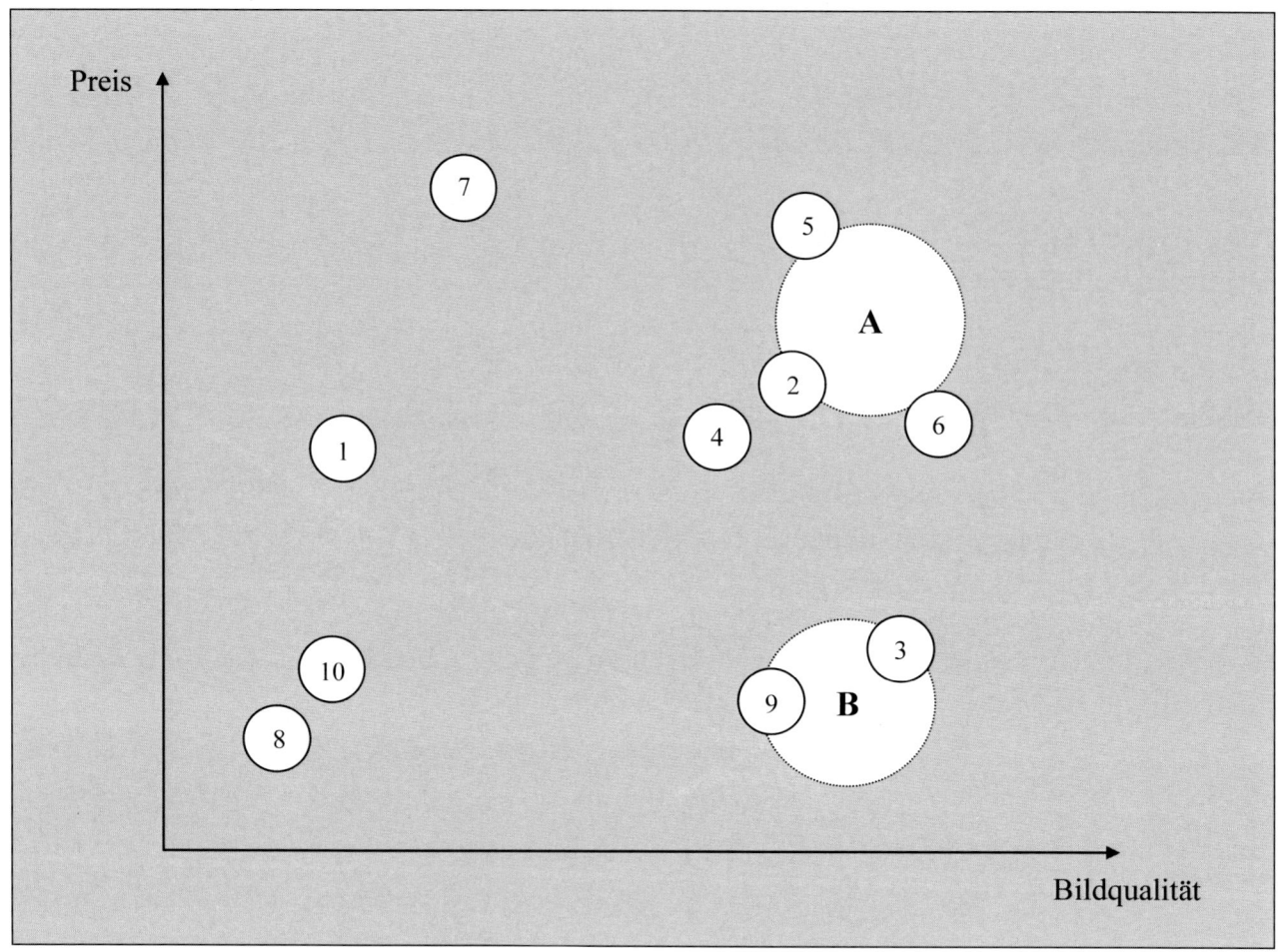

Abb. 71:   Positionierungsraum des Marktes für Farbfernseher

Hinter den exemplarischen Dimensionen können sich weitere Produkteigenschaften verbergen. So können z. B. Bildgröße, -schärfe, -auflösung und Frequenz die Dimension Bildqualität bestimmen. In der Abbildung ist beispielsweise zu erkennen, dass das Produkt (6) die höchste Bildqualität aufweist, während für das Produkt (7) der höchste Preis gefordert wird.

Die Entfernungen zwischen den Objekten in dem Positionierungsraum können erste Hinweise auf die Intensität der Wettbewerbsbeziehungen zwischen den Objekten geben. Geht man davon aus, dass Produkte, die räumlich nah beieinander (weit auseinander) liegen, von den Nachfragern als ähnlich (unähnlich) wahrgenommen werden, so können diese leichter (schwerer) substituiert werden. So besteht zwischen den Produkten (2) und (4) aufgrund der ähnlichen Werte hinsichtlich der Preislage und Bildqualität eine große Substitutionsgefahr (vgl. Abb. 71). Für das Produkt (7) besteht hingegen weniger Substitutionsgefahr, weil sich das Produkt durch die gewählte Kombination der Eigenschaften von den anderen Produkten abhebt (vgl. Abb. 71). Allerdings wird für eine relativ geringe Bildqualität ein sehr hoher Preis gefordert.

Für eine erfolgreiche Positionierung ist neben der ‚geschickten' Positionierung der Objekte in dem Positionierungsraum die Berücksichtigung von Marktsegmenten von großer Bedeutung. Häufig sind Positionen von Objekten und ‚Anzahl der Konsumenten' innerhalb eines Marktes unterschiedlich verteilt. Insofern gilt die Produktpositionierung erst dann als gelungen, wenn das Positionierungsobjekt ein bestimmtes Marktsegment anspricht. Je kleiner die Entfernung zwischen einem Objekt und einem Marktsegment ist, desto größer ist die Präferenz der Konsumenten dieses Marktsegmentes für das Objekt.

In der Abbildung 71 sind zwei Marktsegmente (A und B) abgebildet. Diese Marktsegmente wurden u. U. mittels Clusteranalyse ermittelt. In diesem Beispiel lassen sich die Nachfrager des Marktsegmentes A durch ein großes Interesse an Bildqualität und durch hohe Preisbereitschaft bzw. preisabhängiges Nachfrageverhalten kennzeichnen. Demgegenüber interessieren sich die Nachfrager des Marktsegmentes B für die Bildqualität eines Fernsehgerätes, sind aber nicht bereit, einen hohen Preis zu zahlen. Berücksichtigt man die Marktsegmente, dann kann Folgendes festgestellt werden: Die Produkte (5), (2) und (6) erfüllen eher die Wünsche und Vorstellungen der im Segment A zusammengefassten Nachfrager. Die Individuen des Marktsegmentes B verlangen dagegen nach den Produkten (9) und (3). Die übrigen Produkte weisen weniger ‚günstige' Positionen auf, die Chancen auf eine erfolgreiche Umpositionierung lassen sich jedoch nicht eindeutig bestimmen, weil es sich nicht vorhersagen lässt, ob Konsumenten aus bestehenden Marktsegmenten das Produkt wechseln werden.

Der Planungsprozess der Positionierung wird durch die Wahl einer geeigneten Positionierungsstrategie abgeschlossen. Hierbei gilt es u. a., die Zielposition des Positionierungsobjektes festzulegen. In diesem Zusammenhang lassen sich vier verschiedene Strategien unterscheiden:

1. Zunächst kann ein Unternehmen versuchen, z. B. durch produkt- und kommunikationspolitische Maßnahmen neue relevante Dimensionen zu schaffen, wie z. B. Design und Stromverbrauch von Fernsehgeräten. Diese Strategie wird als Restrukturierungsstrategie bezeichnet. Sollte dieses Anliegen gelingen, könnte u. U. gar binnen kurzer Zeit eine neue Marktstruktur geschaffen werden.

Im Rahmen gegebener Positionierungskriterien verbleiben noch folgende drei Strategien:

2. Die Repositionierungsstrategie zielt darauf ab, die Entfernung zwischen einem Objekt und einem Marktsegment zu verringern. Dies geschieht durch eine Änderung der Eigenschaftskombination. Es wäre z. B. für Produkt (7) sinnvoll, eine bessere Bildqualität zu erzeugen und einen geringeren Preis zu fordern, um den Wünschen und

Vorstellungen der Nachfrager aus dem Marktsegment A eher zu entsprechen (vgl. Abb. 71).

3. Bei der Imitationsstrategie, die letztlich eine Folge der Repositionierung sein kann, wird versucht, ein Objekt in der ‚Nähe' eines erfolgreichen Wettbewerbers zu positionieren. Eine solche ‚Me-too-Position' nimmt das Produkt (4) bereits fast ein (vgl. Abb. 71).

4. Im Rahmen der Profilierungsstrategie wird das Objekt so positioniert, dass es in dem Positionierungsraum möglichst eine Position einnimmt, die eine direkte Konkurrenz zu anderen Produkten vermeidet (vgl. Produkt (8) in der Abbildung 71, niedrigster Preis, allerdings auch geringste Bildqualität). Derartige Strategien sind u. U. dann erfolgreich, wenn eine gewisse ‚Außenseitergruppe' bereit ist, bei diesen Ausprägungen der Eigenschaften zu kaufen.

zu c)

Die methodische Vorgehensweise weist mehrere Probleme auf. Zwei wesentliche Kritikpunkte an der Faktorenanalyse als Instrument für Positionierungsuntersuchungen werden im Folgenden erörtert.

Bei der Faktorenanalyse bereiten Variablen Probleme, die sich auf einer 45°-Linie zwischen den Faktoren befinden. Diese lassen sich den Faktoren nicht eindeutig zuordnen. Bei der Bestimmung des Positionierungsraumes von Farbfernsehern kann beispielsweise die Bildauflösung sowohl einen Einfluss auf die Bildqualität als auch auf den Preis haben. Da die Anzahl der Faktoren (2 im gewählten Beispiel) durch die Restvarianz bestimmt wird, ist die Wahl einer angemessenen Restvarianz bei der Faktorenanalyse von großer Bedeutung. Für eine als zu groß angesehene Restvarianz müssten dann weitere Faktoren zur Erhöhung des Bestimmtheitsmaßes herangezogen werden.

Variablen, die mit einem Faktor hoch laden und untereinander keinen klaren inhaltlichen Zusammenhang aufweisen, erschweren die Faktorinterpretation erheblich. So wurde in dem Beispiel angenommen, dass die Bildgröße stark mit der Bildschirmqualität korreliert, allerdings ist diese Beziehung nicht erwiesen und stellt u. U. eine Scheinkorrelation dar. Der Anwender muss u. a. entscheiden, welche Ladungen auf echten Korrelationen und welche auf Scheinkorrelationen beruhen. Dabei ist zu beachten, dass die Ergebnisse entscheidend von der Vorauswahl der zu untersuchenden Variablen und von der subjektiven Analyse des Anwenders abhängen.

Lösungsskizze zu Aufgabe 26:

zu a)

Die Clusteranalyse ist ein Verfahren, das Untersuchungsobjekte (z. B. Personen, Produkte oder Unternehmen) in Gruppen zusammenfasst. Die Objekte werden dabei so gruppiert, dass die einzelnen Gruppen in sich möglichst homogen, aber zwischen den Gruppen die Unterschiede möglichst groß sind. Die Gruppen sind somit untereinander möglichst heterogen.

Die Bildung der Cluster erfolgt in zwei Schritten:

1. Quantifizierung der Ähnlichkeit bzw. Unähnlichkeit von Objekten

2. Zusammenfassung der Objekte, so dass in sich homogene und untereinander heterogene Gruppen entstehen

Im Rahmen der Quantifizierung der Ähnlichkeiten bzw. Unähnlichkeiten von Objekten müssen zunächst geeignete (d. h. quantifizierbare und relevante) Vergleichsmerkmale, wie z. B. Alter, Einkommen, Preis oder Leistung, ausgewählt werden. In Abhängigkeit der Merkmalsausprägung werden die Untersuchungsobjekte in einem durch die Merkmale aufgespannten mehrdimensionalen Raum (Merkmalsraum) positioniert. Die Ähnlichkeiten bzw. Unähnlichkeiten der Objekte werden durch die Entfernungen zwischen den Objekten im Merkmalsraum ausgedrückt.

Bei der anschließenden Zusammenfassung der Objekte zu Gruppen ist darauf zu achten, dass möglichst heterogene Cluster entstehen. Hierzu werden die Entfernungen zwischen den Objekten im Merkmalsraum herangezogen. Im zweidimensionalen Merkmalsraum kann eine ungefähre Zusammenfassung der Objekte bereits ‚optisch‘ erfolgen. Um die ‚exakten‘ Entfernungen zwischen den Objekten zu ermitteln, werden mathematische Abstandsmaße, sogenannte Proximitätsmaße, eingesetzt.

zu b)

Zur Verdeutlichung der Clusterbildung sowie der Einsatzmöglichkeiten der Clusteranalyse als Informationsgrundlage für die Marketingplanung wird folgendes Beispiel herangezogen:

Es sind zehn Objekte gegeben, in diesem Fall zehn verschiedene Fahrzeugmodelle einer Automarke, die zu möglichst wenigen Clustern zusammengefasst werden sollen. Die Fahrzeugmodelle können anhand der Variablen Preis und Leistung in einem zweidimensionalen Raum positioniert werden (vgl. Abb. 72).

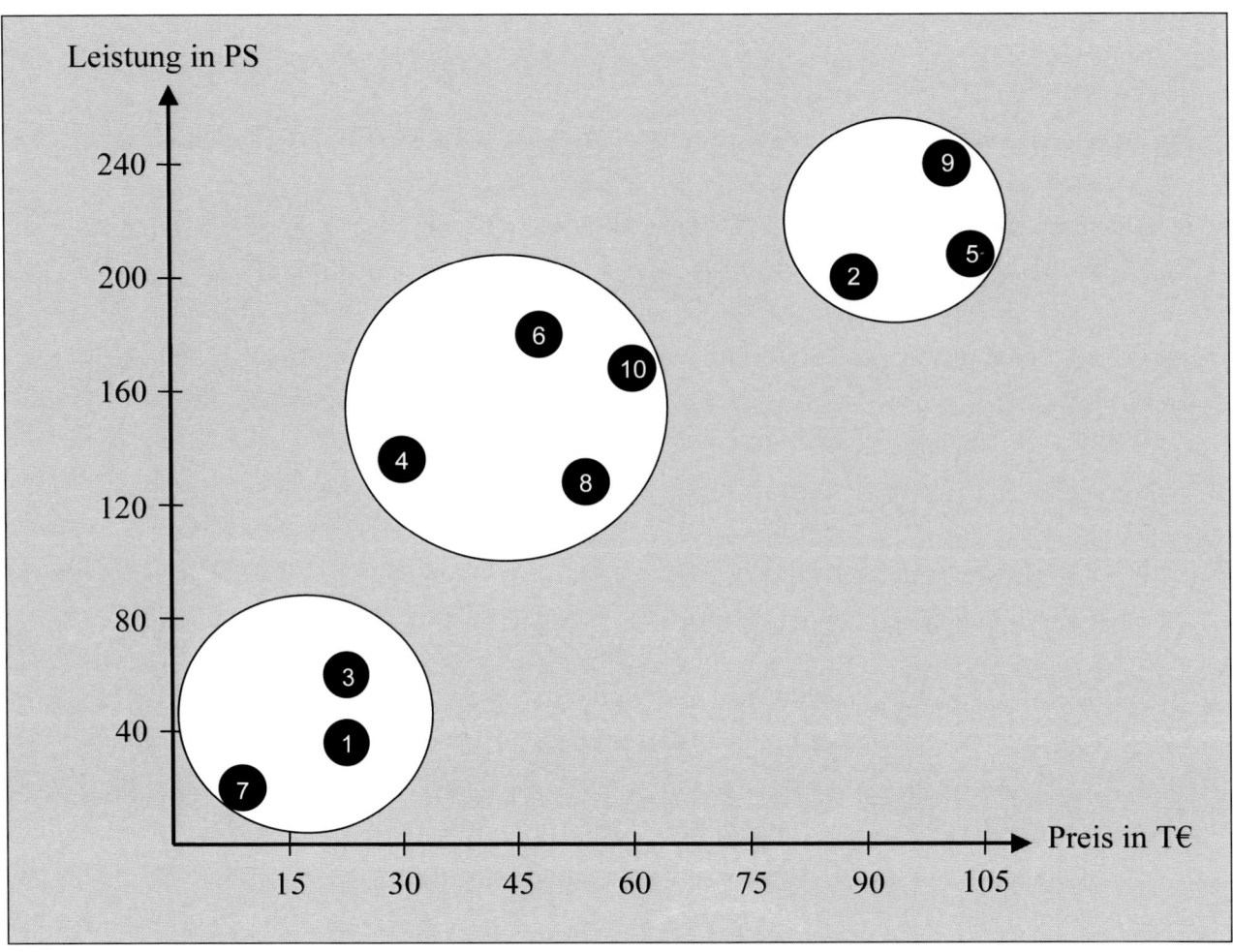

Abb. 72:   Die Clusterbildung am Beispiel eines Fahrzeugherstellers

In der Reihenfolge aufsteigender Distanz zwischen den Fahrzeugmodellen werden die zehn Untersuchungsobjekte zu Clustern zusammengefasst (vgl. Abb. 72). In diesem Beispiel erhält man drei Cluster: Eines mit vier und zwei mit jeweils drei Objekten.

Basierend auf den Dimensionen Preis und Leistung können die drei Cluster bspw. folgendermaßen bezeichnet werden:

A: Günstiger Kleinwagen

B: Leistungsstarker Mittelklassewagen

C: Hochpreisiger Sportwagen

Die hier verwendeten Segmentierungskriterien Preis und Leistung können aus Nachfragersicht als kaufentscheidend angesehen werden. Mit den Ausprägungen der Segmentierungskriterien kann nun die Kaufverhaltensrelevanz aus der Perspektive bestimmter Zielgruppen steigen oder fallen. So sollte das Unternehmen beispielsweise gutverdienende Manager eher mit dem Segment ‚hochpreisiger Sportwagen' ansprechen als mit dem Segment ‚günstiger

Kleinwagen'. Derartige Hypothesen bilden letztlich die Brücke zwischen den gefundenen Segmenten und den Zielgrößen der Marketingplanung.

zu c)

Die ökonomische Interpretation von Clustern kann schwierig bis unmöglich sein, wenn die Kombination der Merkmale keine klare Beziehung zum Kaufverhalten hat. Zudem sollten Merkmale gewählt werden, die eine zeitliche Stabilität der Cluster gewährleisten. Darüber hinaus kann die Zahl der Objekte in einem Cluster so gering ausfallen, dass das Ergebnis für die Marketingplanung unbrauchbar ist.

Generell ist die Anzahl der Cluster mit Bedacht zu wählen: Gibt es zu viele Cluster, kann die ökonomische Bedeutung einzelner Cluster sinken. Bei einer zu geringen Anzahl an Clustern lässt sich das Potenzial der Marktsegmentierung u. U. nicht ausschöpfen. Dies zeigt eine weitere Schwachstelle des Verfahrens auf: Es liefert keine eindeutige Lösung. Je nachdem wie viel Heterogenität innerhalb und wie viel Ähnlichkeit zwischen Clustern als annehmbar angesehen wird, können sich unterschiedliche Lösungen ergeben. Dasselbe gilt auch für die Verwendung unterschiedlicher Verfahren für die Clusterung.

Ein weiteres Problem kann auftreten, wenn ‚theoretische Konstrukte‘, wie z. B. Einstellungen, Werte und Gefühle, zur Clusterung der Objekte herangezogen werden. Hier lassen sich die Merkmale häufig schwer operationalisieren und quantifizieren, so dass die Realitätsrelevanz der gewonnenen Cluster bezweifelt werden könnte.

Lösungsskizze zu Aufgabe 27:

zu a)

Ziel der Faktorenanalyse ist es, die Anzahl der Attribute zu verringern (auf weniger Faktoren zurückzuführen), die zur Beschreibung eines Objektes benötigt werden. Dabei soll die Unterscheidbarkeit zwischen den Objekten so wenig wie möglich beeinträchtigt werden. Das graphische Ergebnis der Faktorenanalyse ist dann die Platzierung der Objekte in einem Koordinatensystem, dessen Dimensionen die ermittelten Faktoren sind. Diese Darstellung dient dem Zweck, die Analyseergebnisse in einer Form zu präsentieren, die für den Betrachter eine schnelle Verarbeitung der wichtigsten Informationen ermöglicht. Eine reine Zahlentabelle, die der graphischen Darstellung natürlich zugrunde liegt, ist dafür weniger geeignet.

Das graphische Ergebnis der Multidimensionalen Skalierung weist hingegen einige Unterschiede auf: Hier wird versucht, globale Ähnlichkeitsurteile über die betrachteten Objekte in eine räumliche Konfiguration dieser Objekte so zu überführen, dass ähnlichere Objekte näher beieinander, unähnlichere Objekte weiter voneinander entfernt stehen. Die Anzahl der

Dimensionen der graphischen Darstellung ist nicht vorherbestimmt, sondern ergibt sich aus der angestrebten Güte der Darstellung: Mit mehr Dimensionen ist es einfacher, eine Darstellung zu finden, die den abzubildenden Ähnlichkeitsunterschieden entspricht. Das graphische Ergebnis vermittelt einen Eindruck davon, wie ähnlich und wie unähnlich sich die betrachteten Objekte sind.

Beide Verfahren können zur Unterstützung aller Entscheidungen herangezogen werden, die die Positionierung von Objekten im Wahrnehmungsraum von Menschen betreffen.

Eine wahrgenommene ‚Lücke' in der graphischen Darstellung der Faktorenanalyse könnte z. B. die Idee aufkommen lassen, ein neues Produkt an diese Stelle zu platzieren, um bislang unbefriedigte Nachfrage bedienen zu können. Die gleiche Schlussfolgerung könnte auch aus der graphischen Darstellung der Multidimensionalen Skalierung gezogen werden.

Die praktische Umsetzung dieser Entscheidung unterscheidet sich zwischen den beiden denkbaren Ausgangsgraphiken aber deutlich: Im Rahmen der Faktorenanalyse können dem Zielpunkt die Ausprägungen der Faktoren zugeordnet werden, die sich wiederum in Ausprägungen der ursprünglichen Attribute zurückrechnen lassen. Die Eigenschaften eines Produktes, das die gewünschte Position im Wahrnehmungsraum der Konsumenten einnimmt, sind damit bekannt und dieses Produkt braucht nur noch entsprechend entwickelt werden.

Bei der Multidimensionalen Skalierung kann zwar auch ein angestrebter Zielpunkt im graphischen Ergebnis angegeben werden. Dieser bedeutet aber zunächst nichts anderes, als dass z. B. ein Produkt entwickelt werden soll, das im Vergleich zu allen anderen betrachteten Produkten in bestimmter Weise ähnlich oder unähnlich wahrgenommen wird. Wie ein solches Produkt aussehen könnte, d. h. welche Eigenschaften es zur Erreichung dieser Position haben muss, ist nicht bekannt. Um dies zu ermitteln, müssten z. B. mehrere Produktprototypen entwickelt werden, deren Ähnlichkeiten mit den bestehenden Produkten dann neu erhoben und mit den angestrebten Werten verglichen würden.

Die Faktorenanalyse hat also den Vorteil, dass die Eigenschaften der betrachteten Objekte explizit ermittelt werden. Dafür hat sie den Nachteil, dass nichts über das globale Ähnlichkeitsurteil über die Objekte bekannt ist. Genau umgekehrt verhält es sich bei der Multidimensionalen Skalierung. Um die jeweiligen Nachteile auszugleichen, wäre zur Unterstützung einer Positionierungsentscheidung auch die parallele Anwendung beider Verfahren denkbar.

zu b)

Die übliche Vorgehensweise bei der Multidimensionalen Skalierung ist die Folgende: Den Ausgangspunkt bilden die durch eine Befragung gewonnenen Ähnlichkeitsurteile über mehrere Objekte (z. B. wie im vorliegenden Fall die Rangreihung von Objektpaaren nach ihrer Ähnlichkeit). Anschließend werden die Objekte zunächst an willkürlichen Positionen in ein Koordinatensystem eingetragen. Diese Positionen werden dann in einem iterativen Prozess solange variiert, bis die Entfernungen zwischen den Objekten den wahrgenommenen Ähnlichkeiten bestmöglich entsprechen.

Die Fragestellung betrifft eine Momentaufnahme dieses iterativen Prozesses: Es geht darum, zu entscheiden, ob der Prozess abgebrochen werden kann oder eine weitere Veränderung der Objektpositionen vorgenommen werden muss. Wenn die Fragestellung positiv beantwortet werden könnte, dann würde die im Diagramm angegebene Konfiguration der Objekte das Endergebnis einer Multidimensionalen Skalierung der in der Tabelle enthaltenen Ähnlichkeitsurteile darstellen.

	1	2	3	4	5	6	7	8
	$\|x_{i1} - x_{k1}\|$	$\|x_{i2} - x_{k2}\|$	$\sum \|x_{ij} - x_{kj}\|^2$	d_{euk}	d_{cb}	$\ddot{A}_{theo\,(euk)}$	$\ddot{A}_{theo\,(cb)}$	$\ddot{A}_{emp}$
A ~ B	0	1	1	1	1	1	1	1
A ~ C	2	2	8	2,8	4	4	4-5	4
A ~ D	4	1	17	4,1	5	7	6-7	6
A ~ E	3	3	18	4,2	6	8	8-9	8
B ~ C	2	1	5	2,2	3	2-3	2-3	2
B ~ D	4	0	16	4	4	6	4-5	5
B ~ E	3	2	13	3,6	5	5	6-7	7
C ~ D	6	1	37	6,1	7	10	10	10
C ~ E	5	1	26	5,1	6	9	8-9	9
D ~ E	1	2	5	2,2	3	2-3	2-3	3

Abb. 73: Berechnung von Ähnlichkeitsmaßen im Rahmen der Multidimensionalen Skalierung

Zur Beantwortung beider Fragen kann diese Tabelle herangezogen werden, die für jedes Objektpaar die folgenden Angaben enthält: Distanzen bezüglich beider Attribute (Spalten 1 und 2), die Summe der quadrierten Abweichungen bezüglich beider Distanzen (Spalte 3), die euklidische Distanz (Spalte 4), die City-Block-Distanz (Spalte 5), die Rangreihung der Objektpaare auf Basis der euklidischen Distanz der im Diagramm abgebildeten Konfiguration

(Spalte 6), eine ebensolche Rangreihung auf Basis der City-Block-Distanzen (Spalte 7) sowie zum Vergleich noch einmal die empirische Rangreihung aus der Aufgabenstellung (Spalte 8).

Die Konfiguration aus dem Diagramm stimmt bei der Betrachtung euklidischer Distanzen nicht mit der vorgegebenen Rangreihung überein. Die Abweichungen sind in der Tabelle fett markiert: Theoretisch ergibt sich die Reihenfolge (B ~ E), (B ~ D), (A ~ D), empirisch vorgegeben war hingegen die Reihenfolge (B ~ D), (A ~ D), (B ~ E).

Das Ergebnis fällt anders aus, wenn die City-Block-Distanzen betrachtet werden. Die Rangreihung, die sich daraus ergibt (Spalte 7) steht nicht im Widerspruch zur vorgegebenen Rangreihung. Allerdings lassen sich aufgrund der Einfachheit des City-Block-Maßes mehrere Distanzen nicht voneinander unterscheiden, so dass auch in diesem Fall die graphische Konfiguration noch nicht vollständig der Zielsetzung einer differenzierten Abbildung der Ähnlichkeiten der Objekte entspricht.

zu c)

Eine Rangreihung erfordert, dass alle denkbaren Objektpaare nach ihrer Ähnlichkeit geordnet werden. Es müssen also die Ähnlichkeitsunterschiede zwischen Paaren verglichen werden. Bei der Ankerpunktmethode wird jeweils ein Objekt herausgegriffen (Anker) und alle anderen Objekte werden dann nach ihrer Ähnlichkeit zu diesem Anker geordnet. Insgesamt dient jedes Objekt einmal als Ankerpunkt.

Die Ankerpunktmethode stellt weniger Anforderungen an die Urteilskraft des Befragten, da er hier z. B. nur entscheiden muss, ob B oder C oder D dem Objekt A am ähnlichsten sind, während er bei der Rangreihung auch über ganz verschiedene Objektpaare entscheiden müsste, z. B. darüber, ob die Ähnlichkeit zwischen B und A größer ist als die zwischen E und F.

Dieser geringere kognitive Aufwand der Ankerpunktmethode kann es rechtfertigen, die dabei insgesamt größere Zahl an Urteilen in Kauf zu nehmen: So müssten bei 10 Objekten bei Verwendung der Rangreihung insgesamt 45 Objektpaare in eine Rangfolge gebracht werden. Diese Zahl ergibt sich wie folgt: Bei 10 Objekten gibt es $10 \cdot 9 = 90$ Möglichkeiten, ein Objektpaar zu bilden. Da die Paare A ~ B und B ~ A als gleich angesehen werden, verringert sich diese Anzahl um die Hälfte auf 45 verschiedene Objektpaare.

Bei Verwendung der Ankerpunktmethode sind hingegen insgesamt 90 Vergleiche zwischen je zwei Objekten anzustellen: Mit einem als Anker dienenden Objekt sind 9 andere Objekte zu vergleichen. Da jedes Objekt einmal als Anker dient, ergibt sich daraus die Zahl von $10 \cdot 9 = 90$ notwendigen Vergleichen.

Lösungsskizze zu Aufgabe 28:

zu a)

Die Kundenaufträge steigen von einem Niveau von 401 Aufträgen im Januar bis Juni des Jahres monoton auf ein Niveau von 498 an. Anschließend fällt die Zahl an Kundenaufträgen bis auf ein Niveau von 406 im November. In der Jahresmitte sind höhere Auftragszahlen zu registrieren als am Jahresanfang bzw. Jahresende. Für die Kundenaufträge im Dezember ist weiterhin ein rückgängiger Auftragseingang zu vermuten.

Um die Kundenaufträge im Monat Dezember anhand des gleitenden Durchschnitts zu prognostizieren, werden die letzten drei Monatswerte (September 448, Oktober 421 und November 406) gemittelt. Für die Zahl der Kundenaufträge ergibt sich ein Wert von:

$$\frac{448 + 421 + 406}{3} = 425.$$

Für das Verfahren der exponentiellen Glättung wird die rekursive Formel 4.45 herangezogen. Der (erste) Schätzwert für den Monat Februar wird gleich der Zahl an Kundenaufträgen im Monat Januar gesetzt. Die folgenden Prognosewerte ergeben sich anteilig zu 30 Prozent aus dem Wert für den Vormonat und zu 70 Prozent aus der Schätzung für den Vormonat.

Monat	Jan	Feb	Mär	Apr	Mai	Jun	Jul	Aug	Sep	Okt	Nov	Dez
Aufträge	401	431	450	466	474	498	482	457	448	421	406	-
exp. Glättung	-	401	410	422	435	447	462	468	465	460	448	435

Abb. 74: Schätzung anhand einer exponentiellen Glättung

Als Schätzung für die Zahl an Kundenaufträgen im Monat Dezember ergibt sich ein Wert von 435.

zu b)

Die absolute Abweichung der Kundenaufträge für den Monat Dezember beträgt für die Schätzung mittels gleitenden Durchschnitts 25 Aufträge und mittels exponentieller Glättung 35 Aufträge. Im Rahmen beider Extrapolationsmethoden wurde der tatsächliche Wert überschätzt.

Für die Schätzung mittels des gleitenden Durchschnitts ergibt sich ein MAPE von:

$$MAPE(425) = \left| \frac{425 - 400}{400} \right| = 0,0625.$$

Anhand der Schätzung der exponentiellen Glättung ergibt sich ein MAPE von:

$$MAPE(435) = \left| \frac{435 - 400}{400} \right| = 0,0875.$$

Für die Prognose der Kundenaufträge für den Monat Dezember zeigen beide Methoden der Extrapolation Schwächen darin, den monoton sinkenden Trend zum Jahresende zu prognostizieren. In diesem (einfachen) Beispiel ist das Verfahren der gleitenden Durchschnitte dem Ansatz exponentieller Glättung vorzuziehen. Eine simple Schätzung auf Basis des Vormonatswertes, für Dezember also 406 Aufträge, zeigt für das vorliegende Jahr konsequent bessere Schätzergebnisse als die angewandten Extrapolationsmethoden.

zu c)

Der Verlauf der Auftragszahlen lässt vermuten, dass es sich bei dem Leistungsbündel um Leistungen handelt, die positiv durch den Sommer beeinflusst werden – sofern der Erstellungsprozess einen Zeitrahmen von ca. einem Monat aufweist. Bei längeren Vorlaufzeiten könnte es sich auch um winterliche Leistungen handeln. Zusammenfassend ist zu vermuten, dass die Zahl der Kundenaufträge von der Jahreszeit abhängt.

Als alternativer Prognoseansatz bietet sich daher eine Schätzung auf Basis der Dekompositionsmethode an. Die saisonale Komponente ließe sich hierbei explizit berücksichtigen. Sofern der Verlauf der Kundenaufträge nicht der Jahreszeit, sondern lediglich einem aktuellen Trend zugesprochen werden muss, bietet sich ebenfalls ein dekompositioneller Ansatz an, um dem fallenden Trend an Kundenaufträgen ab Juli des Jahres Rechnung zu tragen.

Lösungsskizze zu Aufgabe 29:

zu a)

Nichtdeterministische Verfahren sind im Gegensatz zu deterministischen Verfahren Methoden, die nicht allein von den Eingabewerten abhängen. Die Zwischenschritte und das Endergebnis können also bei mehrmaliger Anwendung desselben Verfahrens mit denselben Eingabewerten variieren. Nichtdeterministische Verfahren sind zum Beispiel vielseitig einsetzbar, nicht spezialisiert und liefern in der Regel keine Optimallösungen.

Nichtdeterministische Verfahren lassen sich für eine Vielzahl an Fragestellungen einsetzen. Einerseits muss der Anwender das Verfahren an die aktuelle Fragestellung anpassen. Die Anwendung eines nichtdeterministischen Verfahrens bedarf also eines gewissen Rüstaufwandes im Vergleich zu einem Spezialverfahren. Ein Beispiel für einen Aufwand dieser Art ist die Auswahl der geeigneten Struktur eines neuronalen Netzes. Andererseits erlauben die vielseitigen Einsatzmöglichkeiten nichtdeterministischer Verfahren, dass auf die Einarbeitung in Spezialverfahren verzichtet werden kann.

Nichtdeterministische Verfahren lassen sich zum Beispiel zu Marktanteilsanalysen, zur Marktsegmentierung und zur Marktprognose einsetzen.

Eine weitere Eigenschaft nichtdeterministischer Verfahren ist der Mangel an Spezialisierung. Nichtdeterministische Verfahren können sowohl für strukturentdeckende als auch für strukturprüfende Fragestellungen eingesetzt werden. Ebenso lassen sich diese Verfahren in den verschiedensten Anwendungsgebieten einsetzen. Neben dem Einsatz in der Marktforschung finden nichtdeterministische Analyseverfahren zum Beispiel Anwendung in der Genetik, der Meteorologie und der Molekularforschung.

Aufgrund der Verwendung von Zufallszahlen innerhalb nichtdeterministischer Verfahren liefert diese Verfahrensklasse keine garantierten Optimallösungen. Nichtdeterministisch bedeutet in diesem Zusammenhang, dass die generierten Lösungen im Vorfeld nicht eindeutig bestimmt sind, da die Verfahren auf Basis oder mithilfe von Zufallszahlen operieren. Auch kann eine kleine Änderung des eingesetzten Verfahrens, wie zum Beispiel eine notwendige Verfahrensanpassung, zu einer Ergebnisänderung führen. Nichtdeterministische Verfahren liefern in der Regel ein Ergebnis, das einer optimalen Lösung sehr nahe kommt. Dies ist vor allem bei komplexen Fragestellungen hilfreich.

zu b)

Neuronale Netze sind aus dem Versuch entstanden, die Arbeitsweise des Gehirns mithilfe von Computersystemen abzubilden.

Ähnlich wie das menschliche Gehirn erklären neuronale Netze aufgrund ihres Black-Box-Charakters keine Zusammenhänge, sondern liefern lediglich Ergebnisse für eine im Vorfeld definierte Fragestellung. Ob der unterstellte Zusammenhang in der Tat vorliegt, kann der Anwender aus dem Netz nicht ersehen. Mithilfe von Scanningdaten lassen sich zum Beispiel die Absatzzahlen im Zuge von Preisaktionen prognostizieren. Ob in diesem Beispiel eine Veränderung der Absatzzahlen allerdings durch eine Preisaktion ausgelöst wurde, lässt sich anhand des neuronalen Netzes nicht bestimmen.

Ein weiteres Problem neuronaler Netze ist die Bestimmung der Netzstruktur. Da sich für unterschiedliche Fragestellungen verschiedene Netzstrukturen eignen, trägt bereits die Auswahl einer bestimmten Netzstruktur zum Optimierungsgrad bei. Dies kann, zum Beispiel bei einer Fehleinschätzung einer in einer Filiale getesteten Preisaktion, im Zuge der Ausweitung der Preisaktion auf das Filialnetz zu einem deutlichen Deckungsbeitragsverlust führen.

Neuronale Netze benötigen eine umfangreiche Datenbasis. Die vorhandenen Daten sollten mindestens in ein Trainingsset und ein Bewertungsset (sowie u. U. in ein Testset) unterteilbar sein, um die Eignung der ermittelten Ergebnisse überprüfen zu können. Dies ist insofern bedeutend, da neuronale Netze bei Erhöhung der Neuronenanzahl zu einer ‚Überanpassung' neigen und die Ergebnisse nicht auf weitere Datensätze übertragbar sind. Im Rahmen von Scanningdaten ist deshalb sicherzustellen, dass im Zuge der Preisaktion entsprechend viele Datensätze vor, während und nach der Preisaktion gesammelt werden, um die Qualität der Ergebnisse zu gewährleisten.

zu c)

Die Aussage beschreibt anhand dieser Phrase einige Eigenschaften nichtdeterministischer Verfahren. Einerseits können diese Verfahren vielfältig, vor allem im Rahmen explorativer Fragestellungen eingesetzt werden, andererseits existieren für bestimmte Fragestellungen bereits spezialisierte Verfahren, die abhängig von der zugrunde liegenden Fragestellung einen geringeren Rüstaufwand, eine leichtere Handhabung sowie genauere oder mit Blick auf die Fragestellung nützlichere Ergebnisse aufweisen.

In dem beschriebenen Sinn erscheint diese Aussage treffend zu sein. Allerdings kann ihr nur gefolgt werden, sofern entsprechende Alternativverfahren existieren. So sind nichtdeterministische Verfahren für bestimmte Fragestellungen derzeit die einzigen verfügbaren Verfahren. Für diese meist komplexen Probleme stellen diese Verfahren also die eigentliche ‚Spezialisierung' dar. So sind neuronale Netze zum Beispiel geeignet, die komplexen Verbundwirkungen von Produkten unter dem Einfluss von Preisaktionen zu analysieren.

Lösungsskizze zu Aufgabe 30:

zu a)

Im Rahmen eines einfachen Entscheidungsmodells kann sich der Hersteller von hochwertiger und hochpreisiger Damenbekleidung zwischen zwei möglichen Handlungsalternativen A_1 und A_2 der Vertriebswegausweitung entscheiden. Bisher vertreibt er seine Waren ausschließlich exklusiv über ausgewählte Boutiquen. Um die angestrebten Ziele einer stärkeren Marktpräsenz und der damit verbundenen Gewinnung neuer Kundensegmente zu erreichen, bietet sich zum einen der Vertrieb über einen eigenen Online-Shop (Handlungsalternative A_1) an, zum anderen über eigene Boutiquen (Handlungsalternative A_2).

Betrachtet der Hersteller diese Handlungsalternativen im Rahmen eines einfachen Entscheidungsmodells, muss er zunächst einmal eine gewisse Vorstellung des Zustandes der relevanten Umwelt haben. In diesem Modell kann z. B. die Kaufkraft der neu gewonnenen Kundensegmente herangezogen werden. Der Hersteller geht nach erfolgter Marktanalyse (Marktpotenzial, Konkurrenz, …) davon aus, dass die neuen Kundensegmente über eine Kaufkraft unter 1 Mrd. Euro im Jahr (Umweltzustand U_1) oder eine Kaufkraft über 1 Mrd. Euro im Jahr (Umweltzustand U_2) verfügen.

Schließlich muss dem Hersteller noch bekannt sein, wie die beiden Handlungsalternativen unter Berücksichtigung der jeweiligen Umweltzustände wirken, beispielsweise welcher Jahresumsatz über welchen Vertriebsweg durch die neuen Kundensegmente erwartet werden kann. Der betrachtete Fall des Herstellers kann beispielsweise zu folgenden vier Handlungsergebnissen (F_1 bis F_4) führen:

- Der Hersteller vertreibt seine Ware über einen eigenen Online-Shop (Handlungsalternative A_1) und unterstellt, dass die Kaufkraft der neu gewonnenen Kundensegmente unter 1 Mrd. Euro im Jahr liegt (Umweltzustand U_1). In diesem Fall erwartet er einen Jahresumsatz von 750 Mio. Euro durch die neu gewonnenen Kundensegmente.

- Der Hersteller vertreibt seine Ware über einen eigenen Online-Shop (Handlungsalternative A_1) und unterstellt, dass die Kaufkraft der neu gewonnenen Kundensegmente über 1 Mrd. Euro im Jahr liegt (Umweltzustand U_2). In diesem Fall erwartet er einen Jahresumsatz von 1,5 Mrd. Euro durch die neu gewonnenen Kundensegmente.

- Der Hersteller vertreibt seine Ware über eigene Boutiquen (Handlungsalternative A_2) und unterstellt, dass die Kaufkraft der neu gewonnenen Kundensegmente unter 1 Mrd. Euro im Jahr liegt (Umweltzustand U_1). In diesem Fall erwartet er einen Jahresumsatz von 980 Mio. Euro durch die neu gewonnenen Kundensegmente.

- Der Hersteller vertreibt seine Ware über eigene Boutiquen (Handlungsalternative A_2) und unterstellt, dass die Kaufkraft der neu gewonnenen Kundensegmente über 1 Mrd. Euro im Jahr liegt (Umweltzustand U_2). In diesem Fall erwartet er einen Jahresumsatz von 2,5 Mio. Euro durch die neu gewonnenen Kundensegmente.

Nachfolgende Abbildung fasst diese möglichen Ergebnisse zusammen. Da eigene Boutiquen hiernach unter beiden Umweltzuständen einen höheren Jahresumsatz erwirtschaften, sollte sich der Hersteller im Rahmen der Ausweitung seines Vertriebsnetzes für diese Alternative entscheiden.

| | | Umweltzustände | |
		Kaufkraft der neuen Kundensegmente unter 1 Mrd. Euro im Jahr	Kaufkraft der neuen Kundensegmente über 1 Mrd. Euro im Jahr
Handlungs-alternativen	**eigener Online-Shop**	erwarteter Jahresumsatz der neuen Segmente: 750 Mio. Euro	erwarteter Jahresumsatz der neuen Segmente: 1,5 Mrd. Euro
	eigene Boutiquen	erwarteter Jahresumsatz der neuen Segmente: 980 Mio. Euro	erwarteter Jahresumsatz der neuen Segmente: 2,5 Mio. Euro

Abb. 75:   Ergebnis des Entscheidungsmodells

zu b)

Die Clusteranalyse hat ergeben, dass sich der Markt für Damenbekleidung in vier unterschiedlich große Cluster einteilen lässt. Den Clustern A und B wurden im Vergleich zu den Clustern C und D nur relativ wenige Käufer zugeordnet. Die meisten Käufer für Damenbekleidung befinden sich in Cluster D.

Cluster A: In diesem Segment findet man Käufer, die Wert auf eine sehr hohe Produktqualität legen und bereit sind, für diese auch einen hohen Preis zu bezahlen. Da dieses Cluster relativ klein ist, kann man davon ausgehen, dass die Nachfrage nach hochpreisigen und hochwertigen Produkten eher gering ist bzw. der Personenkreis, der sich solche Produkte leisten kann, eher klein ist. Die Mitglieder dieses Clusters können als qualitätsbewusste Gutverdiener bezeichnet werden.

Cluster B: Auch die Gruppe B achtet beim Kauf von Damenbekleidung darauf, dass die Produkte eine sehr hohe Qualität aufweisen. Im Gegensatz zu Cluster A kaufen die Mitglieder von Cluster B diese jedoch zu wesentlich geringeren Preisen. Obwohl hochwertige Produkte zu niedrigen Preisen angeboten werden, ist dieses Käufersegment recht klein. Dies ist möglicherweise damit zu begründen, dass die Produkte dieses Segments am Markt noch nicht bekannt sind. In diesem Cluster befinden sich qualitätsbewusste Schnäppchenjäger.

Cluster C: Cluster C fasst Käufer zusammen, die niedrigpreisige Produkte kaufen, deren Qualität sich auf einem vergleichsweise niedrigen Niveau befindet. Da dieses Cluster relativ groß ist, ist anzunehmen, dass die Nachfrage nach preisgünstigen Produkten mit vergleichsweise niedriger Qualität recht hoch ist. Beim Kauf von Damenbekleidung spielt die Qualität in diesem Segment eine untergeordnete Rolle, wichtig ist v. a. der Preis. Die Mitglieder dieses Clusters können als preissensible Schnäppchenjäger bezeichnet werden.

Cluster D: Die Käufer dieses Segments kaufen Produkte, die sich sowohl preislich als auch qualitativ auf einem mittleren Niveau befinden. Da dieses Segment den größten Umfang aufweist, kann man davon ausgehen, dass für diese Art der Produkte die höchste Nachfrage am Markt besteht. Beim Kauf von Damenbekleidung wird vom Großteil der Käufer darauf geachtet, dass eine angemessene Qualität zu einem angemessenen Preis angeboten wird. Dieses Cluster umfasst die qualitätsbewusste Mittelschicht.

In Anlehnung an dieses Ergebnis lassen sich die Käufer des Bekleidungsherstellers, der seine Produkte bisher im Segment der hochwertigen und hochpreisigen Damenbekleidung positioniert, dem Cluster A zuordnen.

zu c)

Wie die Marktübersicht in Aufgabenteil b) zeigt, ist die Nachfrage nach hochwertigen, hochpreisigen Produkten im Vergleich zur Gesamtmarktnachfrage gering. Da der Hersteller eine stärkere Marktpräsenz und die Gewinnung neuer Kundensegmente anstrebt, sollte er seine Produktpalette erweitern. Dies gilt insbesondere dann, wenn die Potenziale im jetzigen Käufersegment bereits abgeschöpft sind.

Für den Hersteller bietet sich die Möglichkeit an, eine neue Kollektion für Cluster D auf den Markt zu bringen, da in diesem Segment das größte Käuferpotenzial existiert. Die Produkte sollten also sowohl qualitativ als auch preislich ein mittleres Niveau aufweisen. Dabei sollte der Hersteller jedoch darauf achten, die neue Kollektion von den bisherigen Produkten abzugrenzen, z. B. mittels Differenzierung durch die Schaffung einer eigenen Marke, um seinen alten Kundenstamm und Absatz nicht zu gefährden. Eine vollständige Ausrichtung auf das neue Cluster D könnte eine optimale Strategie darstellen, d. h. das derzeit in die Bedienung von Cluster A investierte Kapital könnte dort möglicherweise gewinnbringender eingesetzt werden. Allerdings trägt eine solche Strategie auch ein höheres Risiko in sich, da die Folgen eines Misserfolges in Cluster D höher wären. Solange keine sehr starken Erwartungen über den Markterfolg der neuen Strategie bestehen, wird deshalb wohl für den Anfang eher eine parallele Ausrichtung auf beide Segmente zu erwarten sein.

Zur Beantwortung der Frage, welchem Segment sich der Hersteller zuwenden sollte, sind jedoch weitere Informationen als die hier als bekannt unterstellten notwendig, z. B. über die Konkurrenzsituation.

Lösungsskizze zu Aufgabe 31:

zu a)

Die drei Bereiche sind die Marktbeobachtung, die Wirkungsanalysen und die Zielgruppenanalyse.

Die reine Marktbeobachtung dient zunächst dazu, einen Überblick über den Abverkauf bestimmter Artikel, die tatsächlich verlangten Preise und die eingesetzten verkaufsfördernden Instrumente zu erlangen. Ein Beispiel für eine Analysemethode im Rahmen der Marktforschung ist die Preisklassenanalyse. Durch eine Preisklassenanalyse kann beispielsweise ermittelt werden, zu welchen Preisen oder innerhalb welcher Preisklassen ein bestimmtes Produkt angeboten und verkauft wird. Diese Information könnte von dem Hersteller des betreffenden Produktes für die Realisierung von verschiedenen Preisstrategien genutzt werden. Weitere Analysemethoden sind z. B. Abverkaufs-/Marktanteilsanalysen, die Ermittlung des Distributionsgrades, die Ermittlung von Aktionshäufigkeiten (Promotionintensitätsanalyse), die Ermittlung von Käuferfrequenzen und Einkaufsbeträgen sowie Sortimentsstrukturanalysen.

Bei den Wirkungsanalysen wird stets versucht, kausale Zusammenhänge zwischen dem Einsatz einzelner Marketinginstrumente und dem Abverkauf bzw. Marktanteil bestimmter Artikel, Artikelgruppen und Warengruppen herzustellen. Durch diese Informationen sollen die Wirkung und der ökonomische Erfolg des Einsatzes der verschiedenen Marketinginstrumente transparent gemacht werden, damit die einzelnen Instrumente besser gesteuert werden können. Ein Beispiel für eine Analysemethode im Rahmen der Wirkungsanalysen ist die Preis-Promotion-Analyse. Dabei wird für ein bestimmtes Produkt untersucht, welche Absatzsteigerungen für verschiedene Kombinationen von verkaufsfördernden Promotionaktionen (z. B. Displays, Handzettel oder Anzeigen in Tageszeitungen) zu erwarten sind. Häufig geht der Einsatz der verschiedenen Promotionaktionen mit einer Preissenkung des beworbenen Produktes einher. Im Rahmen der Preis-Promotion-Analyse kann untersucht werden, welche Absatzsteigerung bei einer isolierten Preissenkung des betreffenden Produktes oder bei einer Preissenkung in Verbindung mit einer bzw. mehreren Promotionaktionen realisiert werden konnte. Somit können Prognosen bezüglich des Erfolges zukünftiger Aktionen generiert werden. Weitere Analysemethoden sind z. B. Preis-Absatz-Analysen, Werbewirkungsanalysen, Analysen von Verbund- und Substitutionseffekten aktionierter Artikel sowie Platzierungsanalysen.

Die Zielsetzung bei der Zielgruppenanalyse ist es, das Einkaufsverhalten bestimmter Käufersegmente zu analysieren, um dann die Marketinginstrumente wirkungsvoller auf diese Zielgruppe ausrichten zu können. Eine wichtige Analysemethode stellt hier die Warenkorbanalyse dar. Grundsätzlich können bei der Warenkorbanalyse – je nach Fragestellung –

die Warenkörbe anonymer Käufer oder die identifizierter Käufer analysiert werden. Ein Warenkorb bildet den Kaufakt eines Kunden ab, indem die Zusammensetzung des Kassenbons des betreffenden Kunden gespeichert wird und somit für weitere Auswertungen genutzt werden kann. Der Informationsgehalt der Analyse von Warenkörben anonymer Käufer ist indes wesentlich geringer als der von Warenkörben identifizierter Käufer. Während die Analyse von Warenkörben anonymer Käufer lediglich – unter bestimmten Prämissen – Schlussfolgerungen hinsichtlich des Einkaufsverhaltens der Kunden zulässt, erlaubt die der Warenkörbe identifizierter Käufer hingegen direkte Aussagen zum Einkaufsverhalten bestimmter Kunden. Somit können Fragen wie z. B. nach Markentreue, Bevorratungsverhalten, Mehrverbrauch oder Einkaufsstättentreue der einzelnen Kunden geklärt werden.

zu b)

Scanningdaten werden durch den Einsatz von Scannerkassen gewonnen und können durch ein Warenwirtschaftssystem zur weiteren Auswertung aufbereitet werden. Die Aussagefähigkeit solcher Scanningdaten kann durch mehrere Faktoren eingeschränkt werden:

Scanningdaten sind vergangenheitsorientiert. Dies stellt ein Problem bei der Ableitung von Handlungsempfehlungen dar.

Die Heterogenität der Verkaufsstellen kann die Aussagefähigkeit beeinflussen. Im Rahmen der Analyse ist deshalb darauf zu achten, eine möglichst homogene Gruppe von Verkaufsstellen zu betrachten.

Darüber hinaus können Fehler in der Datenerhebung auftreten, die häufig durch Kassierfehler des Kassenpersonals oder eine falsche Bestandsermittlung, z. B. aufgrund von Diebstahl, entstehen.

Übertragungsfehler und -ausfälle sind i. d. R. auf Probleme mit der Hard- und Software sowie Leitungsprobleme zurückzuführen.

Ein weiterer Faktor stellt ein unzureichendes Warenwirtschaftssystem dar, mit dem eine schnelle und zielgerichtete Aufbereitung der Scanningdaten zur weiteren Analyse nicht oder nur eingeschränkt möglich ist. Darüber hinaus sind entsprechende Kenntnisse der Analysemethoden notwendig.

Mit Scanningdaten aus dem Warenwirtschaftssystem eines einzelnen Handelsunternehmens können zudem nur die Vorgänge in den eigenen Filialen und nicht der Gesamtmarkt betrachtet werden. Hierzu sind Daten aus sogenannten Scanningpanels nötig, die eine repräsentative Stichprobe des Gesamtmarktes abbilden. Allerdings sind auch Scanningpanels u. U. in ihrer Aussagefähigkeit eingeschränkt.

Insbesondere Übertragungsausfälle stellen ein schwerwiegendes Problem der Scanningpanels dar, weil hierdurch Daten einzelner Handelsfilialen u. U. wochenweise bis sogar monatsweise fehlen können. Repräsentativitätsprobleme können beispielsweise durch eine noch nicht flächendeckende und gesamtmarktabbildende Verbreitung der Scanningtechnologie entstehen. Dieses Problem betrifft vor allem kooperierende Handelssysteme, da deren angeschlossene Einzelhändler aufgrund ihrer meist geringen Betriebsgröße häufig nicht mit computergestützten Warenwirtschaftssystemen ausgestattet und somit nicht in den Scanningpanels vertreten sind.

zu c)

Querschnittsanalysen beziehen sich jeweils auf einen bestimmten Zeitpunkt und dienen dazu, die Situation oder den Zustand eines bestimmten Untersuchungsobjektes an einem Stichtag zu untersuchen. Es ist mindestens eine Messung, z. B. ein einzelner Einkaufsvorgang, erforderlich.

Längsschnittanalysen hingegen beziehen sich immer auf einen Zeitraum, so dass Veränderungen des Untersuchungsobjektes innerhalb dieses Zeitraumes gemessen werden können. Längsschnittanalysen erfordern mindestens zwei Messungen. Längsschnittanalysen sind notwendig, wenn beispielsweise im Rahmen von Warenkorbanalysen identifizierter Käufer die Wirkung bestimmter Marketinginstrumente auf das Einkaufsverhalten der Konsumenten analysiert werden soll.

Den Kern einer solchen Analyse stellt somit die Frage „Wer kauft welchen Warenkorb mit welchen Produkten zu welchem Zeitpunkt vor dem Hintergrund welcher Konstellation der Marketinginstrumente von Hersteller und Handel?" dar.

Diese Kernfrage umschließt u. a. folgende typische Fragestellungen:

1. Handelt es sich bei diesen Käufern um bisherige Käufer von Konkurrenzprodukten oder um markentreue Käufer?

2. Findet bei bestimmten Käufern eine Vorverlagerung des Kaufs, d. h. eine Bevorratung, statt?

3. Bei welchem Anteil an Käufern erfolgt ein Mehrverbrauch?

Lösungsskizze zu Aufgabe 32:

zu a)

Produktpolitik: Die Eigenschaften von Produkten spielen eine wesentliche Rolle im Rahmen der Beurteilung des Produktnutzens durch die Nachfrager. Die Wahl der Eigenschaften eines Produktes bestimmt allerdings nicht nur den wahrgenommenen Nutzen eines Produktes, sondern auch die Zielgruppe (Zielmarkt), die ein Unternehmen ansprechen möchte.

Aus der Sicht der Unternehmen Henkel (Sidol) und Procter & Gamble (Antikal) könnte es vor dem hier genannten Hintergrund sinnvoll sein, u. U. zu prüfen, ob eine Modifikation der Produkte zu einem höheren Nutzen und somit auch zu einem höheren Absatzpotenzial führen kann. Dieses könnte bspw. dadurch erreicht werden, dass die Produkte zusätzliche Eigenschaften erhalten (z. B. fleckenlösende Wirkung), die es erlauben, diese Produkte für weitere Zielgruppen attraktiv zu gestalten.

Die Modifikation von Produkten kann darüber hinaus auch mit Blick auf die Produktpositionierung dazu beitragen, dass der wahrgenommene Nutzen eines Produktes derart beeinflusst wird, dass sich das betreffende Produkt von anderen Wettbewerbern abhebt (Profilierung). Dies hätte aus der Sicht des Unternehmens den Vorteil, dass die Wettbewerbsintensität verringert und u. U. höhere Gewinne erzielt werden können.

Preispolitik: Berücksichtigt man die Ergebnisse der Preisabstandsanalyse, so lassen sich folgende Erkenntnisse gewinnen:

- Der Artikel Antikal erreicht den größten Marktanteil, wenn Antikal und Sidol zum gleichen Verkaufspreis angeboten werden.

- Der Artikel Sidol kann hohe Marktanteile erzielen, wenn dieser deutlich preiswerter als Antikal angeboten wird.

Daraus lassen sich u. a. folgende preispolitischen Maßnahmen aus der Sicht von Henkel (Sidol) und Procter & Gamble (Antikal) ableiten:

Henkel sollte den Verkaufspreis des Artikels Sidol senken, um die Nachfrager für den Kauf dieses Artikels zu animieren. Dies kann im Rahmen von Sonderaktionen oder durch eine langfristige Änderung des Verkaufspreises erfolgen. Hierbei sollte der veränderte Verkaufspreis mindestens 0,40 bis 0,60 GE unter dem Verkaufspreis von Antikal liegen, weil ein geringerer Preisabstand kaum eine positive Wirkung auf den mengenmäßigen Marktanteil hat.

Procter & Gamble sollte sich im Rahmen der Festlegung des Verkaufspreises von Antikal an dem Verkaufspreis des Artikels Sidol orientieren, weil bei einem relativ geringen Preisunterschied die Nachfrager den Artikel Antikal bevorzugen.

Durch die hier skizzierten preispolitischen Maßnahmen wird allerdings das in Mengen gemessene Marktpotenzial ausgeschöpft. Damit muss nicht zwingend eine Umsatzsteigerung einhergehen.

Kommunikationspolitik: Eines der wesentlichen Ziele der Kommunikationspolitik ist die Erhöhung des Bekanntheitsgrades von Produkten. Mit dem Bekanntheitsgrad korrelieren der Absatz/Umsatz bzw. Marktanteil von Produkten zumeist positiv.

Bei einem direkten Vergleich der kumulierten Absätze und Umsätze von Sidol und Antikal in den verschiedenen Vertriebskanälen wird deutlich, dass der Artikel Sidol insgesamt deutlich weniger als Antikal verkauft wurde und somit dieser möglicherweise einen geringeren Bekanntheitsgrad besitzt.

Bei der Analyse der einzelnen Vertriebskanäle wird deutlich, dass die SB-Warenhäuser und die Verbrauchermärkte die wichtigsten Vertriebskanäle für Sidol und Antikal darstellen, weil sie zum größten Absatz bzw. Umsatz beitragen. Allerdings lässt sich gerade bei diesen Absatzkanälen beobachten, dass der Artikel Antikal einen deutlich höheren Umsatz als Sidol erzielt (ca. 150 % mehr). Diese Beobachtungen offenbaren nicht nur Unterschiede hinsichtlich des erzielten Absatzes/Umsatzes, sondern zeigen aus der Sicht von Henkel (Sidol) mögliche Absatzpotenziale in den SB-Warenhäusern und Verbrauchermärkten auf, die möglicherweise durch den Einsatz von geeigneten kommunikationspolitischen Maßnahmen besser ausgeschöpft werden können.

Aus der Sicht von Henkel (Sidol) sollte unter Berücksichtigung der genannten Beobachtungen die Intensität der kommunikationspolitischen Maßnahmen in den SB-Warenhäusern und Verbrauchermärkten erhöht werden, um den Bekanntheitsgrad des Artikels Sidol in diesen Vertriebskanälen zu erhöhen. Geeignete kommunikationspolitische Maßnahmen könnten z. B. Plakate, Prospekte und Zweitplatzierungen sein.

Antikal hingegen besitzt eine bessere Wettbewerbsposition in den genannten Vertriebskanälen. Allerdings bedeutet dies nicht, dass Procter & Gamble die Intensität der kommunikationspolitischen Maßnahmen drosseln sollte. Vielmehr sollten die kommunikationspolitischen Maßnahmen von Procter & Gamble dazu beitragen, den Wettbewerbsvorteil von Antikal (höherer Bekanntheitsgrad) gegenüber Sidol zu behaupten.

Distributionspolitik: Die Ergebnisse der Vertriebskanalanalyse haben gezeigt, dass der Artikel Sidol im Vergleich zu Antikal in SB-Warenhäusern und Verbrauchermärkten deutlich niedrigere Absätze bzw. Umsätze erzielt. Aus der Sicht von Henkel kann es somit zunächst sinnvoll sein, zu überprüfen, ob das Produkt Sidol ausreichend gelistet wurde. Wird zudem eine zu kleine Menge bestellt, so erhöht sich die Wahrscheinlichkeit einer Out-of-Stock-Situation (ausverkaufte Bestände) in den betreffenden Vertriebskanälen.

Darüber hinaus sollte Henkel untersuchen, ob gegebenenfalls in den betreffenden Vertriebskanälen z. B. eine ‚ungünstige' Platzierung von Sidol (z. B. zu kleine Regalfläche) stattgefunden hat.

Mit Blick auf die Intensität der Nutzung der Vertriebskanäle sollten sowohl Henkel als auch Procter & Gamble überprüfen, ob sich u. U. der verstärkte Einsatz der Drogeriemärkte, Discounter und Supermärkte positiv auf die Distribution von Sidol und Antikal auswirken kann oder ob die Distribution der Artikel auf die SB-Warenhäuser und Verbrauchermärkte (z. B. zugunsten einer höheren Intensität der kommunikationspolitischen Maßnahmen in diesen Vertriebskanälen) eingeschränkt werden soll.

zu b)

Für die Ermittlung der Preiselastizität der Nachfrage ε ist ein Ausgangspreis p_1, eine Ausgangsmenge x_1 sowie ein zweiter Preis p_2 und eine zweite Menge x_2 nötig. Führt eine Preisänderung von p_1 nach p_2 zu einer Absatzänderung von x_1 nach x_2, dann ist die Preiselastizität ε definiert als:

$$\varepsilon = \frac{x_1 - x_2}{p_1 - p_2} \cdot \frac{p_1}{x_1}$$

Da die Preis- und Absatzänderung bei einer fallenden Preis-Absatzfunktion verschiedene Vorzeichen besitzen (eine Preiserhöhung führt zu einem Absatzrückgang und umgekehrt), ist die Preiselastizität in diesem Fall negativ. Eine Preiselastizität mit einem positiven Vorzeichen kann hingegen auftreten, wenn z. B. eine Erhöhung des Preises zu einem Mehrabsatz führt. Dieser Fall ist in der Praxis allerdings selten anzutreffen. Mögliche Ursachen für ein solches Verhalten der Nachfrager könnten z. B. ein sogenannter ‚Snobeffekt' oder eine erwartete Verknappung des betreffenden Gutes sein.

Unter einer elastischen Preiselastizität wird eine relativ starke Reaktion der Nachfrager auf eine bestimmte Preisänderung verstanden ($\varepsilon < -1$ für eine fallende Preis-Absatzfunktion).

Bei einer unelastischen Preiselastizität hingegen reagieren die Nachfrager nur in geringem Maße auf eine Preisänderung ($-1 \leq \varepsilon \leq 0$ für eine fallende Preis-Absatzfunktion). Hier würde eine Preiserhöhung oder -senkung nur zu einer geringen Änderung der Absatzmenge führen. Der idealtypische Fall der unelastischen Preiselastizität der Nachfrage liegt vor, wenn diese den Wert 0 erreicht. In diesem Falle haben Preisänderungen keinen Einfluss auf die Höhe der Absatzmenge.

Im Rahmen der Preisabstandsanalyse wird die mengenmäßige Marktanteilsentwicklung von Sidol und Antikal in Abhängigkeit von dem Preisabstand zwischen diesen Artikeln dargestellt. Für die Ermittlung von Preiselastizitäten sind allerdings nicht die Preisabstände zwischen den Artikeln, sondern die absoluten Verkaufspreise notwendig. Aus diesem Grund können mithilfe der Preisabstandsanalyse nur Vermutungen über die Preiselastizität der Nachfrage angestellt werden.

Berücksichtigt man die Tatsache, dass eine Preissenkung bei Sidol oder Antikal im Vergleich zu dem jeweiligen Konkurrenten zu einer deutlich spürbaren Erhöhung des mengenmäßigen Marktanteils beiträgt, so liegt die Vermutung nahe, dass die Nachfrager preiselastisch reagieren. Demnach dürfte eine elastische Preiselastizität der Nachfrage mit einem negativen Vorzeichen vorliegen.

zu c)

Um eine mögliche Konkurrenz zwischen Produkten zu ermitteln, erscheint es hier zweckmäßig, den Einfluss des Preisabstandes zwischen den Produkten auf die Absatzmengen zu untersuchen.

Die Preisabstandsanalyse macht deutlich, dass die mengenmäßigen Marktanteile von Sidol und Antikal umso höher sind, je billiger diese im Vergleich zum Konkurrenten angeboten werden. Aus diesem Grund kann vermutet werden, dass diese Artikel aus der Sicht der Nachfrager in gewissen Grenzen als ‚austauschbare‘ Güter wahrgenommen werden. Allerdings sei an dieser Stelle darauf hingewiesen, dass eine große Anzahl der Nachfrager nur dann bereit ist, Antikal durch Sidol zu ersetzen, wenn Sidol deutlich billiger als Antikal angeboten wird. Zudem ergeben sich bei Preisgleichheit deutlich unterschiedliche Marktanteile, was darauf schließen lässt, dass Antikal von vielen Nachfragern nicht als durch Sidol austauschbar angesehen wird.

zu d)

Die Austauschbarkeit von Produkten deutet in der Regel auf eine hohe Konkurrenz zwischen diesen Produkten hin. Der Grund für diesen Umstand ist auf die aus der Sicht der Nachfrager ähnliche Positionierung der Produkte zurückzuführen. Je ähnlicher der wahrgenommene Nutzen der Produkte ist, umso stärker ist die Austauschbarkeit bzw. die Konkurrenz zwischen diesen Produkten.

Wie bereits in der Lösung zu Teilaufgabe a) erläutert wurde, kann die Ergänzung oder die Veränderung von Produkteigenschaften dazu beitragen, den wahrgenommenen Nutzen aus der Sicht der Nachfrager zu beeinflussen und somit auch die Austauschbarkeit der Produkte herabzusetzen.

Eine weitere Maßnahme, die eine Austauschbarkeit von Produkten verringern kann, ist die Veränderung von Preisen. Diese Maßnahme ist allerdings nur in den Märkten sinnvoll, in denen der Preis ein wesentliches Kaufkriterium darstellt. Niedrige Preise können z. B. in Märkten, in denen zwischen den angebotenen Gütern keine oder kaum Qualitätsunterschiede existieren (z. B. bei homogenen Gütern wie Streuzucker, Mehl usw.), die Austauschbarkeit von Produkten herabsetzen. In Märkten, in denen die Höhe des Preises als Qualitätsindikator dient, können hingegen hohe Preise die Austauschbarkeit von Produkten herabsetzen.

zu e)

Der mengenmäßige Marktanteil von Sidol kann nur erhöht werden, wenn der Verkaufspreis von Sidol im Vergleich zu Antikal gesenkt wird. Daraus lassen sich für die Preispolitik des Handels und der Industrie (hier Henkel) u. a. folgende Konsequenzen ableiten:

Handel: Der Verkaufspreis eines Artikels setzt sich aus den Wareneinstandskosten (Einkaufspreis) und der Handelsspanne des Handels zusammen.

Bei vorgegebenen Wareneinstandskosten muss der Handel seine Handelsspanne senken, um somit Sidol zu einem geringeren Verkaufspreis anbieten zu können. Eine Senkung der Handelsspanne würde aus der Sicht des Handels zu einem geringeren Deckungsbeitrag pro verkaufte Mengeneinheit führen.

Industrie: Bei einer vorgegebenen Handelsspanne des Handels kann der Verkaufspreis von Sidol nur gesenkt werden, wenn die Industrie (Henkel) dem Handel bessere Einkaufskonditionen bietet (im Sinne von geringeren Wareneinstandskosten). Die Senkung des industriellen Verkaufspreises würde in diesem Falle zulasten des Deckungsbeitrages (pro Mengeneinheit) der Industrie gehen.

An dieser Stelle sei darauf hingewiesen, dass eine Senkung der Wareneinstandskosten nicht unbedingt zu niedrigeren Verkaufspreisen im Handel führt, da die Festlegung der Verkaufspreise in der Hand des Handels liegt. Wird nach einer Senkung der Wareneinstandskosten der Verkaufspreis des Handels nicht gesenkt, so nimmt die Handelsspanne pro verkaufte Mengeneinheit zu.

Abschließend soll nicht unerwähnt bleiben, dass ein niedriger Verkaufspreis von Sidol im Prinzip auch dadurch zustande kommen kann, dass die Industrie ihren Listenpreis senkt und der Handel seine Handelsspanne senkt. In diesem Falle wird der geringe Deckungsbeitrag pro

Mengeneinheit von der Industrie und dem Handel gemeinsam getragen. Eine ähnliche preis-politische Variante kann auch im Rahmen von gemeinsamen Sonderaktionen stattfinden. Allerdings hat die Preissenkung im Rahmen einer Sonderaktion (Sonderpreis) nur eine kurze Dauer.

zu f)

In der Regel können Industrieunternehmen das Preissetzungsverhalten des Handels nur be-einflussen, wenn sie über ein sogenanntes ‚Drohpotenzial' verfügen. Dieses ist umso größer, je attraktiver eine Herstellermarke in den Augen der nachfragenden Konsumenten ist. Werden Preisempfehlungen der Industrie vom Handel nicht eingehalten, könnte z. B. das Industrie-unternehmen dem Handel damit drohen, die betreffenden Verkaufsstellen nicht mehr zu be-liefern. Dies würde sich auf die Attraktivität des Sortimentes des Handels negativ auswirken.

Eine weitere Möglichkeit zur Beeinflussung des Preissetzungsverhaltens des Handels könnte sich z. B. durch den Einsatz von monetären Anreizen ergeben. Zu den bekannten monetären Anreizen gehören u. a. die Werbekostenzuschüsse (WKZ) und die Rückvergütungen bzw. Boni. Die Werbekostenzuschüsse (WKZ) sind finanzielle Zuwendungen der Industrie an den Handel, die zur werblichen Förderung bestimmter Produkte eingesetzt werden. Bei den Rück-vergütungen bzw. Boni handelt es sich hingegen um Absatz- oder Umsatzrabatte, die am Ende einer Periode für den insgesamt erreichten Absatz bzw. Umsatz dem Handel gewährt werden.

Neben der Beeinflussung des Einzelhandelspreises von Sidol besteht für Henkel u. U. auch die Möglichkeit, den Handel (z. B. mithilfe monetärer Anreize) zu einer Preiserhöhung von Antikal zu bewegen. Diese etwas subtile Form der Beeinflussung von Preisabständen würde dann auch zu einem Mehrabsatz bei Sidol führen.

Literaturverzeichnis

ADAM, D. 1983: Planung in schlechtstrukturierten Entscheidungssituationen mit Hilfe heuristischer Vorgehensweisen, in: Betriebswirtschaftliche Forschung und Praxis, 35. Jg., Nr. 6, 1983, S. 484-494.

ADAM, D. 1989: Planung, heuristische, in: Handwörterbuch der Planung, Stuttgart 1989, Sp. 1414-1419.

ANDERS, U. 1995: Neuronale Netze in der Ökonometrie. Die Entmythologisierung ihrer Anwendung, Diskussionspapier Nr. 95-26 des Zentrums für Europäische Wirtschaftsforschung, Mannheim 1995.

ASSAEL, H. 1998: Consumer Behaviour and Marketing Action, 6. Aufl., Boston (Mass.) 1998.

BACKHAUS, K./ERICHSON, B./PLINKE, W./WEIBER, R. 2006: Multivariate Analysemethoden – eine anwendungsorientierte Einführung, 11., überarb. Aufl., Berlin u. a. 2006.

BACKHAUS, K./ERICHSON, B./PLINKE, W./WEIBER, R. 2008: Multivariate Analysemethoden – eine anwendungsorientierte Einführung, 12., vollst. überarb. Aufl., Berlin u. a. 2008.

BAETGE, J./KRAUSE, C. 1993: The Classification of Companies by Means of Neural Networks, in: Journal of Information Science and Technology, Vol. 3, 1993, No. 1, pp. 96-112.

BAETGE, J./HÜLS, D./UTHOFF, C. 1995: Früherkennung der Unternehmenskrise – Neuronale Netze als Hilfsmittel für Kreditprüfer, in: Forschungsjournal der Westfälischen Wilhelms-Universität Münster, 4. Jg., 1995, Heft 2, S. 21-29.

BAMBERG, G../BAUR, F./KRAPP, M. 2009: Statistik, 15., überarb. Aufl., München 2009.

BEREKOVEN, L./ECKERT, W./ELLENRIEDER, P. 2009: Marktforschung – methodische Grundlagen und praktische Anwendung, 12., überarb. u. erw. Aufl., Wiesbaden 2009.

BERRY, M. J. A./LINOFF, G. 1997: Data Mining Techniques For Marketing, Sales and Customer Support, New York u. a. 1997.

BLEYMÜLLER, J./GEHLERT, G./GÜLICHER, H. 2008: Statistik für Wirtschaftswissenschaftler, 15., überarb. Aufl., München 2008.

BÖHLER, H. 1985: Marktforschung, Stuttgart, Berlin u. a. 1985.

BOONE, D. S./ROEHM, M. 2002: Retail Segmentation using artificial neural networks, in: International Journal of Research in Marketing, Vol. 19, 2002, No. 3, pp. 287-301.

BOX, G./JENKINS, G. 1970: Time series analysis – Forecasting and control, San Francisco 1970.

BRÄNDLE, R. 1970: Unternehmenswachstum, Betriebswirtschaftliche Wachstumsplanung und Konzentrationsforschung, in: HEINEN, E. (Hrsg.) unter Mitwirkung von BÖRNER, D., KIRSCH, W., MEFFERT, H.: Die Betriebswirtschaft in Forschung und Praxis, Bd. 7, Wiesbaden 1970.

BUHR, C.-C. 2006a: Verbundorientierte Sortimentspolitik auf Artikelebene – dargestellt am Beispiel der Auswahl von Sonderangebotsartikeln, in: OLBRICH, R. (Hrsg.), Marketing-Controlling mit POS-Daten – Analyseverfahren für mehr Erfolg in der Konsumgüter-wirtschaft, Frankfurt am Main 2006, S. 425-456.

BUHR, C.-C. 2006b: Ein Verfahren zur automatischen Erkennung leerer Regale, in: OLBRICH, R. (Hrsg.), Marketing-Controlling mit POS-Daten – Analyseverfahren für mehr Erfolg in der Konsumgüterwirtschaft, Frankfurt am Main 2006, S. 478-504.

BUHR, C.-C. 2006c: Optimierung des Kassiervorganges durch Analyse von Zahlungsdaten, in: OLBRICH, R. (Hrsg.), Marketing-Controlling mit POS-Daten – Analyseverfahren für mehr Erfolg in der Konsumgüterwirtschaft, Frankfurt am Main 2006, S. 505-524.

BUHR, C.-C. 2006d: Verbundorientierte Warenkorbanalyse mit POS-Daten, in: OLBRICH, R. (Hrsg.), Schriftenreihe Marketing, Handel und Management, Bd. 5, zugl. Diss. FernUni-versität in Hagen 2005, Lohmar u. Köln 2006.

CENTRALE FÜR COORGANISATION CCG 1997: ECR-Einsparpotential, in: Coorganisation, 16. Jg., 1997, Heft 2, S. 5.

CONRAD, O. 1996: Die Einsatzmöglichkeiten von neuronalen Netzen im Rahmen der Absatz-prognose und Bezugsregulierung im Vertrieb von Publikumszeitschriften, zugl. Diss. Universität Hamburg 1995, Frankfurt am Main u. a. 1996.

DECKER, R./HOLSING, C./LERKE, S. 2006: Generating Normally Distributed Clusters by Means of a Self-organizing Growing Neural Network, in: Enformatika – International Journal of Computer Science, Vol. 1, 2006, No. 2, pp. 138-144.

DECKER, R./WAGNER, R. 2002: Marketingforschung, München 2002.

DELURGIO, S. 1998: Forecasting principles and applications, Boston u. a. 1998.

ERICHSON, B. 1992: Elektronische Panelforschung, in: HERMANNS, A./FLEGEL, V. (Hrsg.), Handbuch des Electronic Marketing, München 1992, S. 183-215.

FANTAPIÉ ALTOBELLI, C./HOFFMANN, S. 2011: Grundlagen der Marktforschung, Konstanz u. München 2011.

FELDMANN, H. 1995: Eine institutionalistische Revolution? Zur dogmenhistorischen Bedeutung der modernen Institutionenökonomik, in: Volkswirtschaftliche Schriften, begründet von BROERMANN, J., 1995, Heft 448.

FISCHER, T. 1993: Computergestützte Warenkorbanalyse – dargestellt auf der Grundlage von Scanningdaten des Lebensmitteleinzelhandels unter besonderer Berücksichtigung einer selbsterstellten Analysesoftware, in: AHLERT, D. (Hrsg.), Schriften zu Distribution und Handel, Bd. 11, Frankfurt am Main u. a. 1993.

FISCHER, T. 1997: Computergestützte Warenkorbanalyse als Informationsquelle des Handelsmanagements – Umsetzung anhand eines praktischen Falles, in: AHLERT, D./OLBRICH, R. (Hrsg.), Integrierte Warenwirtschaftssysteme und Handelscontrolling, 3., neubearb. Aufl., Stuttgart 1997, S. 281-312.

FRIEDRICHS, J. 1990: Methoden empirischer Sozialforschung, 14. Aufl., Opladen 1990.

FRITZ, W. 1992: Marktorientierte Unternehmensführung und Unternehmenserfolg – Grundlagen und Ergebnisse einer empirischen Untersuchung, Stuttgart 1992.

FRITZKE, B. 1992: Wachsende Zellstrukturen – Ein selbstorganisierendes neuronales Netzwerkmodell, zugl. Diss. Friedrich-Alexander-Universität Erlangen-Nürnberg, Erlangen 1992.

GERLING, M. 1994a: Datenmanagement – Lösungen für Organisation und Technik, in: EHI e. V. (Hrsg.), Scannersysteme: Neue Impulse für Organisation und Marketing, Köln 1994, S. 44-50.

GERLING, M. 1994b: Scannerdaten – die ungenutzte Chance?, Dynamik im Handel, 38. Jg., 1994, Heft 9, S. 60-66.

GERLING, M. 1994c: Auf dem Weg zum Mikro-Marketing, in: EHI e. V. (Hrsg.), Scannersysteme: Neue Impulse für Organisation und Marketing, Köln 1994, S. 27-36.

GERLING, M. 1995: Karstadt disponiert mit Scannerdaten: Filialen legen Mindestbestände und Bestellmengen fest, in: Dynamik im Handel, 39. Jg., 1995, Heft 6, S. 30-31.

GROSSEKETTLER, H. 1985: Wettbewerbstheorie, in: BORCHERT, M., GROSSEKETTLER, H.: Preis- und Wettbewerbstheorie, Marktprozesse als analytisches Problem und ordnungspolitische Gestaltungsaufgabe, Stuttgart u. a. 1985, S. 113-335.

GRÜNBLATT, M. 2001: Verfahren zur Analyse von Scanningdaten – Nutzenpotenziale, praktische Probleme und Entwicklungsperspektiven, in: OLBRICH, R. (Hrsg.): Berichte aus dem Lehrstuhl für Betriebswirtschaftslehre, insbesondere Marketing, Forschungsbericht Nr. 5, FernUniversität in Hagen 2001.

GRÜNBLATT, M. 2004: Warengruppenanalyse mit POS-Scanningdaten – Kennzahlengestützte Analyseverfahren für die Konsumgüterwirtschaft, in: OLBRICH, R. (Hrsg.), Schriftenreihe Marketing, Handel und Management, Bd. 2, zugl. Diss. FernUniversität in Hagen 2003, Lohmar u. Köln 2004.

HAGEN, C. 1997: Neuronale Netze zur statistischen Datenanalyse, zugl. Diss. TH Darmstadt, Aachen 1997.

HAMMANN, P./ERICHSON, B. 2000: Marktforschung, 4., überarb. und erw. Aufl., Stuttgart, Jena u. a. 2000.

HAMMES, M. 1993: Künstliche neuronale Netze und die Chaostheorie. Zur Analyse ökonomischer Zeitreihen, Technische Hochschule Darmstadt, Institut für Volkswirtschaftslehre, Arbeitspapier Nr. 73, Darmstadt 1993.

HERRMANN, A./HOMBURG,C./KLARMANN, M. 2008: Handbuch Marktforschung – Methoden, Anwendungen, Praxisbeispiele, Wiesbaden 2008.

HILDEBRANDT, L./HOMBURG, C. 1998: Die Kausalanalyse – Ein Instrument der empirischen betriebswirtschaftlichen Forschung, Stuttgart 1998.

HORNIK, K. 1991: Approximation capabilities of multilayer feedforward networks, in: Neural Networks, Vol. 4, 1991, No 2, pp. 251-257.

HOX, J. J. 1995: AMOS, EQS and LISREL for Windows: A Comparative Review, in: Structural equation modelling: a multidisciplinary journal, Vol. 2, 1995, No. 1, pp. 79-91.

HRUSCHKA, H. 1991: Einsatz künstlicher neuronaler Netzwerke zur Datenanalyse im Marketing, in: Marketing ZFP, 1991, Heft 4, S. 217-225.

HUPPERT, E. 1984: Scanning: Elektronische Handels- und Konsumentenpanels, in: ZENTES, J. (Hrsg.), Neue Informations- und Kommunikationstechnologien in der Marktforschung, Frankfurt 1984, S. 18-41.

HUPPERT, E. 1985: Instrumente der Scanning-Marktforschung, in: KRUMSIEK, R. (Hrsg.), Scanning – Zukunftsperspektiven für Handel, Industrie und Marktforschung, Düsseldorf 1985, S. 22-35.

JÖRESKOG, K./ SÖRBOM, D. 1988: LISREL 7: A guide to the Program and Applications, Chicago 1988.

JULANDER, C. 1992: Basket Analysis: A new Way of Analysis Scanner Data, in: International Journal of Retail and Distribution Management, Vol. 20, 1992, No. 7, pp. 10-19.

KIESER, A. 1995: Anleitung zum kritischen Umgang mit Organisationstheorien, in: KIESER, A. (Hrsg.): Organisationstheorien, 2., überarb. Aufl., Stuttgart u. a. 1995, S. 1-30.

KNUFF, M. 2006: Spezifische Verfahren der Analyse von Scanningdaten zur Unterstützung ausgewählter Entscheidungen des Marketing-Controlling, in: OLBRICH, R. (Hrsg.), Marketing-Controlling mit POS-Daten – Analyseverfahren für mehr Erfolg in der Konsumgüterwirtschaft, Frankfurt am Main 2006, S. 272-324.

KROEBER-RIEL, W./WEINBERG, P./GRÖPPEL-KLEIN, A. 2009: Konsumentenverhalten, 9. Aufl., München 2009.

KUß, A./EISEND, M. 2010: Marktforschung – Grundlagen der Datenerhebung und Datenanalyse, 3., überarb. und erw. Aufl., Wiesbaden 2010.

MADAKOM GmbH 1998: MADAKOM Scanningpanel, Daten vom Point of Sale, Köln 1998.

MADAKOM GmbH u. GDP Marktanalysen GmbH 1998: MADAKOM Rohdatenservice – 2 Fallstudien, Köln u. Hamburg 1998.

MARTINETZ, T. 1992: Selbstorganisierende neuronale Netzwerkmodelle zur Bewegungssteuerung, in: Dissertationen zur Künstlichen Intelligenz, Nr. 14, Sankt Augustin 1992.

MEFFERT, H. 1991: Robert Nieschlag zum Gedenken, in: Die Betriebswirtschaft, 51. Jg., 1991, Heft 3, S. 277-278.

MEFFERT, H. 1992: Marketingforschung und Käuferverhalten, 2., vollst. überarb. u. erw. Aufl., Wiesbaden 1992.

MEINEFELD, W. 1995: Realität und Konstruktion – Erkenntnistheoretische Grundlagen einer Methodologie der empirischen Sozialforschung, Opladen 1995.

MENGER, C. 1883: Untersuchungen über die Methode der Sozialwissenschaften, und der Politischen Oekonomie insbesondere, Leipzig 1883.

MICHELS, E. 1995: Datenanalyse mit Data Mining: Kassenbons, die analysierbaren Stimmzettel der Konsumenten, in: Dynamik im Handel, 39. Jg., 1995, Heft 11, S. 37-43.

MILDE, H. 1997: Handelscontrolling auf der Basis von Scannerdaten – dargestellt auf der Grundlage von Fallbeispielen aus der Beratungspraxis der A.C. Nielsen GmbH, in: AHLERT, D./OLBRICH, R. (Hrsg.), Integrierte Warenwirtschaftssysteme und Handelscontrolling, 3., neubearb. Aufl., Stuttgart 1997, S. 431-452.

MILDE, H./HIRVONEN, P. 1992: Zielgruppenansprache mit Single Source, in: Markenartikel, 54. Jg., 1992, Heft 10, S. 482-486.

MITCHELL, M. 1996: An Introduction to Genetic Algorithms, Cambridge u. London 1996.

MITCHELL, T. M. 1997: Machine Learning, New York u. a. 1997.

MITTAG, H.-J. 2011: Statistik – eine interaktive Einführung, Berlin u. a. 2011.

MOHME, J. 1997: Der Einsatz von Kundenkarten zur Verbesserung des Kundeninformations-systems im Handel – Umsetzung anhand eines praktischen Falles, in: AHLERT, D./ OLBRICH, R. (Hrsg.), Integrierte Warenwirtschaftssysteme und Handelscontrolling, 3., neubearb. Aufl., Stuttgart 1997, S. 313-330.

MONTGOMERY, A. 1997: Creating Micro-Marketing Pricing Strategies Using Supermarket Scanner Data, in: Management Science, Vol. 43, 1997, No. 4, pp. 315-337.

NESLIN, S./ALLENBY, G./EHRENBERG, A./HOCH, S./LAURENT, G./LEONE, R./LITTLE, J./ LODISH, L./SHOEMAKER, R./WITTINK, D. 1994: A Research Agenda for Making Scanner Data More Useful to Managers, in: Marketing Letters, Vol. 5, 1994, No. 5, pp. 395-412.

NIESCHLAG, R. 1954: Die Dynamik der Betriebsformen im Handel, Essen 1954.

OLBRICH, R. 1993: Marketing-Controlling auf der Basis von Scanningdaten, in: ZAHN, E. (Hrsg.), Marketing- und Vertriebscontrolling, 16. Nachlieferung, Landsberg am Lech 1993, II/5.1-5.4.

OLBRICH, R. 1997: Stand und Entwicklungsperspektiven integrierter Warenwirtschafts-systeme, in: AHLERT, D./OLBRICH, R. (Hrsg.), Integrierte Warenwirtschaftssysteme und Handelscontrolling, 3., neubearb. Aufl., Stuttgart 1997, S. 115-172.

OLBRICH, R. 1998: Unternehmenswachstum, Verdrängung und Konzentration im Konsum-güterhandel, Stuttgart 1998.

OLBRICH, R. (Hrsg.) 2006: Marketing-Controlling mit POS-Daten, Analyseverfahren für mehr Erfolg in der Konsumgüterwirtschaft, Frankfurt am Main 2006.

OLBRICH, R./BATTENFELD, D./GRÜNBLATT, M. 1999: Die Analyse von Scanningdaten – Me-thodische Grundlagen und Stand der Unternehmenspraxis, demonstriert an einem Fall-beispiel, in: OLBRICH, R. (Hrsg.), Berichte aus dem Lehrstuhl für Betriebswirtschafts-lehre, insb. Marketing, Forschungsbericht Nr. 2, FernUniversität in Hagen 1999.

OLBRICH, R./BATTENFELD, D./GRÜNBLATT, M. 2000: Methodische Grundlagen und prak-tische Probleme der Scanningdaten-Forschung, in: TROMMSDORFF, V. (Hrsg.), Han-delsforschung 2000/01, Jahrbuch des FfH-Institut für Markt- und Wirtschaftsforschung GmbH, Köln 2000, S. 263-281.

OLBRICH, R./GRÜNBLATT, M. 2001: Scanningsysteme, in: BRUHN, M./HOMBURG, C. (Hrsg.), Gabler Marketing Lexikon, Wiesbaden 2001, S. 654.

OLBRICH, R./GRÜNBLATT, M. 2006: Der Einsatz von Scanningdaten in der Konsumgüter-wirtschaft, in: OLBRICH, R. (Hrsg.), Marketing-Controlling mit POS-Daten – Analysever-fahren für mehr Erfolg in der Konsumgüterwirtschaft, Frankfurt am Main 2006, S. 77-159.

PARASURAMAN, A. 1986: Marketing Research, Reading u. a. 1986.

PARASURAMAN, A./GREWAL, D./KRISHNAN, R. 2006: Marketing Research, 2nd ed., Boston u. a. 2006.

PATTERSON, D. 1996: Künstliche neuronale Netze. Das Lehrbuch, München u. a. 1996.

PODDIG, T./SIDOROVITCH, I. 2001: Künstliche Neuronale Netze: Überblick, Einsatzmöglichkeiten und Anwendungsprobleme, in: HIPPNER, H./KÜSTERS, U./MEYER, M./WILLDE, K. (Hrgs.), Handbuch Data Mining im Marketing. Knowledge Discovery in Marketing Databases, Wiesbaden 2001, S. 363-402.

POH, H.-L./YAO, J./JAŠIC, T. 1998: Neural Networks for the Analysis and Forecasting of Advertising and Promotion Impact, in: International Journal of Intelligent Systems in Accounting, Finance & Management, Vol. 7, 1998, No. 4, pp. 253-268.

POLIFKE, A. 1998: Adaptive Neuronale Netze zur Lösung von Klassifikationsproblemen im Marketing. Anwendungen und Methodenvergleich von ART-Netzen, zugl. Diss. Univ. Regensburg 1997, Frankfurt am Main u. a. 1998.

POPPER, K. R. 1957: Das Elend des Historizismus, Tübingen 1957.

POPPER, K. R. 1969: Logik der Forschung, 3. Aufl., Tübingen 1969.

POPPER, K. R. 1994: Logik der Forschung, 10., verb. und vermehrte Aufl., Tübingen 1994.

PROBST, M. 2002: Neuronale Netze zur Bestimmung von nichtlinearer Nutzenfunktionen in Markenwahlmodellen, zugl. Diss. Univ. Regensburg 2001, Frankfurt am Main u. a. 2002.

RECHT, P./ZEISEL, S. 1997: Warenkorbanalyse in Handelsunternehmen mit dem Conjoint Profit-Modell, in: Controlling, 9. Jg., 1997, Heft 2, S. 94-100.

REHBORN, G./STECKNER, C. 1997: Bondatenanalyse – Tool mit Zukunft, in: Dynamik im Handel, 41. Jg., 1997, Heft 9, S. 24-29.

REUTTERER, T. 1997: Analyse von Wettbewerbsstrukturen mit neuronalen Netzen: Ein Ansatz zur Kundensegmentierung auf Basis von Haushaltspaneldaten, zugl. Diss. WUniv. Wien, Wien 1997.

REUTTERER, T. 1998: Competitive Market Structure and Segmentation Analysis with Self-Organizing Feature Maps, in: ANDERSSON, P. (Hrsg.), Proceedings of the 27th EMAC Conference, Stockholm 20-23 May 1998, Track 5: Marketing Research, pp. 85-115.

REUTTERER, T. 1999: Panel-Data Based Competitive Market Structure and Segmentation Analysis Using Self-Organizing Feature Maps, in: GAUL, W./LOCAREK-JUNGE, H. (Hrsg.), Classification in the Information Age. Studies in Classification, Data Analysis, and Knowledge Organization, Berlin u. a. 1999, pp. 520-528.

RIGOLL, G. 1994: Neuronale Netze – Eine Einführung für Ingenieure, Informatiker und Naturwissenschaftler, Renningen-Malmsheim 1994.

ROJAS, R. 1993: Theorie der neuronalen Netze – Eine systematische Einführung, Berlin u. a. 1993.

ROSS, J. /SMITH, P. 1971: Orthodox Experimental Designs, in: BLALOCK, H. M. u. BLALOCK, A. B. (Hrsg.), Methodology in Social Research, London 1971, pp. 355-389.

SAATHOF, I. 2000: Kundensegmentierung aufgrund von Kassenbons – eine kombinierte Analyse mit Neuronalen Netzen und Clustering, in: ALPAR, P./NIEDEREICHHOLZ, J. (Hrsg.), Data Mining im praktischen Einsatz, Braunschweig u. Wiesbaden 2000, S. 119-141.

SÄUBERLICH, F. 2003: Web Mining: Effektives Marketing im Internet, in: WIEDMANN, K. P./BUCKLER, F. (Hrsg.), Neuronale Netze im Marketing-Management – Praxisorientierte Einführung in modernes Data Mining, 2. Aufl., Wiesbaden 2003, S. 129-146.

SCHLITTGEN, R. 2008: Einführung in die Statistik – Analyse und Modellierung von Daten, 11., vollst. überarb. u. neu gestalt. Aufl., München 2008.

SCHOCKEN, S./ARIAV, G. 1994: Neural networks for decision support: Problems and opportunities, in: Decision Support Systems, Vol. 11, 1994, No. 5, pp. 393-414.

SIMON, H. 1987: Entscheidungsunterstützung mit Scanner-Daten, Arbeitspapier Nr. 5, 1987, Universitätsseminar der Wirtschaft, Schloss Gracht, Erftstadt 1987.

SIMON, H./KUCHER, E./SEBASTIAN, K.-H. 1982: Scanner-Daten in Marktforschung und Marketingentscheidungen, in: Zeitschrift für Betriebswirtschaft (ZfB), 52. Jg., 1982, Heft 6, S. 555-579.

STECKING, R. 2000: Marktsegmentierung mit Neuronalen Netzen, zugl. Diss. Universität Bremen 1999, Wiesbaden 2000.

STEGMÜLLER, B./HEMPEL P. 1996: Empirischer Vergleich unterschiedlicher Marktsegmentierungsansätze über die Segmentpopulationen, in: Marketing ZFP, 18. Jg., 1996, Heft 1, S. 25-31.

STEINER, M./WITTKEMPER, H.-G. 1993: Neuronale Netze. Ein Hilfsmittel für betriebswirtschaftliche Probleme, in: Die Betriebswirtschaft, 53. Jg., 1993, Heft 4, S. 447-463.

STOLZKE, U. A. 2000: Neuronale Netze zur Prognose von Warenterminpreisen, zugl. Diss. Universität Kiel 1999, Frankfurt am Main u. a. 2000.

TAM, K. Y./KIANG, M. Y. 1992: Managerial applications of neural networks: the case of bank failure prediction, in: Management Science, Vol. 38, 1992, No. 7, pp. 926-947.

TAUBERGER, J. 2006: Steuerung der Verkaufsförderung auf der Basis von Warenkorb-analysen, in: OLBRICH, R. (Hrsg.), Marketing-Controlling mit POS-Daten – Analyseverfahren für mehr Erfolg in der Konsumgüterwirtschaft, Frankfurt am Main 2006, S. 368-400.

TAYLOR, J. G. 1996: Neural Networks and Their Applications, Chichester 1996.

TÖPFER, A. 1994: Zeit-, Kosten- und Qualitätswettbewerb: Ein Paradigmenwechsel in der marktorientierten Unternehmensführung?, in: BLUM, U., GREIPL, E., HERETH, H., MÜLLER, St. (Hrsg.): Wettbewerb und Unternehmensführung, Stuttgart 1994, S. 223-261.

TROMMSDORFF, V./TEICHERT, T. 2011: Konsumentenverhalten, 8., vollst. überarb. und erw. Aufl., Stuttgart 2011.

URBAN, A. 1998: Einsatz Künstlicher Neuronaler Netze bei der operativen Werbemitteleinsatzplanung im Versandhandel im Vergleich zu ökonometrischen Verfahren, zugl. Diss. Universität Regensburg 1998.

VOERSTE, A. 2009: Lebensmittelsicherheit und Wettbewerb in der Distribution – Rahmenbedingungen, Marktprozesse und Gestaltungsansätze, dargestellt am Beispiel der BSE-Krise, in: OLBRICH, R. (Hrsg.), Schriftenreihe Marketing, Handel und Management, Bd. 9, zugl. Diss. FernUniversität in Hagen 2008, Lohmar u. Köln 2009.

VOSSEBEIN, U. 1993: Einsatzmöglichkeiten von Scannerdaten, in: GFK (Hrsg.), Jahrbuch der Absatz- und Verbrauchsforschung, 39. Jg., 1993, Heft 1, S. 23-38.

WAGNER, R. 1994: Die Grenzen der Unternehmung, in: MÜLLER, W. A. (Hrsg.): Wirtschaftswissenschaftliche Beiträge, Bd. 105, Heidelberg 1994.

WEBER, K. 1990: Wirtschaftsprognostik, München 1990.

WEIBER, R./JACOB, F. 2000: Kundenbezogene Informationsgewinnung, in: KLEINALTENKAMP, M. u. PLINKE, W. (Hrsg.): Technischer Vertrieb – Grundlagen des Business-to-Business-Marketing, 2. Aufl., Berlin u. a. 2000, S. 523-612.

WEIZENBAUM, J. 1977: Die Macht der Computer oder Die Ohnmacht der Vernunft, 3. Aufl., Frankfurt 1977.

WIDMANN, G. 2000: Künstliche neuronale Netze und ihre Beziehungen zur Statistik, zugl. Diss. Universität Tübingen, Frankfurt am Main u. a. 2000.

WIEDMANN, K.-P./BUCKLER, F. 1999: Neuronale Netze im Management. Eine Systematisierung aus der Sicht der Marketingforschung, in: Schriftenreihe Marketing Management, Lehrstuhl Marketing II, Universität Hannover, Hannover 1999.

WILKIE, W. L. 1990: Consumer Behaviour, 2. Aufl., New York u. a 1990.

WILSON, R. L./SHARDA, R. 1994: Bankruptcy prediction using neural networks, in: Decision Support Systems, Vol. 11, 1994, No. 5, pp. 545-557.

WINDBERGS, T. 2006: Zur Erfolgsbewertung von Waren- und Kundengruppen auf der Basis von Warenkorbinformationen und ergänzenden Konsumentenbefragungen, in: OLBRICH, R. (Hrsg.), Marketing-Controlling mit POS-Daten – Analyseverfahren für mehr Erfolg in der Konsumgüterwirtschaft, Frankfurt am Main 2006, S. 401-424.

ZHANG, G./PATUWO, B. E./HU, M. Y 1998: Forecasting with artificial neural networks: The state of the art, in: International Journal of Forecasting, Vol. 14, 1998, No. 1, pp. 35-62.

ZIMMERMANN, E. 1972: Das Experiment in den Sozialwissenschaften, in: SCHEUCH, E. K. (Hrsg.), Studienskripten zur Soziologie, Bd. 37, Stuttgart 1972.

Glossar

Aggregation von Daten: Verdichtung von Daten, indem z. B. die monatlichen Umsätze eines Artikels durch Addition der Tagesumsätze gebildet werden. **Abschnitt 4.4.2.**

Aggregationsniveau: Je stärker Daten zusammengefasst und verdichtet werden, umso höher ist ihr Aggregationsniveau. Bei der → Aggregation von Daten gehen Informationen verloren, demgegenüber sind die aggregierten Daten übersichtlicher und benötigen weniger Speicherplatz. **Abschnitt 4.4.2.**

Aktionsvariable: Größe, die ein Unternehmen verändern kann, z. B. beim Einsatz eines der Marketinginstrumente (z. B. der Preis eines Produkts). **Abschnitt 2.3.**

aktivierende Prozesse: Konstrukt für Vorgänge im Individuum, die sein Verhalten beeinflussen und z. B. durch Emotionen ausgelöst werden. **Abschnitt 3.1.1.**

Alterung eines Panels: Da die Teilnehmer an einem → Panel im Laufe der Zeit älter werden, sind sie nach einiger Zeit nicht mehr repräsentativ für die Grundgesamtheit, über die Aussagen getroffen werden sollen. **Abschnitt 4.3.3.3.**

arithmetisches Mittel: Durchschnitt über die Merkmale einer Variable. **Abschnitt 4.5.1.3.**

Auswahlfehler: Fehler bei der Auswahl einer Stichprobe aus einer Grundgesamtheit. Aufgrund des Auswahlfehlers bildet die Stichprobe die Grundgesamtheit nicht repräsentativ ab. Der Auswahlfehler kann in einen → zufallsbedingten Auswahlfehler und einen verfahrensbedingten → systematischen Auswahlfehler unterteilt werden. **Abschnitt 4.3.2.**

Betriebsform: Ergebnis einer unternehmensübergreifenden Systematik von Handelsbetrieben, die durch Klassifikation oder Typisierung entsteht. **Abschnitt 5.2.2.**

Beziehungszahlen: Beziehungszahlen setzen Merkmalsausprägungen oder Summen von Merkmalsauprägungen zueinander ins Verhältnis. **Abschnitt 4.5.1.3.**

Computer Assisted Telephon Interviewing (CATI): Computersystem zur Unterstützung der Befragung und Datenerfassung bei einer telefonischen Befragung. **Abschnitt 4.3.3.2.**

deskriptive Marktforschungsuntersuchung: Marktforschungsuntersuchung, die sich auf eine Beschreibung bestimmter Größen beschränkt, wie z. B. Umsätze oder Marktanteile eines Produkts. **Abschnitt 4.2.1.1.**

direkte Befragungstaktik: Die Untersuchungspersonen werden direkt nach der gewünschten Information gefragt. Das Erkenntnisinteresse des Marktforschers ist somit für die befragten Personen ersichtlich. **Abschnitt 4.3.3.2.**

EAN (internationale Artikelnummer): Bezeichnung für eine in Balkencode oder OCR-Schrift maschinell lesbare Ziffernfolge zur Artikelidentifikation, die in Deutschland von der → GS1 Germany vergeben wird. **Abschnitt 5.1.1.**

einfache Zufallsauswahl: Methode zur Ziehung einer Stichprobe aus einer Grundgesamtheit. Für jedes Element der Grundgesamtheit besteht dieselbe Wahrscheinlichkeit gezogen zu werden. **Abschnitt 4.3.2.**

Einstellung: Erlernte Neigung, hinsichtlich eines bestimmten Stimulus in einer konsistent positiven oder negativen Weise zu reagieren. **Abschnitt 3.2.1.**

Einthemen-Umfrage: Die Befragung ist auf ein Untersuchungsthema spezialisiert. **Abschnitt 4.3.3.2.**

Einzelhandelspanel: Ein Einzelhandelspanel besteht aus verschiedenen Verkaufsstätten des Einzelhandels. **Abschnitt 4.3.3.3.**

Einzelpersonen-Panel: Die Teilnehmer des → Panels (in diesem Fall Einzelpersonen) erfassen für jeden Einkauf Datum, Einkaufsstätte sowie Bezeichnung, Menge und Preis der gekauften Produkte. **Abschnitt 4.3.3.3.**

explorative Marktforschungsuntersuchung: Marktforschungsuntersuchung, in der die Untersuchungsfragen in der Planungsphase nicht präzise spezifiziert werden, sondern das Untersuchungsfeld nur grob abgesteckt wird. **Abschnitt 4.2.1.1.**

externe Validität: Kriterium zur Beschreibung der Anforderungen an ein Messinstrument. Übertragbarkeit der Schlussfolgerungen aus den Messergebnissen von der Stichprobe (z. B. einem → Panel) auf die Grundgesamtheit. **Abschnitt 4.3.3.3.**

extensive Kaufentscheidung: Der Konsument nimmt eine neue Entscheidungssituation wahr und löst das durch diese Situation geschaffene Problem im Rahmen eines umfassenden und bewussten Problemlösungsprozesses. **Abschnitt 3.3.**

Feldbeobachtung: Bei einer Feldbeobachtung werden die zu beobachtenden Personen in einer unbeeinflussten ('natürlichen') Situation beobachtet. **Abschnitt 4.3.3.1.**

Fernsehpanel: → Panel zur Schätzung der Reichweite von TV-Werbung. Mittels einer technischen Einrichtung wird protokolliert, welche Fernsehprogramme wann und wie lange von den teilnehmenden Haushalten eingeschaltet worden sind. **Abschnitt 4.3.3.3.**

Flächenproduktivität: Die (deckungsbeitragsorientierte) Flächenproduktivität im stationären Einzelhandel ergibt sich als auf einer Fläche erzielter Gesamtdeckungsbeitrag dividiert durch die Größe dieser Fläche. **Abschnitt 4.5.1.3.**

freie(s) Befragung (Interview): Nur das Untersuchungsthema wird vor der Befragung festgelegt. **Abschnitt 4.3.3.2.**

geschichtete Zufallsauswahl: Methode zur Ziehung einer Stichprobe aus einer Grundgesamtheit. Zunächst wird die Grundgesamtheit in sogenannte Schichten eingeteilt. Anschließend werden mittels einer → einfachen Zufallsauswahl aus jeder Schicht so viele Elemente gezogen, dass jede Schicht in der Stichprobe in gleichem Umfang wie in der Grundgesamtheit repräsentiert ist. **Abschnitt 4.3.2.**

getarnte Beobachtung: Bei einer getarnten Beobachtung sind sich die zu beobachtenden Personen der Beobachtungssituation nicht bewusst. **Abschnitt 4.3.3.1.**

Großhandelspanel: Ein Großhandelspanel besteht aus verschiedenen Verkaufsstätten des Großhandels. **Abschnitt 4.3.3.3.**

Grundgesamtheit: Menge von Erkenntnisobjekten (z. B. Kaufbereitschaften oder Einstellungen von Nachfragern), aus denen eine Stichprobe gezogen wird. **Abschnitt 4.3.2.**

GS1 Germany: 1974 in Deutschland – zunächst unter dem Namen CCG (Centrale für Coorganisation) – gegründeter Rationalisierungsverband, in dem Interessenverbände der Industrie und des Handels paritätisch vertreten sind und Empfehlungen für die Rationalisierung des Daten- und Warenflusses zwischen Industrie- und Handelsunternehmen erarbeiten. Gleichzeitig übernimmt die GS1 Normierungsaufgaben, wie z. B. die Koordination und Kontrolle der Einführung der → EAN in Deutschland. Die CCG wurde im Jahre 2005 in ‚GS1 Germany' umbenannt. **Abschnitt 5.1.1.**

Handelspanel: Bezeichnung für eine traditionelle Form der Datenerhebung, bei der über einen längeren Zeitraum wiederholt bei denselben Einzelhändlern oder Großhändlern u. a. mithilfe von Inventuren Lagerbestandsveränderungen im Handel ermittelt werden. Die gewonnenen Daten erlauben eine näherungsweise Bestimmung des Distributionsgrades und/oder der Marktanteile einzelner Produkte und geben so Anhaltspunkte über den zeitlichen Verlauf der Nachfrage im Einzelhandel. **Abschnitte 4.3.3.3. und 5.1.2.**

Häufigkeitsverteilung: Funktionaler Zusammenhang zwischen Wahrscheinlichkeiten und Ausprägungen einer Zufallsvariable. **Abschnitt 4.5.1.2.**

Haushalts-Panel: Die Teilnehmer des → Panels (in diesem Fall Haushalte) erfassen für jeden Einkauf Datum, Einkaufsstätte sowie Bezeichnung, Menge und Preis der gekauften Produkte. **Abschnitt 4.3.3.3.**

Identifikationskarten (ID-Karten): Identifikationskarten werden von Handelsunternehmen i. d. R. in Form von → Kundenkarten an Kunden verteilt. **Abschnitt 5.1.3.**

Identitätsproblem: Dieses Problem tritt auf, wenn die Identität einer befragten Person nicht überprüft werden kann. Es ist dann unklar, ob die befragte Person zur geplanten Stichprobe gehört. **Abschnitt 4.3.3.2.**

indirekte Befragungstaktik: Durch psychologisch geschickte Formulierung der Fragen ist das Erkenntnisziel der Befragung für den Befragten nicht (einfach) erkennbar. **Abschnitt 4.3.3.2.**

Inhome-Scanning: Bei dieser Form der Datenerhebung erhalten Konsumenten spezielle Handscanner, mit deren Hilfe sie zu Hause über das Scannen der → EAN-Codes eingekaufter Produkte ihre getätigten Einkäufe erfassen. Mit einer speziellen Dialog-Software kann die Datenerfassung auch ergänzend über einen konventionellen Personal Computer des Konsumenten erfolgen. Die erfassten Daten werden mittels Datenfernübertragung i. d. R. an Marktforschungsinstitute übersendet. **Abschnitt 5.1.3.**

interne Validität: Kriterium zur Beschreibung der Anforderungen an ein Messinstrument. Interne Validität ist gegeben, wenn die Messung für die Erhebungseinheiten der Stichprobe gültig ist. **Abschnitt 4.3.3.3.**

Intervallskala: Zusätzlich zur → Ordinalskala sind die Abstände (Intervalle) interpretierbar bzw. vergleichbar. **Abschnitt 4.4.1.**

Involvement: Emotionale Beteiligung, z. B. bei der Betrachtung von Werbung oder bei der Kaufentscheidung eines Konsumenten. **Abschnitt 3.3.**

kausalanalytische Marktforschungsuntersuchung: Marktforschungsuntersuchung, die einen Wirkungszusammenhang zum Gegenstand hat. **Abschnitt 4.2.1.1.**

Kausalbeziehung: Beziehung zwischen zwei Größen in der Weise, dass die Ausprägung der einen Größe für die Ausprägung der anderen Größe verantwortlich ist. **Abschnitt 4.2.1.1.**

Klumpenauswahl: In einem ersten Schritt werden per Zufall Teilmengen der Grundgesamtheit ausgewählt. Z. B. werden alle Einwohner eines Landes, die in per Zufall bestimmten Orten wohnen, ausgewählt. Anschließend kann wiederum jeweils eine Teilmenge von jeder Teilmenge, die im ersten Schritt bestimmt wurde, per Zufall ausgewählt werden. Zur Stichprobe gehören alle Elemente, die in den im letzten Schritt bestimmten Teilmengen enthalten sind. Zur Stichprobe gehören z. B. alle Personen, die in einem zufällig ausgewählten Stadtteil derjenigen Städte leben, die im ersten Schritt gezogen wurden. **Abschnitt 4.3.2.**

kognitive Prozesse: Prozess der gedanklichen Informationsverarbeitung durch ein Individuum. **Abschnitt 3.1.1.**

Konsumenten-Panel: Bezeichnung für eine Form der Datenerhebung, bei der über einen längeren Zeitraum wiederholt die Einkäufe von Privatpersonen oder Haushalten erfasst werden. In der traditionellen Variante füllen die Konsumenten manuell ein Erhebungsformular aus, in dem z. B. das Datum, die Marken, Mengen und Preise der eingekauften Produkte und die entsprechende Einkaufsstätte eingetragen werden. Im

Rahmen der moderneren Variante wird das → In-Home-Scanning eingesetzt. Das so gewonnene Datenmaterial kann u. a. Aufschluss über die Markenloyalität bzw. den Markenwechsel der Konsumenten geben. **Abschnitt 4.3.3.3.**

Kreuztabelle: Zweidimensionale Häufigkeitsverteilung, bei der zwei Merkmale herangezogen werden, um die betrachteten Untersuchungsobjekte in Gruppen einzuteilen. **Abschnitt 4.5.1.2.**

Kundenkarten: Konsumenten, die eine Kundenkarte besitzen, können damit spezifische Serviceleistungen des Unternehmens, das die Karte ausgegeben hat, in Anspruch nehmen (z. B. bargeldloses Parken). Bei Nutzung der kartenspezifischen Leistungen wird die Karte vorgelegt und i. d. R. am Point-of-Sale während des Kassiervorgangs gescannt. Somit erhält das Handelsunternehmen in regelmäßigen Abständen Informationen über das Käuferverhalten der Kartenbesitzer (→ Identifikationskarten). Gleichzeitig wird eine Erhöhung der Kundenbindung angestrebt. **Abschnitt 5.1.3.**

Laborbeobachtung: Bei einer Laborbeobachtung werden die zu beobachtenden Personen in einer vom Forscher geschaffenen und beeinflussten Situation beobachtet. **Abschnitt 4.3.3.1.**

Längsschnittanalyse: In einer Längsschnittanalyse werden Daten mit unterschiedlichem Zeitbezug für ein oder mehrere Erhebungsobjekte untersucht. Es wird also eine Zeitreihe von Daten für jedes Erhebungsobjekt analysiert. **Abschnitt 4.2.1.2.**

Limitierte Kaufentscheidung: Kaufentscheidungen, bei denen schon Erfahrungen aus früheren Käufen innerhalb der gleichen Produktgruppe vorliegen. **Abschnitt 3.3.**

Marktanteil: Der Marktanteil stellt eine Kennzahl dar, die den Absatz oder Umsatz eines Unternehmens zum → Marktvolumen in Beziehung setzt. Der Marktanteil gibt Auskunft über die wirtschaftliche Stellung eines Unternehmens im Wettbewerb. **Abschnitt 4.5.1.3.**

Marktpotenzial: Das Marktpotenzial umfasst die in einem Markt maximal absetzbare Absatzmenge eines Gutes (Produkt oder Dienstleistung). Das Marktpotenzial bildet die potenzielle Nachfrage ab – unabhängig davon, ob diese Nachfrage überhaupt befriedigt wird. **Abschnitt 5.2.1.**

Marktsegment: Ein Marktsegment stellt eine Gruppe von potenziellen Nachfragern dar, die aufgrund homogen ausgeprägter Charakteristika durch einen bestimmten Marketing-Mix effizienter angesprochen werden kann. Die Ermittlung dieser Marktsegmente ist das wesentliche Ziel der Marktsegmentierung. **Abschnitt 3.3.**

Marktsegmentierung: Unter Marktsegmentierung versteht man die Aufteilung eines ursprünglich heterogenen Marktes in deutlich voneinander abgegrenzte, in sich homogene → Marktsegmente. Auf diese Weise sollen die absatzpolitischen Instrumente gezielt und effizient auf einzelne Abnehmergruppen ausgerichtet werden, um hier-durch letztlich → Marktpotenziale besser ausschöpfen zu können. **Abschnitt 2.1.**

Marktvolumen: Das Marktvolumen stellt das in einer Periode von allen Anbietern einer Branche in einem Markt realisierte Absatz- bzw. Umsatzvolumen dar. In all den Fällen, in denen die gesamte Nachfrage befriedigt wird, entspricht das Marktvolumen dem → Marktpotenzial. **Abschnitt 4.6.**

Median: Der Median (Zentralwert) ist diejenige Merkmalsausprägung, die in einer geord-neten Reihe von Merkmalsausprägungen in der Mitte steht. **Abschnitt 4.5.1.3.**

Mehrthemen-Umfrage: Befragung, in der Informationen zu mehreren Untersuchungsthemen erhoben werden. **Abschnitt 4.3.3.2.**

Modell von TROMMSDORFF: Modell zur Einstellungsmessung. **Abschnitt 3.2.2.**

Modus: Häufigste Merkmalsausprägung. **Abschnitt 4.5.1.3.**

nicht-teilnehmende Beobachtung: Bei einer nicht-teilnehmenden Beobachtung wird der Beobachter nicht in den zu untersuchenden Prozess mit einbezogen. **Abschnitt 4.3.3.1.**

Nominalskala: Die zur Kennzeichnung von nominalskalierten Messwerten verwendeten Zah-len dienen der Identifikation gleicher bzw. ungleicher Erhebungselemente. **Abschnitt 4.4.1.**

offene Beobachtung: Bei einer offenen Beobachtung sind sich die zu beobachtenden Per-sonen der Beobachtungssituation bewusst. **Abschnitt 4.3.3.1.**

Omnibus-Umfrage: → Mehrthemen-Umfrage. **Abschnitt 4.3.3.2.**

Ordinalskala: Skala, die die Rangordnung (‚größer' bzw. ‚kleiner') von Erhebungselementen wiedergibt. **Abschnitt 4.4.1.**

Panel: Festgelegte, gleichbleibende Menge von Erhebungseinheiten, bei denen über einen längeren Zeitraum wiederholt oder kontinuierlich die gleichen Merkmale erhoben werden. **Abschnitt 4.3.3.3.**

Panel-Effekt: Beeinträchtigung der Qualität der mittels eines → Panels erhobenen Infor-mationen durch eine Konditionierung der Panel-Mitglieder aufgrund des Bewusst-seins, laufend beobachtet und befragt zu werden. **Abschnitt 4.3.3.3.**

Panelforschung: Die Panelforschung befasst sich mit der Entwicklung, dem Einsatz und der Nutzung verschiedener Panelformen. Die Panelforschung kann unterteilt werden in die traditionellen Bereiche der → Handels- und → Konsumentenpanels. Die elektro-nische Panelforschung berücksichtigt den zunehmenden Einsatz neuer Informations-technologien, wie z. B. Scanning am Point-of-Sale oder → In-Home-Scanning bei der Datenerfassung. **Abschnitt 4.3.3.3.**

Panel-Sterblichkeit: Verringerung der Teilnehmeranzahl an einem → Panel aufgrund schwindender Teilnahmebereitschaft. **Abschnitt 4.3.3.3.**

Posttest: Test zur Wirkung einer Kommunikationsstrategie, der erst nach dem Einsatz der Kommunikationsinstrumente angewendet wird. **Abschnitt 4.2.2.2.1.2**

Praktikabilität eines Messverfahrens: Praktische Anwendbarkeit eines Messverfahrens für einen bestimmten Untersuchungszweck. **Abschnitt 4.3.4.**

Preisabsatzfunktion: Mathematischer Zusammenhang zwischen dem Preis und der Absatzmenge eines Produktes. **Abschnitt 4.5.2.2.1.**

Preisabstandsanalyse: Analyse der Absatzmengen zweier Produkte. Als erklärende Variable wird der Preisabstand der beiden Produkte herangezogen. **Abschnitt 5.2.3.**

Preisklassenanalyse: Die Aufgabe der Preisklassenanalyse besteht darin, die abgesetzte Menge von Produkten in unterschiedlichen Preisklassen aufzuzeigen. **Abschnitt 5.2.4.**

Pretest: Test zur Wirkung einer Kommunikationsstrategie, der vor Einsatz des jeweiligen Kommunikationsinstrumentes durchgeführt wird. **Abschnitt 4.2.2.2.1.**

Primärforschung: Neues Datenmaterial wird für ein anstehendes Untersuchungsproblem erhoben. **Abschnitt 4.3.1.**

Problem der Stichprobenausschöpfung: Personen, die zur Stichprobe gehören, können nicht erreicht werden oder sie verweigern die Antwort. **Abschnitt 4.3.3.2.**

Produktdifferenzierung: Bei der Produktdifferenzierung wird durch das gleichzeitige Angebot verschiedener Produktvarianten das Ziel verfolgt, den unterschiedlichen Bedürfnissen von verschiedenen Zielgruppen besser zu entsprechen. **Abschnitt 5.2.1.**

Querschnittsanalyse: In einer Querschnittsanalyse haben alle erhobenen Daten denselben Zeitbezug und der Marktforscher geht davon aus, dass die Daten eine Momentaufnahme seines Untersuchungsobjekts darstellen. **Abschnitt 4.2.1.2.**

Quotaverfahren: Methode zur Ziehung einer Stichprobe aus einer Grundgesamtheit. Zunächst wird die Grundgesamtheit in sogenannte Schichten eingeteilt. Anschließend werden mittels einer → willkürlichen Auswahl aus jeder Schicht so viele Elemente gezogen, dass jede Schicht in der Stichprobe in gleichem Umfang wie in der Grundgesamtheit repräsentiert ist. **Abschnitt 4.3.2.**

Quote: Prozentuale Anteile einer Merkmalsausprägung an der Summe über alle Ausprägungen eines Merkmals. **Abschnitt 4.5.1.3.**

Ratioskala: Zusätzlich zur → Intervallskala besitzt eine Ratioskala (→ Verhältnisskala) einen eindeutig definierten absoluten Nullpunkt, der unabhängig von der Maßeinheit ist. **Abschnitt 4.4.1.**

Relaunch: Bei einem sogenannten ‚Relaunch' wird eine grundsätzliche Neukonzipierung eines Produktes zur Neupositionierung im Markt vorgenommen. **Abschnitt 5.2.1.**

Reliabilität einer Messung: Zuverlässigkeit einer Messung. **Abschnitt 4.3.4.**

Repräsentativität: Je größer die Wahrscheinlichkeit ist, mit der von Eigenschaften der Stichprobe auf Eigenschaften der Grundgesamtheit geschlossen werden kann, desto höher ist die Repräsentativität der Untersuchung. **Abschnitt 4.3.3.2.**

Routine(kauf)entscheidung: Der Konsument wiederholt eine Kaufentscheidung, die er in einer Vielzahl ähnlicher Situationen bereits schon einmal vollzogen hat. Da die Kaufentscheidung für den Konsumenten keine große Bedeutung hat, vollzieht er sie mit einem geringen Problemlösungsaufwand. **Abschnitt 3.3.**

Scanning: Bezeichnung für die automatisierte Erfassung der Abverkaufsdaten im Einzelhandel mittels Scannerkassen und/oder des Einsatzes von Handscannern. Voraussetzung dafür ist eine eindeutige Identifikation der Artikel mit einem Zifferncode ($\rightarrow$ EAN). Beim Scanning werden z. B. die Variablen Preis, Datum und Zeit des Einkaufs, Standort der Verkaufsstelle und Zahl der verkauften Einheiten erfasst. **Abschnitt 5.1.2.**

Scanningdaten: Daten, die in Verkaufsstellen des Handels beim Kassiervorgang mittels eines Scanners anfallen. **Abschnitte 4.2.1.1. und 5.1.1.**

Scanningpanel: Im Gegensatz zum traditionellen $\rightarrow$ Handelspanel erfolgt eine automatisierte Erfassung der Abverkaufsdaten im Einzelhandel und eine computergestützte Weiterverarbeitung der Daten. Der Einsatz neuer Informationstechnologien ermöglicht neben kürzeren Berichtszeiträumen eine erheblich verkürzte Berichtsverfügbarkeit. **Abschnitte 4.3.3.3. und 5.1.**

Sekundärforschung: Marktforschung, bei der man sich auf die Beschaffung, Aufbereitung und Erschließung vorhandenen Datenmaterials für einen gegebenen Untersuchungszweck beschränkt. **Abschnitt 4.3.1.**

Selektion von Daten: Vorgang der Filterung von Daten aus einer Datenbasis, um solche Daten zu gewinnen, die für einen bestimmten Untersuchungszweck herangezogen werden sollen. **Abschnitt 4.4.2.4.**

Skalenniveau: Skalen können eingeteilt werden in $\rightarrow$ Nominalskalen, $\rightarrow$ Ordinalskalen, $\rightarrow$ Intervallskalen und $\rightarrow$ Ratioskalen. Da die Ansprüche an Daten in der Reihenfolge dieser Aufzählung ansteigen, steigt das Skalenniveau von der Nominalskala zur Ratioskala. **Abschnitt 4.4.1.**

Spezialpanel: Spezielles $\rightarrow$ Panel, wie z. B. das $\rightarrow$ Fernsehpanel. **Abschnitt 4.3.3.3.**

Standardabweichung: Statistische Maßzahl für die Streuung von Ausprägungen einer Variablen (z. B. von Verkaufsmengen) um ihren Mittelwert. **Abschnitt 4.5.1.3.**

standardisierte(s) Befragung (Interview): Die Formulierungen der Fragen und die Reihenfolge der Fragen werden vor der Befragung festgelegt. **Abschnitt 4.3.3.2.**

Stichprobe: Teilmenge der Grundgesamtheit. Für alle Elemente der Stichprobe werden die zu untersuchenden Merkmale der Elemente erhoben. **Abschnitt 4.3.2.**

strukturierte Befragung: Die Kernfragen werden vor der Befragung festgelegt und durch variable Zusatzfragen ergänzt. Die Fragenreihenfolge ist variabel. **Abschnitt 4.3.3.2.**

strukturierte Beobachtung: Bei der strukturierten Beobachtung werden zuvor festgelegte Einzel-Merkmale erhoben. **Abschnitt 4.3.3.1.**

systematischer Auswahlfehler: → Auswahlfehler, der auf das Auswahlverfahren zur Bildung einer Stichprobe aus einer Grundgesamtheit zurückzuführen ist. Ein systematischer Auswahlfehler führt dazu, dass Elemente mit bestimmten Eigenschaften in der Stichprobe gegenüber der Grundgesamtheit über- oder unterrepräsentiert sind. **Abschnitt 4.3.2.**

teilnehmende Beobachtung: Bei einer teilnehmenden Beobachtung wird der Beobachter selbst in den zu untersuchenden Prozess mit einbezogen. **Abschnitt 4.3.3.1.**

unstrukturierte Beobachtung: Bei einer unstrukturierten Beobachtung werden die zu beobachtenden Merkmale nicht vorher festgelegt. **Abschnitt 4.3.3.1.**

Untersuchungshypothese: Vermutete → Kausalbeziehung zwischen zwei oder mehreren Größen, die sich auf Untersuchungsobjekte der Grundgesamtheit beziehen. **Abschnitt 4.2.1.1.**

Validität einer Messung: Die Validität einer Messung ist gegeben, wenn mit der Messung tatsächlich das erfasst wird, was auch gemessen werden soll. **Abschnitt 4.3.4.**

Varianz: Statistische Maßzahl für die Streuung von Ausprägungen einer Variablen (z. B. von Verkaufsmengen) um ihren Mittelwert. **Abschnitt 4.5.1.3.**

Verhältnisskala: Zusätzlich zur → Intervallskala besitzt eine Verhältnisskala (→ Ratioskala) einen eindeutig definierten absoluten Nullpunkt, der unabhängig von der Maßeinheit ist. **Abschnitt 4.4.1.**

Warenkorbdaten: Ein Warenkorb enthält sämtliche Artikel eines einkaufenden Konsumenten. Der Warenkorb enthält u. a. Informationen darüber, welche(r) Artikel, wann (Datum und Uhrzeit), in welcher Verkaufsstelle, wie oft, mit welchem Preis verkauft wurde(n) und mit welchem Zahlungsmittel (Bargeld, EC- oder Kundenkartenzahlung) der (anonyme) Kunde bezahlt hat. **Abschnitt 4.4.2.2.**

Warenwirtschaft: Bezeichnung für alle Tätigkeiten in einem Handelsunternehmen, die sich auf die Ware beziehen. Diese Aktivitäten können in physische Tätigkeiten und Managementtätigkeiten unterteilt werden. Die physischen Tätigkeiten (z. B. Wareneingang, Lagerung und Warenausgang) werden dem Warenprozesssystem zugeordnet. Bei den Managementtätigkeiten, die dem → Warenwirtschaftssystem zugeordnet werden, handelt es sich um Informations- und Entscheidungsprozesse. Informationsprozesse laufen z. B. ab, wenn sich ein Mitarbeiter des Handelsunternehmens über den verfügbaren Lagerbestand oder über Abverkaufsmengen informiert. Entscheidungsprozesse beinhalten dispositive Tätigkeiten, z. B. die Festlegung von Bestellmengen und -zeitpunkten. **Abschnitt 5.1.2.**

Warenwirtschaftssystem: Bezeichnung für die managementorientierte Komponente der Warenwirtschaft. Die Funktionen eines Warenwirtschaftssystems können aus zwei Perspektiven betrachtet werden: Aus entscheidungsprozessbezogener Perspektive trifft das Warenwirtschaftssystem als Subsystem des Managements Entscheidungen (z. B. über Bestellmengen und -zeitpunkte) und nimmt somit dispositive Aufgaben wahr. Aus informationsprozessbezogener Perspektive kann das Warenwirtschaftssystem als Subsystem eines umfassenderen handelsbetrieblichen Informationssystems aufgefasst werden. Aus dieser Sichtweise nimmt es informationswirtschaftliche Aufgaben wahr, indem es Informationen (z. B. über Bestandsmengen und Abverkäufe) liefert. **Abschnitt 5.1.2.**

Warenwirtschaftsystem, geschlossenes: Bezeichnung für ein Warenwirtschaftssystem ohne Lücken in der Erfassung von Warenbestandsänderungen. In einem geschlossenen Warenwirtschaftssystem werden alle Warenbestandsänderungen durch Erfassung der Warenein- und Warenausgänge artikelgenau und quasi zeitgleich mit der physischen Warenbewegung erfasst. Aus informationsökonomischen Gründen ist dies i. d. R. nur mithilfe eines computergestützten Warenwirtschaftssystems möglich. **Abschnitt 5.1.2.**

willkürliche Auswahl: Die willkürliche Auswahl schließt alle Auswahlmechanismen ein, in denen der Marktforscher, zumeist von pragmatischen Überlegungen geleitet, die Stichprobe bestimmt, ohne das Zufallsprinzip strikt anzuwenden. **Abschnitt 4.3.2.**

zufallsbedingter Auswahlfehler: → Auswahlfehler, der entsteht, indem die Stichprobe zufällig so gezogen wird, dass Elemente mit bestimmten Merkmalen in der Stichprobe über- oder unterrepräsentiert sind. Der zufallsbedingte Auswahlfehler kann verringert werden, indem die Stichprobe vergrößert wird. **Abschnitt 4.3.2.**

Stichwortverzeichnis

Das Stichwortverzeichnis gibt an, auf welchen Seiten die verzeichneten Begriffe tiefgehender behandelt werden. **Fett** gedruckte Seitenangaben weisen auf die für den jeweiligen Begriff wichtigste Textpassage hin. *Kursiv* gedruckte Seitenangaben verweisen auf einen Glossareintrag zu dem jeweiligen Begriff.

Printed by Books on Demand, Germany